计 算 机 类 专 业
系统能力培养系列教材

INTRODUCTION TO
COMPUTER ARCHITECTURE

计算机体系结构基础

第3版

胡伟武 汪文祥 苏孟豪 张福新 王焕东 章隆兵
肖俊华 刘 苏 陈新科 吴瑞阳 李晓钰 高燕萍 著

图书在版编目（CIP）数据

计算机体系结构基础 / 胡伟武等著．--3 版．-- 北京：机械工业出版社，2021.9（2024.9 重印）
计算机类专业系统能力培养系列教材
ISBN 978-7-111-69162-4

Ⅰ. ①计… Ⅱ. ①胡… Ⅲ. ①计算机体系结构 - 高等学校 - 教材 Ⅳ. ① TP303

中国版本图书馆 CIP 数据核字（2021）第 198373 号

本书由国内从事微处理器设计的一线科研人员编写而成。作者从微处理器设计的角度出发，充分考虑计算机体系结构的学科完整性，强调体系结构、基础软件、电路和器件的融会贯通。全书共分 12 章，包括指令系统结构、计算机硬件结构、CPU 微结构、并行处理结构、计算机性能分析等主要内容，重点放在作为软硬件界面的指令系统结构，以及包含 CPU、GPU、南北桥协同的计算机硬件结构上。

本书可作为高等院校“计算机体系结构”课程的本科生教材，同时也适合相关专业研究生或计算机技术人员参考阅读。

出版发行：机械工业出版社（北京市西城区百万庄大街 22 号 邮政编码：100037）

责任编辑：曲 熠　　责任校对：殷 虹

印　　刷：北京建宏印刷有限公司　　版　　次：2024 年 9 月第 3 版第 6 次印刷

开　　本：186mm×240mm 1/16　　印　　张：23.75

书　　号：ISBN 978-7-111-69162-4　　定　　价：79.00 元

客服电话：（010）88361066 68326294

F O R E W O R D

丛书序言

人工智能、大数据、云计算、物联网、移动互联网以及区块链等新一代信息技术及其融合发展是当代智能科技的主要体现，并形成智能时代在当前以及未来一个时期的鲜明技术特征。智能时代来临之际，面对全球范围内以智能科技为代表的新技术革命，高等教育也处于重要的变革时期。目前，全世界高等教育的改革正呈现出结构的多样化、课程内容的综合化、教育模式的学研产一体化、教育协作的国际化以及教育的终身化等趋势。在这些背景下，计算机专业教育面临着重要的挑战与变化，以新型计算技术为核心并快速发展的智能科技正在引发我国计算机专业教育的变革。

计算机专业教育既要凝练计算技术发展中的“不变要素”，也要更好地体现时代变化引发的教育内容的更新；既要突出计算机科学与技术专业的核心地位与基础作用，也需兼顾新设专业对专业知识结构所带来的影响。适应智能时代需求的计算机类高素质人才，除了应具备科学思维、创新素养、敏锐感知、协同意识、终身学习和持续发展等综合素养与能力外，还应具有深厚的数理理论基础、扎实的计算思维与系统思维、新型计算系统创新设计以及智能应用系统综合研发等专业素养和能力。

智能时代计算机类专业教育计算机类专业系统能力培养2.0研究组在分析计算机科学技术及其应用发展特征、创新人才素养与能力需求的基础上，重构和优化了计算机类专业在数理基础、计算平台、算法与软件以及应用共性各层面的知识结构，形成了计算与系统思维、新型系统设计创新实践等能力体系，并将所提出的智能时代计算机类人才专业素养及综合能力培养融于专业教育的各个环节之中，构建了适应时代的计算机类专业教育主流模式。

自2008年开始，教育部计算机类专业教学指导委员会就组织专家组开展计算机系统能力培养的研究、实践和推广，以注重计算系统硬件与软件有机融合、强化系统设计与优化能力为主体，取得了很好的成效。2018年以来，为了适应智能时代计算机教育的重要变化，计算机类专业教学指导委员会及时扩充了专家组成员，继续实施和深化智能时代计算机类专业教育的研究与实践工作，并基于这些工作形成计算机类专业系统能力培养2.0。

本系列教材就是依据智能时代计算机类专业教育研究结果而组织编写并出版的。其中的教材在智能时代计算机专业教育研究组起草的指导大纲框架下，形成不同风格，各有重点与侧重。其中多数将在已有优秀教材的基础上，依据智能时代计算机类专业教育改革与发展需求，优化结构、重组知识，既注重不变要素凝练，又体现内容适时更新；有的对现有计算机专业知识结构依据智能时代发展需求进行有机组合与重新构建；有的打破已有教材内容格局，支持更为科学合理的知识单元与知识点群，方便在有效教学时间范围内实施高效的教学；有的依据新型计算理论与技术或新型领域应用发展而新编，注重新型计算模型的变化，体现新型系统结构，强化新型软件开发方法，反映新型应用形态。

本系列教材在编写与出版过程中，十分关注计算机专业教育与新一代信息技术应用的深度融合，将实施教材出版与MOOC模式的深度结合、教学内容与新型试验平台的有机结合，以及教学效果评价与智能教育发展的紧密结合。

本系列教材的出版，将支撑和服务智能时代我国计算机类专业教育，期望得到广大计算机教育界同人的关注与支持，恳请提出建议与意见。期望我国广大计算机教育界同人同心协力，努力培养适应智能时代的高素质创新人才，以推动我国智能科技的发展以及相关领域的综合应用，为实现教育强国和国家发展目标做出贡献。

F O R E W O R D

推 荐 序

“计算机体系结构”（Computer Architecture）也称为“计算机系统结构”，是计算机科学与技术一级学科下最重要的二级学科。“计算机体系结构”是研究怎么造计算机而不是怎么用计算机的学科。我国学者在如何用计算机的某些领域的研究已走到世界前列，例如最近很红火的机器学习领域，中国学者发表的论文数和引用数都已超过美国，位居世界第一。但在如何造计算机的领域，参与研究的科研人员较少，科研水平与国际上还有较大差距。2016 年国家自然科学基金会计算机学科的面上项目共有 4863 项申请，但申报“计算机体系结构”（F0203）方向的项目只有 22 项，占总申报项目的 0.45%，而申报计算机图像与视频处理方向的项目有 439 项。

做计算机体系结构方向研究的科研人员较少与大学及研究生的课程教育直接相关。计算机体系结构是工程性很强的学科，而我国的大学老师大多没有机会实际参与设计 CPU 和操作系统，对计算机的软硬件工作过程不能融会贯通，教学时只能照本宣科，学生只学到一些似懂非懂的名词概念，难以培养“造计算机”的兴趣。目前全国许多高校使用从国外翻译的体系结构教材，John L. Hennessy 和 David A. Patterson 合著的《计算机体系结构：量化研究方法》已经不断改版至第 5 版，被认为是计算机体系结构的经典教材，但此书有近千页之厚，本科生未必都能接受。国内也出版了不少体系结构（系统结构）方面的教材，但多数兼顾了研究生和参考书的需求。因此，迫切需要一本为本科生量身定制的计算机体系结构精品教材。

摆在读者面前的这本《计算机体系结构基础》就是为满足本科教育而编著的精品教材。过去出版的体系结构教材大多是“眼睛向上”编写的，作者既考虑了做本科教材的需求，又考虑了参考书的需求，为了体现参考书的技术前瞻性，往往会包含一些未经受考验的新技术。而本书是作者在 2011 年已经出版的硕士生教材《计算机体系结构》的基础上，“眼睛向下”编著的本科生教材，多年的研究生授课经历使作者十分明确本科生应学习哪些体系结构的基础知识。凡写进这本教科书的内容都是本科生应该掌握的知识，不会为追求时髦而增加额外的内容。

与过去出版的计算机体系结构教科书相比，本书有以下几个特点：

第一个特点是特别重视知识的基础性。计算机发明至今已经 70 余年，曾经用来造计算机的技术多如牛毛，计算机期刊与会议上发表的文章数以万计，但是许多技术如过往烟云，已经被丢进历史的垃圾堆。我在美国读博士时，一位很有权威的教授讲了一个学期计算机体系结构课，基本上都是讲并行计算机的互连（Interconnection）结构，如蝶形（Butterfly）互连、超立方体（Hypercube）互连、胖树（Fat Tree）互连等，现在这些内容已不是计算机界普遍关心的问题。20 世纪 90 年代，计算机体系结构国际会议（ISCA）几乎成了专门讨论缓存（Cache）技术的会议，但没有几篇文章提出真正可用的缓存技术，以至于计算机界的权威 John L. Hennessy 教授 1997 年说出这样的话："把 1990 年以来计算机系统结构方面所有的论文都烧掉，对计算机系统结构没有任何损失。"本书作者在"自序"中写道："计算机体系结构千变万化，但几十年发展沉淀下来的原理性的东西不多，希望从体系结构快速发展的很多现象中找出一些内在的、本质的东西。"毛泽东在《实践论》中归纳总结了十六个字："去粗取精，去伪存真，由此及彼，由表及里。"本书作者遵循这十六个字的精神，对几十年的计算机体系结构技术做了认真的鉴别、选择和对比、分析，写进教科书的内容是经得起历史考验的基础知识。

第二个特点是强调"一以贯之"的系统性。"计算机系统结构"的关键词是"系统"而不是"结构"，国外做计算机系统结构研究的学者介绍自己时往往是说："我是做系统（System）研究的。"计算机专业的学生应具有系统层面的理解能力，能站在系统的高度解决应用问题。对计算机系统是否有全面深入的了解是区别计算机专业人才和非专业人才的重要标志。长期以来我们采用"解剖学"的思路进行计算机教学，按照硬件、软件、应用等分类横切成几门相对独立的课程，使得计算机系毕业的学生对整个计算机系统缺乏完整的理解。如果问已经学完全部计算机课程的学生，在键盘上敲一个空格键到屏幕上的 PPT 翻一页，在这一瞬间计算机中哪些硬件和软件在运转，如何运转，可能绝大多数学生都讲不清楚。本书有若干章节专门讲述计算机的软硬件协同、计算机系统的启动过程等，着力培养学生的全局思维能力。为了使学生一开始就对计算机有全局的框架性认识，此教材的第 1 章对全书内容做了尽可能通俗易懂的描述，这是追求系统性教学的刻意安排。本书作者强调："一个计算机体系结构设计人员就像一个带兵打仗的将领，要学会排兵布阵。要上知天文、下知地理，否则就不会排兵布阵，或者只会纸上谈兵地排兵布阵，只能贻误军国大事。"这里讲的"天文"是指应用程序、编译程序和操作系统，"地理"是指逻辑、电路和工艺。只有上下贯通，才能真正掌握计算机体系结构。

第三个特点是强调能在硅上实现的实践性。由于 CMOS 电路集成度的指数性提高，一块 CPU 芯片已可以集成几十亿晶体管。计算机体系结构的许多知识现在都体现在 CPU 中，因此从某种意义上讲，不懂 CPU 设计就不能真正明白计算机体系结构的奥妙。CPU 的结构通常称为微体系结构，主要在硕士课程中讲授，但本科生的体系结构课程也应学习在硅上能实现的技术。陆游诗云："纸上得来终觉浅，绝知此事要躬行。"只会 P2P 的学习（从 Paper 到 Paper 的学习）往往学不到真本事，只有最后能"躬行"到硅上的知识才是过硬的知识。本书作者有十几年从事 CPU 设计的经验，能正确区分哪些是纸上谈兵的知识，哪些是能落实到硅上的知识，这是他们独特的优势。在中国科学院大学的本科教学中，计算机体系结构课程还辅以高强度的实验课，实践证明这对学生真正理解课堂学到的知识大有好处。

本书内容选材还需要经过课堂教学的长期检验，需要不断听取学生的反馈意见和同行的批评建议，希望经过几年的完善修改，本书能真正成为受到众多大学普遍欢迎的精品教材。

F O R E W O R D

第3版自序

在中国科学院大学讲授“计算机体系结构基础”课程五年以来，发现了《计算机体系结构基础》教材不少值得改进的地方。除了修订第2版的一些错误，这次第3版的主要改进内容包括以下三个方面。

一是加强计算机软硬件协同方面的内容。如第4章中对应用程序二进制接口（Application Binary Interface，简称ABI）的描述更加清楚，增加了操作系统中关于用户程序地址空间分布的内容，并介绍了函数调用、例外处理、系统调用、线程切换、进程切换和虚拟机切换等六种场景的现场保留和恢复过程，希望读者可以通过上述过程更深入地了解计算机系统软硬件的配合。又如第7章在介绍计算机系统启动过程时把串口作为一只“麻雀”进行解剖，希望读者可以借此了解CPU对IO设备的访问与对内存的访问的不同。这样的地方还有不少。

二是对部分内容进行调整以使之更完整和适用。如第3章的特权指令系统部分，从例外、中断、存储管理等方面更详细地分析了操作系统内核专用的特权指令系统的内容。第12章的性能分析部分，在详细介绍Perf性能分析工具的基础上去掉了对Oprofile性能分析工具的介绍，适当缩减了性能测试与分析的具体案例内容，突出基准程序性能测试、Perf微结构数据统计和微测试程序（Microbench）等不同角度的方法与工具在性能分析工作中的应用。

三是在指令系统举例时使用LoongArch指令系统而不是MIPS指令系统。LoongArch是由龙芯团队在2020年推出的新型RISC指令系统。该指令系统摒弃了传统指令系统中部分不适应当前软硬件设计技术发展趋势的陈旧内容，吸纳了近年来指令系统设计领域诸多先进的技术发展成果，有助于硬件实现高性能低功耗的设计，也有利于软件的编译优化以及操作系统、虚拟机的开发。

一门课程的成熟往往需要十年时间。上述根据五年的教学经验进行的修改肯定还不够，需要在未来的教学工作中继续进行改进。

胡伟武

2021年6月29日

F O R E W O R D

第2版自序

计算机专业有几门“当家”的核心课程是关于“如何造计算机”的，硬件方面以计算机组成原理和计算机体系结构为主，软件方面以操作系统和编译原理为主。其他如离散数学、编程语言、数据结构、数字逻辑等计算机专业的学科基础课也很重要，除了计算机专业，其他使用计算机的专业如自动化专业、电子专业也在学。

我从2001年就开始从事龙芯处理器的研发，并从2005年起在中国科学院大学教授计算机体系结构课程，其间接触了很多从各高校计算机专业毕业的学生，发现他们在大学时主要练就了诸如编程等“怎么用计算机”的本领，对操作系统和体系结构这种“如何造计算机”的课程，或者没有系统学习，或者只学到一些概念。比如对于“从打开电源到计算机启动再到登录界面”或者“从按一下空格键到翻一页PPT”这样的过程，如果问及计算机系统内部包括CPU、南北桥、GPU在内的硬件以及包括操作系统和应用程序在内的软件是如何协同工作的，计算机专业毕业的学生几乎没有人说得明白。

我1986年到中国科学技术大学计算机系学习的时候，教授我计算机体系结构课程的老师都是亲自造过计算机的，他们能够讲明白计算机软硬件工作的原理性过程。改革开放以来，我国主要使用国外的CPU和操作系统“攒”计算机，学术界也几乎不从事CPU和操作系统这种核心技术的研究工作，全国两千多个计算机专业主要使用国外教材或者翻译的国外教材教授学生“如何造计算机”。由于计算机体系结构和操作系统都是工程性很强的学科，而任课老师却没有机会参与设计CPU和操作系统，因此教学生的时候难免照本宣科，使学生只学到一些概念，难以对计算机的软硬件工作过程融会贯通。

发展以CPU和操作系统为代表的自主基础软硬件，是国家的战略需求，而人才培养是满足该战略需求的必要条件。因此，自2005年开始，我便结合龙芯CPU的实践在中国科学院研究生院开设计算机体系结构课程，并于2011年依托清华大学出版社出版了《计算机体系结构》教材。2014年，中国科学院大学设立并开始招收本科生，要求我也给本科生讲授计算机体系结构课程。刚开始觉得难度很大，因为计算机体系结构非常复杂，给研究生讲清楚都不容易，给本科生讲清楚就更难。

经过反复思考，我觉得可以利用这个机会，建设包括本科生、硕士生、博士生在内的计算机体系结构课程体系，由浅入深地培养“造计算机”的人才。为此，我们计划编写一套分别面向本科生、硕士生、博士生的“计算机体系结构”课程教材。

面向本科生的教材为《计算机体系结构基础》。主要内容包括：作为软硬件界面的指令系统结构，包含 CPU、GPU、南北桥协同的计算机硬件结构，CPU 的微结构，并行处理结构，计算机性能分析等。上述面面俱到的课程安排主要是考虑到体系结构学科的完整性，但重点是软硬件界面及计算机硬件结构，微结构则是硕士课程的主要内容。

面向硕士生的教材为《计算机体系结构》。主要介绍 CPU 的微结构，包括指令系统结构、二进制和逻辑电路、静态流水线、动态流水线、多发射流水线、运算部件、转移猜测、高速缓存、TLB、多核对流水线的影响等内容。

面向博士生的教材为《高级计算机体系结构》。中科院计算所的“高级计算机体系结构”课程是博士生精品课程的一部分，主要强调实践性，使学生通过设计真实的（而不是简化的）CPU，运行真实的（而不是简化的）操作系统，对结构设计、物理设计、操作系统软件做到融会贯通。

在此基础上，还将推出计算机体系结构实验平台和实验教材。

这套教材的编写突出以下特点：一是系统性，体系是“系统的系统”，很难脱离软硬件环境纯粹就体系结构本身讲解计算机体系结构，需要对体系结构、基础软件、电路和器件融会贯通；二是基础性，计算机体系结构千变万化，但几十年发展沉淀下来的原理性的东西不多，希望从体系结构快速发展的很多现象中找出一些内在的、本质的东西；三是实践性，计算机体系结构是实践性很强的学科，要设计在“硅”上运行而不是在“纸”上运行的体系结构。

胡伟武

P R E F A C E

前　言

计算机体系结构是一门比较抽象的学科，很有可能经过一个学期的学习只学到一些概念。本课程教学希望达到三个目的。一是建立学生的系统观。计算机系统的复杂性体现在计算机中各部分之间的关系非常复杂。如苹果 iPhone 的 CPU 性能不如 Intel 的 X86 CPU，但用户体验明显好于桌面计算机，这就是系统优化的结果。希望学生学完这门课程后能够从系统的角度看待计算机，不再简单地以主频论性能，或者简单地把用户体验归结于 CPU 的单项性能。二是掌握计算机体系结构的若干概念。计算机体系结构中的概念很多，虽然抽象，但是必须掌握。比如计算机体系结构的四大设计原则，指令系统结构，处理器流水线，等等。三是掌握一些重点知识并具备一些重点能力。主要包括：计算机的 ABI 接口，存储管理中的虚实地址转换过程，通过 IO 地址空间扫描进行 IO 设备初始化，计算机系统的启动过程，重要总线如 AXI 总线、内存总线、PCIE 总线的信号及其时序，用 Verilog 编写 RTL 代码的能力，先行进位加法器的逻辑，两位一乘补码乘法器逻辑，用 Perf 进行性能分析的能力，等等。

本书第一部分为引言，介绍体系结构研究内容、主要性能指标、发展趋势以及设计原则。计算机体系结构（Computer Architecture）是描述计算机各组成部分及其相互关系的一组规则和方法，是程序员所看到的计算机属性。计算机体系结构的主要研究内容包括指令系统结构（Instruction Set Architecture，简称 ISA）和计算机组织结构（Computer Organization）。微体系结构（Micro-architecture）是微处理器的组织结构，并行体系结构是并行计算机的组织结构。冯·诺依曼结构的存储程序和指令驱动执行原理是现代计算机体系结构的基础。

本书第二部分介绍以指令系统结构为核心的软硬件界面，包括指令系统总体介绍、指令集结构、异常与中断、存储管理、软硬件协同等内容。贯穿该部分内容的一个核心思想是建立高级语言（如 C 语言）与指令系统结构的关系。例如，C 语言的语句与指令系统的关系，算术语句可直接映射为相关运算指令，for 循环映射为条件跳转，switch 语句映射为跳转索引和跳转表等；操作系统中地址空间的组织与指令访问内存的关系，静态全局变量映射到地址空间的静态数据区，局部变量映射到堆栈区，动态分配的数据则映射到进程空间的堆中；操作系统中进程和线程的表示及切换在指令和地址映射方面的具体体现；敲击键盘和移动鼠标等事件如何通过指令系统的外部中断传递到 CPU，以及指令系统对操作系统处理外部中断的必要支持；等等。

本书第三部分介绍计算机硬件结构。该部分的核心思想是搞清楚计算机内部，包括 CPU、GPU、内存、IO 之间是如何协同完成软件规定的各种操作的。例如，在计算机开机过程中，BIOS 完成硬件初始化后把操作系统从硬盘拷贝到内存执行的过程中南北桥与 CPU 是如何配合的；CPU 和 GPU 是如何协同操作完成计算机屏幕显示的，在显示过程中哪些活是 CPU 干的，哪些活是 GPU 干的；以太网接口、USB 接口等各种接口的驱动在硬件上的具体体现是什么；等等。

本书第四部分介绍微结构。该部分的核心思想是建立指令系统和晶体管之间的“桥梁”。微结构是决定 CPU 性能的关键因素。由于微结构是“计算机体系结构”硕士课程的主要内容，因此本科课程的微结构内容在追求系统地介绍有关概念的基础上，重点把先行进位加法器和五级静态流水线讲透，希望学生通过对先行进位加法器、五级静态流水线、简单转移猜测和高速缓存原理的深入了解，举一反三地了解微结构的实现方式。微结构中动态流水线、乱序执行和多发射等内容只做概念性的介绍。

本书第五部分介绍并行处理结构。应用程序的并行行为是并行处理的基础，现代计算机通过多层次的并行性开发来提高性能。并行处理编程模型包括消息传递模型（如 MPI）和共享存储模型（如 OpenMP）等。多核处理器的设计需要考虑存储一致性模型、高速缓存一致性协议、片上互连、多核同步等核心问题。

本书第六部分介绍计算机的性能分析方法。性能不是由一两个具体指标（如主频）决定的，而是若干因素综合平衡的结果；性能评测也没有绝对合理公平的办法，不同的计算机对不同的应用适应性不一样，对某类应用甲计算机比乙计算机性能高，对另外一类应用可能反之。巨大的设计空间和工作负载的多样性，导致计算机系统的性能分析和评价成为一个非常艰巨的任务。计算机性能分析的主要方法包括理论建模，用模拟器进行性能模拟，以及对实际系统进行性能评测等。

上述面面俱到的课程安排主要是考虑体系结构学科的完整性，但本科课程重点是软硬件界面及计算机硬件结构。对于一般高校，并行处理结构和计算机系统性能分析可以不讲。

在选修本课程前，学生应对 C 语言程序设计、数字逻辑电路有一定的基础。本课程试图说明一个完整的计算系统的工作原理，其中涉及部分操作系统的知识。为了有更好的理解，学生还可以同时选修操作系统课程。课程中的实例和原理介绍以 LoongArch 体系结构为主。与传统课程中讲授的 X86 体系结构相比，LoongArch 结构相对简单明晰而又不失全面。学生可以通过配套的实验课程，自底而上构建自己的计算机系统，包括硬件、操作系统以及应用软件，从而对“如何造计算机”有更深刻的认识。

本书为所有读者免费提供相关资源下载，全文 PDF 及配套学习资源可访问龙芯网站 http://www.loongson.cn/LoongsonLab/OpenAccessLibrary 下载。

CONTENTS

目录

第四部分 CPU 微结构

第五部分 并行处理结构

第六部分 系统评价与性能分析

P A R T 1

第一部分

引　言

第一部分是本书的引言。该部分首先介绍计算机体系结构的研究内容，包括指令系统结构、硬件结构、微体系结构和并行体系结构，它们分别是本书第二、三、四、五部分的主题；然后介绍衡量计算机的主要指标，这是第六部分的内容；最后介绍计算机体系结构的发展、影响因素和基本原则。希望该部分能帮助读者初步建立计算机体系结构的整体概念。

CHAPTER 1

第1章 引 言

要研究怎么造计算机，硬件方面要理解计算机组成原理和计算机体系结构，软件方面要理解操作系统和编译原理。计算机体系结构就是研究怎么做CPU的核心课程。信息产业的主要技术平台都是以中央处理器（Central Processing Unit，简称CPU）和操作系统（Operating System，简称OS）为核心构建起来的，如英特尔公司的X86架构CPU和微软公司的Windows操作系统构成的Wintel平台，ARM公司的ARM架构CPU和谷歌公司的Android操作系统构成的“AA”平台。龙芯正在致力于构建独立于Wintel和AA体系的第三套生态系统。

1.1 计算机体系结构的研究内容

计算机体系结构研究内容涉及的领域非常广泛，纵向以指令系统结构和CPU的微结构为核心，向下到晶体管级的电路结构，向上到应用程序编程接口（Application Programming Interface，简称API）；横向以个人计算机和服务器的体系结构为核心，低端到手持移动终端和微控制器（Micro-Controller Unit，简称MCU）的体系结构，高端到高性能计算机（High Performance Computer，简称HPC）的体系结构。

1.1.1 一以贯之

为了说明计算机体系结构研究涉及的领域，我们看一个很简单平常的问题：为什么我按一下键盘，PPT会翻一页？这是一个什么样的过程？在这个过程中，应用程序（WPS）、操作系统（Windows或Linux）、硬件系统、CPU、晶体管是怎么协同工作的？

下面介绍用龙芯CPU构建的系统实现上述功能的原理性过程。

按一下键盘，键盘会产生一个信号送到南桥芯片，南桥芯片把键盘的编码保存在南桥内部的一个寄存器中，并向处理器发出一个外部中断信号。该外部中断信号传到CPU内部后把CPU中一个控制寄存器的某一位置为“1”，表示收到了外部中断。CPU中另外一个控制寄存器有屏蔽位来确定是否处理这个外部中断信号。

屏蔽处理后的中断信号被附在一条译码后的指令上送到重排序缓冲（Re-Order Buffer，简称ROB）。外部中断是例外（Exception，也称“异常”）的一种，发生例外的指令不会被送到功能部件执行。当这条指令成为重排序缓冲的第一条指令时CPU处理例外。重排序缓冲为了给操作系统一个精确的例外现场，处理例外前要把例外指令前面的指令都执行完，后面的指令都取消掉。

重排序缓冲向所有的模块发出一个取消信号，取消该指令后面的所有指令；修改控制寄存器，把系统状态设为核心态；保存例外原因、发生例外的程序计数器（Program Counter，简称PC）等到指定的控制寄存器中；然后把程序计数器的值置为相应的例外处理入口地址进行取指（LoongArch中例外的入口地址计算规则可以参见其体系结构手册）。

处理器跳转到相应的例外处理器入口后执行操作系统代码，操作系统首先保存处理器现场，包括寄存器内容等。保存现场后，操作系统向CPU的控制寄存器读例外原因，发现是外部中断例外，就向南桥的中断控制器读中断原因，读的同时清除南桥的中断位。读回来后发现中断原因是有人敲了空格键。

操作系统接下来要查找读到的空格是给谁的：有没有进程处在阻塞状态等键盘输入。大家都学过操作系统的进程调度，知道进程至少有三个状态——运行态、阻塞态、就绪态，进程在等IO输入时处在阻塞态。操作系统发现有一个名为WPS的进程处于阻塞态，这个进程对空格键会有所响应，就把WPS唤醒。

WPS被唤醒后处在运行状态。发现操作系统传过来的数据是个键盘输入空格，表示要翻页。WPS就把下一页要显示的内容准备好，调用操作系统中的显示驱动程序，把要显示的内容送到显存，由图形处理器（Graphic Processing Unit，简称GPU）通过访问显存空间刷新屏幕。达到了翻一页的效果。

再看一个问题：如果在翻页的过程中，发现翻页过程非常卡顿，即该计算机在WPS翻页时性能较低，可能是什么原因呢？首先得看看系统中有没有其他任务在运行，如果有很多任务在运行，这些任务会占用CPU、内存带宽、IO带宽等资源，使得WPS分到的资源不够，造成卡顿。如果系统中没有其他应用与WPS抢资源，还会卡顿，那是什么原因呢？多数人会认为是CPU太慢，需要升级。实际上，在WPS翻页时，CPU干的活不多。一种可能是下一页包含很多图形，尤其是很多矢量图，需要GPU画出来，GPU忙不过来了。另外一种可能是要显示的内容数据量大，要把大量数据从WPS的应用程序空间传给GPU使用的专门空间，内存带宽不足导致不能及时传输。在独立显存的情况下，数据如何从内存传输到显存有两种不同的机制：由CPU从内存读出来再写到显存需要CPU具有专门的IO加速功能，因为显存一般是映射在CPU的IO空间；不通过CPU，通过直接内存访问（Direct Memory Access，简称DMA）的方式直接从内存传输到显存会快得多。

“计算机体系结构”课程研究怎么造计算机，而不是怎么用计算机。我们不是学习驾驶汽车，而是学习如何造汽车。一个计算机体系结构设计人员就像一个带兵打仗的将领，要学会排兵布阵。要上知天文、下知地理，否则就不会排兵布阵，或者只会纸上谈兵地排兵布阵，只能贻误军国大事。对计算机体系结构设计来说，“排兵布阵”就是体系结构设计，“上知天文”就是了解应用程序、操作系统、编译器的行为特征，“下知地理”就是了解逻辑、电路、工艺的特点。永远不要就体系结构论体系结构，要做到应用、系统、结构、逻辑、电路、器件的融会贯通。就像《论语》中说的“吾道一以贯之”。

图 1.1 给出了常见通用计算机系统的结构层次图。该图把计算机系统分成应用程序、操作系统、硬件系统、晶体管四个大的层次。注意把这四个层次联系起来的三个界面。第一个界面是应用程序编程接口 API（Application Programming Interface），也可以称作“操作系统的指令系统”，介于应用程序和操作系统之间。API 是应用程序的高级语言编程接口，在编写程序的源代码时使用。常见的 API 包括 C 语言、Fortran 语言、Java 语言、JavaScript 语言接口以及 OpenGL 图形编程接口等。使用一种 API 编写的应用程序经重新编译后可以在支持该 API 的不同计算机上运行。所有应用程序都是通过 API 编出来的，在 IT 产业，谁控制了 API 谁就控制了生态，API 做得好，APP（Application）就多。API 是建生态的起点。第二个界面是指令系统 ISA（Instruction Set Architecture），介于操作系统和硬件系统之间。常见的指令系统包括 X86、ARM、MIPS、RISC-V 和 LoongArch 等。由于 IT 产业的主要应用都是通过目标码的形态发布的，因此 ISA 是软件兼容的关键，是生态建设的终点。指令系统除了实现加减乘除等操作的指令外，还包括系统状态的切换、地址空间的安排、寄存器的设置、中断的传递等运行时环境的内容。第三个界面是工艺模型，介于硬件系统与晶体管之间。工艺模型是芯片生产厂家提供给芯片设计者的界面，除了表达晶体管和连线等基本参数的 SPICE（Simulation Program with Integrated Circuit Emphasis）模型外，该工艺所能提供的各种 IP 也非常重要，如实现 PCIE 接口的物理层（简称 PHY）等。

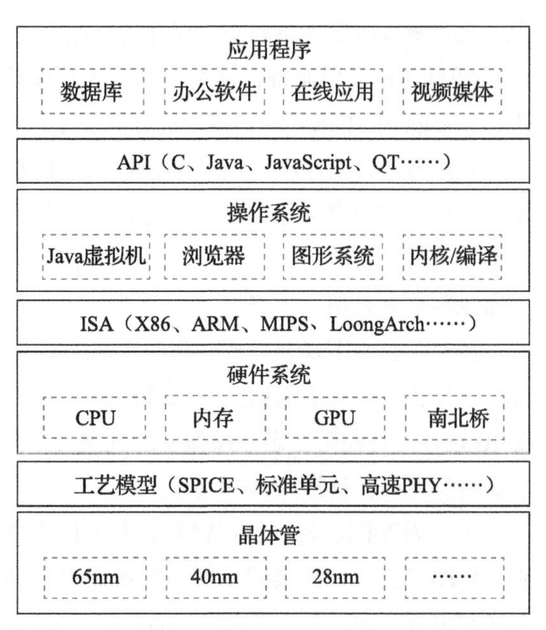

图 1.1　通用计算机系统的结构层次

需要指出的是，在 API 和 ISA 之间还有一层应用程序二进制接口（Application Binary Interface，简称 ABI）。ABI 是应用程序访问计算机硬件及操作系统服务的接口，由计算机的用户态指令和操作系统的系统调用组成。为了实现多进程访问共享资源的安全性，处理器设有“用户态”与“核心态”。用户程序在用户态下执行，操作系统向用户程序提供具有预定功能的系统调用函数来访问只有核心态才能访问的硬件资源。当用户程序调用系统调用函数时，处理器进入核心态执行诸如访问IO设备、修改处理器状态等只有核心态才能执行的指令。处理完系统调用后，处理器返回用户态执行用户代码。相同的应用程序二进制代码可以在相同ABI的不同计算机上运行。

学习计算机体系结构的人一定要把图1.1装在心中。从一般意义上说，计算机体系结构的研究内容包括指令系统结构、硬件系统结构和CPU内部的微结构。但做体系结构设计而上不懂应用和操作系统，下不懂晶体管级行为，就像带兵打仗排兵布阵的人不知天文、不晓地理，是做不好体系结构的。首先，指令系统就是从应用程序算法中抽取出来的“算子”。只有对应用程序有深入的了解，才能决定哪些事情通过指令系统由硬件直接实现，哪些事情通过指令组合由软件实现。其次，硬件系统和CPU的微结构要针对应用程序的行为进行优化。如针对媒体处理等流式应用，需要通过预取提高性能；CPU的高速缓存就是利用了应用程序访存的局部性；CPU的转移猜测算法就是利用了应用程序转移行为的重复性和相关性；CPU的内存带宽设计既要考虑CPU本身的访存需求，也要考虑由显示引起的GPU访问内存的带宽需求。再次，指令系统和CPU微结构的设计要充分考虑操作系统的管理需求。如操作系统通过页表进行虚存管理需要CPU实现TLB(Translation Lookaside Buffer)对页表进行缓存并提供相应的TLB管理指令；CPU实现多组通用寄存器高速切换的机制有利于加速多线程切换；CPU实现多组控制寄存器和系统状态的高速切换机制有利于加速多操作系统切换。最后，计算机中主要的硬件实体如CPU、GPU、南北桥、内存等都是通过晶体管来实现的，只有对晶体管行为有一定的了解才能在结构设计阶段对包括主频、成本、功耗在内的硬件开销进行评估。如高速缓存的容量是制约CPU主频和面积的重要因素，多发射结构的发射电路是制约主频的重要因素，在微结构设计时都是进行权衡取舍的重要内容。

1.1.2 什么是计算机

什么是计算机？大多数人认为计算机就是我们桌面的电脑，实际上计算机已经深入到我们信息化生活的方方面面。除了大家熟知的个人电脑、服务器和工作站等通用计算机外，像手机、数码相机、数字电视、游戏机、打印机、路由器等设备的核心部件都是计算机，都是计算机体系结构研究的范围。也许此刻你的身上就有好几台计算机。

看几个著名的计算机应用的例子。比如说美国国防部有一个ASCI(Accelerated Strategic Computing Initiative)计划，为核武器模拟制造高性能计算机。20世纪90年代，拥有核武器的国家签订了全面禁止核试验条约，凡是签这个条约的国家都不能进行核武器的热试验，或者准确地说不能做“带响”的核武器试验。这对如何保管核武器提出了挑战，核武器放在仓库里不能做试验，这些核武器放了一百年以后，拿出来还能不能用？会不会放着放着自己炸起来？想象一下一块铁暴露在空气中一百年会锈成什么样子。这就需要依靠计算机模拟来进行核武器管理，核武器的数字模拟成为唯一可以进行的核试验，这种模拟需要极高性能的计算机。据美国国防部估计，为了满足2010年核管理的需要，需要每秒完成10^{16}~10^{17}次运算的计算机。现在我们桌面电脑的频率在1GHz的量级（词头“G”表示10^9），加上向量化、多发射和多核的并行，现在的先进通用CPU性能大约在10^{11}的运算量级，即每秒千亿次运算，10^{16}运算量级就需要10万个CPU，耗电几十兆瓦。美国在2008年推出的世界上首台速度达到PFLOPS（每秒千万亿次运算，其中词头“P”表示10^{15}，FLOPS表示每秒浮点运算次数）的高性能计算机Roadrunner就用于核模拟。高性能计算机的应用还有很多。例如波音777是第一台完全用计算机模拟设计出来的飞机，还有日本的地球模拟器用来模拟整个地球的地质活动以进行地震方面的研究。高性能计算已经成为除了科学实验和理论推理外的第三种科学研究手段。

计算机的另外一个极端应用就是手机，手机也是计算机的一种。现在的手机里至少有一个CPU，有的甚至有几个。

希望大家建立一个概念，计算机不光是桌面上摆的个人计算机，它可以大到一个厅都放不下，需要专门为它建一个电站来供电，也可以小到揣在我们的兜里，充电一次就能用一整天。不管这个计算机的规模有多大，都是计算机体系结构的研究对象。计算机是为了满足人们各种不同的计算需求设计的自动化计算设备。随着人类科技的进步和新需求的提出，最快的计算机会越来越大，最小的计算机会越来越小。

1.1.3　计算机的基本组成

我们从小就学习十进制的运算，0、1、2、3、4、5、6、7、8、9十个数字，逢十进一。计算机中使用二进制，只有0和1两个数字，逢二进一。为什么用二进制，不用我们习惯的十进制呢？因为二进制最容易实现。自然界中二值系统非常多，电压的高低、水位的高低、门的开关、电流的有无等等都可以组成二值系统，都可以用来做计算机。二进制最早是由莱布尼茨发明的，冯·诺依曼最早将二进制引入计算机的应用，而且计算机里面的程序和数据都用二进制。从某种意义上说，中国古人的八卦也是一种二进制。

计算机的组成非常复杂，但其基本单元非常简单。打开一台PC的机箱，可以发现电路板上有很多芯片。如图1.2所示，一个芯片就是一个系统，由很多模块组成，如加法器、乘法器等；而一个模块由很多逻辑门组成，如非门、与门、或门等；逻辑门由晶体管组成，如PMOS管和NMOS管等；晶体管则通过复杂的工艺过程形成。所以计算机是一个很复杂的系统，由很多可以存储和处理二进制运算的基本元件组成。就像盖房子一样，再宏伟、高大的建筑都是由基本的砖瓦、钢筋水泥等材料搭建而成的。在CPU芯片内部，一根头发的宽度可以并排走上千根导线；购买一粒大米的钱可以买上千个晶体管。

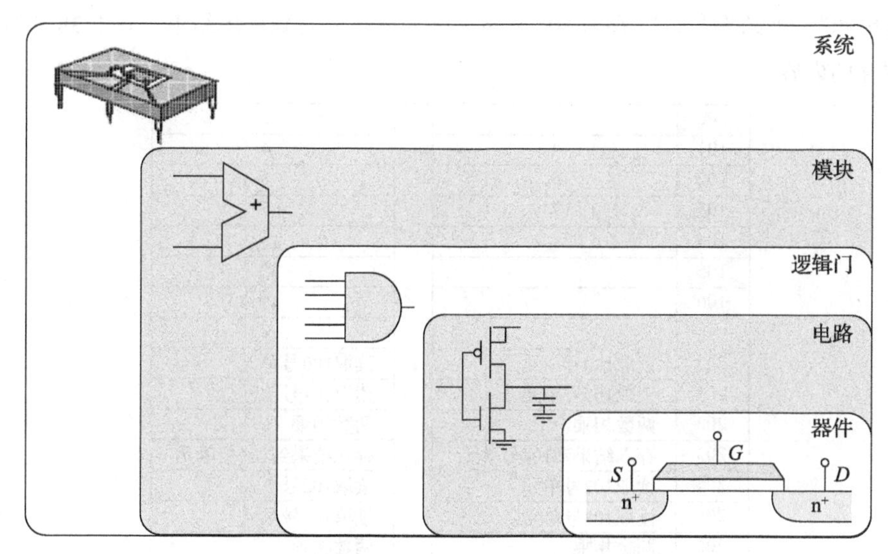

图 1.2　芯片、模块、逻辑门、晶体管和器件

现在计算机结构的基本思想是1945年匈牙利数学家冯·诺依曼结合EDVAC计算机的研制提出的，因此被称为冯·诺依曼结构。

我们通过一个具体的例子来介绍冯·诺依曼结构。比如说求式子（3×4+5×7）的值，人类是怎么计算的呢？先计算3×4=12，把12记在脑子里，接着计算5×7=35，再计算12+35=47。我们在计算过程中计算和记忆（存储）都在一个脑袋里（但式子很长的时候需要把临时结果记在纸上）。

计算机的计算和记忆是分开的，负责计算的部分由运算器和控制器组成，称为中央处理器，就是CPU；负责记忆的部分称为存储器。存储器里存了两样东西，一是存了几个数，3、4、5、7、12、35、47，这个叫作数据；二是存储了一些指令。也就是说，操作对象和操作序列都保存在存储器里。

我们来看看计算机是如何完成（3×4+5×7）的计算的。计算机把3、4、5、7这几个数都存在内存中，计算过程中的临时结果（12、35）和最终结果（47）也存在内存中；此外，计算机还把对计算过程的描述（程序）也存在内存中，程序由很多指令组成。图1.3a给出了内存中在开始计算前数据和指令存储的情况，假设数据存在100号单元开始的区域，程序存在200号单元开始的区域。

计算机开始运算过程如下：CPU从内存200号单元取回第一条指令，这条指令就是“读取100号单元”，根据这条指令的要求从内存把“3”读进来；再从内存201号单元取下一条指令“读取101号单元”，然后根据这条指令的要求从内存把“4”读进来；再从内存202号单元取下一条指令“两数相乘”，乘出结果为“12”；再从内存203号单元取下一条指令“存入结果到 104 号单元”，把结果“12”存入 104 号单元。如此往复直到程序结束。图 1.3b 是程序执行结束时内存的内容。

地址	a)	b)
100	3	3
101	4	4
102	5	5
103	7	7
104		12
105		35
106		47
……	……	……
200	读取100号单元	读取100号单元
201	读取101号单元	读取101号单元
202	两数相乘	两数相乘
203	存入结果到104号单元	存入结果到104号单元
204	读取102号单元	读取102号单元
205	读取103号单元	读取103号单元
206	两数相乘	两数相乘
207	存入结果到105号单元	存入结果到105号单元
208	读取104号单元	读取104号单元
209	读取105号单元	读取105号单元
210	两数相加	两数相加
211	存入结果到106号单元	存入结果到106号单元

图 1.3　程序和数据存储在一起

大家看看刚才这个过程，比我们大脑运算烦琐多了。我们大脑算三步就算完了，而计算机需要那么多步，又取指令又取数据，挺麻烦的。这就是冯·诺依曼结构的基本思想：数据和程序都在存储器中，CPU 从内存中取指令和数据进行运算并把结果也放到内存中。把指令和数据都存在内存中可以让计算机按照事先规定的程序自动地完成运算，是实现图灵机的一种简单方法。冯·诺依曼结构很好地解决了自动化的问题：把程序放在内存里，一条条取进来，自己就做起来了，不用人来干预。如果没有这样一种自动执行的机制，让人去控制计算机做什么运算，拨一下开关算一下，程序没有保存在内存中而是保存在人脑中，就成算盘了。计算机的发展日新月异，但 70 多年过去了还是使用冯·诺依曼结构。尽管冯·诺依曼结构有很多缺点，例如什么都保存在内存中使访存成为性能瓶颈，但我们还是摆脱不了它。

虽然经过了长期的发展，以存储程序和指令驱动执行为主要特点的冯·诺依曼结构仍是现代计算机的主流结构。笔者面试研究生的时候经常问一个问题：冯·诺依曼结构最核心的思想是什么？结果很多研究生都会答错。有人说是由计算器、运算器、存储器、输入、输出五个部分组成；有人说是程序计数器导致串行执行；等等。实际上，冯·诺依曼结构就是数据和程序都存在存储器中，CPU 从内存中取指令和数据进行运算，并且把结果也放在内存中。概括起来就是存储程序和指令驱动执行。

1.2 衡量计算机的指标

怎么样来衡量一台计算机的好坏呢？计算机的衡量指标有很多，其中性能、价格和功耗是三个主要指标。

1.2.1 计算机的性能

计算机的第一个重要指标是性能。前面说的用来进行核模拟的高性能计算机对一个国家来说具有战略意义，算得越快越好。又如中央气象台用于天气预报的计算机每天需要根据云图数据解很复杂的偏微分方程，要是计算机太慢，明天的天气预报后天才算出来，那就叫天气后报，没用了。所以性能是计算机的首要指标。

什么叫性能？性能的最本质定义是“完成一个任务所需要的时间”。对中央气象台的台长来说，性能就是算明天的天气预报需要多长时间。如果甲计算机两个小时能算完 24 小时的天气预报，乙计算机一个小时就算完，显然乙的性能比甲好。完成一个任务所需要的时间可以由完成该任务需要的指令数、完成每条指令需要的拍数以及每拍需要的时间三个量相乘得到。完成任务需要的指令数与算法、编译器和指令的功能有关；每条指令需要的拍数与编译器、指令功能、微结构设计相关；每拍需要的时间，也就是时钟周期，与结构、电路设计、工艺等因素有关。

完成一个任务的指令数首先取决于算法。我们刚开始做龙芯的时候，计算所的一个老研究员讲过一个故事。说 20 世纪六七十年代的时候，美国的计算机每秒可以算一亿次，苏联的计算机每秒算一百万次，结果算同一个题目，苏联的计算机反而先算完，因为苏联的算法厉害。以对 N 个数进行排序的排序算法为例，冒泡排序算法的运算复杂度为 $O(N \times N)$，快速排序算法的运算复杂度为 $O(N\log_2 N)$，如果 N 为 1024，则二者执行的指令数差 100 倍。

编译器负责把用户用高级语言（如 C/C++和 Fortran 等）写的代码转换成计算机硬件能识别的、由一条条指令组成的二进制码。转换出来的目标码的质量的好坏在很大程度上影响完成一个任务的指令数。在同一台计算机上运行同一个应用程序，用不同的编译器或不同的编译选项，运行时间可能有几倍的差距。

指令系统的设计对完成一个任务的指令数影响也很大。例如要不要设计一条指令直接完成一个 FFT 函数，还是让用户通过软件的方法来实现 FFT 函数，这是结构设计的一个取舍，直接影响完成一个任务的指令数。体系结构有一个常用指标叫 MIPS（Million Instructions Per Second），即每秒执行多少百万条指令。看起来很合理的一个指标，关键是一条指令能干多少事讲不清楚。如果甲计算机一条指令就能做一个 1024 点的 FFT，而乙计算机一条指令就算一个加法。两台计算机比 MIPS 值就没什么意义。因此后来有人把 MIPS 解释为 Meaningless

Indication of Processor Speed。现在常用一个性能指标 MFLOPS（Million FLoating point Operations Per Second），即每秒做多少百万次浮点运算，也有类似的问题。如果数据供不上，运算能力再强也没有用。

在指令系统确定后，结构设计需要重点考虑如何降低每条指令的平均执行周期（Cycles Per Instruction，简称 CPI），或提高每个时钟周期平均执行的指令数（Instructions Per Cycle，简称 IPC），这是处理器微结构研究的主要内容。CPI 就是一个程序执行所需要的总的时钟周期数除以它所执行的总指令数，反之则是 IPC。处理器的微结构设计对 IPC 的影响很大，采用单发射还是多发射结构，采用何种转移猜测策略以及什么样的存储层次设计都直接影响 IPC。表 1.1 给出了龙芯 3A1000 和龙芯 3A2000 处理器运行 SPEC CPU2000 基准程序的分值。两个 CPU 均为 64 位四发射结构，主频均为 1GHz，两个处理器运行的二进制码相同，但由于微结构不同，IPC 差异很大，总体上说，3A2000 的 IPC 是 3A1000 的 2~3 倍。

表 1.1　龙芯 3A1000 和龙芯 3A2000 的 SPEC CPU2000 分值

SPEC 程序	3A1000		3A2000	
	运行时间/秒	分值	运行时间/秒	分值
164. gzip	503	279	323	433
175. vpr	389	360	222	632
176. gcc	206	533	110	1003
181. mcf	480	375	195	925
186. crafty	166	604	122	822
197. parser	707	254	266	676
252. eon	159	815	141	924
253. perlbmk	418	431	279	644
254. gap	338	325	155	711
255. vortex	291	652	125	1520
256. bzip2	383	391	285	527
300. twolf	421	712	364	824
SPEC_INT2000		447		764
168. wupwise	338	473	123	1296
171. swim	1299	239	324	957
172. mgrid	1045	172	169	1062
173. applu	900	233	197	1067
177. mesa	244	574	156	896
178. galgel	507	572	143	2022
179. art	173	1504	97	2686
183. equake	457	285	96	1353
187. facerec	288	659	146	1306
188. ammp	538	409	274	803

（续）

SPEC 程序	3A1000		3A2000	
	运行时间/秒	分值	运行时间/秒	分值
189. lucas	716	279	181	1104
191. fma3d	550	382	203	1034
200. sixtrack	553	199	276	399
301. apsi	1159	224	235	1108
SPEC_FP2000		367		1120

主频宏观上取决于微结构设计，微观上取决于工艺和电路设计。例如 Pentium Ⅲ的流水线是 10 级，Pentium Ⅳ为了提高主频，把流水级做到了 20 级，还恨不得做到 40 级。Intel 的研究表明，只要把 Cache 和转移猜测表的容量增加一倍，就能抵消流水线增加一倍引起的流水线效率降低。又如，从电路的角度来说，甲设计做 64 位加法只要 1ns，而乙设计需要 2ns，那么甲设计比乙设计主频高一倍。相同的电路设计，用不同的工艺实现出来的主频也不一样，先进工艺晶体管速度快，主频高。

可见在一个系统中不同层次有不同的性能标准，很难用一项单一指标刻画计算机性能的高低。大家可能会说，从应用的角度看性能是最合理的。甲计算机两个小时算完明天的天气预报，乙计算机只要一小时，那乙的性能肯定比甲的好，这总对吧。也对也不对。只能说，针对算明天的天气预报这个应用，乙计算机的性能比甲的好。但对于其他应用，甲的性能可能反而比乙的好。

1.2.2　计算机的价格

计算机的第二个重要指标是价格。20 世纪 80 年代以来电脑越来越普及，就是因为电脑的价格在不断下降，从一味地追求性能（Performance per Second）到追求性能价格比（Performance per Dollar）。现在中关村卖个人电脑的企业利润率比卖猪饲料的还低得多。

不同的计算机对成本有不同的要求。用于核模拟的超级计算机主要追求性能，一个国家只需要一两台这样的高性能计算机，不太需要考虑成本的问题。相反，大量的嵌入式应用为了降低功耗和成本，可能牺牲一部分性能，因为它要降低功耗和成本。而 PC、工作站、服务器等介于两者之间，它们追求性能价格比的最优设计。

计算机的成本跟芯片成本紧密相关，计算机中芯片的成本包括该芯片的制造成本和一次性成本 NRE（如研发成本）的分摊部分。生产量对于成本很关键。随着不断重复生产，工程经验和工艺水平都不断提高，生产成本可以持续地降低。例如做衣服，刚开始可能做 100 件就有 10 件是次品，以后做 1000 件也不会做坏 1 件了，衣服的总体成本就降低了。产量的提高能够加速学习过程，提高成品率，还可以降低一次性成本。

随着工艺技术的发展，为了实现相同功能所需要的硅面积指数级降低，使得单个硅片的成本指数级降低。但成本降到一定的程度就不怎么降了，甚至还会有缓慢上升的趋势，这是因为厂家为了保持利润不再生产和销售该产品，转而生产和销售升级产品。现在的计算机工业是一个不断出售升级产品的工业。买一台计算机三到五年后，就需要换一台新的计算机。CPU 和操作系统厂家一起，通过一些技术手段让一般用户五年左右就需要换掉电脑。这些手段包括：控制芯片老化寿命，不再更新老版本的操作系统而新操作系统的文档格式不与老的保持兼容，发明新的应用使没有升级的计算机性能不够，等等。主流的桌面计算机 CPU 刚上市时价格都比较贵，然后逐渐降低，降到 200 美元以下，就逐步从主流市场中退出。芯片公司必须不断推出新的产品，才能保持盈利。但是总的来说，对同一款产品，成本曲线是不断降低的。

1.2.3　计算机的功耗

计算机的第三个重要指标是功耗。手机等移动设备需要用电池供电。电池怎么用得久呢？低功耗就非常重要。高性能计算机也要低功耗，它们的功耗都以兆瓦（MW）计。兆瓦是什么概念？我们上大学时在宿舍里煮方便面用的电热棒的功率是 1000W 左右，几个电热棒一起用宿舍就停电了。1MW 就是 1000 个电热棒的功率。曙光 5000 高性能计算机在中科院计算所的地下室组装调试时，运行一天电费就是一万多块钱，比整栋楼的电费还要高。计算机里产生功耗的地方非常多，CPU 有功耗，内存条有功耗，硬盘也有功耗，最后为了把这些热量散发出去，制冷系统也要产生功耗。近几年来，性能功耗比（Performance per Watt）成为计算机非常重要的一个指标。

芯片功耗是计算机功耗的重要组成部分。芯片的功耗主要由晶体管工作产生，所以先来看晶体管的功耗组成。图 1.4 是一个反相器的功耗模型。反相器由一个 PMOS 管和一个 NMOS 管组成。其功耗主要可以分为三类：开关功耗、短路功耗和漏电功耗。开关功耗主要是电容的充放电，比如当输出端从 0 变到 1 时，输出端的负载电容从不带电变为带电，有一个充电的过程；当输出端从 1 变到 0 时，电容又有一个放电的过程。在充电、放电的过程中就会产生功耗。开关功耗既和充放电电压、电容值有关，还和反相器开关频率相关。

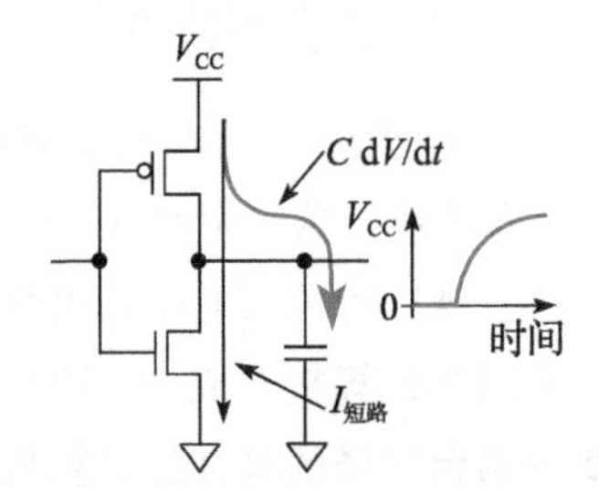

图 1.4　动态功耗和短路功耗

短路功耗就是 P 管和 N 管短路时产生的功耗。当反相器的输出为 1 时，P 管打开，N 管关闭；输出为 0 时，则 N 管开，P 管闭。但在开、闭的转换过程中，电流的变化并不像理论上那样是一个方波，而是有一定的斜率。在这个变化的过程中会出现 N 管和 P 管同时部分打开的情况，这时候就产生了短路功耗。

漏电功耗是指 MOS 管不能严格关闭时发生漏电产生的功耗。以 NMOS 管为例，如果栅极有电 N 管就导通；否则 N 管就关闭。但在纳米级工艺下，MOS 管沟道很窄，即使栅极不加电压，源极和漏极之间也有电流；另外栅极下的绝缘层很薄，只有几个原子的厚度，从栅极到沟道也有漏电流。漏电流大小随温度升高呈指数增加，因此温度是集成电路的第一杀手。

优化芯片功耗一般从两个角度入手——动态功耗优化和静态功耗优化。升级工艺是降低动态功耗的有效方法，因为工艺升级可以降低电容和电压，从而成倍地降低动态功耗。芯片工作频率跟电压成正比，在一定范围内（如5%~10%）降低频率可以同比降低电压，因此频率降低10%，动态功耗可以降低30%左右（功耗和电压的平方成正比，和频率成正比）。可以通过选择低功耗工艺降低芯片静态功耗，集成电路生产厂家一般会提供高性能工艺和低功耗工艺，低功耗工艺速度稍慢一些但漏电功耗成数量级降低。在结构和逻辑设计时，避免不必要的逻辑翻转可以有效降低翻转率，例如在某一流水级没有有效工作时，保持该流水级为上一拍的状态不翻转。在物理设计时，可以通过门控时钟降低时钟树翻转功耗。在电路设计时，可以采用低摆幅电路降低功耗，例如工作电压为1V时，用0.4V表示逻辑0，用0.6V表示逻辑1，摆幅就只有0.2V，大大降低了动态功耗。

芯片的功耗是一个全局量，与每一个设计阶段都相关。功耗优化的层次从系统级、算法级、逻辑级、电路级，直至版图和工艺级，是一个全系统工程。近几年在降低功耗方面的研究非常多，和以前片面追求性能不同，降低功耗已经成了芯片设计一个最重要的任务。

信息产业是一个高能耗产业，信息设备耗电越来越多。根据冯·诺依曼的公式，现在一位比特翻转所耗的电是理论值的10^{10}倍以上。整个信息的运算过程是一个从无序到有序的过程，这个过程中它的熵变小，是一个吸收能量的过程。但事实上，它真正需要的能量很少，因为我们现在用来实现运算的手段不够先进，不够好，所以才造成了10^{10}倍这么高的能耗，因此我们还有多个数量级的优化空间。这其中需要一些原理性的革命，材料、设计上都需要很大的革新，即使目前在用的晶体管，优化空间也是很大的。

有些应用还需要考虑计算机的其他指标，例如使用寿命、安全性、可靠性等。以可靠性为例，计算机中用的CPU可以分为商用级、工业级、军品级、宇航级等。比如北斗卫星上面的计算机，价格贵点没关系，慢一点也没关系，关键是要可靠，我国放了不少卫星，有的就是由于其中的元器件不可靠报废了。因此在特定领域可靠性要求非常高。再如银行核心业务用的计算机也非常在乎可靠性，只要一年少死机一次，价格贵一千万元也没关系，对银行来说，核心计算机死机，所有的储户就取不了钱，这损失太大了。

因此考评一个计算机好坏的指标非常多。本课程作为本科计算机体系结构基础课程，在以后的章节中主要关注性能指标。

1.3 计算机体系结构的发展

从事一个领域的研究，要先了解这个领域的发展历史。计算机体系结构是不断发展的。

20世纪五六十年代，由于工艺技术的限制，计算机都做得很简单，计算机体系结构主要研究怎么做加减乘除，Computer Architecture基本上等于Computer Arithmetic。以后我们会讲到先行进位加法器、Booth补码乘法算法、华莱士树等，主要是那时候的研究成果。现在体系结构的主要矛盾不在运算部件，CPU中用来做加减乘除的部件只占CPU中硅面积的很小一部分，CPU中的大部分硅面积用来给运算部件提供足够的指令和数据。

20世纪七八十年代的时候，以精简指令集（Reduced Instruction Set Computer，简称RISC）兴起为标志，指令系统结构（Instruction Set Architecture，简称ISA）成为计算机体系结构的研究重点。笔者上大学的时候系统结构老师告诉我们，计算机系统结构就是指令系统结构，是计算机软硬件之间的界面。

20世纪90年代以后，计算机体系结构要考虑的问题把CPU、存储系统、IO系统和多处理器也包括在内，研究的范围大大地扩展了。到了21世纪，网络就是计算机，计算机体系结构要覆盖的面更广了：向上突破了软硬件界面，需要考虑软硬件的紧密协同；向下突破了逻辑设计和工艺实现的界面，需要从晶体管的角度考虑结构设计。一方面，计算机系统的软硬件界面越来越模糊。按理说指令系统把计算机划分为软件和硬件是清楚的，但现在随着虚拟机和二进制翻译系统的出现，软硬件的界面模糊了。当包含二进制动态翻译的虚拟机执行一段程序时，这段程序可能被软件执行，也有可能直接被硬件执行；可能被并行化，也可能没有被并行化。因此，计算机结构设计需要更多地对软件和硬件进行统筹考虑。另一方面，随着工艺技术的发展，计算机体系结构需要更多地考虑电路和工艺的行为。工艺技术发展到纳米级，体系结构设计不仅要考虑晶体管的延迟，而且要考虑连线的延迟，很多情况下即使逻辑路径很短，如果连线太长也会导致其成为关键路径。

工艺技术的发展和应用需求的提高是计算机体系结构发展的主要动力。首先，半导体工艺技术和计算机体系结构技术互为动力、互相促进，推动着计算机工业的蓬勃发展。一方面，半导体工艺水平的提高，为计算机体系结构的设计提供了更多更快的晶体管来实现更多功能、更高性能的系统。例如20世纪60年代发展起来的虚拟存储技术通过建立逻辑地址到物理地址的映射，使每个程序有独立的地址空间，大大方便了编程，促进了计算机的普及。但虚拟存储技术需要TLB（Translation Lookaside Buffer）结构在处理器访存时进行虚实地址转换，而TLB的实现需要足够快、足够多的晶体管。所以半导体工艺的发展为体系结构的发展提供了很好的基础。另一方面，计算机体系结构的发展是半导体技术发展的直接动力。在2010年之前，世界上最先进半导体工艺都用于生产计算机用的处理器芯片，为处理器生产厂家所拥有（如IBM和英特尔）。其次，应用需求的不断提高为计算机体系结构的发展提供了持久的动力。最早计算机都是用于科学工程计算，只有少数人能够用，20世纪80年代IBM把计算机摆到桌面，大大促进了计算机工业发展；21世纪初网络计算的普及又一次促进了计算机工业的发展。

在2010年之前，计算机工业的发展主要是工艺驱动为主，应用驱动为辅，都是计算机工艺厂家先挖空心思发明出应用然后让大家去接受。例如英特尔跟微软为了利润而不断发明应用，从DOS到Windows，到Office，到3D游戏，每次都是他们发明了计算机的应用，然后告诉用户为了满足新的应用需求需要换更好的计算机。互联网也一样，没有互联网之前，人们根本没有想到它能干这么多事情，更没有想到互联网会成为这么大一个产业，对社会的发展产生如此巨大的影响。在这个过程中，当然应用是有拉动作用的，但这个力量远没有追求利润的动力那么大。做计算机体系结构的人总是要问一个问题，摩尔定律发展所提供的这么多晶体管可以用来干什么，很少有人问满足一个特定的应用需要多少个晶体管。但在2010年之后，随着计算机基础软硬件的不断成熟，IT产业的主要创新从工艺转向应用。可以预计，未来计算机应用对体系结构的影响将超过工艺技术，成为计算机体系结构发展的首要动力。

1.3.1 摩尔定律和工艺的发展

1. 工艺技术的发展

摩尔定律不是一个客观规律，是一个主观规律。摩尔是Intel公司的创始人，他在20世纪六七十年代说集成电路厂商大约18个月能把工艺提高一代，即相同硅面积中晶体管数目提高一倍。大家就朝这个目标去努力，还真做到了。所以摩尔定律是主观努力的结果，是投入很多钱才做到的。现在变慢了，变成2~3年或更长时间更新一代，一个重要原因是新工艺的研发成本变得越来越高，厂商收回投资需要更多的时间。摩尔定律是计算机体系结构发展的物质基础。正是由于摩尔定律的发展，芯片的集成度和运算能力都大幅度提高。图1.5通过一些历史图片展示了国际上集成电路和微处理器的发展历程。

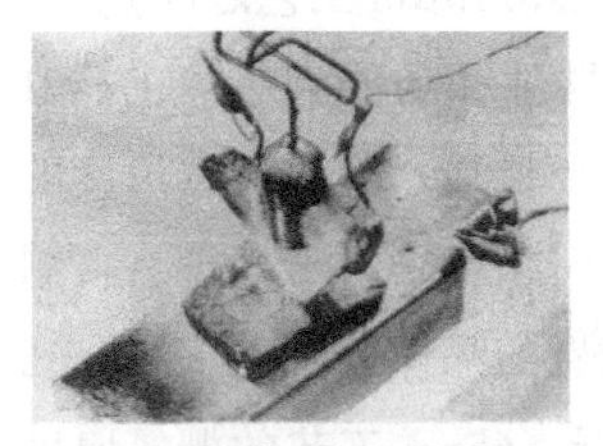

a）第一个晶体管，贝尔实验室，1948年

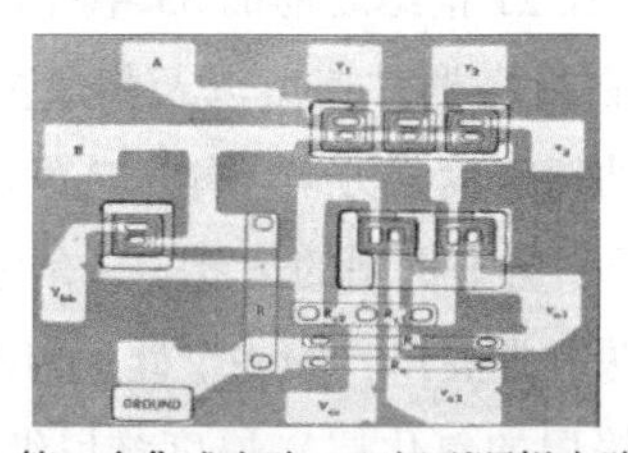

b）第一个集成电路，双极型逻辑电路，20世纪60年代

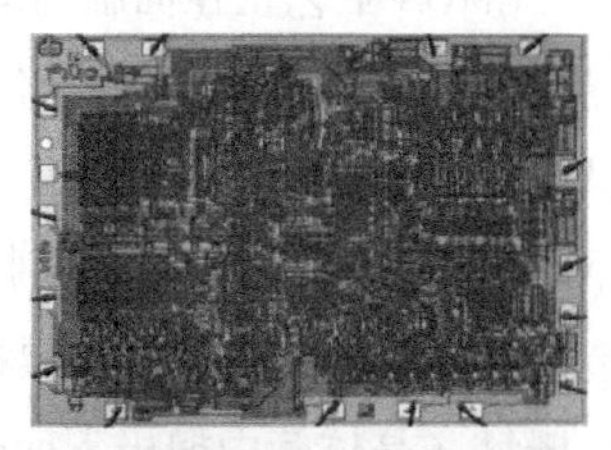

c）第一个微处理器，Intel 4004，1971年

d）16位微处理器Intel 8086，1978年

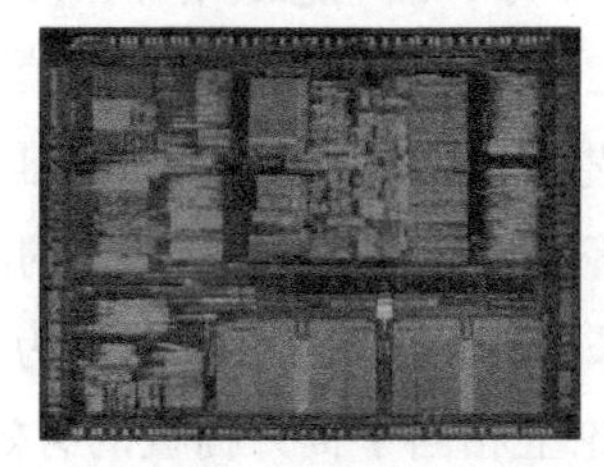

e）32位微处理器Intel 80386，1985年

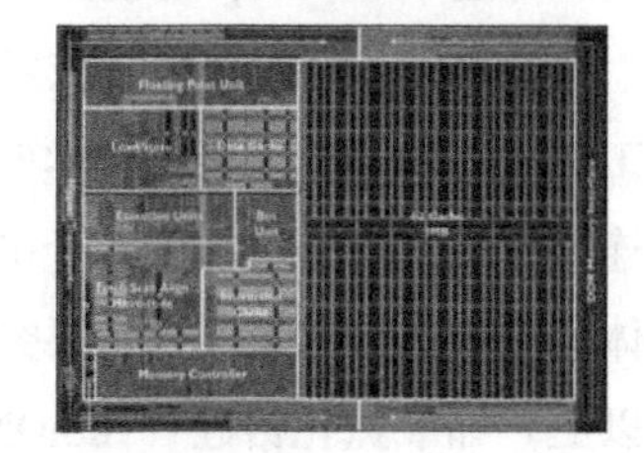

f）64位微处理器AMD K8，2003年

图1.5 集成电路和微处理器的发展历程

图 1.6 给出了由我国自行研制的部分计算机和微处理器的历史图片。可以看出，随着工艺技术的发展，计算机从一个大机房到一个小芯片，运算能力大幅度提高，这就是摩尔定律带来的指数式发展的效果。其中的 109 丙机值得提一下，这台机器为“两弹一星”的研制立下了汗马功劳，被称为功勋机。

a）103机，我国第一台小型通用数字电子计算机，每秒1800次

b）104机，我国第一台大型通用数字电子计算机，每秒1万次

c）109丙机，晶体管大型通用数字电子计算机，每秒5万次

d）757机，我国第一台向量机，每秒1000万次

e）KJ8920大型计算机系统，每秒5000万次

f）龙芯1号，我国第一个32位通用微处理器，每秒4亿次

图 1.6　我国自行研制的计算机和微处理器

CMOS 工艺正在面临物理极限。在 21 世纪之前的 35 年（或者说在 0.13μm 工艺之前），半导体场效应晶体管扩展的努力集中在提高器件速度以及集成更多的器件和功能到芯片上。21 世纪以来，器件特性的变化和芯片功耗密度成为半导体工艺发展的主要挑战。随着线宽尺度的不断缩小，CMOS 的方法面临着原子和量子机制的边界。一是蚀刻等问题越来越难处理，可制造性问题突出；二是片内漂移的问题非常突出，同一个硅片内不同位置的晶体管都不一样；三是栅氧（晶体管中栅极下面作为绝缘层的氧化层）厚度难以继续降低，65nm 工艺的栅氧厚度已经降至了 1.2nm，也就是五个硅原子厚，漏电急剧增加，再薄的话就短路了，无法绝缘了。

工程师们通过采用新技术和新工艺来克服这些困难并继续延续摩尔定律。在 90/65nm 制造工艺中，采用了多项新技术和新工艺，包括应力硅（Strained Silicon）、绝缘硅（SOI）、铜互连、低 k(k 指介电常数）介电材料等。45/32nm 工艺所采用的高 k 介质和金属栅材料技术是晶体管工艺技术的又一个重要突破。采用高 k 介质（SiO_2 的 k 为 3.9，高 k 材料的介电常数在 20 以上）如氧氮化铪硅（HfSiON）理论上相当于提升栅极的有效厚度，使漏电电流下降到 10% 以下。另外高 k 介电材料和现有的硅栅电极并不相容，采用新的金属栅电极材料可以增加驱动电流。该技术打通了通往 32nm 及 22nm 工艺的道路，扫清工艺技术中的一大障碍。摩尔称此举是 CMOS 工艺技术中的又一里程碑，将摩尔定律又延长了另一个 10~15 年。Intel 公司最新 CPU 上使用的三维晶体管 FinFET，为摩尔定律的发展注入了新的活力。

大多数集成电路生产厂家在 45nm 工艺之后已经停止了新工艺的研究，一方面是由于技术上越来越难，另一方面是由于研发成本越来越高。在 32nm 工艺节点以后，只有英特尔、三星、台积电和中芯国际等少数厂家还在继续研发。摩尔定律是半导体产业的一个共同预测和奋斗目标，但随着工艺的发展逐渐逼近极限，人们发现越来越难跟上这个目标。摩尔定律在发展过程中多次被判了“死刑”，20 世纪 90 年代，笔者读研究生的时候就有人说摩尔定律要终结了，可是每次都能起死回生。但这次可能是真的大限到了。

摩尔定律的终结仅仅指的是晶体管尺寸难以进一步缩小，并不是硅平台的终结。过去 50 年，工艺技术的发展主要是按照晶体管不断变小这一个维度发展，以后还可以沿多个维度发展，例如通过在硅上“长出”新的材料来降低功耗，还可以跟应用结合在硅上“长出”适合各种应用的晶体管来。此外，伴随着新材料和器件结构的发展，半导体制造已经转向“材料时代”。ITRS 中提出的非传统 CMOS 器件包括超薄体 SOI、能带工程晶体管、垂直晶体管、双栅晶体管、FinFET 等。未来有望被广泛应用的新兴存储器件主要有磁性存储器（MRAM）、纳米存储器（NRAM）、分子存储器（Molecular Memory）等。新兴的逻辑器件主要包括谐振隧道二极管、单电子晶体管器件、快速单通量量子逻辑器件、量子单元自动控制器件、自旋电子器件（Spintronic Storage）、碳纳米管（Carbon Nanotube）、硅纳米线（Silicon Nanowire）、分子电子器件（Molecular Electronic）等。

2. 工艺和计算机结构

由摩尔定律带来的工艺进步和计算机体系结构之间互为动力、互相促进。从历史上看，工艺技术和体系结构的关系已经经历了三个阶段。

第一个阶段是晶体管不够用的阶段。那时计算机由很多独立的芯片构成，由于集成度的限制，计算机体系结构不可能设计得太复杂。

第二个阶段随着集成电路集成度越来越高，摩尔定律为计算机体系结构设计提供“更多、更快、更省电”的晶体管，微处理器蓬勃发展。

“更多”指的是集成电路生产工艺在相同面积下提供了更多的晶体管来满足计算机体系结构发展的需求。“更快”指的是晶体管的开关速度不断提高，提高了计算机频率。“更省电”指的是随着工艺进步，工作电压降低，晶体管和连线的负载电容也降低，而功耗跟电压的平方成正比，跟电容大小成正比。在 0.13μm 工艺之前，工艺每发展一代，电压就成比例下降，例如 0.35μm 工艺的工作电压是 3.3V，0.25μm 工艺的工作电压是 2.5V，0.18μm 工艺的工作电压是 1.8V，0.13μm 工艺的工作电压是 1.2V。此外，随着线宽的缩小，晶体管和连线电容也相应变小。

这个阶段摩尔定律发展的另外一个显著特点就是处理器越来越快，但存储器只是容量增加，速度却没有显著提高。20世纪80年代这个问题还不突出，那时内存和CPU频率都不高，访问内存和运算差不多快。但是后来CPU主频不断提高，存储器只增加容量不提高速度，CPU的速度和存储器的速度形成剪刀差。什么叫剪刀差？就是差距像张开的剪刀一样，刚开始只差一点，到后来越来越大。从20世纪80年代中后期开始到21世纪初，体系结构研究的很大部分都在解决处理器和内存速度的差距问题，甚至导致CPU的含义也发生了变化。最初CPU就是指中央处理器，主要由控制器和运算器组成，但是现在的CPU中80%的晶体管是一级、二级甚至三级高速缓存。摩尔定律的发展使得CPU除了包含运算器和控制器以外，还包含一部分存储器，甚至包括一部分IO接口在里面。

现在进入了第三个阶段，晶体管越来越多，但是越来越难用，晶体管变得“复杂、不快、不省电、不便宜”。

“复杂”指的是纳米级工艺的物理效应，如线间耦合、片内漂移、可制造性问题等增加了物理设计的难度。早期的工艺线间距大，连线之间干扰小，纳米级工艺两根线挨得很近，容易互相干扰。90nm工艺之前，制造工艺比较容易控制，生产出来的硅片工艺参数分布比较均匀；90nm工艺之后，工艺越来越难控制，同一个硅片不同部分的晶体管也有快有慢（叫作工艺漂移）。纳米级工艺中物理设计还需要专门考虑可制造性问题以提高芯片成品率。此外，晶体管数目继续以指数增长，设计和验证能力的提高赶不上晶体管增加的速度，形成剪刀差。

“不快”主要是由于晶体管的驱动能力越来越小，连线电容相对变大，连线延迟越来越大。再改进工艺，频率的提高也很有限了。

“不省电”有三个方面的原因。一是随着工艺的更新换代漏电功耗不断增加，原来晶体管关掉以后就不导电了，纳米级工艺以后晶体管关掉后还有漏电，形成直流电流。二是电压不再随着工艺的更新换代而降低，在0.13μm工艺之前，电压随线宽而线性下降，但到90nm工艺之后，不论工艺怎么进步，工作电压始终在1V左右，降不下去了。因为晶体管的P管和N管都有一个开关的阈值电压，很难把阈值电压降得太低，而且阈值电压降低会增加漏电。三是纳米级工艺以后连线电容在负载电容中占主导，导致功耗难以降低。

“不便宜”指的是在28nm之前，随着集成度的提高，由于单位硅面积的成本基本保持不变，使得单个晶体管成本指数降低。如使用12英寸晶圆的90nm、65nm、45nm和28nm工艺，每个晶圆的生产成本没有明显提高。14nm开始采用FinFET工艺，晶圆生产成本大幅提高，14nm晶圆的生产成本是28nm的两倍左右，7nm晶圆的生产成本又是14nm的两倍左右。虽然单位硅面积晶体管还可以继续增加，但单个晶体管成本不再指数降低，甚至变贵了。

以前摩尔定律对结构研究的主要挑战在于“存储墙”问题，“存储墙”的研究不知道成就了多少博士和教授。现在可研究的内容更多了，存储墙问题照样存在，还多了两个问题：连线延迟成为主导，要求结构设计更加讲究互连的局部性，这种局部性对结构设计会有深刻的影响；漏电功耗很突出，性能功耗比取代性能价格比成为结构设计的主要指标。当然有新问题的时候，就需要研究解决这些问题。第三阶段结构设计的一个特点是不得已向多核（Multi-Core）发展，以降低设计验证复杂度、增加设计局部性、降低功耗。

1.3.2 计算机应用和体系结构

计算机应用是随时间迁移的。早期计算机的主要应用是科学工程计算，所以叫“计算”机；后来用来做事务处理，如金融系统、大企业的数据库管理；现在办公、媒体和网络已成为计算机的主要应用。

计算机体系结构随着应用需求的变化而不断变化。在计算机发展的初期，处理器性能的提高主要是为了满足科学和工程计算的需求，非常重视浮点运算能力，每秒的运算速度是最重要的指标。人类对科学和工程计算的需求是永无止境的。高性能计算机虽然已经不是市场的主流，但仍然在应用的驱动下不断向前发展，并成为一个国家综合实力的重要标志。现在最快的计算机已经达到百亿亿次（EFLOPS）量级，耗电量是几十兆瓦。如果按照目前的结构继续发展下去，功耗肯定受不了，怎么办呢？可以结合应用设计专门的处理器来提高效率。众核（Many-Core）处理器和GPU现在常常被用来搭建高性能计算机，美国的第一台千万亿次计算机也是用比较专用的Cell处理器做出来的。专用处理器结构结合特定算法设计，芯片中多数面积和功耗都用来做运算，效率高。相比之下，通用处理器什么应用都能干，但干什么都不是最好的，芯片中百分之八十以上的晶体管都用来做高速缓存和转移猜测等为运算部件提供稳定的数据流和指令流的结构，只有少量的面积用来做运算。现在高性能计算机越来越走回归传统的向量机这条道路，专门做好多科学和工程计算部件，这是应用对结构发展的一点启示。

计算机发展过程中的一个里程碑事件是桌面计算机/个人计算机的出现。当IBM把计算机从装修豪华的专用机房搬到桌面上时，无疑是计算机技术和计算机工业的一个划时代革命，一下子扩张了计算机的应用领域，极大地解放了生产力。桌面计算机催生了微处理器的发展，性价比成为计算机体系结构设计追求的重要目标。在桌面计算机主导计算机产业发展的二三十年（从20世纪80年代到21世纪初），CPU性能的快速提高和桌面应用的发展相得益彰。PC的应用在从DOS到Windows、从办公到游戏的过程中不断升级性能的要求。在这个过程中，以IPC作为主要指标的微体系结构的进步和以主频作为主要指标的工艺的发展成为CPU性能提高的两大动力，功劳不分轩轾。性能不断提高的微处理器逐渐蚕食了原来由中型机和小型机占领的服务器市场，X86处理器现已成为服务器的主要CPU。在游戏之后，PC厂家难以“发明”出新的应用，失去了动员用户升级桌面计算机的持续动力，PC市场开始饱和，成为成熟市场。

随着互联网和媒体技术的迅猛发展，网络服务和移动计算成为一种非常重要的计算模式，这一新的计算模式要求微处理器具有处理流式数据类型的能力、支持数据级和线程级并行性、更高的存储和IO带宽、低功耗、低设计复杂度和设计的可伸缩性，同时要求缩短芯片进入市场的周期。从主要重视运算速度到更加注重均衡的性能，强调运算、存储和IO能力的平衡，强调以低能耗完成大量的基于 Web 的服务、以网络媒体为代表的流处理等。性能功耗比成为这个阶段计算机体系结构设计的首要目标。云计算时代的服务器端 CPU 从追求高性能（High Performance）向追求高吞吐率（High Throughput）演变，一方面给了多核 CPU 更广阔的应用舞台，另一方面单芯片的有限带宽也限制了处理器核的进一步增加。随着云计算服务器规模的不断增加，供电成为云服务器中心发展的严重障碍，因此，低功耗也成为服务器端 CPU 的重要设计目标。

1.3.3　计算机体系结构发展

前面分析了工艺和应用的发展趋势，当它们作用在计算机体系结构上时，对结构的发展产生了重大影响。计算机体系结构过去几十年都是在克服各种障碍的过程中发展的，目前计算机体系结构的进一步发展面临复杂度、主频、功耗、带宽等障碍。

（1）复杂度障碍

工艺技术的进步为结构设计者提供了更多的资源来实现更高性能的处理器芯片，也导致了芯片设计复杂度的大幅度增加。现代处理器设计队伍动辄几百到几千人，但设计能力的提高还是远远赶不上复杂度的提高，验证能力更是成为芯片设计的瓶颈。另外，晶体管特征尺寸缩小到纳米级给芯片的物理设计带来了巨大的挑战。纳米级芯片中连线尺寸缩小，相互间耦合电容所占比重增大，连线间的信号串扰日趋严重；硅片上的性能参数（如介电常数、掺杂浓度等）的漂移变化导致芯片内时钟树的偏差；晶体管尺寸的缩小使得蚀刻等过程难以处理，在芯片设计时就要充分考虑可制造性。总之，工艺所提供的晶体管更多了，也更“难用”了，导致设计周期和设计成本大幅度增加。

在过去六七十年的发展历程中，计算机体系结构经历了一个由简单到复杂，由复杂到简单，又由简单到复杂的否定之否定过程。自从 20 世纪 40 年代发明电子计算机以来，最早期的处理器结构由于工艺技术的限制，不可能做得很复杂；随着工艺技术的发展，到 20 世纪 60 年代处理器结构变得复杂，流水线技术、动态调度技术、向量机技术被广泛使用，典型的机器包括 IBM 的 360 系列以及 Cray 的向量机；20 世纪 80 年代 RISC 技术的提出使处理器结构得到一次较大的简化（X86 系列从 Pentium Ⅲ开始，把 CISC 指令内部翻译成若干 RISC 操作来进行动态调度，内部流水线也采用 RISC 结构）；但后来随着深度流水、乱序执行、多发射、高速缓存、转移预测技术的实现，RISC 处理器结构变得越来越复杂，现在的 RISC 微处理器普遍能允许数百条指令乱序执行，如 Intel 的 Sunny Cov 最多可以容纳 352 条指令。目前，包括超标量 RISC 和超长指令字（Very Long Instruction Word，简称 VLIW）在内的指令级并行技术使得处理器核变得十分复杂，通过进一步增加处理器核的复杂度来提高性能已经十分有限，通过细分流水线来提高主频的方法也很难再延续下去。需要探索新的结构技术来在简化结构设计的前提下充分利用摩尔定律提供的晶体管，以进一步提高处理器的功能和性能。

（2）主频障碍

主频持续增长的时代已经结束。摩尔定律本质上是晶体管尺寸以及晶体管翻转速度变化的定律，但由于商业的原因，摩尔定律曾经被赋予每18个月处理器主频提高一倍的含义。这个概念是在Intel跟AMD竞争的时候提出来的。Intel的Pentium Ⅲ主频不如AMD的K5/K6高，但其流水线效率高，实际运行程序的性能比AMD的K5/K6好，于是AMD就拿主频说事，跟Intel比主频；Intel说主频不重要，关键是看实际性能，谁跑程序跑得快。后来Intel的Pentium Ⅳ处理器把指令流水线从Pentium Ⅲ的10级增加到20级，主频比AMD的处理器高了很多，但是相同主频下比AMD性能要低，两个公司反过来了；这时候轮到Intel拿主频说事，AMD反过来说主频不重要，实际性能重要。那段时间我们确实看到Intel处理器的主频在翻番地提高。Intel曾经做过一个研究，准备把Pentium Ⅳ的20级流水线再细分成40级，也就是一条指令至少40拍才能做完，做了很多模拟分析后得到一个结论，只要把转移猜测表做大一倍、二级Cache增加一倍，可以弥补流水级增加一倍引起的流水线效率降低。后来该项目取消了，Intel说4GHz以上做不上去了，改口说摩尔定律改成每两年处理器核的数目增加一倍。

事实上过去每代微处理器主频是其上一代的两倍多，其中大约1.4倍来源于器件的按比例缩小，另外1.4倍来源于结构的优化，即流水级中逻辑门数目的减少。目前的高主频处理器中，指令流水线的划分已经很细，每个流水级只有10~15级FO4（等效4扇出反相器）的延迟，已经难以再降低。电路延迟随晶体管尺寸缩小的趋势在0.13μm工艺的时候也开始变慢了，而且连线延迟的影响越来越大，连线延迟而不是晶体管翻转速度将制约处理器主频的提高。在Pentium Ⅳ的20级流水线中有两级只进行数据的传输，没有进行任何有用的运算。

（3）功耗障碍

随着晶体管数目的增加以及主频的提高，功耗问题越来越突出。现代的通用处理器功耗峰值已经高达上百瓦，按照硅片面积为1~2cm^{2}计算，其单位面积的热密度已经远远超过了普通的电炉。以Intel放弃4GHz以上的Pentium Ⅳ项目为标志，功耗问题成为导致处理器主频难以进一步提高的直接因素。在移动计算领域，功耗更是压倒一切的指标。因此如何降低功耗的问题已经十分迫切。

如果说传统的CPU设计追求的是每秒运行的次数（运算速度）以及每一块钱所能买到的性能（性能价格比），那么在今天，每瓦特功耗所得到的性能（性能功耗比）已经成为越来越重要的指标。就像买汽车，汽车的最高时速是200公里还是300公里大部分人不在意，更在意的是汽车的价格要便宜，百公里油耗要低。

CMOS电路的功耗与主频和规模都成正比，与电压的平方成正比，而主频在一定程度上又跟电压成正比。由于晶体管的特性，0.13μm工艺以后工作电压不随着工艺的进步而降低，加上频率的提高，导致功耗密度随集成度的增加而增加。另外纳米级工艺的漏电功耗大大增加，在65nm工艺的处理器中漏电功耗已经占了总功耗的30%。这些都对计算机体系结构的低功耗设计提出了挑战。降低功耗需要从工艺技术、物理设计、体系结构设计、系统软件以及应用软件等多个方面共同努力。

(4) 带宽障碍

随着工艺技术的发展，处理器片内的处理能力越来越强。按照目前的发展趋势，现代处理器很快将在片内集成十几甚至几十个高性能处理器核，而芯片进行计算所需要的数据归根结底是来自片外。高性能的多核处理器如不能低延迟、高带宽地同外部进行数据交互，则会出现"嘴小肚子大""茶壶里倒饺子"的情况，整个系统的性能会大大降低。

芯片的引脚数不可能无限增加。通用 CPU 封装一般都有上千个引脚，一些服务器 CPU 有四五千个引脚，有时候封装成本已经高于硅的成本了。处理器核的个数以指数增加，封装不变，意味着每个 CPU 核可以使用的引脚数按指数级下降。

冯·诺依曼结构中 CPU 和内存在逻辑上是分开的，指令跟数据都存在内存中，CPU 要不断从内存取指令和数据才能进行运算。传统的高速缓存技术的主要作用是降低平均访问延迟，解决 CPU 速度跟存储器速度不匹配的问题，但并不能有效解决访存带宽不够的问题。现在普遍通过高速总线来提高处理器的带宽，这些高速总线采用差分低摆幅信号进行传输。不论是访存总线（如 DDR4、FBDIMM 等）、系统总线（如 HyperTransport）还是 IO 总线（如 PCIE），其频率都已经达到 GHz 级，有的甚至超过 10GHz，片外传输频率高于片内运算频率。即便如此，由于片内晶体管数目的指数级增加，处理器体系结构设计也要面临每个处理器核的平均带宽不断减少的情况。进入 21 世纪以来，如果说功耗是摩尔定律的第一个"杀手"，导致结构设计从单核到多核，那么带宽问题就是摩尔定律的第二个"杀手"，必将导致结构设计的深刻变化。一些新型工艺技术，如 3D 封装技术、光互连技术，有望缓解处理器的带宽瓶颈。

上述复杂度、主频、功耗、带宽的障碍对计算机体系结构的发展造成严重制约，使得计算机体系结构在通用 CPU 核的微结构方面逐步趋于成熟，开始往片内多核、片上系统以及结合具体应用的专用结构方面发展。

1.4　体系结构设计的基本原则

计算机体系结构发展很快，但在发展过程中遵循一些基本原则，这些原则包括平衡性、局部性、并行性和虚拟化。

1.4.1　平衡性

结构设计的第一个原则就是要考虑平衡性。一个木桶所盛的水量的多少由最短的木板决定，一个结构最终体现出的性能受限于其瓶颈部分。计算机是个复杂系统，影响性能的因素很多。例如，一台个人计算机使用起来比较卡顿，一般人会觉得主要是由于 CPU 性能不够，实际上真正引起性能卡顿的可能是内存带宽、硬盘或网络带宽、GPU 性能，或者是 CPU 和 GPU 之间数据传输不顺，等等。又如，一般的 CPU 微结构研究专注于其中某些重要因素如 Cache 命中率和转移猜测命中率的改善，但通用 CPU 微结构中影响性能的因素非常复杂，重排序缓冲项数、发射队列项数、重命名寄存器个数、访存队列项数、失效队列项数、转移指令队列项数与一级 Cache 失效延迟、二级 Cache 失效延迟、三级 Cache 失效延迟等需要平衡设计，有关队列大小应保证一级 Cache 和二级 Cache 的失效不会引起流水线的堵塞。

通用 CPU 设计有一个关于计算性能和访存带宽平衡的经验原则，即峰值浮点运算速度（MFLOPS）和峰值访存带宽（MB/s）为 1∶1 左右。表 1.2 给出了部分典型 CPU 的峰值浮点运算速度和访存带宽比。从表中可以看出，一方面，最新的 CPU 峰值浮点运算速度和访存带宽比逐步增加，说明带宽已经成为通用 CPU 的重要瓶颈，多核的发展是有限度的；另一方面，如果去除单指令流多数据流（Single Instruction Multiple Data，简称 SIMD）的因素，即去除 128 位 SIMD 浮点峰值为 64 位浮点的 2 倍，256 位 SIMD 浮点峰值为 64 位浮点的 4 倍的因素，则浮点峰值和访存带宽还是基本保持着 1∶1 的关系，因为 SIMD 一般只有科学计算使用，一般的事务处理不会用 SIMD 的浮点性能。

表 1.2 典型 CPU 的浮点峰值和访存带宽比

CPU	年代	主频	SIMD	GFLOPS	GB/s	含 SIMD 比例	无 SIMD 比例
DEC Alpha 21264	1996	600MHz	—	1.2	2.0	0.60	0.60
AMD K7 Athlon	1999	700MHz	—	1.4	1.6	0.88	0.88
Intel Pentium Ⅲ	1999	600MHz	—	0.6	0.8	0.75	0.75
Intel Pentium Ⅳ	2001	1.5GHz	—	3.0	3.2	0.94	0.94
Intel Core2 E6420 X2	2007	2.8GHz	128 位	22.4	8.5	2.64	1.32
AMD K10 Phenom Ⅱ X4 955	2009	3.2GHz	128 位	51.2	21.3	2.40	1.20
Intel Nehalem X5560	2009	2.8GHz	128 位	44.8	32.0	1.40	0.70
IBM Power8	2014	5.0GHz	128 位	480.0	230.4	2.08	1.04
AMD Piledriver Fx8350	2014	4.0GHz	256 位	128.0	29.9	4.29	1.07
Intel Skylake E3-1230 V5	2015	3.4GHz	256 位	217.6	34.1	6.38	1.60
龙芯 3A2000	2015	1.0GHz	—	16.0	16.0	1.00	1.00
龙芯 3A5000	2020	2.5GHz	256 位	160.0	51.2	3.13	0.78

计算机体系结构中有一个著名的 Amdahl 定律。该定律指出通过使用某种较快的执行方式所获得的性能的提高，受限于不可使用这种方式提高性能的执行时间所占总执行时间的百分比，例如一个程序的并行加速比，最终受限于不能被并行化的串行部分。也就是性能的提升不仅跟其中的一些指令的运行时间的优化有关，还和这些指令在总指令数中所占的比例有关：

$$\text{ExTime}_{\text{new}} = \text{Extime}_{\text{old}} \times ((1 - \text{Fraction}_{\text{enhanced}}) + (\text{Fraction}_{\text{enhanced}}/\text{Speedup}_{\text{enhanced}}))$$

$$\text{Speedup}_{\text{overall}} = \text{Extime}_{\text{old}}/\text{ExTime}_{\text{new}}$$

在计算机体系结构设计里 Amdahl 定律的体现非常普遍。比如说并行化，一个程序中有一些部分是不能被并行化的，而这些部分将成为程序优化的一个瓶颈。举一个形象的例子，一个人花一个小时可以做好一顿饭，但是 60 个人一起做不可能用一分钟就能做好，因为做饭的过程有一些因素是不可被并行化的。

结构设计要统筹兼顾，抓住主要因素的同时不要忽略次要因素，否则当主要的瓶颈问题解决以后，原来不是瓶颈的次要因素可能成为瓶颈。就像修马路，在一个本来堵车的路口修座高架桥，这个路口不堵车了，但与这个路口相邻的路口可能堵起来。体系结构设计的魅力正在于在诸多复杂因素中做到统筹兼顾。

1.4.2　局部性

局部性是事物普遍存在的性质。一个人认识宇宙的范围受限于光速和人的寿命，这是一种局部性；一个人只能认识有限的人，其中天天打交道的熟悉的人更少，这也是一种局部性。局部性在计算机中普遍存在，是计算机性能优化的基础。

体系结构利用局部性进行性能优化时，最常见的是利用事件局部性，即有些事件频繁发生，有些事件不怎么发生，在这种情况下要重点优化频繁发生的事件。当结构设计基本平衡以后，优化性能要抓主要矛盾，重点改进最频繁发生事件的执行效率。作为设计者必须清楚什么是经常性事件，以及提高这种情况下机器运行的速度对计算机整体性能有多大贡献。例如，假设我们把处理器中浮点功能部件执行的性能提高一倍，但是整个程序里面只有 10% 的浮点指令，总的性能加速比是 $1\div0.95=1.053$，也就是说即使把所有浮点指令的计算速度提高了一倍，总的 CPU 性能只提高了 5%。所以应该加快经常性事件的速度。把经常性的事件找出来，而且它占的百分比越高越好，再来优化这些事件，这是一个基本的原理。RISC 指令系统的提出就是利用指令的事件局部性对频繁发生的事件进行重点优化的例子。硬件转移猜测则是利用转移指令跳转方向的局部性，即同一条转移指令在执行时经常往同一个方向跳转。

利用访存局部性进行优化是体系结构提升访存指令性能的重要方法。访存局部性包括时间局部性和空间局部性两种。时间局部性指的是一个数据被访问后很有可能多次被访问。空间局部性指的是一个数据被访问后，它邻近的数据很有可能被访问，例如数组按行访问时相邻的数据连续被访问，按列访问时虽然空间上不连续，但每次加上一个固定的步长，也是一种特殊的空间局部性。计算机体系结构使用访存局部性原理来提高性能的地方很多，如高速缓存、TLB、预取都利用了访存局部性。

1.4.3　并行性

计算机体系结构提高性能的另外一个方法就是开发并行性。计算机中一般可以开发三种层次的并行性。

第一个层次的并行性是指令级并行。指令级并行是20世纪最后20年体系结构提升性能的主要途径。指令级并行性可以在保持程序二进制兼容的前提下提高性能，这一点是程序员特别喜欢的。指令级并行分成两种。一种是时间并行，即指令流水线。指令流水线就像工厂生产汽车的流水线一样，汽车生产工厂不会等一辆汽车都装好以后再开始下一辆汽车的生产，而是在多道工序上同时生产多辆汽车。另一种是空间并行，即多发射，或者叫超标量。多发射就像多车道的马路，而乱序执行（Out-of-Order Execution）就是允许在多车道上超车，超标量和乱序执行常常一起使用来提高效率。在20世纪80年代RISC出现后，随后的20年指令级并行的开发达到了一个顶峰，2010年后进一步挖掘指令级并行的空间已经不大。

第二个层次的并行性是数据级并行，主要指单指令流多数据流（SIMD）的向量结构。最早的数据级并行出现在ENIAC上。20世纪六七十年代以Cray为代表的向量机十分流行，从Cray-1、Cray-2，到后来的Cray X-MP、Cray Y-MP。直到Cray-4后，SIMD沉寂了一段时间，现在又开始恢复活力，而且用得越来越多。例如X86中的AVX多媒体指令可以用256位通路做四个64位的运算或八个32位的运算。SIMD作为指令级并行的有效补充，在流媒体领域发挥了重要的作用，早期主要用在专用处理器中，现在已经成为通用处理器的标配。

第三个层次的并行性是任务级并行。任务级并行大量存在于Internet应用中。任务级并行的代表是多核处理器以及多线程处理器，是目前计算机体系结构提高性能的主要方法。任务级并行的并行粒度较大，一个线程中包含几百条或者更多的指令。

上述三种并行性在现代计算机中都存在。多核处理器运行线程级或进程级并行的程序，每个核采用多发射流水线结构，而且往往有SIMD向量部件。

1.4.4 虚拟化

所谓虚拟化，就是“用起来是这样的，实际上是那样的”，或者“逻辑上是这样的，物理上是那样的”。计算机为什么好用？因为体系结构设计者宁愿自己多费点事，也要尽量为用户提供一个友好界面的用户接口。虚拟化是体系结构设计者为用户提供一个友好界面的基本方法，虚拟化的本质就是在不好用的硬件和友好的用户界面之间架一座“桥梁”。

架得最成功的一座“桥梁”是20世纪60年代工艺的发展使处理器中可以包含像TLB这样较为复杂的结构，操作系统可以支持虚拟空间，大大解放了程序员的生产力。早期的计算机程序员编程的时候要直接跟物理内存和外存打交道，非常麻烦，虚拟存储解决了这个问题。每个进程都使用一个独立的、很大的存储空间，具体物理内存的分配和数据在内存和外存的调入调出都由操作系统自动完成。这座桥架得太漂亮了，给它评分肯定是“特优”。

如果说虚拟存储技术“虚拟”了内存，那么多线程和虚拟机技术则“虚拟”了CPU。多线程技术，尤其是同时多线程（Simultaneous Multi-Threading，简称SMT）技术，通过微结构的硬件支持，如设立多组通用寄存器等，使得在同一个CPU中实现两个或多个线程中的指令在流水线中混合地执行，或在同一个 CPU 中实现线程的快速切换，使用户在一个 CPU 上“同时”执行多个线程。虚拟机技术则通过微结构的硬件增强，如设立多组控制寄存器和系统状态等，实现多个操作系统的快速切换，达到在同一台计算机上“同时”运行多个操作系统的目的。这座桥架得也不错，作用没有虚拟存储那么明显，给它评分可以得“优”。

流水线和多发射结构也是架得很成功的一座“桥梁”。20 世纪七八十年代以来，工艺的发展使得像流水线和多发射这样的结构得以实现，在维持串行编程模型的情况下提高了速度。但由于程序中相关性的存在，流水线和多发射的效率难以做得很好，例如在单发射结构中 IPC 达到 0.5 就不错了，在四发射结构中 IPC 达到 1.5 就不错了。流水线和多发射这座桥的评分可以得“优”。

另外一座比较成功的“桥梁”是 Cache 技术。CPU 速度越来越快，内存大但是慢，通过 Cache 技术可以使程序员看到一个像 Cache 那么快、像内存那么大的存储空间，不用改应用程序就能提高性能。这座桥也对程序员屏蔽了结构细节（虽然程序员往往针对 Cache 结构进行精雕细刻的程序设计以增加局部性），但代价太大，现代处理器往往 80%以上的晶体管都用在 Cache 上了，所以 Cache 这座桥的评分只能得“良好”。

还有一座比较典型的“桥梁”是分布式共享存储系统中的 Cache 一致性协议。Cache 一致性协议可以在分布式存储的情况下给程序员提供一个统一的编程空间，屏蔽了存储器物理分布的细节；但 Cache 一致性协议并不能解决程序员需要并行编程、原有的串行程序不能并行运行的问题。因此 Cache 一致性协议这座桥评分可以得“及格”。如果哪天编译技术发展到程序员只要写串行程序，计算机能够自动并行化并在成千上万个处理器中运行该程序，那这座桥的评分可以得“特优”。

1.5 本章小结

本章介绍了计算机体系结构的研究内容，包括指令系统结构和以冯·诺依曼结构为基础的计算机组织结构，以及微体系结构和并行体系结构；衡量计算机的主要指标，性能、面积、功耗的评价和优化；计算机体系结构的发展简史，工艺和应用的发展对体系结构的影响，制约体系结构发展的因素；计算机体系结构设计应遵循的基本原则，包括平衡性、局部性、并行性、虚拟化等。

习题

1. 计算机系统可划分为哪几个层次，各层次之间的界面是什么？你认为这样划分层次的意义何在？

2. 在三台不同指令系统的计算机上运行同一程序 P 时，A 机器需要执行 1.0×10^9 条指令，B 机器需要执行 2.0×10^9 条指令，C 机器需要执行 3.0×10^9 条指令，但三台机器的实际执行时间都是 100 秒。请分别计算出这三台机器的 MIPS，并指出运行程序 P 时哪台机器的性能最高。
3. 假设某程序中可向量化的百分比为 P，现在给处理器中增加向量部件以提升性能，向量部件的加速比是 S。请问增加向量部件后处理器运行该程序的性能提升幅度是多少？
4. 处理器的功耗可简单分为静态功耗和动态功耗两部分，其中静态功耗的特性满足欧姆定律，动态功耗在其他条件相同的情况下与频率成正比。现对某处理器进行功耗测试，得到如下数据：关闭时钟，电压 1.0V 时，电流为 100mA；时钟频率为 1GHz，电压 1.1V 时，电流为 2100mA。请计算此处理器在时钟频率为 2GHz、电压为 1.1V 时的总功耗。
5. 在一台个人计算机上进行 SPEC CPU 2000 单核性能的测试，分别给出无编译优化选项和编译优化选项为-O2 的测试报告。
6. 分别在苹果手机、华为手机以及 X86-Windows 机器上测试浏览器 Octane（参见 https://chromium.github.io/octane/）的分值，并简单评述。

P A R T 2

第二部分

指令系统结构

第二部分介绍计算机软件与硬件之间的界面（或者说接口）：指令系统。该部分的内容组织如下：首先介绍指令系统的设计原则和发展历史；随后介绍软硬件之间的关键界面——指令集，以及C语言与指令之间的对应关系；然后介绍异常处理、存储管理两个重要机制；最后介绍软硬件协同工作的一些相关话题。希望通过该部分的介绍能帮助读者拨开计算机软硬件交互的迷雾。

C H A P T E R 2

第2章 指令系统

2.1 指令系统简介

随着技术的进步，计算机的形态产生了巨大的变化，从巨型机到小型机到个人电脑（Personal Computer，简称PC）再到智能手机，其基础元件从电子管到晶体管再到超大规模集成电路。虽然计算机的形态和应用场合千变万化，但从用户感知的应用软件到底层的物理载体，计算机系统均呈现出层次化的结构，图2.1直观地展示了这些层次。

从上到下，计算机系统可分为四个层次，分别为应用软件、基础软件、硬件电路和物理载体。软件以指令形式运行在CPU硬件上，而指令系统介于软件和硬件之间，是软硬件交互的界面，有着非常关键的作用。软硬件本身的更新迭代速度很快，而指令系统则可以保持较长时间的稳定。有了稳定不变的指令系统界面，软件与硬件得到有效的隔离，并行发展。遵循同一指令系统的硬件可以运行为该指令系统设计的各种软件，比如X86计算机既可运行最新软件，也可运行30年前的软件；反之，为一个指令系统设计的软件可以运行在兼容这一指令系统的不同的硬件实现上，例如同样的操作系统和应用软件在AMD与Intel的CPU上都可以运行。

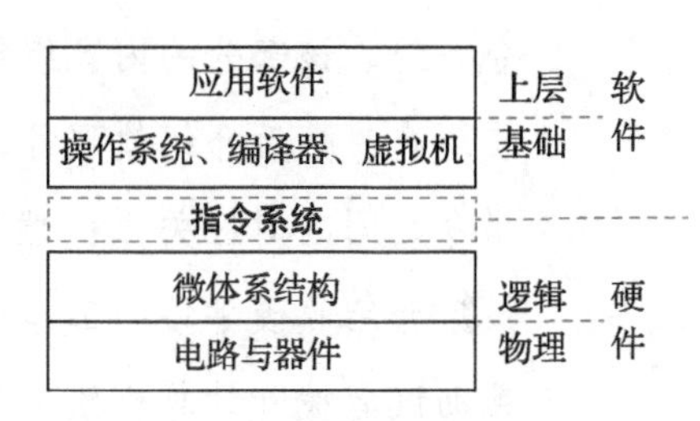

图2.1 计算机系统的层次

指令系统包括对指令功能、运行时环境（如存储管理机制和运行级别控制）等内容的定义，涉及软硬件交互的各个方面内容，这些内容将在后续章节一一展开介绍。

2.2 指令系统设计原则

指令系统是软硬件的接口，程序员根据指令系统设计软件，硬件设计人员根据指令系统实现硬件。指令系统稍微变化，一系列软硬件都会受到影响，所以指令系统的设计应遵循如下基本原则：

1）兼容性。这是指令系统的关键特性。最好能在较长时间内保持指令系统不变并保持向前兼容，例如X86指令系统，虽然背了很多历史包袱，要支持过时的指令，但其兼容性使得Intel在市场上获得了巨大的成功。很多其他指令系统进行过结构上的革命，导致新处理器与旧有软件无法兼容，反而造成了用户群体的流失。因此，保持指令系统的兼容性非常重要。

2）通用性。为了适应各种应用需求，如网络应用、科学计算、视频解码、商业应用等，通用CPU指令系统的功能必须完备。而针对特定应用的专用处理器则不需要强调通用性。指令系统的设计还应满足操作系统管理的需求并方便编译器和程序员的使用。

3）高效性。指令系统还要便于CPU硬件的设计和优化。对同一指令系统，不同的微结构实现可以得到不同的性能，既可以使用先进、复杂的技术得到较高的性能，也可以用成熟、简单的技术得到一般的性能。

4）安全性。当今计算机系统的安全性非常重要，指令系统的设计应当为各种安全性提供支持，如提供保护模式等。

影响指令系统的因素有很多，某些因素的变化会显著影响指令系统的设计，因此有必要了解各方面的影响因素。

1）工艺技术。在计算机发展的早期阶段，计算机硬件非常昂贵，简化硬件实现成为指令系统的主要任务。到了20世纪八九十年代，随着工艺技术的发展，片内可集成晶体管的数量显著增加，CPU可集成更多的功能，功能集成度提高带来的更多可能性支持指令系统的快速发展，例如从32位结构上升至64位结构以及增加多媒体指令等。随着CPU主频的快速提升，CPU速度和存储器速度的差距逐渐变大，为了弥补这个差距，指令系统中增加预取指令将数据预取到高速缓存（Cache）甚至寄存器中。当工艺能力和功耗密度导致CPU主频达到一定极限时，多核结构成为主流，这又导致指令系统的变化，增加访存一致性和核间同步的支持。一方面，工艺技术的发展为指令系统的发展提供了物质基础；另一方面，工艺技术的发展也对指令系统的发展施加影响。

2）计算机体系结构。指令系统本身就是计算机体系结构的一部分，系统结构的变化对指令系统的影响最为直接。诸如单指令多数据（Single Instruction Multiple Data，简称SIMD）、多核结构等新的体系结构特性必然会对指令系统产生影响。事实上，体系结构的发展与指令系统兼容性的基本原则要求是矛盾的，为了兼容性总会背上历史的包袱。X86指令系统和硬件实现就是因为这些历史包袱而变得比较复杂，而诸如PowerPC等精简指令系统都经历过彻底抛弃过时指令系统的过程。

3）操作系统。现代操作系统都支持多进程和虚拟地址空间。虚拟地址空间使得应用程序无须考虑物理内存的分配，在计算机系统发展中具有里程碑意义。为了实现虚拟地址空间，需要设计专门的地址翻译模块以及与其配套的寄存器和指令。操作系统所使用的异常和中断也需要专门的支持。操作系统通常具有核心态、用户态等权限等级，核心态比用户态具有更高的等级和权限，需要设计专门的核心态指令。核心态指令对指令系统有较大的影响，X86 指令系统一直在对核心态指令进行规范，MIPS 指令系统直到 MIPS32 和 MIPS64 才对核心态进行了明确的定义，而 Alpha 指令系统则通过 PALcode 定义了抽象的操作系统与硬件的界面。

4）编译技术。编译技术对指令系统的影响也比较大。RISC 在某种意义上就是编译技术推动的结果。为使编译器有效地调度指令，至少需要 16 个通用寄存器。一个指令系统若没有乘法指令，编译器就只能将其拆成许多个加法进行运算。

5）应用程序。计算机中的各种应用程序都实现一定的算法，指令是从各种算法中抽象出来的“公共算子”，算法就是由算子序列组成的。指令为应用而设计，因而指令系统随着应用的需求而发展。例如从早期的 8 位、16 位到现在的 32 位、64 位，从早期的只支持定点到支持浮点，从只支持通用指令到支持 SIMD 指令。

总之，指令系统需遵循的设计原则和影响因素很多，指令系统的设计需要综合考虑多方因素并小心谨慎。

2.3　指令系统发展历程

指令系统的发展经历了从简单到复杂，再从复杂到简单的演变过程。现代指令系统在指令内容、存储管理和运行级别控制等方面都产生了一系列变化，这些变化体现了人类对计算机体系结构这个学科认知的提升。

2.3.1　指令内容的演变

依据指令长度的不同，指令系统可分为复杂指令系统（Complex Instruction Set Computer，简称 CISC）、精简指令系统（Reduced Instruction Set Computer，简称 RISC）和超长指令字（Very Long Instruction Word，简称 VLIW）指令集三种。CISC 中的指令长度可变；RISC 中的指令长度比较固定；VLIW 本质上来讲是多条同时执行的指令的组合，其“同时执行”的特征由编译器指定，无须硬件进行判断。

早期的 CPU 都采用 CISC 结构，如 IBM 的 System360、Intel 的 8080 和 8086 系列、Motorola 的 68000 系列等。这与当时的时代特点有关，早期处理器设备昂贵且处理速度慢，设计者不得不加入越来越多的复杂指令来提高执行效率，部分复杂指令甚至可与高级语言中的操作直接对应。这种设计简化了软件和编译器的设计，但也显著提高了硬件的复杂性。

当硬件复杂性逐渐提高时，CISC 结构出现了一系列问题。大量复杂指令在实际中很少用到，典型程序所使用的 80%的指令只占指令集总指令数的 20%，消耗大量精力的复杂设计只有很少的回报。同时，复杂的微代码翻译也会增加流水线设计难度，并降低频繁使用的简单指令的执行效率。

针对CISC结构的缺点，RISC遵循简化的核心思路。RISC简化了指令功能，单个指令执行周期短；简化了指令编码，使得译码简单；简化了访存类型，访存只能通过load/store指令实现。RISC指令的设计精髓是简化指令间的关系，有利于实现高效的流水线、多发射等技术，从而提高主频和效率。

最早的RISC处理器可追溯到CDC公司和其1964年推出的世界上第一台超级计算机CDC6600，现代RISC结构的一些关键特性——如只通过load/store指令访存的load/store结构——都在CDC6600上显现雏形，但简化结构提高效率的思想并未受到小型机和微处理器设计者的重视。1975年，John Cocke在IBM公司位于约克镇的Thomas J. Watson研究中心组织研究指令系统的合理性并研制现代RISC计算机的鼻祖IBM 801，现在IBM PowerPC的主要思想就源于IBM 801。参与IBM 801项目的David Patterson和John Hennessy，分别回到加州大学伯克利分校和斯坦福大学，开始从事RISC-1/RISC-2项目和MIPS项目，它们分别成为SPARC处理器和MIPS处理器的前身。IBM 801的项目经理Joel Birnbaum在HP创立了PA-RISC，DEC公司在MIPS的基础上设计了Alpha处理器。广泛使用的ARM处理器也是RISC处理器的代表之一。David Patterson教授在加州大学伯克利分校推出的开源指令系统RISC-V，是加州大学伯克利分校推出的继RISC-Ⅰ（1981年推出）、RISC-Ⅱ（1982年推出）、SOAR（1984年推出，也称为RISC-Ⅲ）、SPUR（1988年推出，也称为RISC-Ⅳ）之后的第五代指令系统。

RISC指令系统的最本质特征是通过load/store结构简化了指令间关系，即所有运算指令都是对寄存器运算，所有访存都通过专用的访存指令（load/store）进行。这样，CPU只要通过寄存器号的比较就能判断运算指令之间以及运算指令和访存指令之间有没有数据相关性，而较复杂的访存指令相关判断（需要对访存的物理地址进行比较）则只在执行load/store指令的访存部件上进行，从而大大简化了指令间相关性判断的复杂度，有利于CPU采用指令流水线、多发射、乱序执行等提高性能。因此，RISC不仅是一种指令系统类型，同时也是一种提高CPU性能的技术。X86处理器中将CISC指令译码为类RISC的内部操作，然后对这些内部操作使用诸如超流水、乱序执行、多发射等高效实现手段。而以PowerPC为例的RISC处理器则包含了许多功能强大的指令。

VLIW结构的最初思想是最大限度利用指令级并行（Instruction Level Parallelism，简称ILP），VLIW的一个超长指令字由多个互相不存在相关性（控制相关、数据相关等）的指令组成，可并行进行处理。VLIW可简化硬件实现，但增加了编译器的设计难度。

VLIW的思想最初由Josh Fisher于20世纪80年代初在耶鲁大学提出，Fisher随后离开耶鲁创立了Multiflow公司，并研制了TRACE系列VLIW处理器。后来Fisher和同样经历创业失败的Bob Rau加入了HP公司，并主导了HP在20世纪90年代的计算机结构研究。

同时，Intel在i860中实现了VLIW，这也奠定了随后两家公司在Itanium处理器上的合作关系，Itanium(IA-64) 采用的EPIC结构的思想即来源于VLIW。

图2.2直观地给出了RISC、CISC、VLIW三种结构的指令编码。MIPS三种类型的指令内部位域分配不同，但总长度均为32位；X86不同指令的长度都可能不同；IA-64则将三条41位定长指令合并为一条128位的“束”。

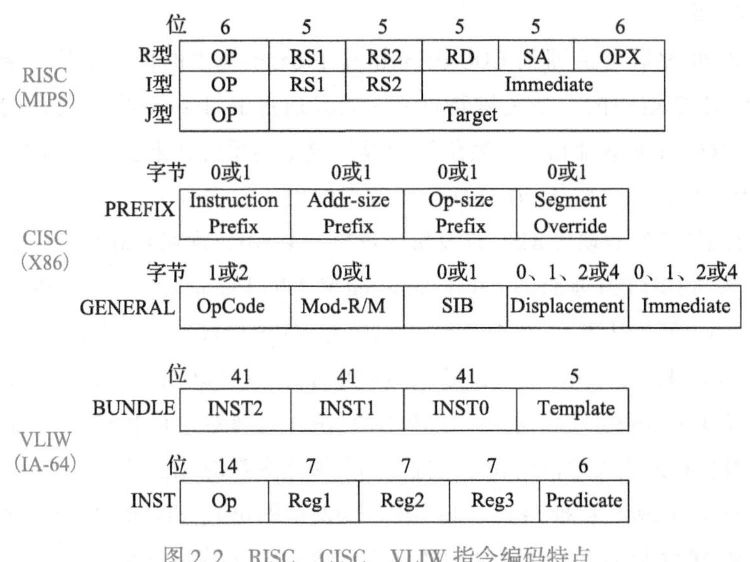

图2.2　RISC、CISC、VLIW指令编码特点

2.3.2　存储管理的演变

存储器是冯·诺依曼结构计算机的核心部件，存储管理的演变是指令系统演变的重要组成部分。存储管理的演变经历了连续实地址、段式、页式虚拟存储等阶段。

连续实地址的管理方式是最早期也是最朴素的方式，各程序所需的内存空间必须连续存放并保证不与其他程序产生冲突。这种方式不但会带来大量的内存碎片，而且难以管理多个程序的空间分配。

段式存储管理将内存分为多个段和节，地址组织为相对于段地址的偏移。段式存储主要应用于早期处理器中，Burroughs公司的B5000是最早使用段式存储的计算机之一。Intel从8086处理器开始使用段式存储管理，在80286之后兼容段页式，但在最新的X86-64位架构中放弃了对段式管理的支持。

页式虚拟存储管理将各进程的虚拟内存空间划分成若干长度相同的页，将虚拟地址和物理地址的对应关系组织为页表，并通过硬件来实现快速的地址转换。现代通用处理器的存储管理单元都基于页式虚拟管理，并通过TLB进行地址转换加速。

页式虚拟存储可使各进程运行在各自独立的虚拟地址空间中，并提供内存映射、公平的物理内存分配和共享虚拟内存等功能，是计算机系统发展过程中具有里程碑意义的一项技术。

下面分别介绍上述几种存储管理方式的基本方法。

段式存储管理的地址转换过程如图 2.3 所示。虚拟地址分为段号和段内偏移两部分，地址转换时根据段号检索段表，得到对应段的起始物理地址（由段长度和基址可得），再加上段内偏移，得到最终的物理地址。需要注意的是，段表中存有每个段的长度，若段内偏移超过该段长度，将被视为不合法地址。段式存储中每段可配置不同的起始地址，但段内地址仍需要连续，当程序段占用空间较大时，仍然存在内存碎片等问题。

页式存储管理的地址转换过程如图 2.4 所示。虚拟地址分为虚拟页号和页内偏移两部分，地址转换时根据虚拟页号检索页表，得到对应的物理页号，与页内偏移组合得到最终的物理地址。

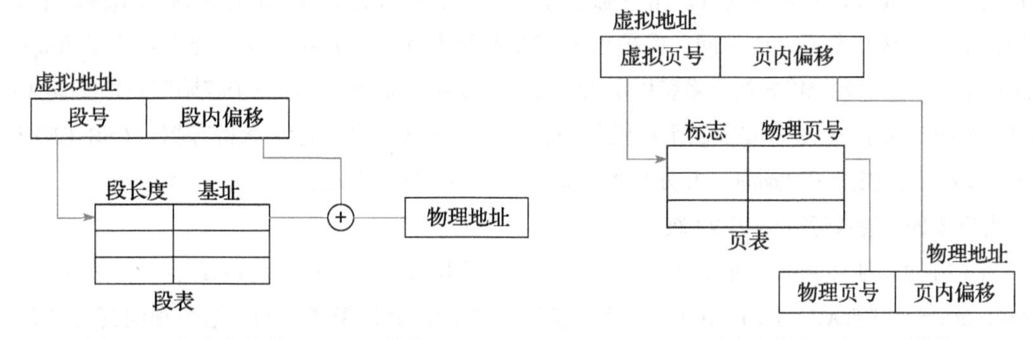

图 2.3 段式存储管理的地址转换过程

图 2.4 页式存储管理的地址转换过程

段页式管理结合了段式和页式的特点，其地址转换过程如图 2.5 所示，虚拟地址分为段号、虚拟页号和页内偏移三部分，地址转换时首先根据段号查询段表得到对应段的页表起始地址，再根据虚拟页号查询页表得到物理页号，与页内偏移组合得到最终的物理地址。段页式同样需要检查段地址的合法性。

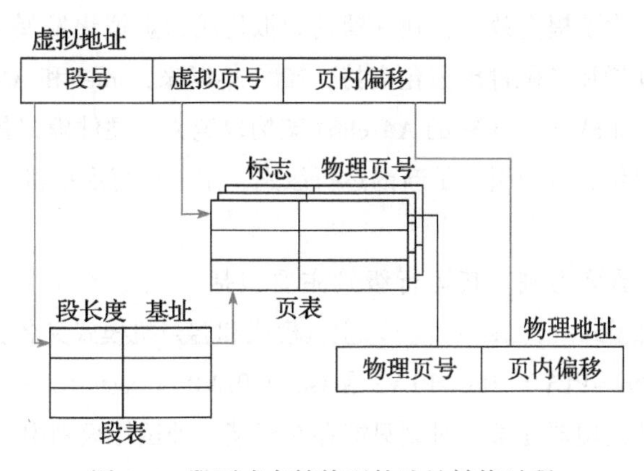

图 2.5 段页式存储管理的地址转换过程

2.3.3 运行级别的演变

作为软件指令的执行者，处理器中有各种级别的资源，比如通用寄存器、控制寄存器等。为了对软件所能访问的资源加以限制，计算机引入了运行级别的概念。运行级别经历了无管理、增加保护模式、增加调试模式、增加虚拟化支持等阶段。

早期的处理器和当今的嵌入式单片机中不包含运行级别控制，所有程序都可控制所有资源。无管理的方式在安全方面毫无保障，软件必须小心设计，确保不会相互干扰。这通常只在规模有限、封闭可控的系统如微控制器（Micro Control Unit，简称 MCU）中使用。

现代操作系统（如 Linux）包含保护模式，将程序分为两个权限等级：用户态和核心态。核心态具有最高权限，可以执行所有指令、访问任意空间。在用户态下，程序只能访问受限的内存空间，不允许访问外围设备。用户态程序需要使用外围设备时，通过系统调用提出申请，由操作系统在核心态下完成访问。保护模式需要硬件支持，如 X86 指令系统中定义了 Ring0～Ring3 四个权限等级，MIPS 指令系统中定义了 user、supervisor 和 kernel 三个权限等级。LoongArch 指令系统中定义了 PLV0～PLV3 四个权限等级，由当前模式信息控制状态寄存器（CSR.CRMD）的 PLV 域的值确定。在 LoongArch 处理器上运行的 Linux 操作系统，其核心态程序运行在 PLV0 级，用户态程序通常运行在 PLV3 级。

为了方便软硬件调试，许多指令系统中还定义了调试模式和相应的调试接口，如 ARM 的 JTAG、MIPS 的 EJTAG。LoongArch 指令系统定义了专门的调试模式、调试指令和配套的状态控制寄存器。在调试模式下，处理器所执行的程序将获得最高的权限等级，不过此时处理器所执行的指令是从外部调试接口中获得的，并且利用专用的控制状态寄存器使得被调试程序的上下文可以无缝切换。

虚拟化技术在服务器领域特别有用，一台物理主机可以支撑多台虚拟机，运行各自的系统。虚拟机不绑定底层硬件，可看作一个软件进程，因而部署起来非常灵活。虚拟机中同样要支持不同的运行级别，为了提高效率，硬件辅助虚拟化成为虚拟化发展的必然趋势。IBM System/370 早在 1970 年就增加了硬件虚拟化支持；2005 年以来，Intel 和 AMD 也分别提出了硬件辅助虚拟化的扩展 VT 和 SVM。ARM 的 AArch64 架构也定义了硬件虚拟化支持方面的内容。这些指令系统在硬件虚拟化支持中引入了新的运行级别，用于运行虚拟机操作系统的核心态和用户态程序。

以 LoongArch 指令系统为例。其运行级别主要包括调试模式（Debug Mode）、主机模式（Host Mode）和客户机模式（Guest Mode）。主机模式和客户机模式又各自包含 PLV0～PLV3 四个权限等级，即具有 Host-PLV0～Host-PLV3 和 Guest-PLV0～Guest-PLV3 这 8 个运行级别。所有运行级别互相独立，即处理器在某一时刻只能存在于某一种运行级别中。处理器上电复位后处于 Host-PLV0 级，随后根据需要在不同运行级别之间转换。

不同运行级别可访问并控制的处理器资源不同，图2.6给出了这种对应关系的示意。其中调试模式下具有最高的优先级，可以访问并控制处理器中所有的资源；Host-PLV0模式下可以访问并控制处理器中除了用于调试功能外的所有其他资源；Guest-PLV0模式下只能访问部分处理器资源，如客户机控制状态寄存器；Host-PLV1/2/3和Guest-PLV1/2/3则只能访问更少的处理器资源。

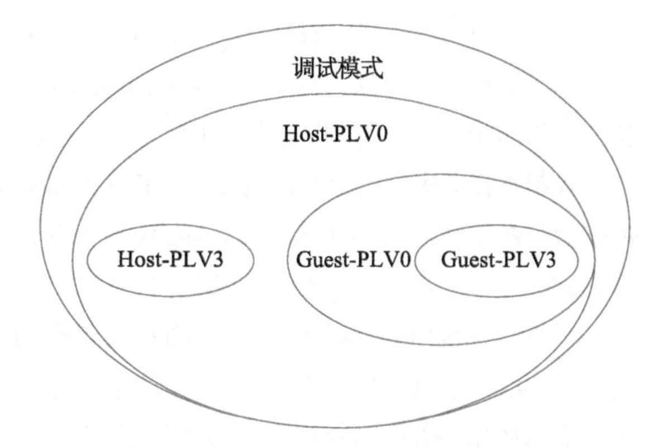

图2.6 LoongArch各运行级别可访问并控制的处理器资源

2.4 指令系统组成

指令系统由若干条指令及其操作对象组成。每条指令都是对一个操作的描述，主要包括操作码和操作数。操作码规定指令功能，例如加减法；操作数指示操作对象，包含数据类型、访存地址、寻址方式等内容的定义。

2.4.1 地址空间

处理器可访问的地址空间包括寄存器空间和系统内存空间。寄存器空间包括通用寄存器、专用寄存器和控制寄存器。寄存器空间通过编码于指令中的寄存器号寻址，系统内存空间通过访存指令中的访存地址寻址。

通用寄存器是处理器中最常用的存储单元，一个处理器周期可以同时读取多条指令需要的多个寄存器值。现代指令系统都定义了一定数量的通用寄存器供编译器进行充分的指令调度。针对浮点运算，通常还定义了浮点通用寄存器。表2.1给出了部分常见指令集中整数通用寄存器的数量。

表2.1 不同指令集中整数通用寄存器的数量

指令集	整数通用寄存器数
Itanium	128
VAX	16
ARMv8	31
PowerPC	32
Alpha	32(包括“zero”)
SPARC	32(包括“zero”)
MIPS	在MIPS16模式下为8，在32/64位模式下为32(包括“zero”)
ARMv7	在16位Thumb模式下为7，在32位模式下为14
X86	16/32位时为8，64位时为16
LoongArch	32(包括“zero”)

LoongArch 指令系统中定义了 32 个整数通用寄存器和 32 个浮点通用寄存器，其编号分别表示为 $r0 ~ $r31 和 $f0 ~ $f31，其中读取 $r0 总是返回全 0。

除了通用寄存器外，有的指令系统还会定义一些专用寄存器，仅用于某些专用指令或专用功能。如 MIPS 指令系统中定义的 HI、LO 寄存器就仅用于存放乘除法指令的运算结果。

控制寄存器用于控制指令执行的环境，比如是核心态还是用户态。其数量、功能和访问方式依据指令系统的定义各不相同。LoongArch 指令系统中定义了一系列控制状态寄存器（Control Status Register，简称 CSR），将在第 3 章介绍。

广义的系统内存空间包括 IO 空间和内存空间，不同指令集对系统内存空间的定义各不相同。X86 指令集包含独立的 IO 空间和内存空间，对这两部分空间的访问需要使用不同的指令：内存空间使用一般的访存指令，IO 空间使用专门的 in/out 指令。而 MIPS、ARM、LoongArch 等 RISC 指令集则通常不区分 IO 空间和内存空间，把它们都映射到同一个系统内存空间进行访问，使用相同的 load/store 指令。处理器对 IO 空间的访问不能经过 Cache，因此在使用相同的 load/store 指令既访问 IO 空间又访问内存空间的情况下，就需要定义 load/store 指令访问地址的存储访问类型，用来决定该访问能否经过 Cache。如 MIPS 指令集定义缓存一致性属性（Cache Coherency Attribute，简称 CCA）Uncached 和 Cached 分别用于 IO 空间和内存空间的访问，ARM AArch64 指令定义内存属性（Memory Attribute）Device 和 Normal 分别对应 IO 空间和内存空间的访问，LoongArch 指令集定义存储访问类型（Memory Access Type，简称 MAT）强序非缓存（Strongly-ordered UnCached，简称 SUC）和一致可缓存（Coherent Cached，简称 CC）分别用于 IO 空间和内存空间的访问。存储访问类型通常根据访存地址范围来确定。如果采用页式地址映射方式，那么同一页内的地址定义为相同的存储访问类型，通常作为该页的一个属性信息记录在页表项中，如 MIPS 指令集中的页表项含有 CCA 域，LoongArch 指令集中的页表项含有 MAT 域。如果采用段式地址映射方式，那么同一段内的地址定义为相同的存储访问类型。如 MIPS32 中规定虚地址空间的 kseg1 段（地址范围 0xa0000000 ~ 0xbfffffff）的存储访问类型固定为 Uncached，操作系统可以使用这段地址来访问 IO 空间。LoongArch 指令集可以把直接地址映射窗口的存储访问类型配置为 SUC，那么落在该地址窗口就可以访问 IO 空间。（有关 LoongArch 指令集中直接地址映射窗口的详细介绍请看第 3 章。）

根据指令使用数据的方式，指令系统可分为堆栈型、累加器型和寄存器型。寄存器型又可以进一步分为寄存器-寄存器型（Register-Register）和寄存器-存储器型（Register-Memory）。下面分别介绍各类型的特点。

1）堆栈型。堆栈型指令又称零地址指令，其操作数都在栈顶，在运算指令中不需要指定操作数，默认对栈顶数据进行运算并将结果压回栈顶。

2）累加器型。累加器型指令又称单地址指令，包含一个隐含操作数——累加器，另一个操作数在指令中指定，结果写回累加器中。

3）寄存器-存储器型。在这种类型的指令系统中，每个操作数都由指令显式指定，操作数为寄存器和内存单元。

4）寄存器-寄存器型。在这种类型的指令系统中，每个操作数也由指令显式指定，但除了访存指令外的其他指令的操作数都只能是寄存器。

表2.2给出了四种类型的指令系统中执行C=A+B的指令序列，其中A、B、C为不同的内存地址，R1、R2等为通用寄存器。

表2.2 四类指令系统的C=A+B指令序列

堆栈型	累加器型	寄存器-存储器型	寄存器-寄存器型
PUSH A PUSH B ADD POP C	LOAD A ADD B STORE C	LOAD R1, A ADD R1, B STORE C, R1	LOAD R1, A LOAD R2, B ADD R3, R1, R2 STORE C, R3

寄存器-寄存器型指令系统中的运算指令的操作数只能来自寄存器，不能来自存储器，所有的访存都必须显式通过load和store指令来完成，所以寄存器-寄存器型又被称为load-store型。

早期的计算机经常使用堆栈型和累加器型指令系统，主要目的是降低硬件实现的复杂度。除了X86还保留堆栈型和累加器型指令系统外，当今的指令系统主要是寄存器型，并且是寄存器-寄存器型。使用寄存器的优势在于，寄存器的访问速度快，便于编译器的调度优化，并可以充分利用局部性原理，大量的操作可以在寄存器中完成。此外，寄存器-寄存器型的另一个优势是寄存器之间的相关性容易判断，容易实现流水线、多发射和乱序执行等方法。

2.4.2 操作数

1. 数据类型

计算机中常见的数据类型包括整数、实数、字符，数据长度包括1字节、2字节、4字节和8字节。X86指令集中还包括专门的十进制类型BCD。表2.3给出C语言整数类型与不同指令集中定义的名称和数据长度（以字节为单位）的关系。

表2.3 不同指令集整数类型的名称和数据长度

C语言名称	LA32名称/数据长度	LA64名称/数据长度	X86名称/数据长度	X86-64名称/数据长度
char	Byte/1	Byte/1	Byte/1	Byte/1
short	Halfword/2	Halfword/2	Word/2	Word/2
int	Word/4	Word/4	Dword/4	Dword/4
long	Word/4	Dword/8	Dword/4	Qword/8
long long	Dword/8	Dword/8	Qword/8	Qword/8

注：LA32和LA64分别是32位和64位LoongArch指令集。

实数类型在计算机中表示为浮点类型，包括单精度浮点数和双精度浮点数，单精度浮点数据长度为 4 字节，双精度浮点数据长度为 8 字节。

在指令中表达数据类型有两种方法。一种是由指令操作码来区分不同类型，例如加法指令包括定点加法指令、单精度浮点加法指令、双精度浮点加法指令。另一种是将不同类型的标记附在数据上，例如加法使用统一的操作码，用专门的标记来标明加法操作的数据类型。

2. 访存地址

在执行访存指令时，必须考虑的问题是访存地址是否对齐和指令系统是否支持不对齐访问。所谓对齐访问是指对该数据的访问起始地址是其数据长度的整数倍，例如访问一个 4 字节数，其访存地址的低两位都应为 0。对齐访问的硬件实现较为简单，若支持不对齐访问，硬件需要完成数据的拆分和拼合。但若只支持对齐访问，又会使指令系统丧失一些灵活性，例如串操作经常需要进行不对齐访问，只支持对齐访问会让串操作的软件实现变得较为复杂。以 X86 为代表的 CISC 指令集通常支持不对齐访问，RISC 类指令集在早期发展过程中为了简化硬件设计只支持对齐访问，不对齐的地址访问将产生异常。近些年来伴随着工艺和设计水平的提升，越来越多的 RISC 类指令也开始支持不对齐访问以减轻软件优化的负担。

另一个与访存地址相关的问题是尾端（Endian）问题。不同的机器可能使用大尾端或小尾端，这带来了严重的数据兼容性问题。最高有效字节的地址较小的是大尾端，最低有效字节的地址较小的是小尾端。Motorola 的 68000 系列和 IBM 的 System 系列指令系统采用大尾端，X86、VAX 和 LoongArch 等指令系统采用小尾端，ARM、SPARC 和 MIPS 等指令系统同时支持大小尾端。

3. 寻址方式

寻址方式指如何在指令中表示要访问的内存地址。表 2.4 列出了计算机中常用的寻址方式，其中数组 mem 表示存储器，数组 regs 表示寄存器，mem[regs[Rn]] 表示由寄存器 Rn 的值作为存储器地址所访问的存储器值。

表 2.4 常用寻址方式介绍

寻址方式	格式	含义
寄存器寻址（Register）	ADD R1，R2	regs[R1]=regs[R1]+regs[R2]
立即数寻址（Immediate）	ADD R1，#2	regs[R1]=regs[R1]+2
偏移量寻址（Displacement）	ADD R1，100(R2)	regs[R1]=regs[R1]+mem[100+regs[R2]]
寄存器间接寻址（Reg. Indirect）	ADD R1，(R2)	regs[R1]=regs[R1]+mem[regs[R2]]
变址寻址（Indexed）	ADD R1，(R2+R3)	regs[R1]=regs[R1]+mem[regs[R2]+regs[R3]]
绝对寻址（Absolute）	ADD R1，(100)	regs[R1]=regs[R1]+mem[100]
存储器间接寻址（Mem. Indirect）	ADD R1，@(R2)	regs[R1]=regs[R1]+mem[mem[regs[R2]]]
自增量寻址（Autoincrement）	ADD R1，(R2)+	regs[R1]=regs[R1]+mem[regs[R2]]，regs[R2]=regs[R2]+d
自减量寻址（Autodecrement）	ADD R1，-(R2)	regs[R2]=regs[R2]-d，regs[R1]=regs[R1]+mem[regs[R2]]
比例变址寻址（Scaled）	ADD R1，100(R2)(R3)	regs[R1]=regs[R1]+mem[100+regs[R2]+regs[R3]*d]

除表2.4之外还可以列出很多其他寻址方式，但常用的寻址方式并不多。John L. Hennessy在其经典名著《计算机系统结构：量化研究方法（第二版）》中给出了如表2.5所示的数据，他在VAX计算机（VAX机的寻址方式比较丰富）上对SPEC CPU 1989中tex、spice和gcc这三个应用的寻址方式进行了统计。

表2.5 VAX计算机寻址方式统计

寻址方式	tex	spice	gcc
偏移量寻址	32%	55%	40%
立即数寻址	43%	17%	39%
寄存器间接寻址	24%	3%	11%
自增量寻址	0%	16%	6%
存储器间接寻址	1%	6%	1%

从表2.5可以看出，偏移量寻址、立即数寻址和寄存器间接寻址是最常用的寻址方式，而寄存器间接寻址相当于偏移量为0的偏移量寻址。因此，一个指令系统至少应支持寄存器寻址、立即数寻址和偏移量寻址。经典的RISC指令集，如MIPS和Alpha，主要支持上述三种寻址方式以兼顾硬件设计的简洁和寻址计算的高效。不过随着工艺和设计水平的提升，现代商用RISC类指令集也逐步增加所支持的寻址方式以进一步提升代码密度，如64位的LoongArch指令集（简称LA64）就在寄存器寻址、立即数寻址和偏移量寻址基础之上支持变址寻址方式。

2.4.3 指令操作和编码

现代指令系统中，指令的功能由指令的操作码决定。从功能上来看，指令可分为四大类：第一类为运算指令，包括加减乘除、移位、逻辑运算等；第二类为访存指令，负责对存储器的读写；第三类是转移指令，用于控制程序的流向；第四类是特殊指令，用于操作系统的特定用途。

在四类指令中，转移指令的行为较为特殊，值得详细介绍。转移指令包括条件转移、无条件转移、过程调用和过程返回等类型。转移条件和转移目标地址是转移指令的两个要素，两者的组合构成了不同的转移指令：条件转移要判断条件再决定是否转移，无条件转移则无须判断条件；相对转移是程序计数器（PC）加上一个偏移量作为转移目标地址，绝对转移则直接给出转移目标地址；直接转移的转移目标地址可直接由指令得到，间接转移的转移目标地址则需要由寄存器的内容得到。程序中的switch语句、函数指针、虚函数调用和过程返回都属于间接转移。由于取指译码时不知道目标地址，因此硬件结构设计时处理间接跳转比较麻烦。

转移指令有几个特点：第一，条件转移在转移指令中最常用；第二，条件转移通常只在转移指令附近进行跳转，偏移量一般不超过16位；第三，转移条件判定比较简单，通常只是两个数的比较。条件转移指令的条件判断通常有两种实现方式：采用专用标志位和直接比较寄存器。采用专用标志位方式时，通过比较指令或其他运算指令将条件判断结果写入专用标志寄存器中，条件转移指令仅根据专用标志寄存器中的判断结果决定是否跳转。采用直接比较寄存器方式时，条件转移指令直接对来自寄存器的数值进行比较，并根据比较结果决定是否进行跳转。X86 和 ARM 等指令集采用专用标志位方式，RISC-V 指令集则采用直接比较寄存器方式，MIPS 和 LoongArch 指令集中的整数条件转移指令采用直接比较寄存器方式，而浮点条件转移指令则采用专用标志位方式。

指令编码就是操作数和操作码在整个指令码中的摆放方式。CISC 指令系统的指令码长度可变，其编码也比较自由，可依据类似于赫夫曼（Huffman）编码的方式将操作码平均长度缩小。RISC 指令系统的指令码长度固定，因此需要合理定义来保证各指令码能存放所需的操作码、寄存器号、立即数等元素。图 2.7 给出了 LoongArch 指令集的编码格式。

位	31 … 0				
2R-type	opcode			rj	rd
3R-type	opcode		rk	rj	rd
4R-type	opcode	ra	rk	rj	rd
2RI8-type	opcode	I8		rj	rd
2RI12-type	opcode	I12		rj	rd
2RI14-type	opcode	I14		rj	rd
2RI16-type	opcode	I16		rj	rd
1RI21-type	opcode	I21[15:0]		rj	I21[20:16]
I26-type	opcode	I26[15:0]		I26[25:16]	

图 2.7　LoongArch 指令集的编码格式

如图 2.7 所示，32 位的指令编码被划分为若干个区域，按照划分方式的不同共包含 9 种典型的编码格式，即 3 种不含立即数的格式 2R、3R、4R 和 6 种包含立即数的格式 2RI8、2RI12、2RI14、2RI16、1RI21 和 I26。编码中的 opcode 域用于存放指令的操作码；rd、rj、rk 和 ra 域用于存放寄存器号，通常 rd 表示目的操作数寄存器，而 rj、rk、ra 表示源操作数寄存器；Ixx 域用于存放指令立即数，即立即数寻址方式下指令中给出的数。指令中的立即数不仅作为运算型指令的源操作数，也作为 load/store 指令中相对于基地址的地址偏移以及转移指令中转移目标的偏移量。

2.5 RISC指令集比较

本节以MIPS、PA-RISC、PowerPC、SPARC v9和LoongArch为例，比较不同RISC指令系统的指令格式、寻址模式和指令功能，以加深对RISC的了解。

2.5.1 指令格式比较

五种RISC指令集的指令格式如图2.8所示。在寄存器类指令中，操作码都由操作码（OP）和辅助操作码（OPX）组成，操作数都包括两个源操作数（RS）和一个目标操作数（RD）；立即数类指令都由操作码、源操作数、目标操作数和立即数（Const）组成，立即数的位数各有不同；跳转类指令大同小异，PA-RISC与其他四种差别较大。总的来说，五种RISC指令集的指令编码的主要组成元素基本相同，只是在具体摆放位置上存在差别。

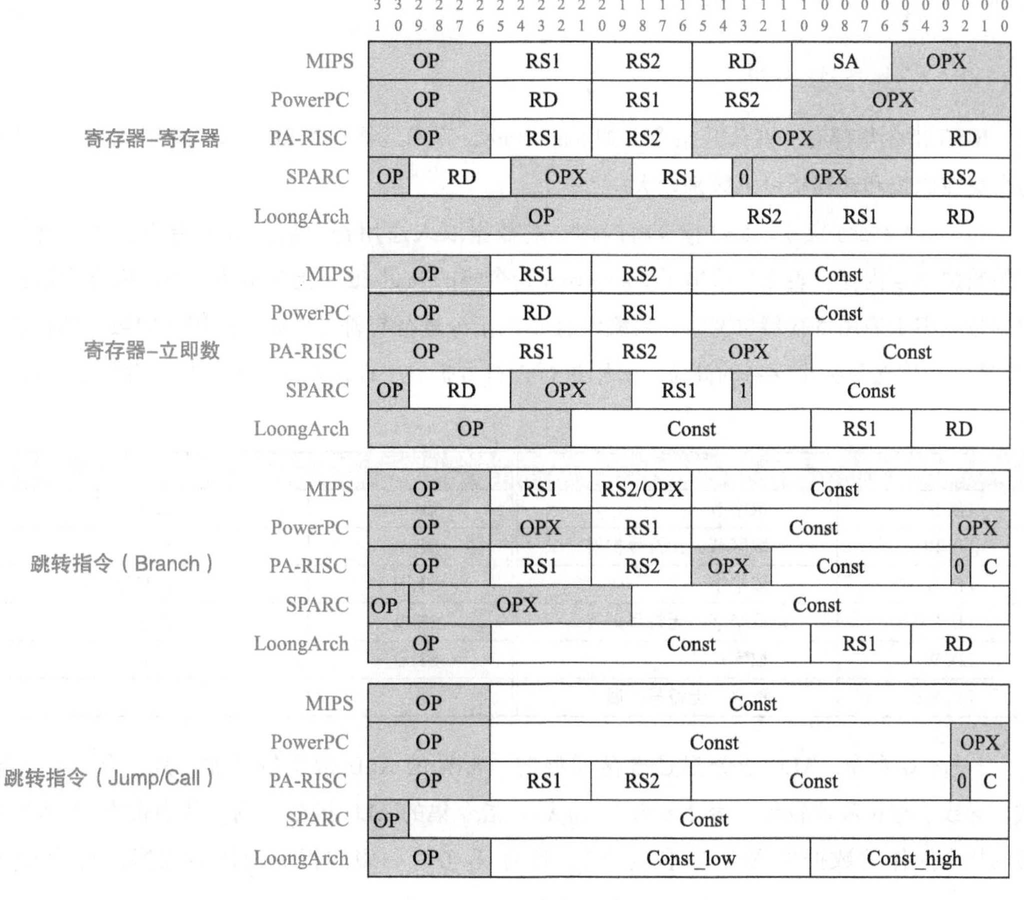

图2.8 五种RISC指令集的指令编码格式

2.5.2　寻址方式比较

五种指令集的寻址方式如表2.6所示。MIPS、SPARC和LoongArch只支持四种常用的寻址方式，PowerPC和PA-RISC支持的寻址方式较多。

表2.6　五种指令集的寻址方式比较

寻址方式	MIPS	PowerPC	PA-RISC	SPARC	LoongArch
寄存器寻址	Y	Y	Y	Y	Y
立即数寻址	Y	Y	Y	Y	Y
偏移量寻址	Y	Y	Y	Y	Y
变址寻址	Y（仅浮点）	Y	Y	Y	Y
比例变址寻址			Y		
自增/自减+偏移量寻址		Y	Y		
自增/自减+变址寻址		Y	Y		

注：表中Y表示支持该寻址方式。

2.5.3　公共指令功能

RISC指令集都有一些公共指令，如load-store、算术运算、逻辑运算和控制流指令。不同指令集在比较和转移指令上区别较大。

1）load-store指令。load指令将内存中的数据取入通用寄存器，store指令将通用寄存器中的数据存至内存。表2.7给出了LoongArch指令集的load-store指令实例。当从内存中取回的数据位宽小于通用寄存器位宽时，后缀没有U的指令进行有符号扩展，即用取回数据的最高位（符号位）填充目标寄存器的高位，否则进行无符号扩展，即用数0填充目标寄存器的高位。

表2.7　LoongArch指令集的load-store指令

指令	指令功能	指令	指令功能
LD.B	取字节	LD.D	取双字
LD.BU	取字节，无符号扩展	ST.B	存字节
LD.H	取半字	ST.H	存半字
LD.HU	取半字，无符号扩展	ST.W	存字
LD.W	取字	ST.D	存双字
LD.WU	取字，无符号扩展		

2）ALU指令。ALU指令都是寄存器型的，常见的ALU指令包括加、减、乘、除、与、或、异或、移位和比较等。表2.8为LoongArch指令集的ALU指令实例。其中带有“.W”后缀的指令操作的数据位宽为32位（字），带有“.D”后缀的指令操作的数据位宽为64位（双字）。

表 2.8 LoongArch 指令集的 ALU 指令

指令	指令功能	指令	指令功能
ADD. W	字加	SRLI. W	字逻辑右移常量位
ADDI. W	字加立即数	SRAI. W	字算术右移常量位
SUB. W	字减	SLL. D	双字逻辑左移变量位
ADD. D	双字加	SRL. D	双字逻辑右移变量位
ADDI. D	双字加立即数	SRA. D	双字算术右移变量位
SUB. D	双字减	SLLI. D	双字逻辑左移常量位
SLT	有符号数比较小于置 1	SRLI. D	双字逻辑右移常量位
SLTI	有符号数立即数比较小于置 1	SRAI. D	双字算术右移常量位
SLTU	无符号数比较小于置 1	MUL. W	字乘取低半部分
SLTUI	无符号数立即数比较小于置 1	MULH. W	有符号字乘取高半部分
AND	与	MULH. WU	无符号字乘取高半部分
OR	或	MUL. D	双字乘取低半部分
XOR	异或	MULH. D	有符号双字乘取高半部分
NOR	或非	MULH. DU	无符号双字乘取高半部分
ANDI	与立即数	DIV. W	有符号字除取商
ORI	或立即数	DIV. WU	无符号字除取商
XORI	异或立即数	MOD. W	有符号字除取余
LU12I. W	加载 20 位立即数到高位	MOD. WU	无符号字除取余
SLL. W	字逻辑左移变量位	DIV. D	有符号双字除取商
SRL. W	字逻辑右移变量位	DIV. DU	无符号双字除取商
SRA. W	字算术右移变量位	MOD. D	有符号双字除取余
SLLI. W	字逻辑左移常量位	MOD. DU	无符号双字除取余

3）控制流指令。控制流指令分为绝对转移指令和相对转移指令。相对转移的目标地址是当前的 PC 值加上指令中的偏移量立即数；绝对转移的目标地址由寄存器或指令中的立即数给出。表 2.9 为 LoongArch 指令集中控制流指令的实例。

表 2.9 LoongArch 指令集的控制流指令

指令	指令功能	指令	指令功能
JIRL	相对寄存器偏移跳转并链接	BGE	有符号比较大于等于时相对转移
B	无条件相对转移	BLTU	无符号比较小于时相对转移
BL	无条件相对转移并链接	BGEU	无符号比较大于等于时相对转移
BEQ	等于时相对转移	BEQZ	等于 0 时相对转移
BNE	不等时相对转移	BNEZ	不等于 0 时相对转移
BLT	有符号比较小于时相对转移		

在条件转移指令中，转移条件的确定有两种方式：判断条件码和比较寄存器的值。SPARC 采用条件码的方式，整数运算指令置条件码，条件转移指令使用条件码进行判断。MIPS 和 LoongArch 的定点转移指令使用寄存器比较的方式进行条件判断，而浮点转移指令使用条件码。PowerPC 中包含一个条件寄存器，条件转移指令指定条件寄存器中的特定位作为跳转条件。

PA-RISC 有多种选择，通常通过比较两个寄存器的值来决定是否跳转。

RISC 指令集中很多条件转移采用了转移延迟槽（Delay Slot）技术，程序中条件转移指令的后一条指令为转移延迟槽指令。在早期的静态流水线中，条件转移指令在译码时，后一条指令即进入取指流水级。为避免流水线效率的浪费，有些指令集规定转移延迟槽指令无论是否跳转都要执行。MIPS、SPARC 和 PA-RISC 都实现了延迟槽，但对延迟槽指令是否一定执行有不同的规定。对于当今常用的动态流水线和多发射技术而言，延迟槽技术则没有使用的必要，反而成为指令流水线实现时需要特殊考虑的负担。Alpha、PowerPC 和 LoongArch 均没有采用转移延迟槽技术。

2.5.4 不同指令系统的特色

除了上述公共功能外，不同的 RISC 指令集经过多年的发展形成了各自的特色，下面举例介绍其各自的主要特色。

1）MIPS 部分指令特色。前面介绍过访存地址的对齐问题，当确实需要使用不对齐数据时，采用对齐访存指令就需要复杂的地址计算、移位和拼接等操作，这会给大量使用不对齐访存的程序带来明显的代价。MIPS 指令集实现了不对齐访存指令 LWL/LWR。LWL 指令读取访存地址所在的字并将访存地址到该字中最低位的字节拼接到目标寄存器的高位，LWR 指令读取访存地址所在的字并将访存地址到该字中最高位的字节拼接到目标寄存器的低位。上述字中的最低位和最高位字节会根据系统采用的尾端而变化，不同尾端下，LWL 和 LWR 的作用相反。例如，要加载地址 1 至 4 的内容到 R1 寄存器，不同尾端的指令和效果如图 2.9 所示。

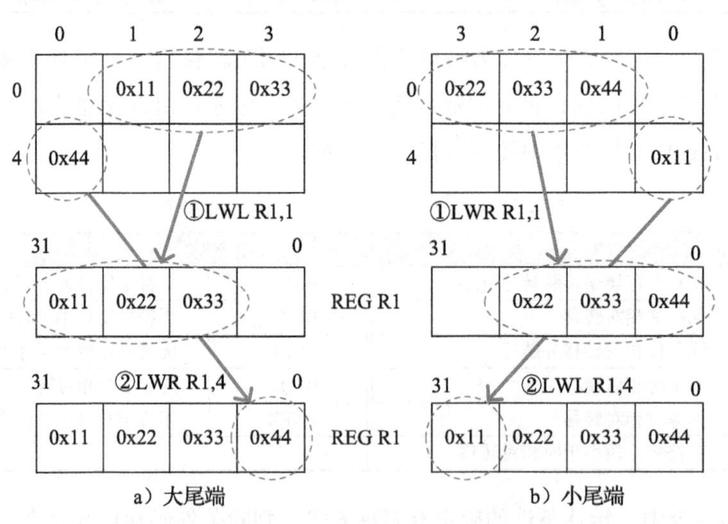

图 2.9 不同尾端下的 LWL/LWR 指令效果

LWL 和 LWR 指令设计巧妙，兼顾了使用的便利性和硬件实现的简单性，是 MIPS 指令集中比较有特色的指令。

2）SPARC 部分指令特色。SPARC 指令系统有很多特色，这里挑选寄存器窗口进行介绍。在 SPARC 指令系统中，一组寄存器（SPARC v9 中规定为 8~31 号寄存器）可用于构成窗口，窗口可有多个，0~7 号寄存器作为全局寄存器。寄存器窗口的好处在于函数调用时可不用保存现场，只需切换寄存器组。

3）PA-RISC 部分指令特色。PA-RISC 指令集最大的特色就是 Nullification 指令，除了条件转移指令，其他指令也可以根据执行结果确定下一条指令是否执行。例如 ADDBF（add and branch if false）指令在完成加法后，检查加法结果是否满足条件，如果不满足就进行转移。一些简单的条件判断可以用 Nullification 指令实现。

4）PowerPC 部分指令特色。在 RISC 结构中，PowerPC 的寻址方式、指令格式和转移指令都是最多的，甚至支持十进制运算，因此又被称为“RISC 中的 CISC”。表 2.10 给出了分别用 PowerPC 指令和 Alpha 指令实现的简单程序示例。实现同样的循环程序，PowerPC 只需要 6 条指令，Alpha 则需要 10 条指令，原因就在于 PowerPC 的指令功能较强。例如其中的 LFU（load with update）和 STFU（store with update）指令，除了访存外还能自动修改基址寄存器的值；FMADD 可以在一条指令中完成乘法和加法；转移指令 BC 可同时完成计数值减 1 和条件转移。

表 2.10　PowerPC 和 Alpha 指令实现的简单程序

源代码：for(k=0;k<512;k++) x[k]=r*x[k]+t*y[k];	
PowerPC 代码	Alpha 代码
r3+8 指向 x r4+8 指向 y fp1 内容为 t fp3 内容为 r CTR 内容为 512	r1 指向 x r2 指向 y r6 指向 y 的结尾 fp2 内容为 t fp4 内容为 r

LOOP:
LFU fp0=y(r4=r4+8)
FMUL fp0=fp0,fp1
LF fp2=x(r3,8)
FMADD fp0=fp0,fp2,fp3
STFU x(r3=r3+8)=fp0
BC LOOP,CTR>0
	LOOP:
	LDT fp3=y(r2,0)
	LDT fp1=x(r1,0)
	MULT fp3=fp3,fp2
	ADDQ r2=r2,8
	MULT fp1=fp1,fp4
	SUBQ r4=r2,r6
	ADDT fp1=fp3,fp1
	STT x(r1,0)=fp1
	ADDQ r1=r1,8
	BNE r4,LOOP

2.6　C 语言的机器表示

C 语言等高级语言编写的程序必须经过编译器转换为汇编语言，再由汇编器转换为指令码才能在 CPU 上执行。本节简要介绍高级语言转换为指令码涉及的一些问题，为方便起见，选择 C 语言和 LoongArch 汇编码进行介绍。

2.6.1　过程调用

过程调用是高级语言程序中的一个关键特性，它可以让特定程序段的内容与其他程序和数据分离。过程接受参数输入，并通过参数返回执行结果。C 语言中过程和函数的概念相同，本节后面也不进行区分。过程调用中，调用者和被调用者必须遵循同样的接口约定，包括寄存器使用、栈的使用和参数传递的约定等。这部分涉及内容较多，将在第 4 章中进行详细的介绍。本节中，主要介绍过程调用的流程和其中与指令集相关的内容。

在 LoongArch 指令集中，负责函数调用的指令是 BL，这是一条相对转移指令。该指令在跳转的同时还将其下一条指令的地址放入 1 号通用寄存器（记为 $ra）中，作为函数返回地址。负责函数返回的指令是 JR[⊖]，属于间接跳转指令，该指令的操作数为寄存器，因此 LoongArch 汇编中最常见的函数返回指令是 jr　$ra。

除了调用和返回的指令外，函数调用和执行过程中还需要执行一系列操作：

- 调用者（S）将参数（实参）放入寄存器或栈中；
- 使用 BL 指令调用被调用者（R）；
- R 在栈中分配自己所需要的局部变量空间；
- 执行 R 过程；
- R 释放局部变量空间（将栈指针还原）；
- R 使用 JR 指令返回调用者 S。

默认情况下，通用寄存器 $r4~$r11（记为 $a0~$a7）作为参数输入，其中 $r4 和 $r5 同时也作为返回值，通用寄存器 $r12~$r20（记为 $t0~$t8）作为子程序的暂存器无须存储和恢复。LoongArch 中没有专门的栈结构和栈指针，通用寄存器 $r3（记为 $sp）通常作为栈指针寄存器，指向栈顶。

一个简单的 C 语言过程调用程序及其 LoongArch 汇编码如图 2.10 所示。

```
int add(int a,int b)
{
    return a+b;
}
int ref()
{
    int t1 = 12;
    int t2 = 34;
    return add(t1,t2);
}
```

```
add:
    add.w   $a0, $a0, $a1 //a+b
    jr      $ra           //return
ref:
    addi.d $sp, $sp, -16 //stack allocate
    addi.w $a1, $r0, 34  //t2=34
    addi.w $a0, $r0, 12  //t1=12
    st.d   $ra, $sp, 8   //save $ra
    bl     add           //call add()
    ld.d   $ra, $sp, 8   //restore $ra
    addi.d $sp, $sp, 16  //stack release
    jr     $ra           //return
```

图 2.10　过程调用及其 LoongArch 机器表示

⊖ 在 LoongArch 指令集中，JR 指令是 JIRL 指令 rd=0 且 offs16=0 时的别称。

add 程序是被调用的子程序，由于程序功能很简单，因此无须使用栈来存储任何信息，其输入参数存放在 $a0、$a1 两个寄存器中，计算的结果存放在 $a0 寄存器中。

ref 程序是 add 程序的调用者，通过 BL 指令进行调用，BL 指令会修改 $ra 寄存器的值，因此在 ref 中需要将 $ra 寄存器的值保存到栈中，栈顶指针和 RA 值存放的位置遵循 LoongArch 函数调用规范，这部分内容将在 4.1 节中进行介绍。add 程序的返回值放在 $a0 寄存器中，这同时也是 ref 程序的返回值，因此无须进行更多搬运。

2.6.2　流程控制语句

C 语言中的控制流语句共有 9 种，可分为三类：辅助控制语句、选择语句、循环语句，如表 2.11 所示。

(1) 辅助控制语句

goto 语句无条件地跳转到程序中某标号处，其作用与无条件相对跳转指令相同，在 LoongArch 指令集中表示为 B 指令跳转到一个标号。break、continue 语句的作用与 goto 类似，只是跳转的标号位置不同。return 语句将过程中的变量作为返回值并直接返回，在编译器中对应于返回值写入和返回操作。

(2) 选择语句

if~else 语句及其对应的 LoongArch 汇编码如图 2.11 所示。

表 2.11　C 语言控制流语句

控制流语句	选择语句	if~else
		switch~case
	循环语句	for
		while
		do~while
	辅助控制语句	break
		continue
		goto
		return

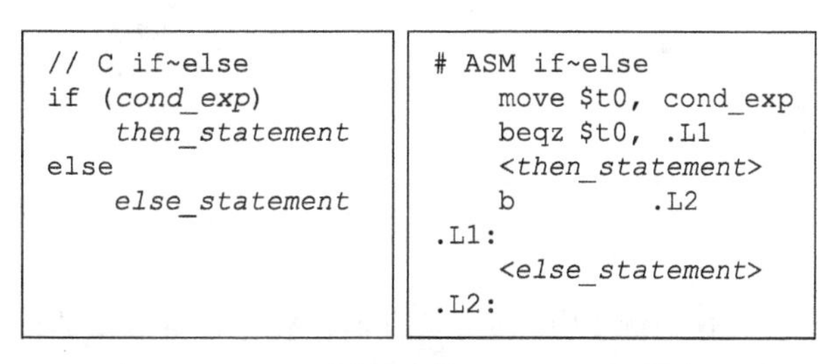

图 2.11　if~else 语句及其 LoongArch 机器表示

这里的 if~else 实现采用了 BEQZ 指令，当 $t0 寄存器的值等于 0 时进行跳转，跳转到标号 .L1 执行“else”分支中的操作，当 $t0 寄存器的值不等于 0 时，则顺序执行“then”分支中的操作并在完成后无条件跳转到标号 .L2 处绕开“else”分支。

switch~case 语句的结构更为复杂，由于可能的分支数较多，通常会被映射为跳转表的形式，如图 2.12 所示。如果在编译选项中加入-fno-jump-tables 的选项，那么 switch~case 语句还可以被映射为跳转级联的形式，如图 2.13 所示。

```
int st(int a, int b, int c)
{
  switch (a) {
    case 15:
      c = b & 0xf;
    case 10:
      return c + 50;
    case 12:
    case 17:
      return b + 50;
    case 14:
      return b;
    default:
      return a;
  }
}
```

```
    .text
st:
    addi.w    $t0,$a0, -10    //a-10
    sltiu     $t1,$t0, 8
    beqz      $t1, default    //if (a-10)>=8
                              //goto default
    la        $t2, jr_table
    alsl.d    $t1, $t0, $t2, 3⊖
                              //(a-10)*8+jr_table
    ld.d      $t0, $t1, 0
    jr        $t0
default:
    or        $a1,$a0,$r0
case_14:
    or        $a0,$a1,$r0
    jr        $ra            //return b for case_14,
                             //return a for default
case_15:
    andi      $a2,$a1,0xf    //b & 0xf
case_10:
    addi.w    $a1,$a2,50     //c+50
    b         case_14
case_12_17:
    addi.w    $a1,$a1,50    //b+50
    b         case_14
# jump table
    .section .rodata
    .align    3
jr_table:
    .dword    case_10
    .dword    default
    .dword    case_12_17
    .dword    default
    .dword    case_14
    .dword    case_15
    .dword    default
    .dword    case_12_17
```

图 2.12　switch ~ case 语句及其跳转表形式的 LoongArch 机器表示

在这个例子中，$t0 寄存器存放各 case 分支的值并依次与第一个参数 a（存放在 $a0 寄存器中）进行比较，根据比较的结果分别跳转到指定标号。读者可自行分析各 case 分支的执行流。通过比较图 2.12 和图 2.13 中的汇编代码可以看到，在 case 分支较多时，采用跳转表实现有助于减少级联的转移指令。

（3）循环语句

循环语句均可映射为条件跳转指令，与选择语句的区别就在于跳转的目标标号在程序段已执行过的位置（backward）。三种循环语句的 C 语言及其对应的 LoongArch 汇编码如图 2.14 所示。

⊖ alsl.d rd, rj, rk, sa 所进行的操作是：GR[rd] = (GR[rj]<<sa)+GR[rk]。即将 rj 号通用寄存器中的值先左移 sa 位再与 rk 号通用寄存器中的值相加，结果写入 rd 号通用寄存器中。

```
int st(int a, int b, int c)
{
  switch (a) {
    case 15:
      c = b & 0xf;
    case 10:
      return c + 50;
    case 12:
    case 17:
      return b + 50;
    case 14:
      return b;
    default:
      return a;
  }
}
```

```
st:
    addi.w  $t0,$r0,14
    beq     $a0,$t0,.L7   //(a==14)?
    blt     $t0,$a0,.L3   //(a>14)?
    addi.w  $t0,$r0,10
    beq     $a0,$t0,.L4   //(a==10)?
    addi.w  $t0,$r0,12
    beq     $a0,$t0,.L5   //(a==12)?
    jr      $ra           //return a
.L3:
    addi.w  $t0,$r0,15
    beq     $a0,$t0,.L6   //(a==15)?
    addi.w  $t0,$r0,17
    beq     $a0,$t0,.L5   //(a==17)?
    jr      $ra           //return a
.L6:
    andi    $a2,$a1,0xf   //b & 0xf
.L4:
    addi.w  $a0,$a2,50    //c + 50
    jr      $ra
.L5:
    addi.w  $a0,$a1,50    //b + 50
    jr      $ra
.L7:
    or      $a0,$a1,$r0   //return b
    jr      $ra
```

图 2.13　switch~case 语句及其跳转级联形式的 LoongArch 机器表示

```
int test_for(int a) {
  int sum = 0;
  int i = 0;
  for (i = 0; i < a; i++) {
    sum += i;
  }
  return sum;
}
```

```
test_for:
    or      $t0,$r0,$r0
    or      $t1,$r0,$r0
.L2:
    blt     $t0,$a0,.L3
    or      $a0,$t1,$r0
    jr      $ra
.L3:
    add.w   $t1,$t1,$t0
    addi.w  $t0,$t0,1
    b       .L2
```

```
int test_while(int a) {
  int sum = 0;
  int i = 0;
  while (i < a) {
    sum += i;
    i++;
  }
  return sum;
}
```

```
test_while:
    or      $t0,$r0,$r0
    or      $t1,$r0,$r0
.L2:
    blt     $t0,$a0,.L3
    or      $a0,$t1,$r0
    jr      $ra
.L3:
    add.w   $t1,$t1,$t0
    addi.w  $t0,$t0,1
    b       .L2
```

```
int test_dowhile(int a) {
  int sum = 0;
  int i = 0;
  do {
    sum += i;
    i++;
  } while (i < a);

  return sum;
}
```

```
test_dowhile:
    or      $t0,$r0,$r0
    or      $t3,$r0,$r0
.L2:
    add.w   $t1,$t3,$t0
    addi.w  $t2,$t0,1
    or      $t3,$t1,$r0
    or      $t0,$t2,$r0
    blt     $t2,$a0,.L2
    or      $a0,$t1,$r0
    jr      $ra
```

图 2.14　循环语句及其 LoongArch 机器表示

2.7 本章小结

本章介绍了指令系统在整个计算机系统中位于软硬件界面的位置，讨论了指令系统设计的原则和影响因素，并从指令内容、存储管理、运行级别三个角度介绍指令系统的发展历程。

本章首先介绍了指令集的关键要素——地址空间定义、指令操作数、指令操作码，随后对几种不同的 RISC 指令集进行了比较，最后以 LoongArch 指令集为例给出了 C 语言和指令汇编码之间的对应关系。

习题

1. 请以某一种指令系统为例，说明其定义了哪些运行级别，以及这些运行级别之间的区别与联系。
2. 请用 C 语言伪代码形式描述一个采用段页式存储管理机制的计算机系统进行虚实地址转换的过程。(说明：不用描述微结构相关的内容，如 TLB；段描述符或页表中的各种属性域均视作有效。)
3. 请简述桌面电脑 PPT 翻页过程中用户态和核心态的转换过程。
4. 给定下列程序片段：

```
A=B+C
B=A+C
C=B+A
```

   (1) 写出上述程序片段在四种指令系统类型（堆栈型、累加器型、寄存器-存储器型、寄存器-寄存器型）中的指令序列。

   (2) 假设四种指令系统类型都属于 CISC 型，令指令码宽度为 x 位，寄存器操作数宽度为 y 位，内存地址操作数宽度为 z 位，数据宽度为 w 位。分析指令的总位数和所有内存访问的总位数。

   (3) 微处理器由 32 位时代进入了 64 位时代，上述四种指令系统类型哪种更好？
5. 写出 0xDEADBEEF 在大尾端和小尾端下在内存中的排列（由地址 0 开始）。
6. 在你的机器上编写 C 程序来得到不同数据类型占用的字节数，给出程序和结果。
7. 根据 LoongArch 指令集的编码格式计算 2RI16、1RI21 和 I26 三种编码格式的直接转移指令各自的跳转范围。
8. 仅使用对齐访存指令写出如图 2.9 所示的不对齐加载（小尾端）。

C H A P T E R 3

第3章

特权指令系统

3.1 特权指令系统简介

在计算机系统层次结构中，应用层[⊖]在操作系统层之上，只能看到和使用指令系统的一个子集，即指令系统的用户态部分。每个应用程序都有自己的寄存器、内存空间以及可执行的指令。现代计算机的指令系统在用户态子集之外还定义了操作系统核心专用的特权态部分，我们称之为特权指令系统。

特权指令系统的存在主要是为了让计算机变得更好用、更安全。操作系统通过特权指令系统管理计算机，使得应用程序形成独占 CPU 的假象，并使应用间相互隔离，互不干扰。应用程序只能在操作系统划定的范围内执行，一旦超出就会被 CPU 切换成操作系统代码运行。

不同指令系统的特权态部分差别较大，但就其机制而言，可以分为以下几类。

（1）运行模式定义及其转换

现代计算机的操作系统都实现了保护模式，至少需要用户态和核心态两种运行模式。应用运行在用户态模式下，操作系统运行在核心态模式下。因此，指令系统必须有相应的运行模式以做区分。比如 MIPS 定义了 user、supervisor、kernel 三种模式，X86 定义了 Ring0～Ring3 四种模式，LoongArch 定义了 PLV0～PLV3 四种模式。

刚开机时，CPU 初始化为操作系统核心态对应的运行模式，执行引导程序加载操作系统。操作系统做完一系列初始化后，控制 CPU 切换到操作系统用户态对应的运行模式去执行应用程序。应用程序执行过程中，如果出现用户态对应的运行模式无法处理的事件，则 CPU 会通过异常或中断回到核心态对应的运行模式，执行操作系统提供的服务程序。操作系统完成处理后再控制 CPU 返回用户态对应的运行模式，继续运行原来的应用程序或者调度另一个应用程序。在 LoongArch 指令系统中，CPU 当前所处的运行模式由当前模式信息控制状态寄存器（CSR. CRMD）的 PLV

⊖ 特指直接运行在 CPU 上的应用，把虚拟机及其上运行的应用作为整体看待。

域的值确定，其值为0~3分别表示CPU正处于PLV0~PLV3四种运行模式（见图3.1）。

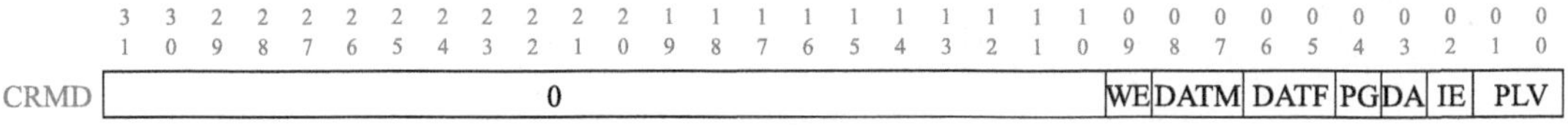

	31–10	9	8–7	6–5	4	3	2	1–0
CRMD	0	WE	DATM	DATF	PG	DA	IE	PLV

图3.1　LoongArch当前模式信息控制状态寄存器的格式

运行模式的转换过程与虚拟存储和异常中断紧密相关，共同构建出完备的保护模式。不少指令系统还支持虚拟机模式、调试模式等，使计算机系统更为易用。

（2）虚拟存储管理

虚拟存储管理的基本思想是让软件（包括系统软件）运行在“虚地址”上，与真正访问存储的“实地址”（物理地址）相隔离。虚实地址的转换根据地址段属性的不同，有查表转换和直接映射两种方式。查表转换是应用程序使用的主要方式。不同的进程有自己独立的虚地址空间。CPU执行访存指令时，根据操作系统给出的映射表来完成虚地址空间到物理内存的转换。

直接映射的方式与使用物理地址差别不大，主要给操作系统使用，因为在初始化之前负责虚存管理的代码本身不能运行在被管理的虚地址空间。通常用户态应用程序无法使用直接映射方式。

3.3节将对存储管理做更详细的介绍。

（3）异常与中断处理

异常与中断是一种打断正常的软件执行流，切换到专门的处理函数的机制。它在各种运行模式的转换中起到关键的纽带作用。比如用户态代码执行过程中，当出现对特权空间的访问，或者访问了虚实地址映射表未定义的地址，或者需要调用操作系统服务等情况时，CPU通过发出异常来切换到核心态，进入操作系统定义的服务函数。操作系统完成处理后，返回发生异常的代码并同时切换到用户态。

3.2节将对异常与中断做更详细的介绍。

（4）控制状态寄存器

控制状态寄存器位于一个独立的地址空间，是支撑前面3种机制的具体实现，不同的指令系统差别较大。表3.1以LoongArch指令系统为例，列出其控制状态寄存器的功能。

表3.1　LoongArch处理器的控制状态寄存器

助记符	编号	说明
CRMD	0x0	处理器当前运行模式及地址翻译模式、全局中断使能等配置信息
PRMD	0x1	触发当前普通异常的现场的运行模式、全局中断使能等配置信息
EUEN	0x2	扩展部件的使能控制
MISC	0x3	各权限等级下是否运行部分特权指令等杂项配置
ECFG	0x4	局部中断使能、异常入口间距等配置信息

（续）

助记符	编号	说明
ESTAT	0x5	记录异常和中断发生原因
ERA	0x6	普通异常处理返回地址
BADV	0x7	记录触发地址相关异常的访存虚地址
BADI	0x8	记录触发异常指令的指令编码
EENTRY	0xC	配置普通异常处理程序入口地址
TLBIDX	0x10	存储管理（TLB）相关寄存器，将在 3.3 节详细介绍
TLBEHI	0x11	
TLBELO0	0x12	
TLBELO1	0x13	
ASID	0x18	
STLBPS	0x1E	
PGDL	0x19	
PGDH	0x1A	
PGD	0x1B	
PWCL	0x1C	
PWCH	0x1D	
SAVEn	0x30+n	保存临时数据
TID	0x40	恒定频率定时器和定时器相关寄存器
TCFG	0x41	
TVAL	0x42	
CNTC	0x43	
TICLR	0x44	
LLBCTL	0x60	LLBit 的控制
TLBRENTRY	0x88	TLB 重填异常处理专用寄存器
TLRBBADV	0x89	
TLBERA	0x8A	
TLBRSAVE	0x8B	
TLBRELO0	0x8C	
TLBRELO1	0x8D	
TLBREHI	0x8E	
TLBRPRMD	0x8F	
MERRCTL	0x90	由 Cache 校验错所引发的机器错误异常的相关控制状态寄存器
MERRINFO1	0x91	
MERRINFO2	0x92	
MERRENTRY	0x93	
MERRERA	0x94	
MERRSAVE	0x95	

（续）

助记符	编号	说明
DMW0~DMW3	0x180~0x183	直接映射配置窗口 0~3 的配置寄存器
DBG	0x500	调试相关的控制状态寄存器
DERA	0x501	
DSAVE	0x502	

控制状态寄存器虽然重要，但对其操作的频率通常远远低于通用寄存器，所以指令系统中通常不会设计针对控制状态寄存器的访存和复杂运算指令。不过大多数指令系统至少会定义若干在控制状态寄存器和通用寄存器之间进行数据搬运的指令，从而可以将数据移动到通用寄存器中进行相关处理，或者进一步将处理结果写回控制状态寄存器中。在 LoongArch 指令系统中，就定义了 CSRRD 和 CSRWR 指令来完成控制状态寄存器的读写操作。例如，指令“csrrd $t0, CSR_CRMD”[⊖]将控制状态寄存器 CRMD 的值读出，然后写入通用寄存器 $t0 中；指令“csrwr $t0, CSR_CRMD”将通用寄存器 $t0 中的值写入控制状态寄存器 CRMD 中，同时将控制状态寄存器 CRMD 的旧值写入通用寄存器 $t0 中。

3.2 异常与中断

计算机通常按照软件的执行流进行顺序执行和跳转，但有时需要中断正常的执行流程去处理其他任务，可以触发这一过程的事件统称为异常。

3.2.1 异常分类

从来源来看，异常可分为以下 6 种。

1）外部事件：来自 CPU 核[⊜]外部的事件，来自处理器内部其他模块或者处理器外部的真实物理连线也称为中断。中断的存在使得 CPU 能够异步地处理多个事件。在操作系统中，为了避免轮询等待浪费 CPU 时间，与 IO 相关的任务通常都会用中断方式进行处理。中断事件的发生往往是软件不可控制的，因此需要一套健全的软硬件机制来防止中断对正常执行流带来影响。

2）指令执行中的错误：执行中的指令的操作码或操作数不符合要求，例如不存在的指令、除法除以 0、地址不对齐、用户态下调用核心态专有指令或非法地址空间访问等。这些错误使得当前指令无法继续执行，应当转到出错处进行处理。

⊖ 这里 CSR_CRMD 是一个宏定义，表示一个立即数，其值为 CRMD 控制状态寄存器的编号 0x0。使用 CSR_CRMD 这样的宏定义是为了便于代码理解。

⊜ 这里“CPU 核”可以更为严格地理解为 CPU 核的指令流水线，即旨在强调这些事件并非直接由指令引发。以定时中断为例，它由一个物理上独立于 CPU 指令流水线而存在的定时器触发，但是这个定时器既可以放置在 CPU 核内部也可以放置在 CPU 核外部。

3）数据完整性问题：当使用 ECC 等硬件校验方式的存储器发生校验错误时，会产生异常。可纠正的错误可用于统计硬件的风险，不可纠正的错误则应视出错位置进行相应处理。

4）地址转换异常：在存储管理单元需要对一个内存页进行地址转换，而硬件转换表中没有有效的转换对应项可用时，会产生地址转换异常。

5）系统调用和陷入：由专有指令产生，其目的是产生操作系统可识别的异常，用于在保护模式下调用核心态的相关操作。

6）需要软件修正的运算：常见的是浮点指令导致的异常，某些操作和操作数的组合硬件由于实现过于复杂而不愿意处理，寻求软件的帮助。

表 3.2 列举了 LoongArch 指令系统中主要的异常。

表 3.2 LoongArch 指令系统中主要的异常

异常代号	异常编号		异常说明	所属异常类别
	Ecode	EsubCode		
PIL	0x1		load 操作页无效异常	地址转换异常
PIS	0x2		store 操作页无效异常	地址转换异常
PIF	0x3		取指操作页无效异常	地址转换异常
PME	0x4		页修改异常	地址转换异常
PNR	0x5		页不可读异常	地址转换异常
PNX	0x6		页不可执行异常	地址转换异常
PPI	0x7		页权限等级不合规异常	地址转换异常
ADEF	0x8	0x0	取指地址错异常	指令执行中的错误
ADEM		0x1	访存指令地址错异常	指令执行中的错误
ALE	0x9		地址非对齐异常	指令执行中的错误
BCE	0xA		边界约束检查错异常	指令执行中的错误
SYS	0xB		系统调用异常	系统调用和陷入
BRK	0xC		断点异常	系统调用和陷入
INE	0xD		指令不存在异常	指令执行中的错误
IPE	0xE		指令权限等级错异常	指令执行中的错误
FPD	0xF		浮点指令未使能异常	系统调用和陷入
SXD	0x10		128 位向量扩展指令未使能异常	系统调用和陷入
ASXD	0x11		256 位向量扩展指令未使能异常	系统调用和陷入
FPE	0x12	0x0	基础浮点指令异常	需要软件修正的运算
VFPE		0x1	向量浮点指令异常	需要软件修正的运算
WPEF	0x13	0x0	取指监测点异常	系统调用和陷入
WPEM		0x1	load/store 操作监测点异常	系统调用和陷入
INT			中断	外部事件
TLBR			TLB 重填异常	地址转换异常
MERR			机器错误异常	数据完整性问题

3.2.2　异常处理

1. 异常处理流程

异常处理的流程包括异常处理准备、确定异常来源、保存执行状态、处理异常、恢复执行状态并返回等。主要内容是确定并处理异常，同时正确维护上下文环境。异常处理是一个软硬件协同的过程，通常 CPU 硬件需要维护一系列控制状态寄存器（域）以用于软硬件之间的交互。LoongArch 指令系统中与异常（含中断）处理相关的控制状态寄存器格式如图 3.2 所示。

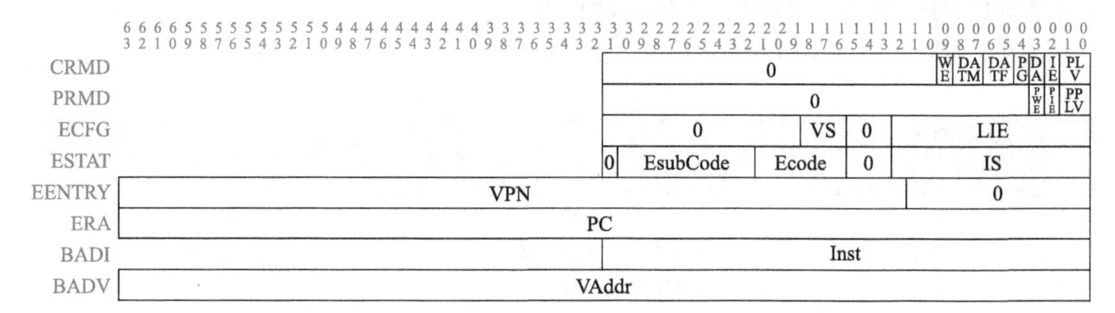

图 3.2　LoongArch 异常处理相关控制状态寄存器

下面对异常处理流程的五个阶段进行介绍。

1）异常处理准备。当异常发生时，CPU 在转而执行异常处理前，硬件需要进行一系列准备工作。

首先，需要记录被异常打断的指令的地址（记为 EPTR）。这里涉及精确异常的概念，指发生任何异常时，被异常打断的指令之前的所有指令都执行完，而该指令之后的所有指令都像没执行一样。在实现精确异常的处理器中，异常处理程序可忽略因处理器流水线带来的异常发生位置问题。异常处理结束后将返回 EPTR 所在地址，重新执行被异常打断的指令[㊀]，因此需要将 EPTR 记录下来。EPTR 存放的位置因不同指令集而不同，LoongArch 存于 CSR. ERA[㊁]，PowerPC 存于 SRR0/CSRR0，SPARC 存于 TPC[TL]，X86 则用栈存放 CS 和 EIP 组合。

其次，调整 CPU 的权限等级（通常调整至最高特权等级）并关闭中断响应。在 LoongArch 指令系统中，当异常发生时，硬件会将 CSR. CRMD 的 PLV 域置 0 以进入最高特权等级，并将 CSR. CRMD 的 IE 域置 0 以屏蔽所有中断输入。

㊀ 这只是通常的处理流程，但并非始终如此，存在某些异常处理场景，其结束后返回执行的并非最初被该异常打断的指令。例如，当执行 SYSCALL 指令而陷入系统调用异常处理时，肯定不能在处理结束后返回触发异常的 SYSCALL 指令，否则将陷入死循环。再譬如，当发生中断并陷入操作系统核心进行处理时，处理结束后，操作系统可能将其他进程或线程调度到该 CPU 上执行，显然此时返回执行的并不是最初被中断打断的那条指令。

㊁ 其实 TLB 重填异常发生时，这一信息将被记录在 CSR. TLBRBERA 中；机器错误异常发生时，这一信息将被记录在 CSR. MERRERA 中。更多细节请见下文中的说明。

再次，硬件保存异常发生现场的部分信息。在 LoongArch 指令系统中，异常发生时会将 CSR. CRMD 中的 PLV 和 IE 域的旧值分别记录到 CSR. PRMD 的 PPLV 和 PIE 域中，供后续异常返回时使用。

最后，记录异常的相关信息。异常处理程序将利用这些信息完成或加速异常的处理。最常见的如记录异常编号以用于确定异常来源。在 LoongArch 指令系统中，这一信息将被记录在 CSR. ESTAT 的 Ecode 和 EsubCode 域，前者存放异常的一级编号，后者存放异常的二级编号。除此以外，有些情况下还会将引发异常的指令的机器码记录在 CSR. BADI 中，或是将造成异常的访存虚地址记录在 CSR. BADV 中。

2）**确定异常来源**。不同类型的异常需要各自对应的异常处理。处理器确定异常来源主要有两种方式：一种是将不同的异常进行编号，异常处理程序据此进行区分并跳转到指定的处理入口；另一种是为不同的异常指定不同的异常处理程序入口地址，这样每个入口处的异常处理程序自然知晓待处理的异常来源。X86 由硬件进行异常和中断号的查询，根据编号查询预设好的中断描述符表（Interrupt Descriptor Table，简称 IDT），得到不同异常处理的入口地址，并将 CS/EIP 等压栈。LoongArch 将不同的异常进行编号，其异常处理程序入口地址采用“入口页号与页内偏移进行按位逻辑或”的计算方式，入口页号通过 CSR. EENTRY 配置，每个普通异常处理程序入口页内偏移是其异常编号乘以一个可配置间隔（通过 CSR. ECFG 的 VS 域配置）。通过合理配置 EENTRY 和 ECFG 控制状态寄存器中相关的域，可以使得不同异常处理程序入口地址不同。当然，也可以通过配置使得所有异常处理程序入口为同一个地址，但是实际使用中通常不这样处理。

3）**保存执行状态**。在操作系统进行异常处理前，软件要先保存被打断的程序状态，通常至少需要将通用寄存器和程序状态字寄存器的值保存到栈中。

4）**处理异常**。跳转到对应异常处理程序进行异常处理。

5）**恢复执行状态并返回**。在异常处理返回前，软件需要先将前面第 3 个步骤中保存的执行状态从栈中恢复出来，在最后执行异常返回指令。之所以要采用专用的异常返回指令，是因为该指令需要原子地完成恢复权限等级、恢复中断使能状态、跳转至异常返回目标等多个操作。在 LoongArch 中，异常返回的指令是 ERTN，该指令会将 CSR. PRMD 的 PPLV 和 PIE 域分别回填至 CSR. CRMD 的 PLV 和 IE 域，从而使得 CPU 的权限等级和全局中断响应状态恢复到异常发生时的状态，同时该指令还会将 CSR. ERA 中的值作为目标地址跳转过去。X86 的 IRET 指令有类似效果。

2. 异常嵌套

在异常处理的过程中，又有新的异常产生，这时就会出现异常嵌套的问题。当产生异常嵌套时，需要保存被打断的异常处理程序的状态，这会消耗一定的栈资源，因此无限的异常嵌套是无法容忍的。异常嵌套通常基于优先级，只有优先级更高的异常才能进行嵌套，低优先级或同优先级的异常只能等待当前异常处理完成，系统支持的优先级级数就是异常嵌套的最大层数。

在 LoongArch 指令系统中，异常嵌套时被打断的异常处理程序的状态的保存和恢复主要交由软件处理，这就需要保证异常处理程序在完成当前上下文的保存操作之前，不会产生新的异常，或者产生的新异常不会修改当前需要保存的上下文。这两方面要求仅通过异常处理程序开发人员的精心设计是无法完全保证的，因为总有一些异常的产生原因是事先无法预知的，如中断、机器错、TLB 重填等。为此需要设计硬件机制以保证这些情况发生时不至于产生嵌套异常，或即使产生嵌套异常也能保证软件可以获得所要保存上下文的正确内容。例如，可以在跳转到异常入口的过程中关闭全局中断使能以禁止中断异常发生，还可以在发生嵌套异常的时候将可能被破坏而软件又来不及保存的上下文信息由硬件暂存到指定的控制状态寄存器或内存区域。

3.2.3　中断

异常处理的流程是通用的，但有两类异常出现的机会确实比其他类型大很多。一类是地址转换异常，当片内从虚地址到物理地址的地址转换表不包含访问地址时，就会产生缺页异常，在 3.3 节中我们将进行详细介绍。另一类常见的异常就是中断，中断在外部事件想要获得 CPU 注意时产生。由于外部事件的不可控性，中断处理所用的时间较为关键。在嵌入式系统中，CPU 的主要作用之一就是处理外设相关事务，因此中断发生的数量很多且非常重要。本节以 LoongArch 指令系统为例介绍中断相关的重要内容。

1. 中断传递机制

中断从系统中各个中断源传递到处理器主要有两种形式：中断线和消息中断。

1）中断线。用中断线传递是最简便直接的方式。当系统的中断源不多时，直接连到处理器引脚即可。若中断源较多，可使用中断控制器汇总后再与处理器引脚相连。由于连线会占用引脚资源，一般只在片上系统（System On Chip，简称 SoC）中才会给每个外设连接单独的中断线，板级的中断线一般采用共享的方式。比如 PCI 上有四根中断线，供所有的设备共享。中断处理程序在定位到哪根中断线发生中断后，逐个调用注册在该中断线的设备中断服务。

LoongArch 指令系统支持中断线的中断传递机制，共定义了 13 个中断，分别是：1 个核间中断（IPI），1 个定时器中断（TI），1 个性能监测计数溢出中断（PMI），8 个外部硬中断（HWI0～HWI7），2 个软中断（SWI0～SWI1）。其中所有中断线上的中断信号都采用电平中断，且都是高电平有效。当有中断发生时，这种高电平有效中断方式输入给处理器的中断线上将维持高电平状态直至中断被处理器响应处理。无论中断源来自处理器核外部还是内部，是硬件还是软件置位，这些中断信号都被不间断地采样并记录到 CSR.ESTAT 中 IS 域的对应比特位上。这些中断均为可屏蔽中断，除了 CSR.CRMD 中的全局中断使能位 IE 外，每个中断各自还有其局部中断使能控制位，在 CSR.ECFG 的 LIE 域中。当 CSR.ESTAT 中 IS 域的某位为 1 且对应的局部中断使能和全局中断使能均有效时，处理器就将响应该中断，并进入中断处理程序入口处开始执行。

用中断线方式传递中断有一些限制。首先是扩展性不够强，在搭建较复杂的板级系统时会引入过多的共享，降低中断处理的效率。其次，中断处理过程需要通过查询中断控制器以及设备上的状态寄存器来确认中断和中断原因，中间有较长的延迟，同样不利于提高效率。在多处理器平台中，高性能外设（如万兆网卡）对中断处理的性能有更高的要求，需要实现多处理器的负载均衡、中断绑定等功能，传统的中断线方式难以做到。而这正好是消息中断的长处。

2）消息中断。消息中断以数据的方式在总线上传递。发中断就是向指定的地址写一个指定的数。相比在总线外增加专门的中断线的“带外”（Side-Band）传输形式，消息中断在“带内”（In-Band）传输。增加中断时不需要改动消息传递的数据通路，因而有较高的扩展性和灵活性，也为更高程度的优化提供了可能。比如一个设备可以申请更多的中断号，使中断处理程序无须查询设备状态，只根据中断号就能知道应当做什么处理。

2. 向量化中断

LoongArch 指令系统默认支持向量化中断㊀，其 13 个中断线各自具有独立的中断处理程序入口地址。在 LoongArch 指令系统中，中断被视作一类特殊的异常进行处理，因此在具体计算中断处理程序入口地址时将 SWI0~IPI 这 13 个中断依次“视作”异常编号 64~76 的异常，用异常处理程序入口地址的统一计算方式进行计算。向量化中断的好处之一是省去了中断处理程序开头处识别具体中断源的开销，可以进一步加速中断的处理。

X86 指令系统支持的向量化中断方案更复杂一些，其在地址空间的指定位置处存放中断向量表（IVT，实模式下默认为 0 地址）或中断描述符表（IDT，保护模式），中断向量表中存放中断入口地址的段地址和偏移量，中断描述符表还包含权限等级和描述符类别的信息。X86 的向量化中断机制最多可支持 256 个中断和异常，0~19 号为系统预设的异常和 NMI，20~31 是 Intel 保留的编号，32 号开始可用于外部中断，详细的实现可参考 Intel 相关手册。

3. 中断的优先级

在支持多个中断源输入的指令系统中，需要规范在多个中断同时触发的情况下，处理器是否区别不同来源的中断的优先级。当采用非向量中断模式的时候，处理器通常不区别中断的优先级，此时若需要对中断进行优先级处理，可以通过软件方式予以实现，其通常的实现方案是：

1）软件随时维护一个中断优先级（IPL），每个中断源都被赋予特定的优先级。

2）正常状态下，CPU 运行在最低优先级，此时任何中断都可触发。

㊀ 尽管将 ECFG 控制状态寄存器中的 VS 域置 0 后，所有的异常处理程序入口地址将变为同一个，此时中断不再是向量中断形式，但这种模式并不是 LoongArch 指令系统推荐的方式。

3）当处于最高中断优先级时，任何中断都被禁止。

4）更高优先级的中断发生时，可以抢占低优先级的中断处理过程。

当采用向量中断模式的时候，处理器通常不可避免地需要依照一套既定的优先级规则来从多个已生效的中断源中选择一个，跳转到其对应的处理程序入口处。LoongArch 指令系统实现的是向量中断，采用固定优先级仲裁机制，具体规则是硬件中断号越大优先级越高，即 IPI 的优先级最高，TI 次之，…，SWI0 的优先级最低。

4. 中断使能控制位的原子修改

在中断处理程序中，经常会涉及中断使能控制位的修改，如关闭、开启全局中断使能。在大多数指令系统中，这些中断使能控制位位于控制状态寄存器中，因此软件在进行中断使能控制调整时，必须关注修改的原子性问题。以 LoongArch 指令系统为例，全局中断使能控制位 IE 位于 CRMD 控制寄存器的第 2 位。如果仅用 CSRRD 和 CSRWR 指令访问 CRMD 控制寄存器，那么需要通过下面的一段程序才能完成开启中断使能的功能：

```
    li        $t1, IE_BITMASK
    csrrd     $t0, CSR_CRMD
1:
    andn      $t0, $t0, $t1
    or        $t0, $t0, $t1
2:
    csrwr     $t0, CSR_CRMD
```

这段程序本身也可能被中断，若在标号 1 和 2 之间被中断且中断处理程序修改了 CRMD 控制寄存器的值，则在返回时该中断处理程序对 CRMD 控制寄存器的改写会被这段程序覆盖。若不想让这种情况发生，就需要保证这段程序不会被打断，更正式地说是保证这段程序的原子性。保证原子性的方法有很多种，例如添加专门的位原子修改指令、在程序执行时禁用中断、不允许中断处理程序修改 SR，或者使用通用的方法保证程序段的原子性，即将被访问的控制寄存器作为临界区来考虑。LoongArch 指令系统中定义了按位掩码修改控制寄存器的指令 CSRXCHG。使用该指令时，上述开启全局中断使能的代码改写如下：

```
    li        $t0, IE_BITMASK
    csrxchg   $t0, $t0, CSR_CRMD
```

上面的例子中，CRMD 寄存器的 IE 位置 1 的操作仅通过 csrxchg 一条指令完成，所以自然确保了修改的原子性。

3.3　存储管理

处理器的存储管理部件（Memory Management Unit，简称 MMU）支持虚实地址转换、多进程空间等功能，是通用处理器体现“通用性”的重要单元，也是处理器和操作系统交互最紧密的部分。

本节将介绍存储管理的作用、意义和一般性原理，并以Linux/LoongArch系统为例重点介绍存储管理中TLB的结构、操作方式以及TLB地址翻译过程中所涉及异常的处理。

3.3.1　存储管理的原理

存储管理构建虚拟的内存地址，并通过MMU进行虚拟地址到物理地址的转换。存储管理的作用和意义包括以下方面。

1）隐藏和保护：用户态程序只能访问受限内存区域的数据，其他区域只能由核心态程序访问。引入存储管理后，不同程序仿佛在使用独立的内存区域，互相之间不会影响。此外，分页的存储管理方法对每个页都有单独的写保护，核心态的操作系统可防止用户程序随意修改自己的代码段。

2）为程序分配连续的内存空间：MMU可以由分散的物理页构建连续的虚拟内存空间，以页为单元管理物理内存分配。

3）扩展地址空间：在32位系统中，如果仅采用线性映射的虚实地址映射方式，则至多访问4GB物理内存空间，而通过MMU进行转换则可以访问更大的物理内存空间。

4）节约物理内存：程序可以通过合理的映射来节约物理内存。当操作系统中有相同程序的多个副本在同时运行时，让这些副本使用相同的程序代码和只读数据是很直观的空间优化措施，而通过存储管理可以轻松完成这些。此外，在运行大型程序时，操作系统无须将该程序所需的所有内存都分配好，而是在确实需要使用特定页时再通过存储管理的相关异常处理来进行分配，这种方法不但节约了物理内存，还能提高程序初次加载的速度。

页式存储管理是一种常见而高效的方式，操作系统将内存空间分为若干个固定大小的页，并维护虚拟页地址和物理页地址的映射关系（即页表）。页大小涉及页分配的粒度和页表所占空间，目前的操作系统常用4KB的页。此时，虚拟内存地址可表示为虚拟页地址和页内偏移两部分，在进行地址转换时通过查表的方式将虚拟页地址替换为物理页地址就可得到对应的物理内存地址。

在32位系统中，采用4KB页时，单个完整页表需要1M项，对每个进程维护页表需要相当可观的空间代价，因此页表只能放在内存中。若每次进行地址转换时都需要先查询内存，则会对性能产生明显的影响。为了提高页表访问的速度，现代处理器中通常包含一个转换后援缓冲器（Translation Lookaside Buffer，简称TLB）来实现快速的虚实地址转换。TLB也称页表缓存或快表，借由局部性原理，存储当前处理器中最经常访问页的页表。一般TLB访问与Cache访问同时进行，而TLB也可以被视为页表的Cache。TLB中存储的内容包括虚拟地址、物理地址和保护位，可分别对应于Cache的Tag、Data和状态位。包含TLB的地址转换过程如图3.3所示。

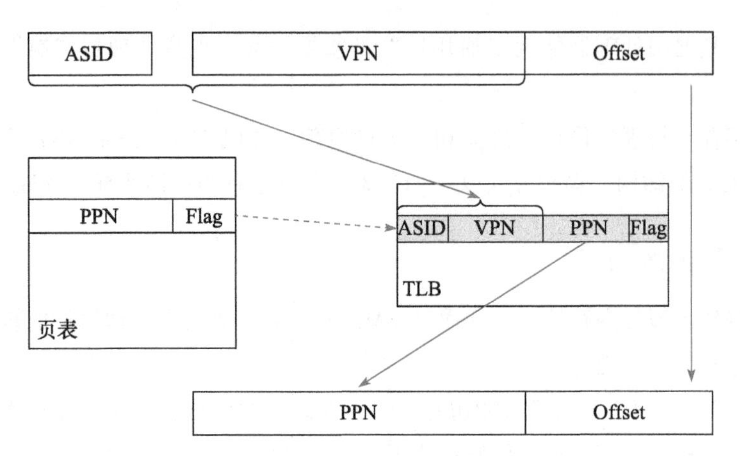

图 3.3　包含 TLB 的地址转换过程

处理器用地址空间标识符（Address Space Identifier，简称 ASID）和虚拟页号（Virtual Page Number，简称 VPN）在 TLB 中进行查找匹配，若命中则读出其中的物理页号（Physical Page Number，简称 PPN）和标志位（Flag）。标志位用于判断该访问是否合法，一般包括是否可读、是否可写、是否可执行等，若非法则发出非法访问异常；物理页号用于和页内偏移（Offset）拼接组成物理地址。若未在 TLB 中命中，则需要将页表内容从内存中取出并填入 TLB 中，这一过程通常称为 TLB 重填（TLB Refill）。TLB 重填可由硬件或软件进行，例如 X86、ARM 处理器采用硬件 TLB 重填，即由硬件完成页表遍历（Page Table Walker），将所需的页表项填入 TLB 中；而 MIPS、LoongArch 处理器默认采用软件 TLB 重填，即查找 TLB 发现不命中时，将触发 TLB 重填异常，由异常处理程序进行页表遍历并进行 TLB 填入。

在计算机中，外存、内存、Cache、通用寄存器可以组织成速度由慢到快的存储层次。TLB 在存储层次中的位置和作用与 Cache 类似，可视为页表这种特殊内存数据的专用 Cache。

3.3.2　TLB 的结构和使用

1. 地址空间和地址翻译模式

在介绍 LoongArch 指令系统中 TLB 相关的存储管理的机制前，首先简要了解一下 LoongArch 中地址空间和地址翻译模式的基本内容。LoongArch 处理器支持的内存物理地址空间范围表示为 $0 \sim 2^{PALEN}-1$。在 LA32 架构下，PALEN 理论上是一个不超过 36 的正整数；在 LA64 架构下，PALEN 理论上是一个不超过 60 的正整数。

LoongArch 指令系统中的虚拟地址空间是线性平整的。对于 PLV0 级来说，LA32 架构下虚拟地址空间大小为 2^{32} 字节，LA64 架构下虚拟地址空间大小为 2^{64} 字节。不过对于 LA64 架构来说，2^{64} 字节大小的虚拟地址空间并不都是合法的，可以认为存在一些虚拟地址的空洞。合法的虚拟地址空间与地址映射模式紧密相关。

LoongArch 指令系统的 MMU 支持两种虚实地址翻译模式：直接地址翻译模式和映射地址翻译模式。在直接地址翻译模式下，物理地址默认直接等于虚拟地址（高位不足补0、超出截断），此时可以认为整个虚拟地址空间都是合法的。当 CSR. CRMD 中的 DA 域为1且 PG 域为0时 CPU 处于直接地址翻译模式。CPU 复位结束后将进入直接地址翻译模式。

当 CSR. CRMD 中的 DA 域为0且 PG 域为1时 CPU 处于映射地址翻译模式。映射地址翻译模式又分为直接映射地址翻译模式（简称"直接映射模式"）和页表映射地址翻译模式（简称"页表映射模式"）两种。在映射地址翻译模式下，地址翻译时将优先看其能否按照直接映射模式进行地址翻译，无法进行后再通过页表映射模式进行翻译。

直接映射模式通过直接映射配置窗口机制完成虚实地址翻译，简单来说就是将一大段连续的虚地址空间线性连续地映射至一段相同大小的物理地址空间。这里被翻译的一整段地址空间的大小通常远大于页表映射模式下所使用的页的大小，因此需要的配置信息更少。LoongArch 中将一对直接映射关系称为一个直接映射配置窗口，共定义了四个直接映射配置窗口。四个窗口的配置信息存于 CSR. DMW0～CSR. DMW3 中，每个窗口的配置信息包含该窗口对应的地址范围、该窗口在哪些权限等级下可用以及该窗口上的访存操作的存储访问类型。

LoongArch 指令系统中的页表映射模式，顾名思义，通过页表映射完成虚实地址转换。在该模式下，合法虚拟地址的［63:PALEN］位必须与［PALEN－1］位相同，即虚地址第［PALEN－1］位之上的所有位是该位的符号扩展。

2. TLB 结构

页表映射模式存储管理的核心部件是 TLB。LoongArch 指令系统的 TLB 分为两个部分，一个是所有表项的页大小相同的单一页大小 TLB(Singular-Page-Size TLB，简称 STLB)，另一个是支持不同表项的页大小可以不同的多重页大小 TLB(Multiple-Page-Size TLB，简称 MTLB)。STLB 的页大小可通过 STLBPS 控制寄存器进行配置。

在虚实地址转换过程中，STLB 和 MTLB 同时查找。相应地，软件需保证不会出现 MTLB 和 STLB 同时命中的情况，否则处理器行为将不可知。MTLB 采用全相联查找表的组织形式，STLB 采用多路组相联的组织形式。对于 STLB，如果其有 2^{INDEX} 组，且配置的页大小为 2^{PS} 字节，那么硬件查询 STLB 的过程中，是将虚地址的［PS+INDEX:PS］位作为索引值来访问各路信息的。接下来介绍 LoongArch64 指令系统中 TLB 单个表项的结构，如图 3.4 所示。

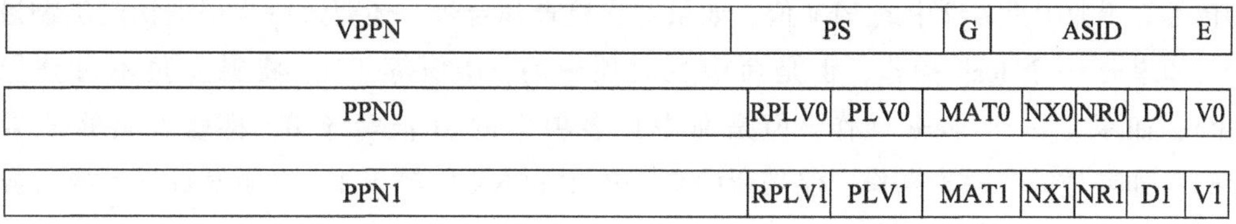

VPPN	PS	G	ASID	E

PPN0	RPLV0	PLV0	MAT0	NX0	NR0	D0	V0

PPN1	RPLV1	PLV1	MAT1	NX1	NR1	D1	V1

图 3.4 LoongArch64 指令系统中 TLB 表项结构

在 TLB 表项中，E 表示该 TLB 表项是否存在，E 为 0 的项在进行 TLB 查找时将被视为无效项；ASID 标记该 TLB 表项属于哪个地址空间，只有 CPU 中当前的 ASID（由 CSR. ASID 的 ASID 域决定）与该域相同时才能命中，ASID 用于区分不同进程的页表；G 位域表示全局域，为 1 时关闭 ASID 匹配，表示该 TLB 表项适用于所有的地址空间；PS 表示该页表项中存放的页大小，数值是页大小的 2 的幂指数，有 6 比特宽，因此 LoongArch 指令系统的页大小理论上可以任意变化，处理器可以实现其中的一段范围；VPPN 表示虚双页号，在 LoongArch 指令系统中，TLB 的每项把两个连续的虚拟页映射为两个物理页；PPN 为物理页号，这个域的实际有效宽度取决于该处理器支持的物理内存空间的大小；PLV 表示该页表项对应的权限等级；RPLV 为受限权限等级使能，当 RPLV = 0 时，该页表项可以被任何权限等级不低于 PLV 的程序访问，否则，该页表项仅可以被权限等级等于 PLV 的程序访问；MAT 控制落在该页表项所在地址空间上的访存操作的存储访问类型，如是否可通过 Cache 缓存等；NX 为不可执行位，为 1 表示该页表项所在地址空间上不允许执行取指操作；NR 为不可读位，为 1 表示该页表项所在地址空间上不允许执行 load 操作；D 被称为“脏”（Dirty）位，为 1 表示该页表项所对应的地址范围内已有脏数据；V 为有效位，为 1 表明该页表项是有效且被访问过的。

3. TLB 虚实地址翻译过程

用 TLB 进行虚实地址翻译时，首先要进行 TLB 查找，将待查虚地址 vaddr 和 CSR. ASID 中 ASID 域的值 asid 一起与 STLB 中每一路的指定索引位置项以及 MTLB 中的所有项逐项进行比对。如果 TLB 表项的 E 位为 1，vaddr 对应的虚双页号 vppn 与 TLB 表项的 VPPN 相等（该比较需要根据 TLB 表项对应的页大小，只比较地址中属于虚页号的部分），且 TLB 表项中的 G 位为 1 或者 asid 与 TLB 表项的 ASID 域的值相等，那么 TLB 查找命中该 TLB 表项。如果没有命中项，则触发 TLB 重填异常（TLBR）。如果查找到一个命中项，那么根据命中项的页大小和待查虚地址确定 vaddr 具体落在双页中的哪一页，从奇偶两个页表项取出对应页表项作为命中页表项。如果命中页表项的 V 等于 0，说明该页表项无效，将触发页无效异常，具体将根据访问类型触发对应的 load 操作页无效异常（PIL）、store 操作页无效异常（PIS）或取指操作页无效异常（PIF）。如果命中页表项的 V 值等于 1，但是访问的权限等级不合规，将触发页权限等级不合规异常（PPI）。权限等级不合规体现为，该命中页表项的 RPLV 值等于 0 且 CSR. CRMD 中 PLV 域的值大于命中页表项中的 PLV 值，或是该命中页表项的 RPLV = 1 且 CSR. CRMD 中 PLV 域的值不等于命中页表项中的 PLV 值。如果上述检查都合规，还要进一步根据访问类型进行检查。如果是一个 load 操作，但是命中页表项中的 NR 值等于 1，将触发页不可读异常（PNR）；如果是一个 store 操作，但是命中页表项中的 D 值等于 0，将触发页修改异常（PME）；如果是一个取指操作，但是命中页表项中的 NX 值等于 1，将触发页不可执行异常（PNX）。如果找到了命中项且经检查上述异常都没有触发，那么命中项中的 PPN 值和 MAT 值将被取出，前者用于和 vaddr 中提取的页内偏移拼合成物理地址 paddr，后者用于控制该访问操作的内存访问类型属性。

当触发 TLB 重填异常时，除了更新 CSR. CRMD 外，CSR. CRMD 中 PLV、IE 域的旧值将被记录到 CSR. TLBRPRMD 的相关域中，异常返回地址也将被记录到 CSR. TLBRERA 的 PC 域中[⊖]，处理器还会将引发该异常的访存虚地址填入 CSR. TLBRBAV 的 VAddr 域并从该虚地址中提取虚双页号填入 CSR. TLBREHI 的 VPPN 域。当触发非 TLB 重填异常的其他 TLB 类异常时，除了像普通异常发生时一样更新 CRMD、PRMD 和 ERA 这些控制状态寄存器的相关域外，处理器还会将引发该异常的访存虚地址填入 CSR. BADV 的 VAddr 域并从该虚地址中提取虚双页号填入 CSR. TLBEHI 的 VPPN 域。

4. TLB 相关控制状态寄存器

除了上面提到的 TLB 查找操作外，LoongArch 指令系统中定义了一系列用于访问和控制 TLB 的控制状态寄存器，用于 TLB 内容的维护操作。

LoongArch 指令系统中用于访问和控制 TLB 的控制状态寄存器大致可以分为三类：第一类用于非 TLB 重填异常处理场景下的 TLB 访问和控制，包括 TLBIDX、TLBEHI、TLBELO0、TLBELO1、ASID 和 BADV；第二类用于 TLB 重填异常处理场景，包括此场景下 TLB 访问控制专用的 TLBREHI、TLBRELO0、TLBRELO1 和 TLBRBADV 以及此场景下保存上下文专用的 TLBRPRMD、TLBRERA 和 TLBRSAVE；第三类用于控制页表遍历过程，包括 PGDL、PGDH、PGD、PWCL 和 PWCH。三类寄存器的具体格式如图 3.5 所示。

上述寄存器中，第二类专用于 TLB 重填异常处理场景（CSR. TLBRERA 的 IsTLBR 域值等于 1）的控制寄存器，其设计目的是确保在非 TLB 重填异常处理程序执行过程中嵌套发生 TLB 重填异常处理后，原有异常处理程序的上下文不被破坏。例如，当发生 TLB 重填异常时，其异常处理返回地址将填入 CSR. TLBRERA 而非 CSR. ERA，这样被嵌套的异常处理程序返回时所用的返回目标就不会被破坏。因硬件上只维护了这一套保存上下文专用的寄存器，所以需要确保在 TLB 重填异常处理过程中不再触发 TLB 重填异常，为此，处理器因 TLB 重填异常触发而陷入异常处理后，硬件会自动将虚实地址翻译模式调整为直接地址翻译模式，从而确保 TLB 重填异常处理程序第一条指令的取指和访存[⊜]一定不会触发 TLB 重填异常，与此同时，软件设计人员也要保证后续 TLB 重填异常处理返回前的所有指令的执行不会触发 TLB 重填异常。

在访问和控制 TLB 的控制状态寄存器中，ASID 中的 ASID 域、TLBEHI 中的 VPPN 域、TLBELO0 和 TLBELO1 中的所有域、TLBIDX 中的 PS 和 E 域所构成的集合对应了一个 TLB 表项中的内容（除了 TLB 表项中的 G 位域），ASID 中的 ASID 域、TLBREHI 中的 VPPN 和 PS 域、

⊖ PC 域不包含指令地址的最低两位，因为能触发 TLB 重填异常的指令的 PC 最低两位一定为 0，所以这两位不需要记录。

⊜ 如果第一条指令即为访存指令。

寄存器	字段（从第63位到第0位）
TLBIDX	NE | 0 | PS | 0 | Index
TLBEHI	Sign_Ext | VPPN | 0
TLBELO0	RPLV | NX | NR | 0 | PPN | 0 | G | MAT | PLV | D | V
TLBELO1	RPLV | NX | NR | 0 | PPN | 0 | G | MAT | PLV | D | V
ASID	0 | ASIDBITS | 0 | ASID
BADV	VAddr
TLBREHI	Sign_Ext | VPPN | 0 | PS
TLBRELO0	RPLV | NX | NR | 0 | PPN | 0 | G | MAT | PLV | D | V
TLBRELO1	RPLV | NX | NR | 0 | PPN | 0 | G | MAT | PLV | D | V
TLBRBADV	VAddr
TLBRPRMD	0 | PWE | 0 | PIE | PPLV
TLBRERA	PC[63:2] | 0 | IsTLBR
TLBRSAVE	Data
PGDL	Base | 0
PGDH	Base | 0
PGD	Base | 0
PWCL	PTEwidth | Dir2_width | Dir2_base | Dir1_width | Dir1_base | PTwidth | PTbase
PWCH	0 | Dir4_width | Dir4_base | Dir3_width | Dir3_base

图3.5 LoongArch指令系统中TLB相关控制寄存器

TLBRELO0 和 TLBRELO1 中的所有域所构成的集合也对应了一个 TLB 表项中的内容（除了 G 位域和 E 位域）。这两套控制状态寄存器都用来完成 TLB 表项的读写操作，前一套用于非 TLB 重填异常处理场景，而后一套仅用于 TLB 重填异常处理场景。写 TLB 时把上述寄存器中各个域存放的值写到 TLB 某一表项（将 TLBELO0 和 TLBELO1 的 G 位域相与或者将 TLBRELO0 和 TLBRELO1 的 G 位域相与后写入 TLB 表项的 G 位域），读 TLB 时将 TLB 表项读到并写入上述寄存器中的对应域（将 TLB 表项的 G 位域的值同时填入 TLBELO0 和 TLBELO1 的 G 位域，或者同时填入 TLBRELO0 和 TLBRELO1 的 G 位域）。

上述第三类寄存器的工作及使用方式将在 3.3.3 节中予以介绍。

5. TLB 访问和控制指令

为了对 TLB 进行维护，除了上面提到的 TLB 相关控制状态寄存器外，LoongArch 指令系统中还定义了一系列 TLB 访问和控制指令，主要包括 TLBRD、TLBWR、TLBFILL、TLBSRCH 和 INVTLB。

TLBRD 是读 TLB 的指令，其用 CSR. TLBIDX 中 Index 域的值作为索引读出指定 TLB 表项中的值并将其写入 CSR. TLBEHI、CSR. TLBELO0、CSR. TLBELO1 以及 CSR. TLBIDX 的对应域中。

TLBWR 是写 TLB 的指令，其用 CSR. TLBIDX 中 Index 域的值作为索引将 CSR. TLBEHI、CSR. TLBELO0、CSR. TLBELO1 以及 CSR. TLBIDX 相关域的值（当处于 TLB 重填异常处理场景时，这些值来自 CSR. TLBREHI、CSR. TLBRELO0 和 CSR. TLBRELO1）写到对应的 TLB 表项中。

TLBFILL 是填入 TLB 的指令，其将 CSR. TLBEHI、CSR. TLBELO0、CSR. TLBELO1 以及 CSR. TLBIDX 相关域的值（当处于 TLB 重填异常处理场景时，这些值来自 CSR. TLBREHI、CSR. TLBRELO0 和 CSR. TLBRELO1）填入 TLB 中的一个随机位置。该位置的具体确定过程是，首先根据被填入页表项的页大小来决定是写入 STLB 还是 MTLB。当被填入的页表项的页大小与 STLB 所配置的页大小（由 CSR. STLBPS 中 PS 域的值决定）相等时将被填入 STLB，否则将被填入 MTLB。页表项被填入 STLB 的哪一路，或者被填入 MTLB 的哪一项，是由硬件随机选择的。

TLBSRCH 为 TLB 查找指令，其使用 CSR. ASID 中 ASID 域和 CSR. TLBEHI 中 VPPN 域的信息（当处于 TLB 重填异常处理场景时，这些值来自 CSR. ASID 和 CSR. TLBREHI）去查询 TLB。如果有命中项，那么将命中项的索引值写入 CSR. TLBIDX 的 Index 域，同时将其 NE 位置为 0；如果没有命中项，那么将该寄存器的 NE 位置 1。

INVTLB 指令用于无效 TLB 中符合条件的表项，即从通用寄存器 rj 和 rk 得到用于比较的 ASID 和虚地址信息，依照指令 op 立即数指示的无效规则，对 TLB 中的表项逐一进行判定，符合条件的 TLB 表项将被无效掉。

3.3.3 TLB 地址翻译相关异常的处理

上一节介绍了 LoongArch 指令系统中与 TLB 相关的硬件规范，这些设计为操作系统提供了必要的支持，而存储管理则需要 CPU 和操作系统紧密配合，CPU 硬件在使用 TLB 进行地址翻译的过程中将产生相关异常，再由操作系统介入进行异常处理。本节将重点讲述这些异常处理的过程。

1. **多级页表结构**

Linux 操作系统通常采用多级页表结构。对于 64 位的 LoongArch 处理器，如果其有效虚地址位宽为 48 位，那么当 Linux 操作系统采用 16KB 页大小时，其页表为三级结构，如图 3.6 所示。33 位的虚双页号（VPPN）分为三个部分：最高 11 位作为一级页表（页目录表 PGD）索引，一级页表中每一项保存一个二级页表（页目录表 PMD）的起始地址；中间 11 位作为二级页表索引，二级页表中每一项保存一个三级页表（末级页表 PTE）的起始地址；最低 11 位作为三级页表索引。每个三级页表包含 2048 个页表项，每个页表项管理一个物理页，大小为 8 字节，包括 RPLV、NX、NR、PPN、W、P、G、MAT、PLV、D、V 的信息。“P”和“W”两个域分别代表物理页是否存在，以及该页是否可写。这些信息虽然不填入 TLB 表项中，但用于页表遍历的处理过程。每个进程的 PGD 表基地址放在进程上下文中，内核进程进行切换时把 PGD 表的基地址写到 CSR. PGDH 的 Base 域中，用户进程进行切换时把 PGD 表的基地址写到 CSR. PGDL 的 Base 域中。

2. **TLB 重填异常处理**

当 TLB 重填异常发生后，其异常处理程序的主要处理流程是根据 CSR. TLBRBADV 中 VAddr 域记录的虚地址信息以及从 CSR. PGD 中得到的页目录表 PGD 的基址信息，遍历发生 TLB 重填异常的进程的多级页表，从内存中取回页表项信息填入 CSR. TLBRELO0 和 CSR. TLBRELO1 的相应域中，最终用 TLBFILL 指令将页表项填入 TLB。前面在讲述 TLBFILL 指令写操作过程时，提到此时写入 TLB 的信息除了来自 CSR. TLBRELO0 和 CSR. TLBRELO1 的各个域之外，还有来自 CSR. ASID 中 ASID 域和 CSR. TLBREHI 中 VPPN 域的信息。在 TLB 重填异常从发生到进行处理的过程中，软硬件都没有修改 CSR. ASID 中的 ASID 域，所以在执行 TLBFILL 指令时，CSR. ASID 中的 ASID 域记录的就是发生 TLB 重填异常的进程对应的 ASID。至于 CSR. TLBREHI 中的 VPPN 域，在 TLB 重填异常发生并进入异常入口时，已经被硬件填入了触发该异常的虚地址中的虚双页号信息。

整个 TLB 重填异常处理过程中，遍历多级页表是一个较为复杂的操作，需要数十条普通访存、运算指令才能完成，而且如果遍历的页表级数增加，则需要更多的指令。LoongArch 指令系统中定义了 LDDIR 和 LDPTE 指令以及与之配套的 CSR. PWCL 和 CSR. PWCH 来加速 TLB 重填异常处理中的页表遍历。LDDIR 和 LDPTE 指令的功能简述如表 3.3 所示。

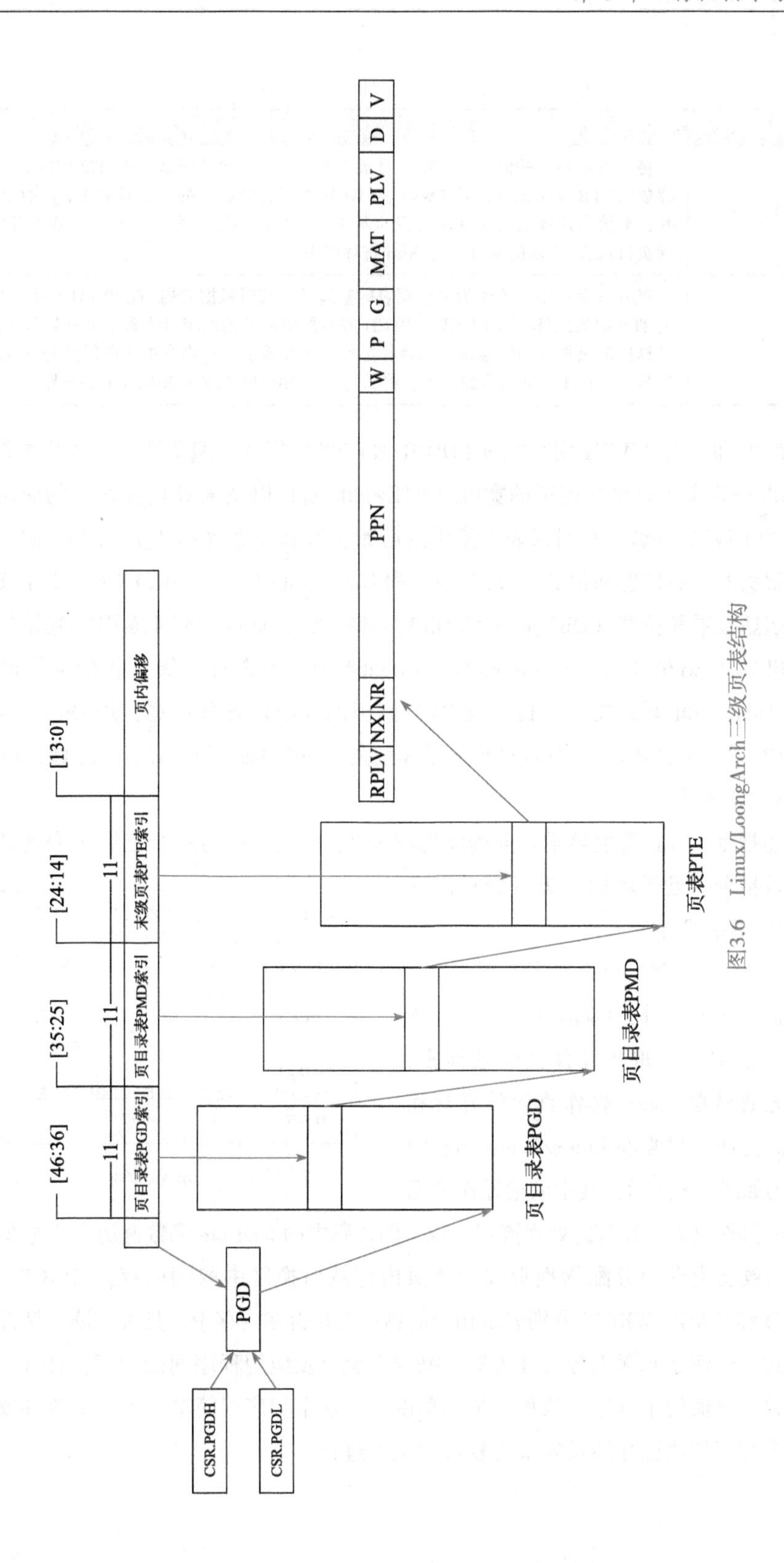

图3.6　Linux/LoongArch三级页表结构

表 3.3 LoongArch 软件页表遍历指令

指令	描述
LDDIR rd, rj, level	将 rj 寄存器中的值作为当前页目录表的基地址，同时根据 CSR. TLBRBADV 中 VAddr 域存放的 TLB 缺失地址以及 PWCL、PWCH 寄存器中定义的页目录表 level 索引的起始位置和位宽信息计算出当前目录页表的偏移量，两者相加作为访存地址，从内存中读取待访问页目录表/页表的基址，写入 rd 寄存器中
LDPTE rj, seq	将 rj 寄存器中的值作为末级页表的基地址，同时根据 CSR. TLBRBADV 中 VAddr 域存放的 TLB 缺失地址以及 PWCL、PWCH 寄存器中定义的末级页表索引的起始位置和位宽信息计算出末级页表的偏移量，两者相加作为访存地址，从内存中读取偶数号（seq=0）或奇数号（seq=1）页表项的内容，将其写入 TLBRELO0 或 TLBRELO1 寄存器中

CSR. PWCL 和 CSR. PWCH 用来配置 LDDIR 和 LDPTE 指令所遍历页表的规格参数信息，其中 CSR. PWCL 中定义了每个页表项的宽度（PTEwidth 域）以及末级页表索引的起始位置和位宽（PTbase 和 PTwidth 域）、页目录表 1 索引的起始位置和位宽（Dir1_base 和 Dir1_width 域）、页目录表 2 索引的起始位置和位宽（Dir2_base 和 Dir2_width 域），CSR. PWCH 中定义了页目录表 3 索引的起始位置和位宽（Dir3_base 和 Dir3_width 域）、页目录表 4 索引的起始位置和位宽（Dir4_base 和 Dir4_width 域）。在 Linux/LoongArch64 中，当进行三级页表的遍历时，通常用 Dir1_base 和 Dir1_width 域来配置页目录表 PMD 索引的起始位置和位宽，用 Dir3_base 和 Dir3_width 域来配置页目录表 PGD 索引的起始位置和位宽，Dir2_base 和 Dir2_width 域、Dir4_base 和 Dir4_width 域空闲不用。

使用上述指令，TLB 重填异常处理程序见图 3.7。可见，遍历一个三级页表的处理过程只需要执行 9 条指令，且每增加一级页表只需增加一条 LDDIR 指令即可。

```
csrwr   $t0, CSR_TLBRSAVE
csrrd   $t0, CSR_PGD
lddir   $t0, $t0, 3   #访问页目录表PGD
lddir   $t0, $t0, 1   #访问页目录表PMD
ldpte   $t0, 0        #取回偶数号页表项
ldpte   $t0, 1        #取回奇数号页表项
tlbfill
csrrd   $t0, CSR_TLBRSAVE
ertn
```

图 3.7 Linux/LoongArch64 TLB 重填异常处理程序

3. 其他 TLB 地址翻译相关异常处理

除了 TLB 重填异常外，LoongArch 指令系统下常见的 TLB 类异常有取指操作页无效异常、load 操作页无效异常、store 操作页无效异常和页修改异常。这四种异常在 Linux/LoongArch 中处理的伪代码如图 3.8 所示，其中取指操作页无效异常和 load 操作页无效异常的处理流程一致。伪代码中的 load pte 函数遍历页表并取得页表项，DO_FAULT 函数在内存中分配物理页并把该页内容从对换区中取到内存，_PAGE_PRESENT、_PAGE_READ 和_PAGE_WRITE 分别表示相应的物理页是否在内存中、是否可读、是否可写。

下面通过一个例子来深入分析处理器、操作系统以及应用程序间的交互。图 3.9 是一个分配数组和对数组赋值的小程序。从程序员的角度看，这个程序很简单，但从结构和操作系统的角度看，这个程序的执行却涉及复杂的软硬件交互过程。

```
TLB modified exception:
    (1) load pte;
    (2) if(_PAGE_WRITE) set VALID|DIRTY, reload tlb, tlbwr;
        else DO_FAULT(1);

TLB load exception:
    (1) load pte;
    (2) if(_PAGE_PRESENT && _PAGE_READ) set VALID, reload tlb, tlbwr;
        else DO_FAULT(0);

TLB store exception:
    (1) load pte;
    (2) if(_PAGE_PRESENT && _PAGE_WRITE) set VALID|DIRTY, reload tlb, tlbwr;
        else DO_FAULT(1);
```

图 3.8　LoongArch 四种 TLB 异常在 Linux 中的处理

```
array=(int *)malloc(0x1000);
for(i=0;i<1024;i++) array[i]=0;
```

图 3.9　数组分配和赋值程序

该用户程序首先调用内存分配函数 malloc 来分配大小为 0x1000 字节的空间，假设返回一个虚地址 0x450000。操作系统在进程的 vma_struct 链表里记录地址范围 0x450000～0x451000 为已分配地址空间，并且是可读、可写的。但操作系统只是分配了一个地址范围，还没有真实分配内存的物理空间，也没有在页表里建立页表项，TLB 里更没有——因为如果进程没有访问，就不用真为其分配物理空间。接下来的 for 循环对数组 array 进行赋值，用户程序写地址为 0x450000 的单元。store 操作在完成地址运算后查找 TLB，由于 TLB 里面没有这一表项，因此引起 TLB 重填异常。TLB 重填异常处理程序从相应的页表位置取页表内容填入 TLB，但此时这个地址空间的页表还没有有效的页表项信息。当异常处理返回用户程序重新开始访问时，TLB 里面有了对应的虚地址，但是还没有物理地址。因为还没有分配具体的物理空间，所以引起 store 操作页无效异常。处理 store 操作页无效异常时，操作系统需要查找 vma_struct 这个结构，如果判断出这个地址已经分配，处于可写状态，这时操作系统才真正分配物理页面，并分配物理页表，将物理地址填入页表，更新 TLB 相应的表项。store 操作页无效异常处理完成之后返回，store 操作再次执行，这次就成功了，因为 TLB 里已经有了相应的表项，并且是有效、可写的。由于分配的页面恰好为 4KB 大小，且在同一页中，因此后续的地址访问都会在 TLB 中命中，不会再产生异常。产生两次异常而非一次完成所有操作的原因是保证 TLB 重填异常的处理速度。

3.4　本章小结

本章介绍了异常的类型和通用处理过程，并对中断这类特殊异常进行了探讨。在计算机系统中，处理器全速地执行指令，而异常与中断起到纽带的作用，使得运行级别、存储管理等机制有机结合，共同打造安全、高效、易用的系统。

本章首先介绍存储管理的意义并引出对页表进行硬件加速的结构 TLB；随后以 LoongArch 指令系统为例介绍 TLB 的结构和使用方法；最后介绍 TLB 异常的类型和处理方法。存储管理在计算机系统中得到了广泛的应用，为使存储管理系统流畅运行，硬件设计、软件设计需紧密配合，协同优化。

习题

1. 请说明 LoongArch 指令系统中为何要定义 ERTN 指令以用于异常处理的返回。
2. 简述 LoongArch 与 X86 在异常处理过程中的区别。
3. 简述精确异常与非精确异常的区别，并在已有的处理器产品实现中找出一个非精确异常示例。
4. 在一台 Linux/LoongArch 机器上执行如下程序片段，假设数组 a 和 b 的起始地址都是 8KB 边界对齐的，操作系统仅支持 4KB 页大小。处理器中的 TLB 有 32 项，采用 LRU 替换算法。如果在该程序片段开始执行前数组 a 和 b 均从未被访问过，且程序片段执行过程中未发生中断，同时忽略程序代码和局部变量 i 所占地址空间的影响，请问执行该程序片段的过程中会发生多少次与 TLB 地址翻译相关的异常？

```
void cycle(double * a) {
    int i;
    double b[65536];
    for (i=0; i<3; i++)
        for (j=0; j<65536; j++)
            a[j] = b[j];
}
```

5. 请用 C 语言伪代码形式描述一台 64 位 LoongArch 机器上的 TLB 进行访存虚实地址转换的过程（包含 TLB 地址翻译相关异常的判定过程）。（提示：①可以将 TLB 的每一项定义为一个结构体，将整个 TLB 视作一个结构体数组；②无须直接体现过程中电路的并发执行特性，只需要确保最终逻辑状态一致即可。）

C H A P T E R 4

第4章 软硬件协同

作为软硬件的界面，指令系统结构不仅包含指令和相关硬件资源的定义，还包含有关资源的使用方式约定。与二进制程序相关的约定被称为应用程序二进制接口（Application Binary Interface，简称 ABI）。ABI 定义了应用程序二进制代码中相关数据结构和函数模块的格式及其访问方式，它使得不同的二进制模块之间的交互成为可能。本章首先讲述 ABI 的基本概念和具体组成，并举例说明了其中一些比较常见的内容。

在软硬件之间合理划分界面是指令系统设计的一项关键内容。计算机完成一项任务所需要的某个工作常常既可以选择用软件实现也可以选择用硬件实现，设计者需要进行合理的权衡。第 3 章中 LoongArch 指令系统的 TLB 管理就是一个很好的软硬件协同实现案例。本章继续讲述对理解计算机系统的工作过程比较重要的一些软硬件协同案例，包括函数调用、异常与中断、系统调用、进程、线程和虚拟机等六种不同的上下文切换场景，以及同步机制的实现。

不另加说明的情况下，本章的案例采用 LoongArch 指令系统。

4.1 应用程序二进制接口

ABI 定义了应用程序二进制代码中数据结构和函数模块的格式及其访问方式，它使得不同的二进制模块之间的交互成为可能。硬件上并不强制这些内容，因此自成体系的软件可以不遵循部分或者全部 ABI 约定。但通常来说，应用程序至少会依赖操作系统以及系统函数库，因而必须遵循相关约定。

ABI 包括但不限于如下内容：

- 处理器基础数据类型的大小、布局和对齐要求等；
- 寄存器使用约定。它约定通用寄存器的使用方法、别名等；
- 函数调用约定。它约定参数如何传递给被调用的函数、结果如何返回、函数栈帧如何组织等；
- 目标文件和可执行文件格式；

- 程序装载和动态链接相关信息；
- 系统调用和标准库接口定义；
- 开发环境和执行环境等相关约定。

关心 ABI 细节的主要是编译工具链、操作系统和系统函数库的开发者，但如果用到汇编语言或者想要实现跨语言的模块调用，普通开发者也需要对它有所了解。从以上内容也可以看出，了解 ABI 有助于深入理解计算机系统的工作原理。

同一个指令系统上可能存在多种不同的 ABI。导致 ABI 差异的原因之一是操作系统差异。例如，对于 X86 指令系统，UNIX 类操作系统普遍遵循 System V ABI，而 Windows 则有它自己的一套 ABI 约定。导致 ABI 差异的原因之二是应用领域差异，有时针对不同的应用领域定制 ABI 可以达到更好的效果。例如，ARM、PowerPC 和 MIPS 都针对嵌入式领域的需求定义了 EABI(Embedded Application Binary Interface)，它和通用领域的 ABI 有所不同。导致 ABI 差异的另外一种常见原因是软硬件的发展需要。例如，MIPS 早期系统多数采用 O32 ABI，它定义了四个寄存器用于函数调用参数，后来的软件实践发现更多的传参寄存器有利于提升性能，这促成了新的 N32/N64 ABI 的诞生。而指令集由 32 位发展到 64 位时，也需要新的 ABI。X86-64 指令系统上有三种 Sytem V ABI 的变种，分别是：兼容 32 位 X86 的 i386 ABI，指针和数据都用 64 位的 X86-64 ABI，以及利用了 64 位指令集的寄存器数量等优势资源但保持 32 位指针的 X32 ABI。操作系统可以只选择支持其中一种 ABI，也可以同时支持多种 ABI。此外，ABI 的定义相对来说不如指令集本身完整和规范，一个指令系统的 ABI 规范可能有很完备的、统一的文档描述，也可能是依赖主流软件的事实标准，由多个来源的非正式文档构成。

下面我们以一些具体的例子来说明 ABI 中一些比较常见的内容。

4.1.1　寄存器约定

本节列举 MIPS 和 LoongArch 指令系统的整数寄存器约定（浮点寄存器也有相应约定，在此不做讨论），并对它们进行了简单的比较和讨论。MIPS 和 LoongArch 都有 32 个整数通用寄存器，除了 0 号寄存器始终为 0 外，其他 31 个寄存器物理上没有区别。但系统人为添加了一些约定，给了它们特定的名字和使用方式。

MIPS 指令系统的流行 ABI 主要有以下三种：

1）O32。来自传统的 MIPS 约定，仍广泛用于嵌入式工具链和 32 位 Linux 中。

2）N64。在 64 位处理器编程中使用的新的正式 ABI，指针和 long 型整数的宽度扩展为 64 位，并改变了寄存器使用的约定和参数传递的方式。

3）N32。在 64 位处理器上执行的 32 位程序，与 N64 的区别在于指针和 long 型整数的宽度为 32 位。

表 4.1 给出了 MIPS O32 和 N32/N64 对整数（或称为定点）通用寄存器的命名和使用约定。

表 4.1 MIPS 整数通用寄存器约定

寄存器编号	O32 助记符	N32/N64 助记符	使用约定
0	zero		总是为 0
1	at		汇编暂存器
2~3	v0，v1		子程序返回值
4~7	a0~a3		子程序的前几个参数
8~11	t0~t3	a4~a7	N32 作为参数，O32 作为不需保存的暂存器
12~15	t4~t7	t0~t3	不需保存的暂存器，但 N32 和 O32 命名不同
16~23	s0~s7		寄存器变量，过程调用时需要存储和恢复
24~25	t8，t9		暂存器
26~27	k0，k1		为异常处理保留
28	gp		全局指针
29	sp		栈指针
30	s8/fp		寄存器变量，或作为帧指针
31	ra		子程序返回地址

这三个 ABI 中，O32 用一种寄存器约定，N32/N64 用另一种。可以看到，两种寄存器约定的大部分内容是相同的，主要差别在于 O32 只用了四个寄存器作为参数传递寄存器，而 N32/N64 则用了八个，相应地减少了暂存器。原因是现代程序越来越复杂，很多函数的参数超过四个，在 O32 中需要借助内存来传递多出的参数，N32/N64 的约定有助于提升性能。对参数少于八个的函数，剩余的参数寄存器仍然可以当作暂存器使用，不会浪费。为了和普通变量名区分，这些助记符在汇编源代码中会加“$”前缀，例如 $sp 或者 $r29 表示 29 号寄存器。但在一些源代码（如 Linux 内核源代码）中也可能会看到直接使用不加 $ 前缀的助记符的情况，这是因为相关头文件用宏定义了这个名字，如#define a0 $r4。

LoongArch 定义了三个 ABI：指针和数据都是 64 位的 LP64，指针 32 位、数据 64 位的 LPX32，指针和数据都是 32 位的 LP32。但它们的寄存器约定都是一致的。对比表 4.1 和表 4.2，我们可以看到 LoongArch 的约定比 MIPS 要更规整和简洁些，主要有如下差别：

- 取消了汇编暂存器（$at）。MIPS 的一些汇编宏指令用多条硬件指令合成，汇编暂存器用于数据周转。LoongArch 指令系统的宏指令可以不用周转寄存器或者显式指定周转寄存器，因而不再需要汇编暂存器。这可以增加编译器可用寄存器的数量。
- 取消了预留给内核的专用寄存器（$k0/ $k1）。MIPS 预留两个寄存器的目的是支持高效异常处理，在希望异常处理过程尽量快的时候可以用这两个寄存器，省去保存上下文到内存中的开销。LoongArch 指令系统提供了便签寄存器来高效暂存数据，可以在不预留通用寄存器的情况下保持高效实现，给编译器留下了更多的可用寄存器。
- 取消了 $gp 寄存器。MIPS 中用 $gp 寄存器指向 GOT（Global Offset Table）表以协助动态链接器计算可重定位的代码模块的相关符号位置。LoongArch 指令集支持基于 PC 的运算指令，能够用其他高效的方式实现动态链接，不再需要额外花费一个通用寄存器。

- 复用参数寄存器和返回值寄存器，参数寄存器 $a0/ $a1 也被用作返回值寄存器。这也是现代指令系统比较常见的做法，它进一步增加了通用暂存器的数量。
- 增加了线程指针寄存器 $tp，用于高效支持多线程实现。$tp 总是指向当前线程的 TLS（Thread Local Storage）区域。

表 4.2 LoongArch 整数通用寄存器约定

寄存器编号	助记符	使用约定
0	zero	总是为 0
1	ra	子程序返回地址
2	tp	Thread Pointer，指向线程私有存储区
3	sp	栈指针
4~11	a0~a7	子程序的前八个参数
4~5	v0~v1	v0/v1 是 a0/a1 的别名，用于表示返回值
12~20	t0~t8	不需保存的暂存器
21	Reserved	暂时保留不用
22	fp	Frame Pointer，栈帧指针
23~31	s0~s8	寄存器变量，子程序使用需要保存和恢复

以上几点都有助于提升编译器生成的代码的性能。曾有实验表明，在完全相同的微结构和外部配置环境下，LoongArch 指令系统的 SPEC CPU 2006 基准程序平均性能比 MIPS 高 15%左右，其中部分性能来自指令集的优化，部分性能来自更高效的 ABI。

4.1.2 函数调用约定

LoongArch 的函数调用规范如下（略去了少量过于复杂且不常用的细节）。

1. 整型调用规范

1）基本整型调用规范提供了 8 个参数寄存器 $a0~$a7 用于参数传递，前两个参数寄存器 $a0 和 $a1 也用于返回值。

2）若一个标量宽度至多 XLEN 位（对于 LP32 ABI，XLEN=32，对于 LPX32/LP64，XLEN=64），则它在单个参数寄存器中传递，若没有可用的寄存器，则在栈上传递。若一个标量宽度超过 XLEN 位，不超过 2×XLEN 位，则可以在一对参数寄存器中传递，低 XLEN 位在小编号寄存器中，高 XLEN 位在大编号寄存器中；若没有可用的参数寄存器，则在栈上传递标量；若只有一个寄存器可用，则低 XLEN 位在寄存器中传递，高 XLEN 位在栈上传递。若一个标量宽度大于 2×XLEN 位，则通过引用传递，并在参数列表中用地址替换。用栈传递的标量会对齐到类型对齐（Type Alignment）和 XLEN 中的较大者，但不会超过栈对齐要求。当整型参数传入寄存器或栈时，小于 XLEN 位的整型标量根据其类型的符号扩展至 32 位，然后符号扩展为 XLEN 位。当浮点型参数传入寄存器或栈时，比 XLEN 位窄的浮点类型将被扩展为 XLEN 位，而高位为未定义位。

3）若一个聚合体（Struct 或者 Array）的宽度不超过 XLEN 位，则这个聚合体可以在寄存器中传递，并且这个聚合体在寄存器中的字段布局同它在内存中的字段布局保持一致；若没有可用的寄存器，则在栈上传递。若一个聚合体的宽度超过 XLEN 位，不超过 2×XLEN 位，则可以在一对寄存器中传递，若只有一个寄存器可用，则聚合体的前半部分在寄存器中传递，后半部分在栈上传递；若没有可用的寄存器，则在栈上传递聚合体。由于填充（Padding）而未使用的位，以及从聚合体的末尾至下一个对齐位置之间的位，都是未定义的。若一个聚合体的宽度大于 2×XLEN 位，则通过引用传递，并在参数列表中被替换为地址。传递到栈上的聚合体会对齐到类型对齐和 XLEN 中的较大者，但不会超过栈对齐要求。

4）对于空的结构体（Struct）或联合体（Union）参数或返回值，C 编译器会认为它们是非标准扩展并忽略；C++编译器则不是这样，C++编译器要求它们必须是分配了大小的类型（Sized Type）。

5）位域（Bitfield）以小端顺序排列。跨越其整型类型的对齐边界的位域将从下一个对齐边界开始。例如：

- struct{int x:10;int y:12;}是一个 32 位类型，x 为 9~0 位，y 为 21~10 位，31~22 位未定义。
- struct{short x:10;short y:12;}是一个 32 位类型，x 为 9~0 位，y 为 27~16 位，31~28 位和 15~10 位未定义。

6）通过引用传递的实参可以由被调用方修改。

7）浮点实数的传递方式与相同大小的聚合体相同，浮点型复数的传递方式与包含两个浮点实数的结构体相同。（当整型调用规范与硬件浮点调用规范冲突时，以后者为准。）

8）在基本整型调用规范中，可变参数的传递方式与命名参数相同，但有一个例外。2×XLEN 位对齐的可变参数和至多 2×XLEN 位大小的可变参数通过一对对齐的寄存器传递（寄存器对中的第一个寄存器为偶数），如果没有可用的寄存器，则在栈上传递。当可变参数在栈上被传递后，所有之后的参数也将在栈上被传递（此时最后一个参数寄存器可能由于对齐寄存器对的规则而未被使用）。

9）返回值的传递方式与第一个同类型命名参数（Named Value）的传递方式相同。如果这样的实参是通过引用传递的，则调用者为返回值分配内存，并将其地址作为隐式的第一个参数传递。

10）栈向下增长（朝向更低的地址），栈指针应该对齐到一个 16 字节的边界上作为函数入口。在栈上传递的第一个实参位于函数入口的栈指针偏移量为零的地方，后面的参数存储在更高的地址中。

11）在标准 ABI 中，栈指针在整个函数执行过程中必须保持对齐。非标准 ABI 代码必须在调用标准 ABI 过程之前重新调整栈指针。操作系统在调用信号处理程序之前必须重新调整栈指针，因此，POSIX 信号处理程序不需要重新调整栈指针。在服务中断的系统中使用被中断对象的栈，如果连接到任何使用非标准栈对齐规则的代码，中断服务例程必须重新调整栈指针。但如果所有代码都遵循标准 ABI，则不需要重新调整栈指针。

12）函数所依赖的数据必须位于函数栈帧范围之内。

13）被调用的函数应该负责保证寄存器 \$s0～\$s8 的值在返回时和入口处一致。

2. 硬件浮点调用规范

1）浮点参数寄存器共 8 个，为 \$fa0～\$fa7，其中 \$fa0 和 \$fa1 也用于传递返回值。需要传递的值在任何可能的情况下都可以传递到浮点寄存器中，与整型参数寄存器 \$a0～\$a7 是否已经用完无关。

2）本节其他部分仅适用于命名参数，可变参数根据整型调用规范传递。

3）在本节中，FLEN 指的是 ABI 中的浮点寄存器的宽度。ABI 的 FLEN 宽度不能比指令系统的标准宽。

4）若一个浮点实数参数不超过 FLEN 位宽，并且至少有一个浮点参数寄存器可用，则将这个浮点实数参数传递到浮点参数寄存器中，否则，它将根据整型调用规范传递。当一个比 FLEN 位更窄的浮点参数在浮点寄存器中传递时，它从 1 扩展到 FLEN 位。

5）若一个结构体只包含一个浮点实数，则这个结构体的传递方式同一个独立的浮点实数参数的传递方式一致。若一个结构体只包含两个浮点实数，这两个浮点实数都不超过 FLEN 位宽并且至少有两个浮点参数寄存器可用（寄存器不必是对齐且成对的），则这个结构体被传递到两个浮点寄存器中，否则，它将根据整型调用规范传递。若一个结构体只包含一个浮点复数，则这个结构体的传递方式同一个只包含两个浮点实数的结构体的传递方式一致，这种传递方式同样适用于一个浮点复数参数的传递。若一个结构体只包含一个浮点实数和一个整型（或位域），无论次序，则这个结构体通过一个浮点寄存器和一个整型寄存器传递的条件是，整型不超过 XLEN 位宽且没有扩展至 XLEN 位，浮点实数不超过 FLEN 位宽，至少一个浮点参数寄存器和至少一个整型参数寄存器可用，否则，它将根据整型调用规范传递。

6）返回值的传递方式与传递第一个同类型命名参数的方式相同。

7）若浮点寄存器 \$fs0～\$fs11 的值不超过 FLEN 位宽，那么在函数调用返回时应该保证它们的值和入口时一致。

可以看到，函数调用约定包含许多细节。为了提高效率，LoongArch 的调用约定在参考 MIPS 的基础上做了较多优化。例如，它最多能同时用 8 个定点和 8 个浮点寄存器传递 16 个参数，而 MIPS 中能用定点或者浮点寄存器来传递的参数最多为 8 个。

我们来看几个例子。图 4.1 的程序用 gcc -O2 fun.c -S 得到汇编文件（见图 4.2，略有简化，下同）。可以看到，对于第 9 个浮点参数，已经没有浮点参数寄存器可用，此时根据浮点调用规范第 4 条，剩下的参数按整型调用规范传递。因此，a9、a10、a11 和 a12 分别用 \$a0～\$a3 这四个定点寄存器来传递，虽然这段代码引用的 a9 和 a11 实际上是浮点数。

```
extern void abort(void);
int fun(double a1, double a2, double a3, double a4, double a5, double a6,
        double a7, double a8, double a9, int a10, double a11, int a12){
    if (a9 != a11) abort();
    return 0;
}
```

图 4.1　fun.c 源代码

```
fun:
    movgr2fr.d    $f0,$a0          #注意这两行，$f0是参数a9，从$a0获得
    movgr2fr.d    $f1,$a2          #$f1从$a2获得，即参数a11
    fcmp.ceq.d    $fcc0,$f1,$f0    #比较a9和a11
    bceqz         $fcc0,.L8
    move          $a0,zero
    jr            $ra
.L8:
    addi.d        $sp,$sp,-16
    st.d          $ra,$sp,8
    bl            %plt(abort)
    ld.d          $ra,$sp,8
```

图 4.2　fun.c 对应的 LoongArch 汇编代码

这个程序在 MIPS N64 ABI 下的参数传递方式则有所不同。按 MIPS ABI 规则，前八个参数仍然会使用浮点参数寄存器传递，但是后四个参数将通过栈上的内存空间传递，因此 a9 和 a11 会从栈中获取，如图 4.3 所示。

```
fun:
    daddiu      $sp,$sp,-16
    ldc1        $f1,16($sp)    #a9从$sp + 16获得
    ldc1        $f0,32($sp)    #a11从$sp + 32获得
    sd          $28,0($sp)
    lui         $28,%hi(%neg(%gp_rel(fun)))
    c.eq.d      $fcc0,$f1,$f0
    daddiu      $28,$28,%lo(%neg(%gp_rel(fun)))
    sd          $31,8($sp)
    bc1f        $fcc0,.L5
    daddu       $28,$28,$25
    ld          $31,8($sp)
    ld          $28,0($sp)
    move        $2,$0
    jr          $31
    daddiu      $sp,$sp,16
.L5:
    ld          $25,%call16(abort)($28)
    .reloc      1f,R_MIPS_JALR,abort
1:  jalr        $25
    nop
```

图 4.3　fun.c 对应的 MIPS 汇编代码

对于可变数量参数的情况，图 4.4 给出了一个测试案例，表 4.3 是对应的参数传递表。可以看到，第一个固定参数是浮点参数，用 $fa0，后续的可变参数根据浮点调用规范第 2 条全部按整型调用规范传递，因此不管是浮点还是定点参数，都使用定点寄存器。

```
struct Ss {
  char c1, c2;
} a3 = {3, 4};
int fun (double a1, ...);
int test () {
  return fun (1, (float) 2, a3, (long double) 5, (float) 6,
              (short) 7, (int) 8, (float) 9, (int)10);
}
```

图 4.4　varg. c 源代码

表 4.3　varg. c 对应的参数传递

参数序号	传递方式	64 位寄存器或内存单元的内容
0	$fa0	（扩展为 double）1
1	$a0	（扩展为 double）2
2	$a1	第 1 和 2 字节为 3 和 4，其余为填充
3	$a2	（long double 低 64 位）5
4	$a3	（long double 高 64 位）5
5	$a4	（扩展为 double）6
6	$a5	（扩展到 64 位）7
7	$a6	8
8	$a7	（扩展为 double）9
9	内存 $sp+0	10

4.1.3　进程虚拟地址空间

虚拟存储管理为每个进程提供了一个独立的虚拟地址空间，指令系统、操作系统、工具链和应用程序会互相配合对其进行管理。首先，指令系统和 OS 会决定哪些地址空间用户可以访问，哪些只能操作系统访问，哪些是连操作系统也不能访问的保留空间。然后工具链和应用程序根据不同的需要将用户可访问的地址空间分成几种不同的区域来管理。图 4.5 展示了一个典型 C 程序运行时的用户态虚拟内存布局。

可以看到，C 程序的典型虚拟内存布局包括如下几部分：

- 应用程序的代码、初始化数据和未初始化数据
- 堆
- 函数库的代码、初始化数据和未初始化数据
- 栈

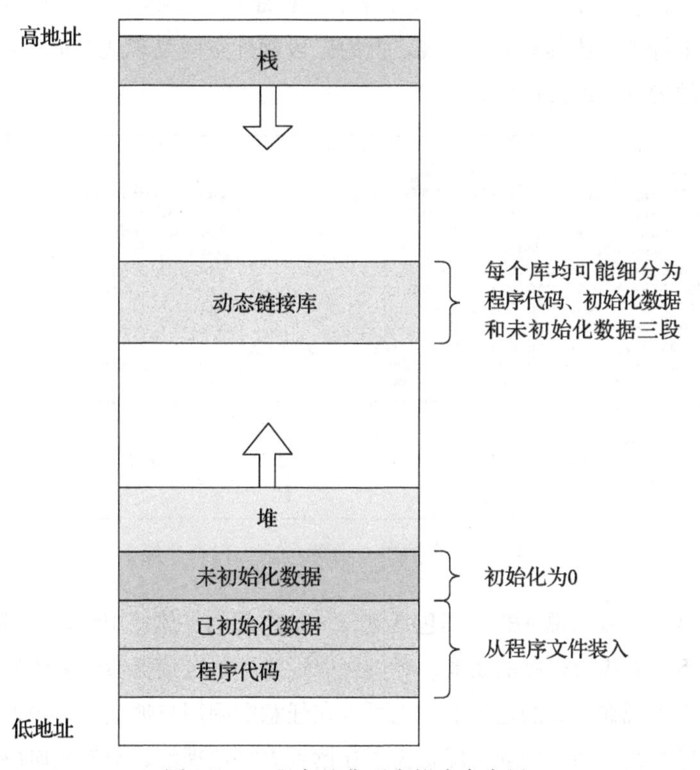

图 4.5 C 程序的典型虚拟内存布局

应用程序的代码来自应用程序的二进制文件。工具链在编译链接应用程序时，会将代码段地址默认设置为一个相对较低的地址（但这个地址一般不会为 0，地址 0 在多数操作系统中都会被设为不可访问的地址，以便捕获空指针访问）。运行程序时操作系统中的装载器根据程序文件记录的内存段信息把代码和数据装入相应的虚拟内存地址。有初始值的全局变量和静态变量存放在文件的数据段中。未初始化的变量只需要在文件中记录其大小，装载器会直接给它分配所需的内存空间，然后清零。未初始化数据段之上是堆空间。堆用于管理程序运行过程中动态分配的内存，C 程序中用 malloc 分配的内存由堆来管理。接近用户最高可访问地址的一段空间被用作进程的栈。栈向下增长，用先进后出的方式分配和释放。栈用作函数的临时工作空间，存储 C 程序的局部变量、子函数参数和返回地址等函数执行完就可以抛弃的数据（栈的详细管理情况参见下节）。堆需要支持任意时刻分配和释放不同大小的内存块，需要比较复杂的算法支持，因此相应的分配和释放开销也比较大。而栈的分配和释放实质上只是调整一个通用寄存器 $sp，开销很小，但它只能按先进后出的分配次序操作。应用程序用到的动态函数库则由动态链接程序在空闲空间中寻找合适的地址装入，通常是介于栈和堆之间。

图 4.6 是 64 位 Linux 系统中一个简单 C 程序（程序名为 hello）运行时的虚拟内存布局的具体案例。它基本符合上述典型情况。栈之上的三段额外空间是现代 Linux 系统的一些新特性引入的，有兴趣的读者可以自行探究。

```
loongson@loongson-pc:~/tests$ cat /proc/9383/maps
120000000-120004000 r-xp 00000000 08:02 201833774          /home/loongson/tests/hello
120004000-120008000 r-xp 00000000 08:02 201833774          /home/loongson/tests/hello
120008000-12000c000 rwxp 00004000 08:02 201833774          /home/loongson/tests/hello
129e64000-129e88000 rwxp 00000000 00:00 0                  [heap]
fff4dbc000-fff4f0c000 r-xp 00000000 08:02 24400629         /usr/lib/loongarch64-linux-gnu/libc-2.28.so
fff4f0c000-fff4f10000 ---p 00150000 08:02 24400629         /usr/lib/loongarch64-linux-gnu/libc-2.28.so
fff4f10000-fff4f24000 r-xp 00150000 08:02 24400629         /usr/lib/loongarch64-linux-gnu/libc-2.28.so
fff4f24000-fff4f28000 rwxp 00164000 08:02 24400629         /usr/lib/loongarch64-linux-gnu/libc-2.28.so
fff4f28000-fff4f2c000 rwxp 00000000 00:00 0

fff4f4c000-fff4f6c000 r-xp 00000000 08:02 24415268         /usr/lib/loongarch64-linux-gnu/ld-2.28.so
fff4f70000-fff4f74000 r-xp 00020000 08:02 24415268         /usr/lib/loongarch64-linux-gnu/ld-2.28.so
fff4f74000-fff4f78000 rwxp 00024000 08:02 24415268         /usr/lib/loongarch64-linux-gnu/ld-2.28.so
fffbf1c000-fffbf40000 rw-p 00000000 00:00 0                [stack]
fffbff4000-fffbff8000 r-xp 00000000 00:00 0

ffffc54000-ffffc58000 r--p 00000000 00:00 0                [vvar]
ffffc58000-ffffc5c000 r-xp 00000000 00:00 0                [vdso]
```

图 4.6　一个简单 C 程序的虚拟内存布局

需要说明的是，一般来说 ABI 并不包括进程地址空间的具体使用约定。事实上，进程虚拟内存布局一般也不影响应用程序的功能。我们可以通过一些链接器参数来改变程序代码段的默认装载地址，让它出现在更高的地址上；也可以在任意空闲用户地址空间内映射动态链接库或者分配内容。这里介绍一些典型的情况是为了让读者更好地理解软硬件如何协同实现程序的数据管理及其装载和运行。

4.1.4　栈帧布局

像 C/C++这样的高级语言通常会用栈来管理函数运行过程使用的一些信息，包括返回地址、参数和局部变量等。栈是一个大小可以动态调整的空间，在多数指令系统中是从高地址向下增长。如图 4.7 所示，栈被组织成一个个栈帧（一段连续的内存地址空间），每个函数都可以有一个自己的栈帧。调用一个子函数时栈增大，产生一个新的栈帧，函数返回时栈减小，释放掉一个栈帧。栈帧的分配和释放在有些 ABI 中由调用函数负责，在有些 ABI 中由被调用者负责。

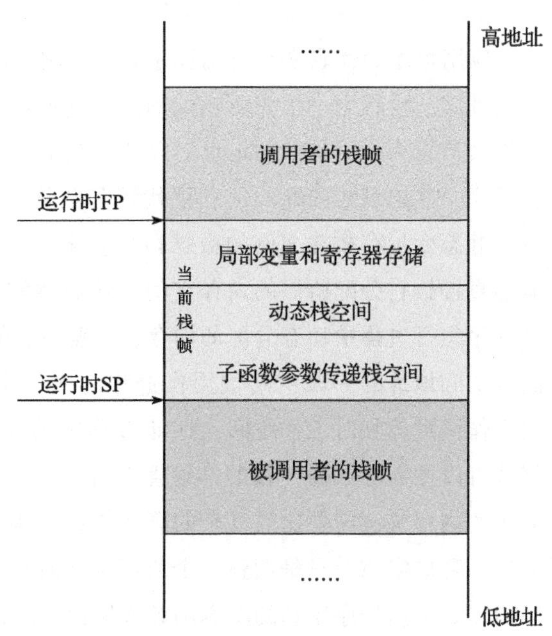

图 4.7　使用帧指针寄存器的栈帧布局

我们以 LoongArch LP64 为例看看具体的案例。图 4.7 是最完整的情况，它同时利用了 $sp 和 $fp 两个寄存器来维护栈帧。$sp 寄存器指向栈顶，$fp 寄存器指向当前函数的栈帧开始处。编译器为函数在入口处生成一个函数头（Prologue），在返回处生成一个函数尾（Epilogue），它们负责调整 $sp 和 $fp 寄存器以生成新的栈帧或者释放一个栈帧，并生成必要的寄存器保存和恢复代码。

图 4.8 的简单函数用 gcc -O2 -fno-omit-frame-pointer -S 来编译，会产生图 4.9 这样的汇编代码（为清晰起见，将形如 $rxx 的寄存器名替换为约定的助记符，下同）。

```
int simple(int a, int b) {
    return ((a&0xff)+b);
}
```

图 4.8　一个简单的 simple 函数

```
simple:
    addi.d      $sp,$sp,-16
    st.d        $fp,$sp,8
    addi.d      $fp,$sp,16
    ld.d        $fp,$sp,8
    bstrpick.w  $a0,$a0,7,0
    add.w       $a0,$a0,$a1
    addi.d      $sp,$sp,16
    jr          $ra
```

图 4.9　simple 函数的汇编代码

前 3 条指令属于函数头，第一条指令设立了一个 16 字节的栈帧（LP64 要求栈帧以 16 字节对齐），第二条指令在偏移 8 的位置保存 $fp 寄存器，第三条指令则把 $fp 指向刚进入函数时的 $sp。第 4 条和第 7 条指令属于函数尾，分别负责恢复 $fp 和释放栈帧。当然，很容易看到，对这么简单的情况，维护栈帧完全是多余的，因此如果不加 -fno-omit-frame-pointer 强制使用 $fp 的话，gcc -O2 -S 生成的代码将会如图 4.10 所示，整个函数不再产生和释放栈帧。

```
simple:
    bstrpick.w  $a0,$a0,7,0
    add.w       $a0,$a0,$a1
    jr          $ra
```

图 4.10　simple 函数不保留栈帧指针的编译结果

大部分函数可以只用 $sp 来管理栈帧。如果在编译时能够确定函数的栈帧大小，编译器可以在函数头分配所需的栈空间（通过调整 $sp），这样在函数栈帧里的内容都有一个编译时确定的相对于 $sp 的偏移，也就不需要帧指针 $fp 了。例如图 4.11 中的 normal 函数，用 gcc -O2 -S

编译的结果如图4.12所示。normal函数调用了一个有9个整数参数的外部函数，这样它必须有栈帧来为调用的子函数准备参数。可以看到，编译器生成了一个32字节的栈帧，把最后一个参数9保存到偏移0，把返回地址$ra保存到偏移24。

```
extern int nested(int a, int b, int c, int d, int e, int f, int g, int h, int i);
int normal(void){
    return nested(1, 2, 3, 4, 5, 6, 7, 8, 9);
}
```

图4.11　normal函数代码

```
normal:
    addi.d   $sp,$sp,-32
    addi.w   $t0,$zero,9          #0x9
    stptr.d  $t0,$sp,0
    addi.w   $a7,$zero,8          #0x8
    addi.w   $a6,$zero,7          #0x7
    addi.w   $a5,$zero,6          #0x6
    addi.w   $a4,$zero,5          #0x5
    addi.w   $a3,$zero,4          #0x4
    addi.w   $a2,$zero,3          #0x3
    addi.w   $a1,$zero,2          #0x2
    addi.w   $a0,$zero,1          #0x1
    st.d     $ra,$sp,24
    bl       %plt(nested)
    ld.d     $ra,$sp,24
    addi.d   $sp,$sp,32
    jr       $ra
```

图4.12　normal函数的gcc -O2编译结果

但有时候可能无法在编译时确定一个函数的栈帧大小。在某些语言中，可以在运行时动态分配栈空间，如C程序的alloca调用，这会改变$sp的值。这时函数头会使用$fp寄存器，将其设置为函数入口时的$sp值，函数的局部变量等栈帧上的值则用相对于$fp的常量偏移来表示。图4.13中的函数用alloca动态分配栈空间，导致编译器生成带栈帧指针的代码。如图4.14所示，$fp指向函数入口时$sp的值，$sp则先减32字节留出调用子函数的参数空间以及保存$fp和$ra的空间，然后再为alloca（64）减去64以动态分配栈空间。

```
#include <alloca.h>
extern long nested(long a, long b, long c, long d, long e, long f, long g,
long h, long i);
long dynamic(void){
    long *p = alloca(64);
    p[0] = 0x123;
    return nested((long)p, p[0], 3, 4, 5, 6, 7, 8, 9);
}
```

图4.13　dynamic函数源代码

```
dynamic:
    addi.d   $sp,$sp,-32
    st.d     $fp,$sp,16          #保存fp
    st.d     $ra,$sp,24          #保存ra
    addi.d   $fp,$sp,32          #fp指向入口时的sp
    addi.d   $sp,$sp,-64         #alloca
    addi.d   $a0,$sp,16          #sp+16到sp+80为分配的alloca空间
    addi.w   $t0,$zero,291       #0x123
    stptr.d  $t0,$a0,0
    addi.w   $t0,$zero,9         #0x9
    stptr.d  $t0,$sp,0           #sp到sp+16为调子函数的参数区
    addi.w   $a7,$zero,8         #0x8
    addi.w   $a6,$zero,7         #0x7
    addi.w   $a5,$zero,6         #0x6
    addi.w   $a4,$zero,5         #0x5
    addi.w   $a3,$zero,4         #0x4
    addi.w   $a2,$zero,3         #0x3
    addi.w   $a1,$zero,291       #0x123
    bl       %plt(nested)
    addi.d   $sp,$fp,-32
    ld.d     $ra,$sp,24
    ld.d     $fp,$sp,16
    addi.d   $sp,$sp,32
    jr       $ra
```

图 4.14 dynamic 函数的汇编代码

4.2 六种常见的上下文切换场景

CPU 运行指令的过程中，根据应用或者操作系统的需要，经常会改变指令的执行流，同时根据需要在不同的上下文之间切换。本节讲述指令系统如何实现函数调用、中断与异常、系统调用、进程、线程以及虚拟机等上下文切换场景。

4.2.1 函数调用

函数调用是用户主动发起的指令流和上下文改变。普通的转移指令只改变指令流不改变上下文，函数调用则通过 ABI 约定实现了一定的上下文变化。函数调用通常伴随着栈帧的变化，此外部分寄存器也会发生变化。根据 ABI 的约定，像 $s0～$s8 这样约定由被调用者保存（Callee Save）的寄存器在函数调用前后保持不变，而通用暂存器、参数寄存器等则不保证维持调用前的值。

不同指令系统实现函数调用的方式有所不同。LoongArch 采用比较典型的 RISC 做法，硬件仅仅提供一个机制（bl 或者 jirl 指令），用于在改变指令流的同时保存一个返回地址到通用寄存器，其余的都由软件来约定和实现。X86 指令系统中则有比较复杂的硬件支持，其函数调用指令 call 指令有多种形式，硬件可以执行权限检查、保存返回地址到栈上、修改 CS 和 IP 寄存

器、设置标志位等处理逻辑，但是参数的传递方式还是由软件约定。Sparc 指令系统则为了减少函数调用时寄存器准备的开销，引入了体系结构可见的寄存器窗口机制。它的通用寄存器包括 8 个全局寄存器和 2~32 个窗口，每个窗口包括 16 个寄存器。任意时刻，指令可以访问 8 个全局寄存器、8 个输入寄存器、8 个局部寄存器、8 个输出寄存器，其中前两个由当前窗口提供，输出寄存器由相邻窗口的输入寄存器提供。Sparc 提供专门的 save 和 restore 指令来移动窗口，调用函数执行 save 指令，让当前函数的输出寄存器变成被调用函数的输入寄存器，消除了多数情况下准备调用参数的过程，函数返回时则执行 restore 指令恢复原窗口。这个技术看起来非常巧妙，然而它会给寄存器重命名等现代流水线技术带来很大的实现困难，现在常常被人们当作指令系统过度优化的反面案例。

4.2.2　异常和中断

上一章已经介绍了异常和中断的概念及其常规处理流程。通常异常和中断的处理对用户程序来说是透明的，相关软硬件需要保证处理前后原来执行中的代码看到的 CPU 状态保持一致。这意味着开始异常和中断处理程序之前需要保存所有可能被破坏的、原上下文可见的 CPU 状态，并在处理完返回原执行流之前恢复。需要保存的上下文包括异常处理代码的执行可能改变的寄存器（如 Linux 内核自身不用浮点部件，因此只需要处理通用整数寄存器而无须处理浮点寄存器）、发生异常的地址、处理器状态寄存器、中断屏蔽位等现场信息以及特定异常的相关信息（如触发存储访问异常的地址）。异常和中断的处理代码通常在内核态执行，如果它们触发前处理器处于用户态，硬件会自动切换到内核态。这种情况下通常栈指针也会被重新设置为指向内核态代码所使用的栈，以便隔离不同特权等级代码的运行信息。

对于非特别高频的异常或者中断，操作系统往往会统一简化处理，直接保存所有可能被内核修改的上下文状态，然后调用相应的处理函数，最后再恢复所有状态。因为大部分情况下处理函数的逻辑比较复杂，所以算起开销比例来这么做的代价也可以接受。例如，3A5000 处理器的 Linux 内核中，所有中断都采用统一的入口处理代码，它的主要工作就是保存所有的通用整数寄存器和异常现场信息，除此之外只有少量指令用于切换中断栈、调用实际中断处理函数等代码。入口处理的指令总共只有几十条，而一个有实际用处的中断处理过程一般至少有数百条指令，其中还包括一些延迟比较长的 IO 访问。例如，看上去很简单的键盘中断处理，在把输入作为一个事件报告到 Linux 内核的输入子系统之前，就已经走过了如图 4.15 所示那么多的函数。

except_vec_vi 是 Linux/LoongArch 内核的向量中断入口处理代码，之后它会用 USB 键盘对应的中断号为参数调用 do_IRQ 函数，do_IRQ 再经过一系列中断框架处理后调用 usb 的中断处理函数 usb_hcd_irq，读入相应的键码，最后用 input_event 报告给输入子系统，输入子系统再负责把输入事件传递给适当的应用程序。感兴趣的读者可以阅读 Linux 内核相关代码以更深入地理解这个过程，在此不再展开。

```
[ 1075.597624] [<9000000000c4b1b0>] input_event+0x30/0xc8
[ 1075.597626] [<9000000000ca3ee4>] hidinput_report_event+0x44/0x68
[ 1075.597628] [<9000000000ca1e30>] hid_report_raw_event+0x230/0x470
[ 1075.597631] [<9000000000ca21a4>] hid_input_report+0x134/0x1b0
[ 1075.597632] [<9000000000cb07ac>] hid_irq_in+0x9c/0x280
[ 1075.597634] [<9000000000be9cf0>] __usb_hcd_giveback_urb+0xa0/0x120
[ 1075.597636] [<9000000000c23a7c>] finish_urb+0xac/0x1c0
[ 1075.597638] [<9000000000c24b50>] ohci_work.part.8+0x218/0x550
[ 1075.597640] [<9000000000c27f98>] ohci_irq+0x108/0x320
[ 1075.597642] [<9000000000be96e8>] usb_hcd_irq+0x28/0x40
[ 1075.597644] [<900000000296430>] __handle_irq_event_percpu+0x70/0x1b8
[ 1075.597645] [<900000000296598>] handle_irq_event_percpu+0x20/0x88
[ 1075.597647] [<900000000296644>] handle_irq_event+0x44/0xa8
[ 1075.597648] [<90000000029abfc>] handle_level_irq+0xdc/0x188
[ 1075.597651] [<9000000002952a4>] generic_handle_irq+0x24/0x40
[ 1075.597652] [<90000000081dc50>] extioi_irq_dispatch+0x178/0x210
[ 1075.597654] [<9000000002952a4>] generic_handle_irq+0x24/0x40
[ 1075.597656] [<9000000000ee4eb8>] do_IRQ+0x18/0x28
[ 1075.597658] [<9000000000203ffc>] except_vec_vi_end+0x94/0xb8
```

图 4.15 键盘输入的中断处理部分路径

对于发生频率很高的异常或者中断，我们希望它的处理效率尽量高。从异常和中断处理的各个环节都可以设法降低开销。例如，可以通过专用入口或者向量中断技术来降低确定异常来源和切换指令流的开销。此外，不同的指令系统用不同的方法来降低上下文保存恢复的开销。例如 TLB 管理，上一章中我们介绍了 LoongArch 中 TLB 重填的做法：设置专门的异常入口，利用便签寄存器来快速获得可用的通用寄存器，以及提供两个专门的指令（lddir 和 ldpte）来进一步加速从内存页表装入 TLB 表项的过程。X86 指令系统选择完全用硬件来处理，成功的情况不会发出异常。MIPS 指令系统则采用预留两个通用寄存器的办法。TLB 重填异常处理只用这两个寄存器，因此没有额外的保存恢复代价（但所有的应用程序都牺牲了两个宝贵的通用寄存器）。

4.2.3 系统调用

系统调用是操作系统内核为用户态程序实现的子程序。系统调用的上下文切换场景和函数调用比较类似，和普通调用相比主要多了特权等级的切换。Linux 操作系统中的部分系统调用如表 4.4 所示。一些系统调用（如 gettimeofday 系统调用）只返回一些内核知道但用户程序不知道的信息。系统调用要满足安全性和兼容性两方面的要求。安全性方面，在面对错误甚至恶意的应用时，内核应该是健壮的，应能保证自身的安全；兼容性方面，操作系统内核应该能够运行已有的应用程序，这也要求系统调用应该是兼容的，轻易移除一个系统调用是无法接受的。

表 4.4 Linux/LoongArch 操作系统的部分系统调用

类型	系统调用	调用号	作用
进程控制	clone	220	克隆一个进程
	execv	221	执行一个程序
文件读写	read	63	读文件
	write	64	写文件
文件系统	mkdir	34	创建目录
	mount	40	挂载文件系统
系统控制	gettimeofday	169	获取系统时间
	reboot	142	重新启动
内存管理	mmap	222	映射虚拟内存页
信号量	semctl	191	信号量控制

Linux 内核中，每个系统调用都被分配了一个整数编号，称为调用号。调用号的定义与具体指令系统相关，X86 和 MIPS 对同一函数的调用号可能不同。Linux/LoongArch 系统的调用号定义可以从内核源码 include/uapi/asm-generic/unistd. h 获得。

因为涉及特权等级的切换，系统调用通常被当作一种用户发起的特殊异常来处理。例如在 LoongArch 指令系统中，执行 SYSCALL 指令会触发系统调用异常。异常处理程序通过调用号查表找到内核中相应的实现函数。与所有异常一样，系统调用在返回时使用 ERTN 指令来同时完成跳转用户地址和返回用户态的操作。

类似于一般的函数调用，系统调用也需要进行参数的传递。应该尽可能使用寄存器进行传递，这可以避免在核心态空间和用户态空间之间进行不必要的内容复制。在 LoongArch 指令系统中，系统调用的参数传递有以下约定：

1）调用号存放在 $a7 寄存器中。

2）至多 7 个参数通过 $a0~$a6 寄存器进行传递。

3）返回值存放在 $a0/ $a1 寄存器。

4）系统调用保存 $s0~$s8 寄存器的内容，不保证保持参数寄存器和暂存寄存器的内容。

为了保障安全性，内核必须对用户程序传入的数组索引、指针和缓冲区长度等可能带来安全风险的参数进行检查。从用户空间复制数据时，应用程序提供的指针可能是无效的，直接在内核使用可能导致内核崩溃。因此，Linux 内核使用专用函数 copy_to_user() 和 copy_from_user() 来完成与用户空间相关的复制操作。它们为相应的访存操作提供了专门的异常处理代码，避免内核因为用户传入的非法值而发生崩溃。

图4.16展示了一个汇编语言编写的write系统调用的例子。用gcc编译运行，它会在屏幕上输出“Hello World!”字符串。当然，通常情况下应用程序不用这样使用系统调用，系统函数库会提供包装好的系统调用函数以及更高层的功能接口。比如，glibc库函数write包装了write系统调用，C程序直接用write(1,“Hello World!\n”,14)或者用更高层的功能函数printf(“Hello World!\n”)就可以实现同样的功能。

```
     .section .rodata
     .align 3
.hello:
     .ascii "Hello World!\012\000"

     .text
     .align 3
     .global main
main:
     li $a7, 64                 #write的系统调用号
     li $a0, 1                  #fd == 1是stdout的文件描述符号
     la.local $a1, .hello       #字符串地址
     li $a2, 14                 #字符串长度
     syscall 0x0
     jr  $ra                    #返回
```

图4.16 调用write系统调用输出字符串

4.2.4 进程

为了支持多道程序并发执行，操作系统引入了进程的概念。进程是程序在特定数据集合上的执行实例，一般由程序、数据集合和进程控制块三部分组成。进程控制块包括很多信息，它记录每个进程运行过程中虚拟内存地址、打开文件、锁和信号等资源的情况。操作系统通过分时复用、虚拟内存等技术让每个进程都觉得自己拥有一个独立的CPU和独立的内存地址空间。切换进程时需要切换进程上下文。进程上下文包括进程控制块记录的各种信息。

进程的上下文切换主要由软件来完成。发生切换的时机主要有两种，一是进程主动调用某些系统调用时因出现无法继续运行的情况（如等待IO完成或者获得锁）而触发切换，二是进程分配到的时间片用完了或者有更高优先级的就绪进程要抢占CPU导致的切换。切换工作的实质是实现对CPU硬件资源的分时复用。操作系统把当前进程的运行上下文信息保存到内存中，再把选中的下一个进程的上下文信息装载到CPU中。特定时刻只能由一个进程使用的处理器状态信息，包括通用寄存器、eflags等用户态的专有寄存器以及当前程序计数器（PC）、处理器模式和状态、页表基址（例如X86指令系统的CR3寄存器和LoongArch的PGD寄存器）等控制信息，都需要被保存起来，以便下次运行时恢复到同样的状态。如果一些不支持共享的硬件状态信息在内存里有最新备份，切换时可以采用直接丢弃的方法。例如，有些指令系统的TLB不能区分不同进程的页表项（早期的X86指令系统就是如此），那么在进程切换时需要把

已有的表项设为无效，避免被新的进程错误使用。而可以共享的硬件状态信息（如 Cache 等），以及用内存保存的上下文信息（如页表等），则不需要处理。由于篇幅限制，这里不展开讨论具体的进程切换细节，感兴趣的读者可以通过阅读 Linux 内核源代码或者相关操作系统书籍来进一步了解。

不同的硬件支持可能导致不同的效率。TLB 是否可以区分来自不同进程的页表项就是一个例子。不能区分时，每次切换进程的时候必须使所有的硬件 TLB 表项无效，每次进程开始运行时都需要重新从内存获取页表项。而 LoongArch 等指令系统的 TLB 则支持用某种进程标记（LoongArch 中是 ASID）来区分不同进程的页表项，可以避免这种开销。随着指令系统的发展，需要切换的信息也在增加，引发了一些新的硬件支持需求。例如，除了常规的整数和浮点通用寄存器，很多现代处理器增加了数十个位宽很大（X86 AVX 扩展可达 512 位）的向量寄存器。由于无条件保存所有寄存器的代价比较大，操作系统常常会采用某种按需保存的优化，比如不为没有用到向量的进程保存向量状态。但这需要指令系统提供一定的支持。在 MIPS 和 LoongArch 指令系统中，浮点和向量部件都可以通过控制寄存器来关闭，在关闭部件后使用相关指令会触发异常，这样操作系统就能有效地实现按需加载。

历史上也有些指令系统曾尝试为进程切换提供更多硬件支持。例如，X86 指令系统提供了专门的 TS（Task State）段和硬件自动保存进程上下文的机制，适当设置之后进程切换可以由硬件完成。但由于硬件机制不够灵活而且性能收益不明显，包括 Linux 和 Windows 在内的多数操作系统都没有使用这个机制。

4.2.5　线程

线程是程序代码的一个执行路径。一个进程可以包含多个线程，这些线程之间共享内存空间和打开文件等资源，但逻辑上拥有独立的寄存器状态和栈。现代系统的线程一般也支持线程私有存储区（Thread Local Storage，简称 TLS）。例如，GCC 编译器支持用__thread int number;这样的语句来定义一个线程私有的全局变量，不同线程看到的 number 地址是不一样的。

线程可以由操作系统内核管理，也可以由用户态的线程库管理，或者两者混合。线程的实现方式对切换开销有很大的影响。例如，Linux 系统中最常用的线程库 NPTL（Native POSIX Thread Library）采用内核和用户 1∶1 的线程模型，每个用户级线程对应一个内核线程。除了不切换地址空间，线程的切换和进程的大部分流程一致，都需要进入和退出核心态，经历至少两次用户态和核心态上下文的切换。因此，对一些简单测试来说，Linux 中进程和线程切换的速度差异可能不太明显。而 Go 语言提供的 goroutines 可以被看作一种用户级实现的轻量级线程，它的切换不需要通过内核，一些测试表明，其切换开销可比 NPTL 小一半以上。当然，进程和线程切换不仅仅有执行切换代码的直接开销，还有因为 TLB、Cache 等资源竞争导致的间接开销，在数据集比较大的时候，进程和线程的实际切换代价差异也可能较大。

同样，适当的硬件支持也有助于提升线程切换效率。例如，LoongArch 的 ABI 将一个通用寄存器用作专门的 $tp 寄存器，用来高效访问 TLS 空间。切换线程时只需要将 $tp 指向新线程的 TLS，访问 TLS 的变量时用 $tp 和相应的偏移就能实现访问每个线程一份的变量。相比之下，Linux/MIPS 系统则依赖系统调用 set_thread_area 来设置当前线程的 TLS 指针，将它保存到内核的线程数据结构中；用户程序用 rdhwr 指令来读取当前的线程指针，这个指令会产生一个异常来陷入内核读取 TLS 指针。相比之下，这样的实现效率会低很多。

4.2.6　虚拟机

线程把一份 CPU 计算资源虚拟成多份独立的 CPU 计算资源，进程把 CPU 和物理内存的组合虚拟成多份独立的虚拟 CPU 和虚拟内存组合。更进一步，我们可以把一台物理计算机虚拟成多台含 CPU、内存和各种外设的虚拟计算机。虚拟机可以更好地隔离不同的服务运行环境，更充分地利用越来越丰富的物理机资源，更方便地迁移和管理，因此得到了广泛的应用，成为云计算的基础技术。

虚拟机的运行上下文包括 CPU、内存和外设的状态。在虚拟机内部会发生函数调用、中断和异常、线程和进程等各种内部的上下文切换，它们的处理和物理机的相应场景类似。但在虚拟机无法独立处理的情况下会退出虚拟机运行状态，借助宿主机的虚拟化管理软件来完成任务。虚拟机和宿主机之间的切换需要保存和恢复所有可能被修改的虚拟机相关状态信息。例如对于 CPU 的状态信息，之前几种场景需要保存恢复的主要是用户可访问的寄存器，而虚拟机切换时可能还需要保存各种特权态资源，包括众多控制寄存器。如果系统支持在一台物理计算机上虚拟化出多个虚拟机，在物理资源少于虚拟机个数的时候，只能通过保存和恢复相关资源来维持每个虚拟机都独占资源的效果。

虚拟机可以完全由软件实现。例如，开源的 QEMU 虚拟机软件能够虚拟出各种架构的 CPU 和众多设备，如在一台龙芯电脑上虚拟出一台 X86 PC 设备并运行 Windows 操作系统。在宿主机指令系统和被模拟的客户机指令系统不同时，QEMU 采用二进制翻译技术把客户机应用动态翻译成等价功能的宿主机指令。不过，这种情况下 QEMU 虚拟的客户机运行速度比较低，一般不到宿主机的 10%。

在客户机和宿主机指令系统相同时，已经有一些成熟的技术可通过适当的硬件支持来大大提升虚拟化效率。龙芯和大部分现代的高性能处理器都支持虚拟机扩展，在处理运行模式、系统态资源、内存虚拟化和 IO 虚拟化等方面提供硬件支持，使得虚拟机可以实现和物理机相似的性能。例如，关于处理器运行模式，LoongArch 引入一个客户机模式（Guest Mode）和一个主机模式（Host Mode）以区分当前 CPU 是在运行客户机还是宿主机。这两个模式和特权等级模式 PV0～3 是正交的，也就是说客户机模式和主机模式下都有 PV0～3 四个特权等级。关于系统态资源，如果只有一套，那么在客户机和主机模式之间切换时就得通过保存恢复这些资源来复用。为了提高效率，硬件上可以复制相关资源，让客户机模式和主机模式使用专属的特权态资源（如控制寄存器）。在内存虚拟化方面，通过硬件支持的两级地址翻译技术可以有效地提升客户操作系统的地址翻译效率。可将支持二级地址翻译的硬件看作有两个 TLB，一个保存客户机模式下的虚实地址映射关系，另一个保存主机模式下的虚实地址映射关系。客户机模式下，一个客户机虚拟地址首先通过前一个 TLB 查出客户机物理地址（它是由主机模式的虚拟内存模拟的，实际上是主机模式的虚拟地址），然后 CPU 会自动用后一个 TLB 进行下一级的地址翻译并找出真正的主机物理地址。在 IO 虚拟化方面，通过 IOMMU（Input-Output Memory Management Unit）[⊖]、支持虚拟化的中断分派等硬件可以有效提升虚拟化效率。适当的硬件支持有助于降低上下文切换需要保存恢复的内容，有助于在客户机模式的程序和真实硬件之间建立直接通道，从而提升虚拟化性能。

4.2.7　六种上下文切换场景的对比

表 4.5 对以上六种上下文切换的场景进行了对比总结。函数调用和系统调用是用户主动发起的，因此可以通过 ABI 约定来避免不必要的保存恢复。其他几种场景通常都要达到对应用程序透明的效果，因此切换后可能被修改的状态都应该被保存和恢复。

表 4.5　六种上下文切换场景

场景	上下文切换时保存和恢复的内容
函数调用	部分寄存器（包括栈帧相关的 $sp 和 $fp）、返回地址
中断和异常	（通常情况）全部定点寄存器、异常现场信息、异常相关信息
系统调用	部分定点寄存器（包括栈帧相关寄存器）、异常现场信息
进程	全部用户态寄存器、页表基址等控制寄存器、当前 PC 等相关信息
线程	全部用户态寄存器、TLS、当前 PC 等相关信息
虚拟机	虚拟 CPU 状态（寄存器、必要的特权资源等）

4.3　同步机制

多任务是操作系统最为关键的特性之一，现代操作系统中可能同时存在多个进程，每个进程又可能包含多个同时执行的线程。在 Linux 操作系统中，某个线程正在操作的数据很可能也在被另一个线程访问。并发访问的线程可能有以下来源：

1）另一个 CPU 核上的线程。这是真正的多处理器系统。

2）处于中断上下文的线程。中断处理程序打断当前线程的执行。

⊖ 普通 MMU 为 CPU 提供物理内存的虚拟化，IOMMU 则为外设提供物理内存的虚拟化，让外设访问内存时可通过虚实地址转换。

3）因调度而抢占的另一线程。中断处理后调度而来的其他内核线程。

当线程之间出现资源访问的冲突时，需要有同步和通信的机制来保证并发数据访问的正确性。如在3.2节中所提到的中断原子性，线程之间的共享数据访问都应该实现原子性：要么完全完成对数据的改动，要么什么改变都没有发生。Linux中包含部分原子操作，如atomic_inc()函数等，这些操作在某些指令系统中可以有特定的实现方法（如X86的lock类指令）。同步机制通常包括基于互斥（Mutual Exclusive）和非阻塞（Non-Blocking）两类。

4.3.1 基于互斥的同步机制

为了使更复杂的操作具有原子性，Linux使用了锁机制。锁是信号量机制的一种简单实现，是对特定数据进行操作的“门票”，访问同一数据的软件都要互相协作，同一时刻只能有一个线程操作该数据，任何访问被锁住数据的线程将被阻塞。

对数据进行原子操作的程序段叫作临界区，在临界区前后应该包含申请锁和释放锁的过程，申请锁失败的线程被阻塞，占有锁的进程在完成临界区操作后应该及时释放锁。

当确认竞争者在另一个CPU核上，而且临界区程序很短时，让等待锁的线程循环检查锁状态直至锁可用显然是合理的，这也是Linux为SMP（Symmetric Multi-Processing）实现的自旋锁。但当竞争者都在同一个CPU核上时，在不可抢占的内核下进行自旋可能导致死锁，此时自旋锁将退化为空操作。

当自旋锁不可用时，需要使用互斥锁的机制。当一个线程获取锁失败时，会将自己阻塞并调用操作系统的调度器。在释放锁的时候还需要同时让其他等待锁的线程离开阻塞状态。挂起和唤醒线程的操作与指令系统无关，但测试锁状态和设置锁的代码依赖于原子的“测试并设置”指令，而LoongArch指令系统的实现方式是LL/SC指令（对32位操作加.W后缀，64位加.D后缀）。LL指令设置LL bit，并检测访问的物理地址是否被修改或可能被修改，在检测到时将LL bit清除。在SMP中，检测LL bit通常使用Cache一致性协议的监听逻辑来实现。在单处理器系统中，异常处理会破坏LL bit。SC指令实现带条件的存储。当LL bit为0时，SC不会完成存储操作，而是把保存值的源操作数寄存器清零以指示失败。

Linux中的atomic_inc()原子操作函数可以使用LL/SC来实现，如下所示。

```
atomic_inc:
    ll.w      $t0, $a0, 0
    addi.w    $t0, $t0, 1
    sc.w      $t0, $a0, 0
    beqz      $t0, atomic_inc
    add.w     $a0, $t0, $zero
    jr        $ra
```

当SC失败时，程序会自旋（循环重试）。由于程序很短，上述程序自旋很多次的概率还是很低的。但当LL和SC之间的操作很多时，LL bit就有较大可能被破坏，因此单纯的LL/SC对复杂的操作并不适合。操作复杂时，可以使用LL/SC来构造锁，利用锁来完成线程间的同步和通信需求。LoongArch指令系统中的“测试并设置”和自旋锁指令的实现如下所示。“测试并设置”指令取回锁的旧值并设置新的锁值，自旋锁指令反复自旋得到锁后再进入临界区。

```
    la.local      $t1, lock
test_and_set:
    ll.w          $t0, $t1, 0
    li            $t0, 0x1
    sc.w          $t0, $t1, 0
    beqz          $t0, test_and_set
```

```
    la.local      $a0, lock
selfspin:
    ll.w          $t0, $a0, 0
    bnez          $t0, selfspin
    li            $t1, 0x1
    sc.w          $t1, $a0, 0
    beqz          $t1, selfspin
    <Critical section>
    st.w          $zero, lock
    ...
```

4.3.2　非阻塞的同步机制

基于锁的资源保护和线程同步有以下缺点：

1）若持有锁的线程死亡、阻塞或死循环，则其他等待锁的线程可能永远等待下去。

2）即使冲突的情况非常少，锁机制也有获取锁和释放锁的代价。

3）锁导致的错误与时机有关，难以重现。

4）持有锁的线程因时间片中断或页错误而被取消调度时，其他线程需要等待。

一些非阻塞同步机制可以避免上述不足之处，其中一种较为有名的就是事务内存（Transactional Memory）。事务内存的核心思想是通过尝试性地执行事务代码，在程序运行过程中动态检测事务间的冲突，并根据冲突检测结果提交或取消事务。

可以发现事务内存的核心思想与LL/SC是一致的，事实上LL/SC可以被视为事务内存的一种最基础的实现，只不过LL/SC的局限在于其操作的数据与寄存器宽度相同，只能用于很小的事务。

软件事务内存通过运行时库或专门的编程语言来提供支持，但仍需要最小的硬件支持，如“测试并设置”指令。虽然非常易于多线程编程，但软件事务内存有相当可观的内存空间和执行速度的代价。同时，软件事务内存不能用于无法取消的事务，如多数对IO的访问。

近年来，许多处理器增加了对事务内存的硬件支持。Sun公司在其Rock处理器中实现了硬件事务内存，但在2009年被Oracle公司收购前取消了该处理器，也没有实物发布。2011年，IBM公司在其Blue Gene/Q中首先提供了对事务内存的支持，并在后续的Power8中持续支持。

Intel公司最早在Haswell处理器核中支持硬件事务内存，其扩展叫作TSX(Transactional Synchronization Extension)。

4.4 本章小结

本章首先介绍了应用程序二进制接口（ABI）的相关概念，并用LoongArch等指令系统的具体例子说明寄存器约定、函数调用约定、参数传递、虚拟地址空间和栈帧布局等内容；然后介绍了六种上下文切换场景的软硬件协同实现，讨论了切换的具体内容以及指令系统的硬件支持对切换效率的影响；最后简单介绍了同步机制，包括基于互斥的同步机制和非阻塞的同步机制。

习题

1. 列出以下C程序中，按照Linux/LoongArch64 ABI的函数调用约定，调用nested函数时每个参数是如何传递的。

```
struct small {
    char c;
    int d;
} sm;

struct big {
    long a1;
    long a2;
    long a3;
    long a4;
} bg;

extern long nested(char a, short b, int c, long d, float e, double f, struct small g,struct
    big h, long i);
long test (void){
    return nested((char)0x61, (short)0xffff, 1, 2, 3.0, 4.0, sm, bg, 9);
}
```

2. （1）用LoongArch汇编程序片段来举例并分析在未同步的线程之间（假设多个线程可同时运行该片段）进行共享数据访问出错的情况。
   （2）用LL/SC指令改写你的程序片段，使它们的共享数据访问正确。
3. （1）写一段包含冒泡排序算法实现函数的C程序，在你的机器上安装LoongArch交叉编译器，通过编译-反汇编的方式提取该算法的汇编代码。

（2）改变编译的优化选项，记录算法汇编代码的变化，并分析不同优化选项的效果。

4. ABI 中会包含对结构体中各元素的对齐和摆放方式的定义。

（1）在你的机器上用 C 语言编写一段包含不同类型（含 char、short、int、long、float、double 和 long double）元素的结构体的程序，并获得结构体总空间占用情况。

（2）调整结构体元素顺序，观察结构体总空间占用情况的变化，推测并分析结构体对齐的方式。

5. 用汇编或者带嵌入汇编的 C 语言编写一个程序，通过直接调用系统调用，让它从键盘输入一个字符并在屏幕打印出来。用调试器单步跟踪指令执行，观察系统调用指令执行前后的寄存器变化情况，对照相应平台的 ABI 给出解释。

P A R T 3

第三部分

计算机硬件结构

第三部分介绍计算机硬件结构的组成部分，并通过对计算机启动过程的分析来帮助读者加深对软硬件之间的相互配合的理解。该部分的内容组织如下：首先介绍计算机系统结构模型与各个硬件组成部分之间的对应关系；随后介绍计算机各个硬件之间的连接接口技术；最后通过系统固件引导加载操作系统启动的过程，从软件的角度理解计算机硬件各个部分的设计原理。

C H A P T E R 5

第 5 章

计算机组成原理和结构

前面章节介绍的计算机指令系统结构从软件的角度描述了计算机功能，从本章开始将介绍计算机组成结构，从硬件的角度来看看计算机是怎样构成的。

如果说图灵机是现代计算机的计算理论模型，冯·诺依曼结构就是现代计算机的结构理论模型。本章从冯·诺依曼的理论模型开始，介绍计算机系统的各个组成部分，并与现代计算机的具体实现相对应。

5.1 冯·诺依曼结构

现代计算机都采用存储程序结构，又称为冯·诺依曼结构，是 1945 年匈牙利数学家冯·诺依曼受宾夕法尼亚大学研制的 ENIAC 计算机结构的启发提出的，是世界上第一个完整的计算机体系结构。

冯·诺依曼结构的主要特点是：①计算机由存储器、运算器、控制器、输入设备和输出设备五部分组成，其中运算器和控制器合称为中央处理器（Central Processing Unit，简称 CPU）。②存储器是按地址访问的线性编址的一维结构，每个单元的位数固定。③采用存储程序方式，即指令和数据不加区别混合存储在同一个存储器中。④控制器通过执行指令发出控制信号控制计算机的操作。指令在存储器中按其执行顺序存放，由指令计数器指明要执行的指令所在的单元地址。指令计数器一般按顺序递增，但执行顺序可按运算结果或当时的外界条件而改变。⑤以运算器为中心，输入输出设备与存储器之间的数据传送都经过运算器。冯·诺依曼计算机的工作原理如图 5.1 所示。

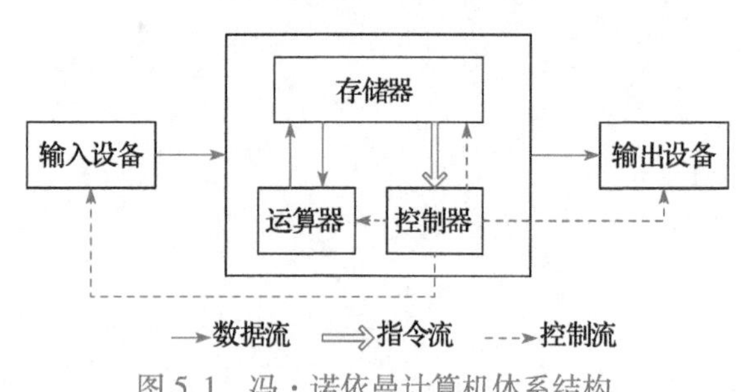

图 5.1 冯·诺依曼计算机体系结构

随着技术的进步，冯·诺依曼结构得到了持续的改进，主要包括以下几个方面：①由以运算器为中心改进为以存储器为中心。使数据的流向更加合理，从而使运算器、存储器和输入输出设备能够并行工作。②由单一的集中控制改进为分散控制。计算机发展初期，工作速度很低，运算器、存储器、控制器和输入输出设备可以在同一个时钟信号的控制下同步工作。现在运算器、内存与输入输出设备的速度差异很大，需要采用异步方式分散控制。③从基于串行算法改进为适应并行算法。出现了流水线处理器、超标量处理器、向量处理器、多核处理器、对称多处理器（Symmetric Multiprocessor，简称 SMP）、大规模并行处理机（Massively Parallel Processing，简称 MPP）和机群系统等。④出现为适应特殊需要的专用计算机，如图形处理器（Graphic Processing Unit，简称 GPU）、数字信号处理器（Digital Signal Processor，简称 DSP）等。⑤在非冯·诺依曼计算机的研究方面也取得一些成果，如依靠数据驱动的数据流计算机、图归约计算机等。

虽然经过了长期的发展，现代计算机系统占据主要地位的仍然是以存储程序和指令驱动执行为主要特点的冯·诺依曼结构。

作为冯·诺依曼结构的一个变种，哈佛结构把程序和数据分开存储。控制器使用两条独立的总线读取程序和访问数据，程序空间和数据空间完成分开。在通用计算机领域，由于应用软件的多样性，要求计算机不断地变化所执行的程序内容，并且频繁地对数据与程序占用的存储器资源进行重新分配，使用统一编址可以最大限度地利用资源。但是在嵌入式应用中，系统要执行的任务相对单一，程序一般是固化在硬件里的，同时嵌入式系统对安全性、可靠性的要求更高，哈佛结构独立的程序空间更有利于代码保护。因此，在嵌入式领域，哈佛结构得到了广泛应用。需要指出的是，哈佛结构并没有改变冯·诺依曼结构存储程序和指令驱动执行的本质，它只是冯·诺依曼结构的一个变种，并不是独立于冯·诺依曼结构的一种新型结构。

5.2　计算机的组成部件

本节对计算机的主要组成部件进行介绍。按照冯·诺依曼结构，计算机包含五大部分，即运算器、控制器、存储器、输入设备和输出设备。

5.2.1　运算器

运算器是计算机中负责计算（包括算术计算和逻辑计算等）的部件。运算器包括算术和逻辑运算部件（Arithmetic Logic Unit，简称 ALU）、移位部件、浮点运算部件（Floating Point Unit，简称 FPU）、向量运算部件、寄存器等。其中，复杂运算如乘除法、开方及浮点运算可用程序实现或由运算器实现。寄存器既可用于保存数据，也可用于保存地址。运算器还可设置条件码寄存器等专用寄存器，条件码寄存器保存当前运算结果的状态，如运算结果是正数、负数或零，是否溢出等。

运算器支持的运算类型经历了从简单到复杂的过程。最初的运算器只有简单的定点加减和基本逻辑运算，复杂运算如乘除通过加减、移位指令构成的数学库完成；后来逐渐出现硬件定点乘法器和除法器。在早期的微处理器中，浮点运算器以协处理器的形式出现在计算机中（如Intel 8087 协处理器)，包含二进制浮点数的加、减、乘、除等运算，现代的通用微处理器则普遍包含完整的浮点运算部件。20 世纪 90 年代开始，微处理器中出现了单指令多数据（Single Instruction Multiple Data，简称 SIMD）的向量运算器，部分处理器还实现了超越函数硬件运算单元，如 sin、cos、exp、log 等。部分用于银行业务处理的计算机（如 IBM Power 系列）还实现了十进制定、浮点数的运算器。

随着晶体管集成度的不断提升，处理器中所集成的运算器的数量也持续增加，通常将具有相近属性的一类运算组织在一起构成一个运算单元。不同的处理器有不同的运算单元组织，有的倾向于每个单元大而全，有的倾向于每个单元的功能相对单一。处理器中包含的运算单元数目也逐渐增加，从早期的单个运算单元逐渐增加到多个运算单元。由于运算单元都需要从寄存器中读取操作数，并把结果写回寄存器，因此处理器中运算单元的个数主要受限于寄存器堆读写端口个数。运算单元一般按照定点、浮点、访存、向量等大类来组织，也有混合的，如SIMD 部件既能做定点也能做浮点运算，定点部件也可以做访存地址计算等。

表 5.1 给出了几种经典处理器的运算器结构。其中 Alpha 21264、MIPS R10000、HP PA8700、Ultra Sparc III、Power 4 是 20 世纪 90 年代 RISC 处理器鼎盛时期经典的微处理器，而 Intel Skylake、AMD Zen、Power 8、龙芯 3A5000 则是最新处理器。

表 5.1　经典处理器的运算器结构

处理器	寄存器	运算部件
Alpha 21264	2 Int. regfile(80, 4r6w) FP. regfile(72, 4r4w)	arith. /logic unit; shift unit; mult unit; add/logic unit; shift unit; MVI/PLZ unit; arith. /logic; arith. /logic unit; FP add unit; FP mult unit; FP div/sqrt unit
MIPS R10000	Int. regfile(64, 7r3w) FP. regfile(64 5r3w)	arith. /logic unit; shift unit; arith. /logic unit; mult/div unit; FP add/sub unit; FP compae/coversion unit; FP mult unit; FP div/sqrt unit
HP PA8700	Int. arch. regfile(32, 8r4w) Int. ren. regfile(56, 9r4w) FP. arch. regfile(32, 8r4w) FP. ren. regfile(56, 9r4w)	2 arith. logic units; 2 shift merge units; 2 FP MAC units; 2 FP div/sqrt units
UltraSparc III	Int. regfile(144, 7r3w) FP. regfile(32, 5r4w)	2 arith. units; logic unit; shift unit; FP adder unit; graphic unit; FP div/sqrt unit; FP mult unit; graphic unit
Power4	GPRS(80) FPRS(72)	2 fixed-point units; 2 floating-point units

（续）

处理器	寄存器	运算部件
Zen	Int. regfile(168) FP. regfile(160)	4 fixed-point units; 4 floating-point/vector units
Skylake	Int. regfile(180) FP. regfile(168)	4 fixed-point units; 3 floating-point/vector units
Power8	GPRS(2×124) VSRS(2×144)	2 fixed-point units; 4 floating-point units; 2 vector units; decimal floating-point unit; crypto unit
龙芯 3A5000	Int. regfile(128, 12r8w) FP. regfile(128, 8r6w)	4 fixed-point units; 2 floating-point/vector

5.2.2 控制器

控制器是计算机中发出控制命令以控制计算机各部件自动、协调地工作的装置。控制器控制指令流和每条指令的执行，内含程序计数器和指令寄存器等。程序计数器存放当前执行指令的地址，指令寄存器存放当前正在执行的指令。指令通过译码产生控制信号，用于控制运算器、存储器、IO设备的工作以及后续指令的获取。这些控制信号可以用硬连线逻辑产生，也可以用微程序产生，也可以两者结合产生。为了获得高指令吞吐率，可以采用指令重叠执行的流水线技术，以及同时执行多条指令的超标量技术。当遇到执行时间较长或条件不具备的指令时，把条件具备的后续指令提前执行（称为乱序执行）可以提高流水线效率。控制器还产生一定频率的时钟脉冲，用于计算机各组成部分的同步。

由于控制器和运算器的紧密耦合关系，现代计算机通常把控制器和运算器集成在一起，称为中央处理器，即CPU。随着芯片集成度的不断提高，现代CPU除了含有运算器和控制器外，常常还集成了其他部件，比如高速缓存（Cache）部件、内存控制器等。

计算机执行指令一般包含以下过程：从存储器取指令并对取回的指令进行译码，从存储器或寄存器读取指令执行需要的操作数，执行指令，把执行结果写回存储器或寄存器。上述过程称为一个指令周期。计算机不断重复指令周期直到完成程序的执行。体系结构研究的一个永恒主题就是不断加速上述指令执行周期，从而提高计算机运行程序的效率。由于控制器负责控制指令流和每条指令的执行，对提高指令执行效率起着至关重要的作用。

现代处理器的控制器都通过指令流水线技术来提高指令执行效率。指令流水线把一条指令的执行划分为若干阶段（如分为取指、译码、执行、访存、写回阶段）来减少每个时钟周期的工作量，从而提高主频；并允许多条指令的不同阶段重叠执行实现并行处理（如一条指令处于执行阶段时，另一条指令处于译码阶段）。虽然同一条指令的执行时间没有变短，但处理器在单位时间内执行的指令数增加了。

计算机中的取指部件、运算部件、访存部件都在流水线的调度下具体执行指令规定的操作。运算部件的个数和延迟，访存部件的存储层次、容量和带宽，以及取指部件的转移猜测算法等是决定微结构性能的重要因素。常见的提高流水线效率的技术包括转移预测技术、乱序执行技术、超标量（又称为多发射）技术等。

1）**转移预测技术**。冯·诺依曼结构指令驱动执行的特点，使转移指令成为提高流水线效率的瓶颈。典型应用程序平均每5~10条指令中就有一条转移指令，而转移指令的后续指令需要等待转移指令执行结果确定后才能取指，导致转移指令和后续指令之间不能重叠执行，降低了流水线效率。随着主频的提高，现代处理器流水线普遍在10~20级之间，由于转移指令引起的流水线阻塞成为提高指令流水线效率的重要瓶颈。

转移预测技术可以消除转移指令引起的指令流水线阻塞。转移预测器根据当前转移指令或其他转移指令的历史行为，在转移指令的取指或译码阶段预测该转移指令的跳转方向和目标地址并进行后续指令的取指。转移指令执行后，根据已经确定的跳转方向和目标地址对预测结果进行修正。如果发生转移预测错误，还需要取消指令流水线中的后续指令。为了提高预测精度并降低预测错误时的流水线开销，现代高性能处理器采用了复杂的转移预测器。

例如，可以在取指部件中设置一位标志记录上一条转移指令的跳转方向，碰到转移指令，不用等该转移指令执行结果，就根据该标志猜测跳转方向进行取指。对于C语言中的“for(i=0，i<N，i++)”类的循环，这种简单的转移猜测就可以达到（$N-1$）/（$N+1$）的准确度，当N很大时准确度很高[⊖]。

2）**乱序执行技术**。如果指令i是条长延迟指令，如除法指令或Cache不命中的访存指令，那么在顺序指令流水线中指令i后面的指令需要在流水线中等待很长时间。乱序执行技术通过指令动态调度允许指令i后面的源操作数准备好的指令越过指令i执行（需要使用指令i的运算结果的指令由于源操作数没有准备好，不会越过指令i执行），以提高指令流水线效率。为此，在指令译码之后的读寄存器阶段，应判断指令需要的操作数是否准备好。如果操作数已经准备好，就进入执行阶段；如果操作数没有准备好，就进入称为保留站或者发射队列的队列中等待，直到操作数准备好后再进入执行阶段。为了保证执行结果符合程序规定的要求，乱序执行的指令需要有序结束。为此，执行完的指令均进入一个称为重排序缓冲（Re-Order Buffer，简称ROB）的队列，并把执行结果临时写入重命名寄存器。ROB根据指令进入流水线的次序，有序提交指令的执行结果到目标寄存器或存储器。CDC6600和IBM 360/91分别使用记分板和保留站最早实现了指令的动态调度。

就像保留站和重排序缓冲用来临时存储指令以使指令在流水线中流动更加通畅，重命名寄存

⊖ 在GCC编译器上使用-O2及更高优化选项时，则该循环只需要判断N次，那么最简单的转移猜测准确度为（$N-2$）/N。

器用来临时存储数据以使数据在流水线流动更加通畅。保留站、重排序缓冲、重命名寄存器都是微结构中的数据结构，程序员无法用指令来访问，是结构设计人员为了提高流水线效率而用来临时存储指令和数据的。其中，保留站把指令从有序变为无序以提高执行效率，重排序缓存把指令从无序重新变为有序以保证正确性，重命名寄存器则在乱序执行过程中临时存储数据。重命名寄存器与指令可以访问的结构寄存器（如通用寄存器、浮点寄存器）相对应。乱序执行流水线把指令执行结果写入重命名寄存器而不是结构寄存器，以避免破坏结构寄存器的内容，到顺序提交阶段再把重命名寄存器内容写入结构寄存器。两组执行不同运算但使用同一结构寄存器的指令可以使用不同的重命名寄存器，从而避免该结构寄存器成为串行化瓶颈，实现并行执行。

3）超标量技术。工艺技术的发展使得在20世纪80年代后期出现了超标量处理器。超标量结构允许指令流水线的每一阶段同时处理多条指令。例如Alpha 21264处理器每拍可以取4条指令，发射6条指令，写回6条指令，提交11条指令。如果把单发射结构比作单车道马路，多发射结构就是多车道马路。

由于超标量结构的指令和数据通路都变宽了，使得寄存器端口、保留站端口、ROB端口、功能部件数都需要增加，例如Alpha 21264的寄存器堆有8个读端口和6个写端口，数据Cache的RAM通过倍频支持一拍两次访问。现代超标量处理器一般包含两个以上访存部件，两个以上定点运算部件以及两个以上浮点运算部件。超标量结构在指令译码或寄存器重命名时不仅要判断前后拍指令的数据相关，还需要判断同一拍中多条指令间的数据相关。

5.2.3　存储器

存储器存储程序和数据，又称主存储器或内存，一般用动态随机访问存储器（Dynamic Random Access Memory，简称DRAM）实现。CPU可以直接访问它，IO设备也频繁地与它交换数据。存储器的存取速度往往满足不了CPU的快速要求，容量也满足不了应用的需要，为此将存储系统分为高速缓存（Cache）、主存储器和辅助存储器三个层次。Cache存放当前CPU最频繁访问的部分主存储器内容，可以采用比DRAM速度快但容量小的静态随机访问存储器（Static Random Access Memory，简称SRAM）实现。数据和指令在Cache和主存储器之间的调动由硬件自动完成。为扩大存储器容量，使用磁盘、磁带、光盘等能存储大量数据的存储器作为辅助存储器。计算机运行时所需的应用程序、系统软件和数据等都先存放在辅助存储器中，在运行过程中分批调入主存储器。数据和指令在主存储器和辅助存储器之间的调动由操作系统完成。CPU访问存储器时，面对的是一个高速（接近于Cache的速度）、大容量（接近于辅助存储器的容量）的存储器。现代计算机中还有少量只读存储器（Read Only Memory，简称ROM）用来存放引导程序和基本输入输出系统（Basic Input Output System，简称BIOS）等。现代计算机访问内存时采用虚拟地址，操作系统负责维护虚拟地址和物理地址转换的页表，集成在CPU中的存储管理部件（Memory Management Unit，简称MMU）负责把虚拟地址转换为物理地址。

存储器的主要评价指标为存储容量和访问速度。存储容量越大，可以存放的程序和数据越多。访问速度越快，处理器访问的时间越短。对相同容量的存储器，速度越快的存储介质成本越高，而成本越低的存储介质则速度越低。目前人们发明的用于计算机系统的存储介质主要包括以下几类：

1）磁性存储介质。如硬盘、磁带等，特点是存储密度高、成本低、具有非易失性（断电后数据可长期保存），缺点是访问速度慢。磁带的访问速度在秒级，磁盘的访问速度一般在毫秒级，这样的访问速度显然不能满足现代处理器纳秒级周期的速度要求。

2）闪存（Flash Memory）。同样是非易失性的存储介质，与磁盘相比，它们的访问速度快，成本高，容量小。随着闪存工艺技术的进步，闪存芯片的集成度不断提高，成本持续降低，闪存正在逐步取代磁盘作为计算机尤其是终端的辅助存储器。

3）动态随机访问存储器（DRAM）。属于易失性存储器（断电后数据丢失）。特点是存储密度较高（存储一位数据只需一个晶体管），需要周期性刷新，访问速度较快。其访问速度一般在几十纳秒级。

4）静态随机访问存储器（SRAM）。属于易失性存储器（断电后数据丢失）。存储密度不如 DRAM 高（SRAM 存储一位数据需要 4～8 个晶体管），不用周期性刷新，但访问速度比 DRAM 快，可以达到纳秒级，小容量时能够和处理器核工作在相同的时钟频率。

现代计算机中把上述不同的存储介质组成存储层次，以在成本合适的情况下降低存储访问延迟，如图 5.2 中所示，越往上的层级，速度越快，但成本越高，容量越小；越往下的层级，速度越慢，但成本越低，容量越大。图 5.2 所示存储层次中的寄存器和主存储器直接由指令访问，Cache 缓存主存储器的部分内容；而非易失存储器既是辅助存储器，又是输入输出设备，非易失存储器的内容由操作系统负责调入调出主存储器。

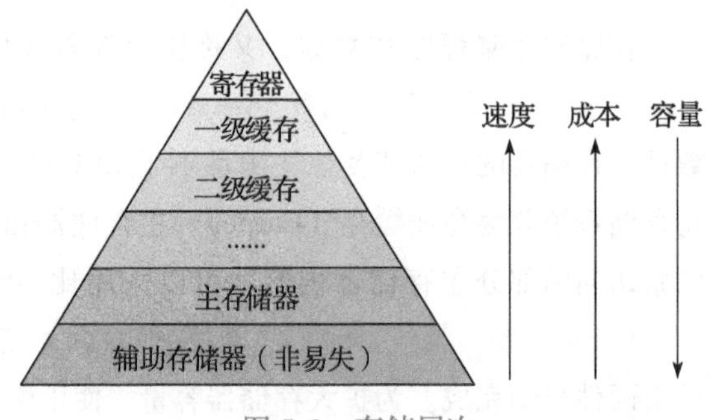

图 5.2　存储层次

存储层次的有效性，依赖于程序的访存局部性原理，包含两个方面：一是时间局部性，指的是如果一个数据被访问，那么在短时间内很有可能被再次访问；二是空间局部性，指的是如果一个数据被访问，那么它的邻近数据也很有可能被访问。利用局部性原理，可以把程序近期可能用到的数据存放在靠上的层次，把近期内不会用到的数据存放在靠下的层次。通过恰当地控制数据在层次间的移动，使处理器需要访问的数据尽可能地出现在靠近处理器的存储层次，可以大大提高处理器获得数据的速度，从而近似达到用最快的存储器构建一个容量很大的单级存储的效果。现代计算机一般使用多端口寄存器堆实现寄存器，使用 SRAM 来构建片上的高速缓存（Cache），使用 DRAM

来构建程序的主存储器（也称为主存、内存），使用磁盘或闪存来构建大容量的存储器。

1. 高速缓存

随着工艺技术的发展，处理器的运算速度和内存容量按摩尔定律的预测指数增加，但内存速度提高非常缓慢，与处理器速度的提高形成了“剪刀差”。工艺技术的上述特点使得访存延迟成为以存储器为中心的冯·诺依曼结构的主要瓶颈。Cache 技术利用程序访问内存的时间局部性（一个单元如果当前被访问，则近期很有可能被访问）和空间局部性（一个单元被访问后，与之相邻的单元也很有可能被访问），使用速度较快、容量较小的 Cache 临时保存处理器常用的数据，使得处理器的多数访存操作可以在 Cache 上快速进行，只有少量访问 Cache 不命中的访存操作才访问内存。

Cache 是内存的映像，其内容是内存内容的子集，处理器访问 Cache 和访问内存使用相同的地址。从 20 世纪 80 年代开始，RISC 处理器就开始在处理器芯片内集成 KB 级的小容量 Cache。现代处理器则普遍在片内集成多级 Cache，典型的多核处理器的每个处理器核中一级指令 Cache 和数据 Cache 各几十 KB，二级 Cache 为几百 KB，而多核共享的三级 Cache 为几 MB 到几十 MB。现代处理器访问寄存器时一拍可以同时读写多个数据，访问一级 Cache 延迟为 1~4 拍，访问二级 Cache 延迟为 10~20 拍，访问三级 Cache 延迟为 40~60 拍，访问内存延迟为 100~200 拍。

CPU 执行一个程序的时间可以描述为：程序运行的总动态指令数×CPI×时钟周期。其中，CPI（Cycle Per Instruction）表示平均每条指令执行花费的时钟周期数。CPI 可以进一步细分为每种类型指令的 CPI 与这类指令占总指令数比例的乘积之和，如运算指令 CPI×运算指令比例+访存指令 CPI×访存指令比例+其他指令 CPI×其他指令比例。访存指令的 CPI 也称为平均访问时间（Average Memory Access Time，AMAT）。在具有高速缓存的计算机中，

$$\text{AMAT}=\text{HitTime}+\text{MissRate}\times\text{MissPenalty}$$

其中 HitTime 表示高速缓存命中时的访问延迟，MissRate 表示高速缓存失效率，MissPenalty 表示高速缓存失效时额外的访问延迟。例如，在某计算机系统中 HitTime = 1，MissRate = 5%，MissPenalty = 100，则 AMAT = 1+5 = 6。

2. 内存

主存储器又称为内存。内存的读写速度对计算机的整体性能影响重大。为了提升处理器的访存性能，现代通用处理器都将内存控制器与 CPU 集成在同一芯片内，以减小平均访存延迟。

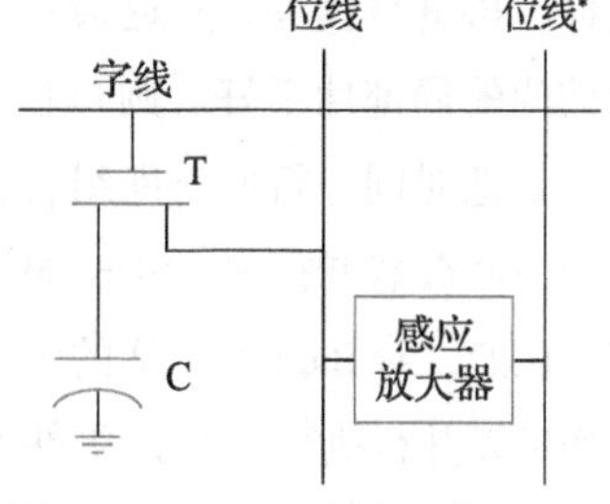

图 5.3 DRAM 的单元读写原理

现代计算机的内存一般都采用同步动态随机存储器（SDRAM）实现。DRAM 的一个单元由 MOS 管 T 和电容 C（存储单元）组成，如图 5.3 所示。电容 C 存储的电位决定存储单元的逻辑值。单元中的字线根据读写地址译码得到，连接同一字的若干位；单元中的位线把若干字的同一

位链接在一起。进行读操作时，先把位线预充到 $V_{ref}=V_{CC}/2$，然后字线打开 T 管，C 引起差分位线微小的电位差，感应放大器读出，读出后 C 中的电位被破坏，需要把读出值重新写入 C。进行写操作时，先把位线预充成要写的值，然后打开字线，把位线的值写入 C。C 中的电容可能会漏掉，因此 DRAM 需要周期刷新，刷新可以通过读操作进行，一般每行几十微秒刷新一次。

SDRAM 芯片一般采用行列地址线复用技术，对 SDRAM 进行读写时，需要先发送行地址打开一行，再发送列地址读写需要访问的存储单元。为了提高访问的并发度，SDRAM 芯片一般包含多个 Bank（存储块），这些 Bank 可以并行操作。图 5.4 显示了一个 DDR2 SDRAM ×8 芯片的内部结构图。可以看到，该 SDRAM 内部包含了 8 个 Bank，每个 Bank 对应一个存储阵列和一组感应放大器，所有的 Bank 共用读锁存（Read Latch）和写 FIFO。

对 SDRAM 进行写操作后，由于必须等到写数据从 IO 引脚传送到对应 Bank 的感应放大器后，才能进行后续的预充电操作（针对相同 Bank）或者读操作（针对所有 Bank），因此写操作会给后续的其他操作带来较大的延迟，但连续的写操作却可以流水执行。为了降低写操作带来的开销，内存控制器往往将多个写操作聚集在一起连续发送，以分摊单个写操作的开销。

影响 SDRAM 芯片读写速度的因素有两个：行缓冲局部性（Row Buffer Locality，简称 RBL）和 Bank 级并行度（Bank Level Parallelism，简称 BLP）。

1）行缓冲局部性。如图 5.4 所示，SDRAM 芯片的一行数据在从存储体中读出后，存储体中的值被破坏，保存在对应的一组感应放大器中，这组感应放大器也被称为行缓冲。如果下一个访存请求访问同一行的数据（称为命中行缓冲），可以直接从该感应放大器中读出，而不需要重新访问存储体内部，可以大大降低 SDRAM 的访问延迟。当然，在行缓冲不命中的时候，就需要首先将行缓冲中的数据写回存储体，再将下一行读出到行缓冲中进行访问。由此，对 DRAM 可以采用关行（Close Page）和开行（Open Page）两种策略。使用关行策略时，每次读写完后先把行缓冲的内容写入存储体，才能进行下一次读写，每次读写的延迟是确定的。使用开行策略时，每次读写完后不把行缓冲的内容写入存储体，如果下一次读写时所读写的数据在行缓冲中（称为行命中），可以直接对行缓冲进行读写即可，延迟最短；如果下一次读写时所读写的数据不在行缓冲中，则需要先将行缓冲中的数据写回对应的行，再将新地址的数据读入行缓冲，再进行读写，延迟最长。因此，如果内存访问的局部性好，可以采用开行策略；如果内存访问的局部性不好，则可以采用关行策略。内存控制器可以通过对多个访存请求进行调度，尽量把对同一行的访问组合在一起，以增加内存访问的局部性。

2）Bank 级并行度。SDRAM 芯片包含的多个 Bank 是相互独立的，它们可以同时执行不同的操作，比如，对 Bank 0 激活的同时，可以对 Bank 1 发出预充电操作，因此，访问不同 Bank 的多个操作可以并行执行。Bank 级并行度可以降低冲突命令的等待时间，容忍单个 Bank 访问的延迟。

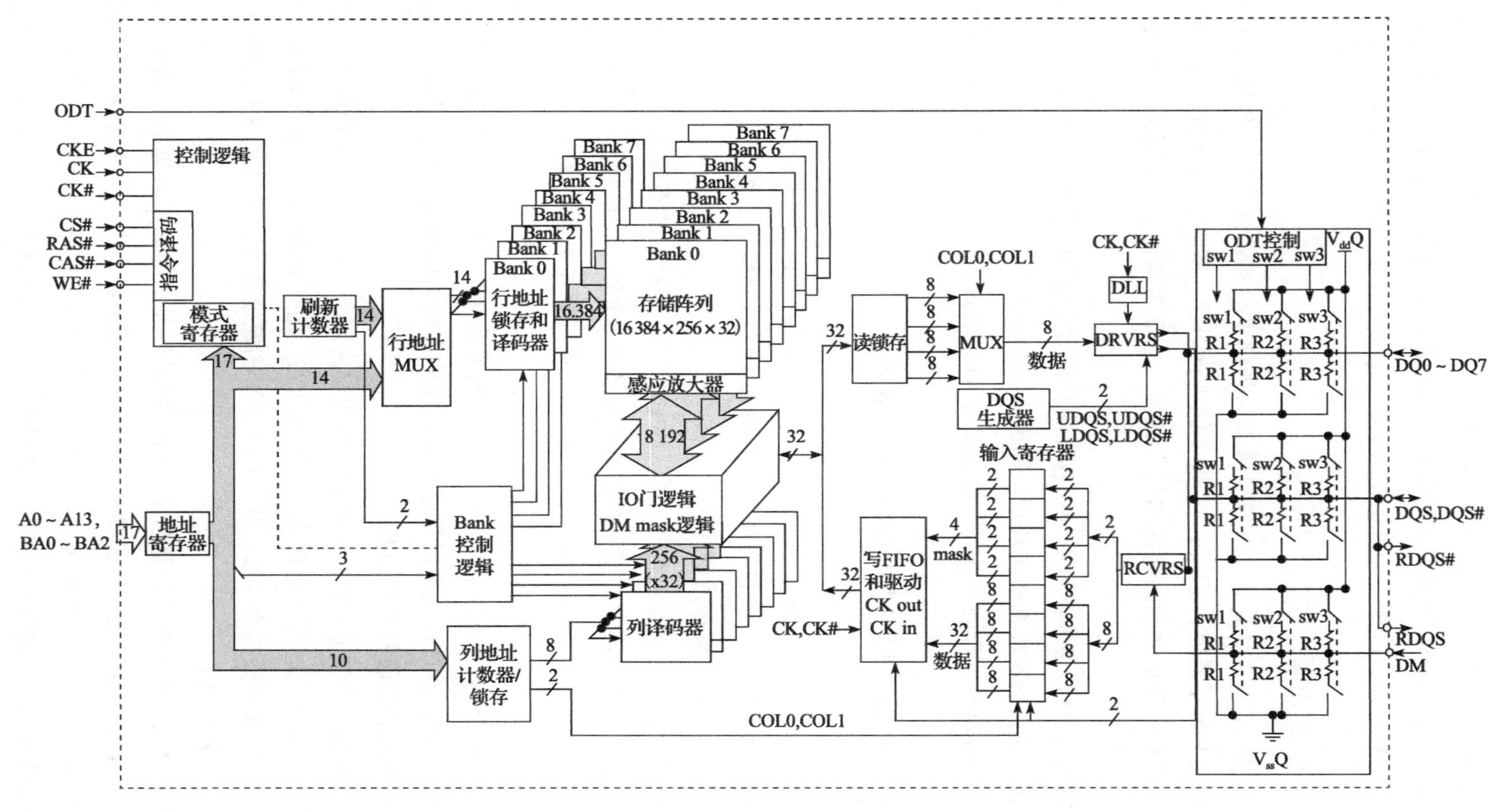

图 5.4 SDRAM 的功能结构图

利用内存的这两个特性，可以在内存控制器上对并发访问进行调度，尽可能降低读写访问的平均延迟，提高内存的有效带宽。内存控制器可以对十几甚至几十个访存请求进行调度，有效并发的访存请求数越多，可用于调度的空间就越大，可能得到的访存性能就更优。

5.2.4　输入/输出设备

输入/输出设备（简称IO设备）实现计算机与外部世界的信息交换。传统的IO设备有键盘、鼠标、打印机和显示器等；新型的IO设备能进行语音、图像、影视的输入、输出和手写体文字输入，并支持计算机之间通过网络进行通信。磁盘等辅助存储器在计算机中也当作IO设备来管理。

处理器通过读写IO设备控制器中的寄存器来访问及控制IO设备。高速IO设备可以在处理器安排下直接与主存储器成批交换数据，称为直接存储器访问（Directly Memory Access，简称DMA）。处理器可以通过查询设备控制器状态与IO设备进行同步，也可以通过中断与IO设备进行同步。

下面以GPU、硬盘和闪存为例介绍典型的IO设备。

1. GPU

GPU（Graphics Processing Unit，图形处理单元）是与CPU联系最紧密的外设之一，主要用来处理2D和3D的图形、图像和视频，以支持基于视窗的操作系统、图形用户界面、视频游戏、可视化图像应用和视频播放等。

当我们在电脑上打开播放器观看电影时，GPU负责将压缩后的视频信息解码为原始数据，并通过显示控制器显示到屏幕上；当我们拖动鼠标移动一个程序窗口时，GPU负责计算移动过程中和移动后的图像内容；当我们玩游戏时，GPU负责计算并生成游戏画面。

GPU驱动提供OpenGL、DirectX等应用程序编程接口以方便图形编程。其中，OpenGL是一个用于3D图形编程的开放标准；DirectX是微软公司推出的一系列多媒体编程接口，包括用于3D图形的Direct3D。通过这些应用程序接口，软件人员可以很方便地实现功能强大的图形处理软件，而不必关心底层的硬件细节。

GPU最早是作为一个独立的板卡出现的，所以称为显卡。我们常说的独立显卡和集成显卡是指GPU是作为一个独立的芯片出现还是被集成在芯片组或处理器中。现代GPU内部包含了大量的计算单元，可编程性越来越强，除了用于图形图像处理外，也越来越多地用作高性能计算的加速部件，称为加速卡。

GPU与CPU之间存在大量的数据传输。CPU将需要显示的原始数据放在内存中，让GPU通过DMA的方式读取数据，经过解析和运算，将结果写至显存中，再由显示控制器读取显存中的数据并输出显示。将GPU与CPU集成至同一个处理器芯片时，CPU与GPU内存一致性维护的开销和数据传递的延迟都会大幅降低。此时系统内存需要承担显存的任务，访存压力也会大幅增加，因为图形应用具有天生的并行性，GPU 可以轻松地耗尽有限的内存带宽。

GPU 的作用是对图形 API 定义的流水线实现硬件加速，主要包括以下几个阶段：

1）顶点读入（Vertex Fetch）：从内存或显存中取出顶点信息，包括位置、颜色、纹理坐标、法向量等属性。

2）顶点渲染（Vertex Shader）：对每一个顶点进行坐标和各种属性的计算。

3）图元装配（Primitive Assembly）：将顶点组合成图元，如点、线段、三角形等。

4）光栅化（Rasterization）：将矢量图形点阵化，得到被图元覆盖的像素点，并计算属性插值系数以及深度信息。

5）像素渲染（Fragment Shader）：进行属性插值，计算每个像素的颜色。

6）逐像素操作（Per-Fragment Operation）：进行模板测试、深度测试、颜色混合和逻辑操作等，并最终修改渲染缓冲区。

在 GPU 中，集成了专用的硬件电路来实现特定功能，同时也集成了大量可编程的计算处理核心用于一些较为通用的功能实现。设计者根据每个功能使用的频率、方法以及性能要求，选择不同的实现方式。大部分 GPU 中，顶点读入、图元装配、光栅化及帧缓冲操作使用专用硬件电路实现，而顶点渲染和像素渲染采用可编程的计算处理核心实现。由于现代 GPU 中集成了大量可编程的计算处理核心，这种大规模并行的计算模式经过改进后非常适合科学计算应用，所以在高性能计算机领域，GPU 常被用作计算加速单元配合 CPU 使用。

2. 硬盘

计算机除了需要内存存放程序的中间数据外，还需要具有永久记忆功能的存储体来存放需要较长时间保存的信息。比如操作系统的内核代码、文件系统、应用程序和用户的文件数据等。该存储器除了容量必须足够大之外，价格还要足够便宜，同时速度还不能太慢。在计算机的发展历史上，磁性存储材料正好满足了以上要求。磁性材料具有断电记忆功能，可以长时间保存数据；磁性材料的存储密度高，可以搭建大容量存储系统；同时，磁性材料的成本很低。

人们目前使用的硬盘就是一种磁性存储介质。硬盘的构造原理为：将磁性材料覆盖在圆形碟片（或者说盘片）上，通过一个读写头（磁头）悬浮在碟片表面来感知存储的数据。通过碟片的旋转和磁头的径向移动来读写碟片上任意位置的数据。碟片被划分为多个环形的轨道（称为磁道，Track）来保存数据，每个磁道又被分为多个等密度（等密度数据）的弧形扇区（Sector）作为存储的基本单元。磁盘的内部构造如图 5.5 所示。硬盘在工作时，盘片是一直旋转的，当想要读取某个扇区的数据时，

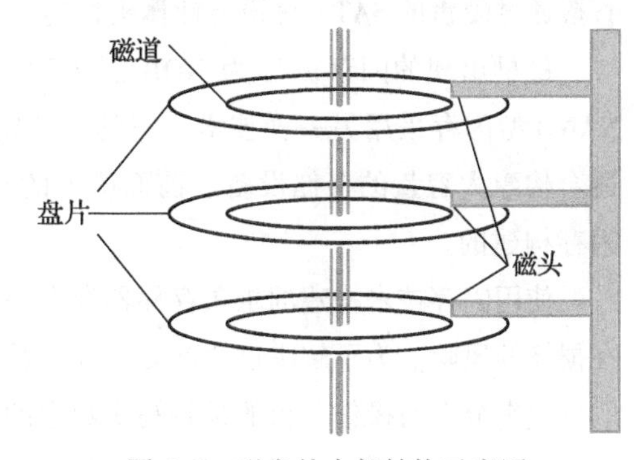

图 5.5　磁盘的内部结构示意图

首先要将读写头移动到该扇区所在的磁道上，当想要读写的扇区旋转到读写头下时，读写头开始读写数据。

衡量磁盘性能的指标包括响应时间和吞吐量，也就是延迟和带宽。磁头移动到目标磁道的时间称为寻道时间。当磁头移动到目标磁道后，需要等待目标扇区旋转到磁头下面，这段时间称为旋转时间。旋转时间与盘片的旋转速度有关，磁盘的旋转速度用 RPM（Rotation Per Minute，转/分）来表示，我们常说的5400转、7200转，就是指磁盘的旋转速度。扇区旋转到目标位置后，传输这个扇区的数据同样需要时间，称为传输时间。传输时间是扇区大小、旋转速度和磁道记录密度的函数。

磁盘是由磁盘控制器控制的。磁盘控制器控制磁头的移动、接触和分离以及磁盘和内存之间的数据传输。另外，通过IO操作访问磁盘控制器又会引入新的时间。现在的磁盘内部一般都会包含一个数据缓冲，读写磁盘时，如果访问的数据正好在缓冲中命中，则不需要访问磁盘扇区。还有，当有多个命令读写磁盘时，还需要考虑排队延迟。因此，磁盘的访问速度计算起来相当复杂。一般来说，磁盘的平均存取时间在几个毫秒的量级。

磁盘的密度一直在持续增加，对于用户来说，磁盘的容量一直在不断增大。磁盘的尺寸也经历了一个不断缩小的过程，从最大的14英寸（1英寸=0.0254米）到最小的1.8英寸。目前市场上常见的磁盘尺寸包括应用于台式机的3.5英寸和应用于笔记本电脑的2.5英寸。

3. 闪存

闪存（Flash Storage）是一种半导体存储器，它和磁盘一样是非易失性的存储器，但是它的访问延迟却只有磁盘的千分之一到百分之一，而且它尺寸小、功耗低，抗震性更好。常见的闪存有SD卡、U盘和SSD固态磁盘等。与磁盘相比，闪存的每GB价格较高，因此容量一般相对较小。目前闪存主要应用于移动设备中，如移动电话、数码相机、MP3播放器，主要原因在于它的体积较小。闪存在移动市场具有很强的应用需求，工业界投入了大量财力推动闪存技术的发展。随着技术的发展，闪存的价格在快速下降，容量在快速增加，因此SSD固态硬盘技术获得了快速发展。SSD固态硬盘是使用闪存构建的大容量存储设备，它模拟硬盘接口，可以直接通过硬盘的SATA总线与计算机相连。

最早出现的闪存被称为NOR型闪存，因为它的存储单元与一个标准的或非门很像。NAND型闪存采用另一种技术，它的存储密度更高，每GB的成本更低，因此NAND型闪存适合构建大容量的存储设备。前面所列的SD卡、U盘和SSD固态硬盘一般都是用NAND型闪存构建的。

使用闪存技术构建的永久存储器存在一个问题，即闪存的存储单元随着擦写次数的增多存在损坏的风险。为了解决这个问题，大多数NAND型闪存产品内部的控制器采用地址块重映射的方式来分布写操作，目的是将写次数多的地址转移到写次数少的块中。该技术被称为磨损均衡（Wear Leveling）。闪存的平均擦写次数在10万次左右。这样，通过磨损均衡技术，移动电话、数码相机、MP3 播放器等消费类产品在使用周期内就不太可能达到闪存的写次数限制。闪存产品内部的控制器还能屏蔽制造过程中损坏的块，从而提高产品的良率。

5.3 计算机系统硬件结构发展

前面章节从冯·诺依曼结构出发，介绍了现代计算机的理论结构及其组成部分。随着应用需求的变化和工艺水平的不断提升，冯·诺依曼结构中的控制器和运算器逐渐演变为计算机系统中的中央处理器部分，而输入、输出设备统一通过北桥和南桥与中央处理器连接，中央处理器中的图形处理功能则从中央处理器中分化出来形成专用的图形处理器。因此，现代计算机系统的硬件结构主要包括了中央处理器、图形处理器、北桥及南桥等部分。

中央处理器（Central Processing Unit，简称 CPU）主要包含控制器和运算器，在发展的过程中不断与其他部分融合。传统意义上的中央处理器在处理器芯片中更多地体现为处理器核，现代的处理器芯片上往往集成多个处理器核。

图形处理器（Graphic Processing Unit，简称 GPU）是一种面向 2D 和 3D 图形、视频、可视化计算和显示优化的处理器。作为人机交互的重要界面，GPU 在计算机体系结构发展的过程中，担任了越来越重要的角色。除了对图形处理本身之外，还开始担负科学计算加速器的任务。

北桥（North Bridge）是离 CPU 最近的芯片，主要负责控制显卡、内存与 CPU 之间的数据交换，向上连接处理器，向下连接南桥。

南桥（South Bridge）主要负责硬盘、键盘以及各种对带宽要求较低的 IO 接口与内存、CPU 之间的数据交换。

5.3.1 CPU-GPU-北桥-南桥四片结构

现代计算机的一种早期结构是 CPU-GPU-北桥-南桥结构。在该结构中，计算机系统包含四个主要芯片，其中 CPU（处理器）芯片、北桥芯片和南桥芯片一般是直接以芯片的形式安装或焊接在计算机主板上，而 GPU 则以显卡的形式安装在计算机主板的插槽上。

在 CPU-GPU-北桥-南桥四片结构中，计算机的各个部件根据速度快慢以及与处理器交换数据的频繁程度被安排在北桥和南桥中。CPU 通过处理器总线（也称系统总线）和北桥直接相连，北桥再通过南北桥总线和南桥相连，GPU 一般以显卡的形式连接北桥。内存控制器集成在北桥芯片中，硬盘接口、USB 接口、网络接口、音频接口以及鼠标、键盘等接口放在南桥芯片中。此外，在北桥上还会提供各种扩展接口用于其他功能卡的连接。采用该结构的微机系统如图 5.6 所示。

与英特尔奔腾处理器搭配的 430HX 芯片组就采用了这样的四片结构。其北桥芯片使用

82439HX，南桥芯片采用82371SB，通过PCI总线扩展外接显卡，与处理器组成四片结构，作为计算机系统的主要部分。

5.3.2　CPU-北桥-南桥三片结构

CPU-北桥-南桥三片结构中，系统包含三个主要芯片，分别为CPU芯片、北桥芯片和南桥芯片。三片结构与四片结构最大的区别是，前者GPU功能被集成到北桥，即一般所说的集成显卡。

在CPU-北桥-南桥三片结构中，CPU通过处理器总线和北桥直接相连，北桥再通过南北桥总线和南桥相连。内存控制器、显示功能以及高速IO接口（如PCIE等）集成在北桥芯片中，硬盘接口、USB接口、网络接口、音频接口以及鼠标、键盘等接口部件放在南桥芯片中。随着计算机技术的发展，更多的高速接口被引入计算机体系结构中，在北桥上集成的IO接口的速率也不断提升。

采用该结构的微机系统如图5.7所示。

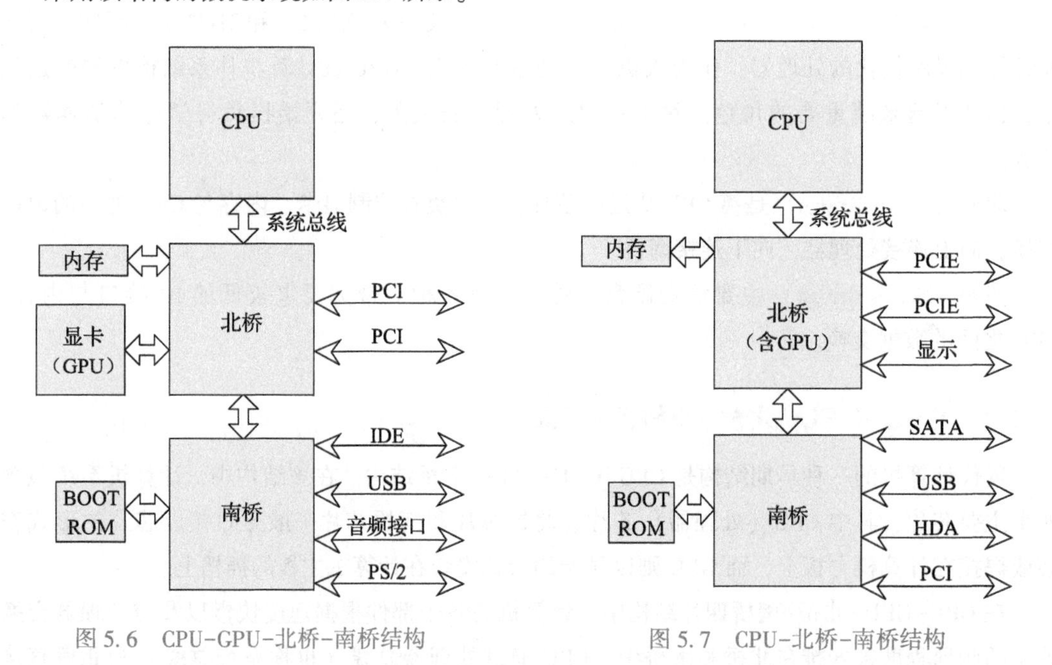

图5.6　CPU-GPU-北桥-南桥结构　　图5.7　CPU-北桥-南桥结构

英特尔845G芯片组就采用类似的三片结构。其北桥芯片使用82845G，集成显示接口，南桥芯片采用82801DB，与处理器组成三片结构，作为计算机系统的主要部分。

5.3.3　CPU-弱北桥-南桥三片结构

随着工艺和设计水平的不断提高，芯片的集成度不断提高，单一芯片中能够实现的功能越来越复杂。内存接口的带宽需求超过了处理器与北桥之间连接的处理器总线接口，导致内存的实际访问性能受限于处理器总线的性能。而伴随着处理器核计算性能的大幅提升，存储器的性能提升却显得幅度较小，这两者的差异导致计算机系统性能受到存储器系统发展的制约，这就是存储墙问题。

因此，对计算机系统性能影响显著的内存控制器开始被集成到 CPU 芯片中，从而大幅降低了内存访问延迟，提升了内存访问带宽，这在一定程度上缓解了存储墙问题。

于是，北桥的功能被弱化，主要集成了 GPU、显示接口、高速 IO 接口（例如 PCIE 接口等）。

采用该结构的微机系统如图 5.8 所示。

相比英特尔，AMD 的处理器最早将内存控制器集成到处理器芯片中，780E 芯片组就采用上述三片结构，北桥芯片使用 RS780E，集成 HD3200 GPU，南桥芯片使用 SB710，与处理器组成三片结构，作为计算机系统的主要部分。

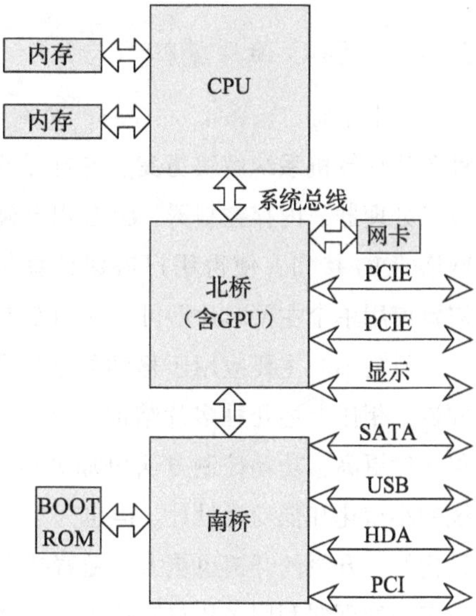

图 5.8 CPU-弱北桥-南桥结构

5.3.4 CPU-南桥两片结构

在计算机系统不断发展的过程中，图形处理器性能也在飞速发展，其在系统中的作用也不断被开发出来。除了图形加速以外，对于一些科学计算类的应用，或者是一些特定的算法加速程序，图形处理器发挥着越来越大的作用，成为特定的运算加速器，其与中央处理器之间的数据共享也越来越频繁，联系越来越密切。

随着芯片集成度的进一步提高，图形处理器也开始被集成到 CPU 芯片中，于是，北桥存在的必要性就进一步降低，开始和南桥合二为一，形成 CPU-南桥结构，如图 5.9 所示。

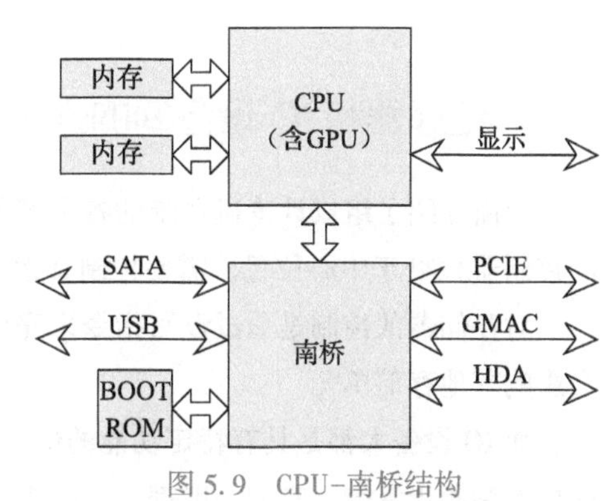

图 5.9 CPU-南桥结构

在这个结构中，CPU 芯片集成处理器核、内存控制器和 GPU 等主要部件，对外提供显示接口、内存接口等，并通过处理器总线和南桥相连。南桥芯片则包含硬盘、USB、网络控制器以及 PCIE/PCI、LPC 等总线接口。由于 GPU 和 CPU 都需要大量访问内存，会带来一些访存冲突，而且相对来说，GPU 对于实时性的要求更高，即访存优先级会更高一些，这在一定程度上会影响 CPU 的性能。实际上，处理器中集成的 GPU 性能相比独立显卡中的GPU性能会稍弱。

当然，也有一些两片结构是将GPU集成在南桥芯片中。这样在南桥上可以实现独立的显存供GPU使用，这在某些条件下更有利于GPU性能的发挥，且CPU升级时带来的开销会更小。

5.3.5 SoC单片结构

片上系统（System on Chip，简称SoC）是一种单片计算机系统解决方案，它在单个芯片上集成了处理器、内存控制器、GPU以及硬盘、USB、网络等IO接口，使得用户搭建计算机系统时只需要使用单个主要芯片即可，如图5.10所示。

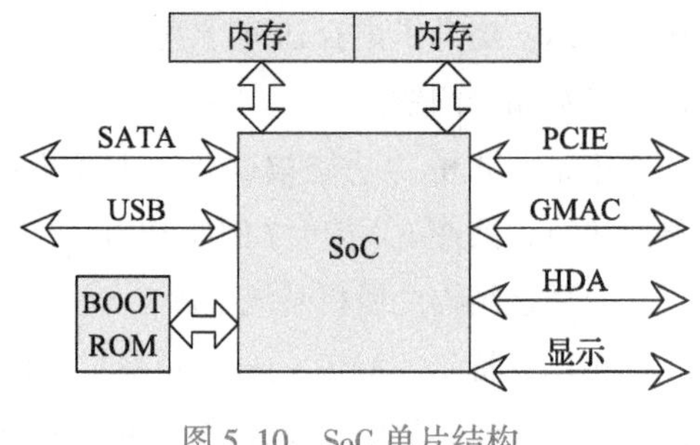

图5.10 SoC单片结构

目前SoC主要应用于移动处理器和工业控制领域，相比上述几种多片结构，单片SoC结构的集成度更高，功耗控制方法更加灵活，有利于系统的小型化和低功耗设计。但也因为全系统都在一个芯片上实现，导致系统的扩展性没有多片结构好，升级的开销也更大。随着技术的发展，封装基板上的互连技术不断发展和成熟。越来越多的处理器利用多片封装技术在单个芯片上集成多个硅片，以扩展芯片的计算能力或IO能力。例如AMD Ryzen系列处理器通过在封装上集成多个处理器硅片和IO硅片，以提供针对不同应用领域的计算能力。龙芯3C5000L处理器则通过在封装上集成4个4核龙芯3A5000硅片来实现单片16核结构。

目前，主流商用处理器中面向中高端领域的处理器普遍采用两片结构，而面向中低端及嵌入式领域的处理器普遍采用单片结构。SoC单片结构最常见的是在手机等移动设备中。

5.4 处理器和IO设备间的通信

前面介绍了组成计算机系统的各个部分，在冯·诺依曼结构中，处理器（准确地说是内部的控制器）处于中心位置，需要控制其他各个部件的运行。

对存储器的控制是通过读写指令来完成的。存储器是存储单元阵列，对某个地址的读写不会影响其他存储单元。

而IO设备大都是具有特定功能的部件，不能当作简单的存储阵列来处理。由于IO设备的底层控制相当复杂，它们一般都是由一个设备控制器进行控制。设备控制器会提供一组寄存器接口，寄存器的内容变化会引起设备控制器执行一系列复杂的动作。设备控制器的接口寄存器也被称为IO寄存器。处理器通过读写IO寄存器来访问设备。写入这些寄存器的数据，会被设备控制器解析成命令，因此有些情况下将处理器对IO寄存器的访问称为命令字。处理器对内存和IO的访问模式有所不同，对访问的延迟和带宽需求也有较大差异。现代计算机系统的程序和数据都存放在内存中，内存访问性能直接影响处理器流水线的执行效率，也正是因为这样，才导致了各个Cache层次的出现。对处理器的内存访问来说，要求是高带宽和低延迟。IO设备一般用于外部交互，而IO操作一般会要求顺序的访问控制，从而导致执行效率低下，访问带宽低，延迟高，只能通过IO的DMA操作来提升性能。IO的DMA操作也是访问内存，因为DMA访存模式一般是大块的连续数据读写，所以对带宽的需求远高于对延迟的需求。

5.4.1 IO寄存器寻址

为了访问IO寄存器，处理器必须能够寻址这些寄存器。IO寄存器的寻址方式有两种：内存映射IO和特殊IO指令。

内存映射IO是把IO寄存器的地址映射到内存地址空间中，这些寄存器和内存存储单元被统一编址。读写IO地址和读写内存地址使用相同的指令来执行。处理器需要通过它所处的状态来限制应用程序可以访问的地址空间，使其不能直接访问IO地址空间，从而保证应用程序不能直接操作IO设备。与内存映射IO不同，特殊IO指令使用专用指令来执行IO操作。因此，IO地址空间可以和内存地址空间重叠，但实际指向不同的位置。操作系统可以通过禁止应用程序执行IO指令的方式来阻止应用程序直接访问IO设备。MIPS或LoongArch结构并没有特殊IO指令，通过普通的访存指令访问特定的内存地址空间进行IO访问。而X86结构使用专门的IO指令来执行IO操作。

5.4.2 处理器和IO设备之间的同步

处理器和IO设备之间需要协同工作，通过一系列软件程序来共同发挥设备功能。处理器和IO设备之间的同步有两种方式：查询和中断。

处理器通过向IO寄存器写入命令字来控制IO设备。大部分的控制操作不是通过一次寄存器写入就能完成的，处理器一般需要对IO寄存器进行多次访问，才能完成一次任务。绝大多数设备的IO寄存器不是无条件写入的，处理器在写入命令字之前，先要获取设备的当前状态，只有当设备进入特定的状态后，处理器才能执行特定的操作，这些特定的软件操作流程是在驱动程序中实现的。比如，对于一台打印机，打印机控制器会提供两个寄存器：数据寄存器和状态寄存器。数据寄存器用来存放当前需要打印的数据，状态寄存器用来指示打印机的状态，它包含两个基本位：完成位和错误位。完成位表示上一个字符打印完毕，可以打印下一个字符；错误位用来在打印机出现异常时指示出错的状态，比如卡纸或者缺纸。处理器在打印一串数据时，首先把数据写入数据寄存器，然后不断读取状态寄存器的值，当读出的完成位等于1时，才能把下一个字符写入数据寄存器。同时，处理器还需要检查错误位的值，当发生错误时，去执行对应的错误处理程序。

前面描述的打印过程就是查询方式的一个例子。当使用查询方式时，处理器向IO设备发出访问请求后，需要不断读取IO设备的状态寄存器，所以查询方式也被称为轮询。由于IO设备的速度一般都较慢，使用查询方式会浪费处理器的指令周期。而且，执行轮询的处理器无法同时执行其他工作，造成了性能的浪费。

为了解决查询方式效率较低的问题，中断方式被引入计算机系统。在中断方式下，处理器不需要轮询状态寄存器的值，而是在等待设备完成某个操作时转去执行其他进程。当设备完成某个操作后，自行产生一个中断信号来中断处理器的执行。处理器被中断后，再去读取设备的状态寄存器。中断方式将处理器从等待IO中解放了出来，大大提高了处理器的利用率，因此现代计算机的绝大部分IO设备都支持中断方式。

中断本质上是IO设备对处理器发出的一个信号，让处理器知道此时有数据传输需要或者已经发生数据传输。CPU收到中断信号后，会暂停当前CPU的执行进程，转去执行某个特定的程序。中断的一般过程为：

1）中断源发出中断信号到中断控制器；
2）中断控制器产生中断请求给CPU；
3）CPU发出中断响应，并读取中断类型码；
4）CPU根据中断类型码执行对应的中断服务程序；
5）CPU从中断服务程序返回，中断结束。

中断源即中断的源头，比如用户敲击一下键盘，单击一下鼠标，或者DMA的一次传输完成了，对应的控制器会产生一个中断信号。中断信号可以是一根信号线，也可以是一个消息包。这个中断信息会传送到中断控制器中。中断控制器是负责中断汇集、记录和转发的硬件逻辑。中断控制器一般都具有可编程功能，因此被称为可编程中断控制器（Programmable Interrupt Controller，简称PIC）。典型的中断控制器如Intel的8259A。8259A支持中断嵌套和中断优先级，可以支持8个中断源，并可以通过级联的方式进行扩展。

8259A内部包含3个寄存器：中断请求寄存器（Interrupt Request Register，简称IRR），用来存放当前的中断请求；中断在服务寄存器（In-Service Register，简称ISR），用来存放当前CPU正在服务的中断请求；中断Mask寄存器（Interrupt Mask Register，简称IMR），用来存放中断屏蔽位。

当中断源产生中断信号后，会将中断请求寄存器的某一位设置为1，如果该位没有被屏蔽，则产生一个中断信号（比如中断线）给处理器。处理器检测到该中断信号，并跳转到固定的地址执行中断服务例程。在中断服务例程中，处理器通过读取8259A获得中断向量号，进而调用对应的中断服务程序。在中断服务程序返回之前，要保证本次中断的中断信号被清除掉，否则 CPU 从中断服务程序返回之后，会被再次触发中断。8259A 在中断响应时会自动将 IRR 的对应位复位。对于电平触发的中断，中断服务程序一般会读写中断源的相关寄存器，从而保证在中断返回之前，中断源的中断信号被撤掉，这样 8259A 的中断请求寄存器的对应位不会被再次置位。对于脉冲触发的中断，则不需要对设备 IO 寄存器进行处理。

5.4.3　存储器和 IO 设备之间的数据传送

存储器和 IO 设备之间需要进行大量的数据传输。例如，系统在启动时，需要把操作系统代码从硬盘搬运到内存中；计算机想要输出图形时，需要把准备显示的数据从内存搬运到显示控制器中。

那么存储器和 IO 设备之间是如何进行数据交换的呢？

早期，存储器和 IO 设备之间的数据传送都是由处理器来完成的。由于存储器和 IO 设备之间没有直接的数据通路，当需要从存储器中搬运数据到 IO 设备时，处理器首先从存储器中读数据到通用寄存器中，再从通用寄存器写数据到 IO 设备中；当需要从 IO 设备搬运数据到存储器中时，处理器要先从 IO 设备中读数据到通用寄存器，再从通用寄存器写入内存。这种方式称为 PIO（Programming Input/Output）模式。

由于 IO 访问的访问延迟一般较大，而且 IO 访问之间需要严格的顺序关系，因而 PIO 方式的带宽较低。PIO 模式存在两种同步方式：查询方式和中断方式。虽然中断方式可以降低处理器查询的开销，但当进行大量数据传输时，PIO 模式仍然需要占用大量的处理器时间。使用中断方式，每传送一定的数据后都要进入一次中断，在中断服务程序中真正用于数据传送的时间可能并不多，大量的时间被用于断点保护、中断向量查询、现场恢复、中断返回等辅助性工作。对于一些数据传送速率较快的设备，PIO 方式可能会因为处理器搬运数据速度较慢而降低数据的传送速度，因此 PIO 方式一般用于键盘、鼠标等低速设备。

在 PIO 方式中，数据要经过处理器内部的通用寄存器进行中转。中转不仅影响处理器的执行，也降低了数据传送的速率。如果在存储器和 IO 设备之间开辟一条数据通道，专门用于数据传输，就可以将处理器从数据搬运中解放出来。这种方式就是直接存储器访问（Direct Memory Access，简称 DMA）方式。DMA 方式在存储器和外设之间开辟直接的数据传送通道，数据传送由专门的硬件来控制。控制 DMA 数据传送的硬件被称为 DMA 控制器。

使用 DMA 进行传输的一般过程为：

1）处理器为 DMA 请求预先分配一段地址空间。

2）处理器设置 DMA 控制器参数。这些参数包括设备标识、数据传送的方向、内存中用于数据传送的源地址或目标地址、传输的字节数量等。

3）DMA 控制器进行数据传输。DMA 控制器发起对内存和设备的读写操作，控制数据传输。DMA 传输相当于用 IO 设备直接读写内存。

4）DMA 控制器向处理器发出一个中断，通知处理器数据传送的结果（成功或者出错以及错误信息）。

5）处理器完成本次 DMA 请求，可以开始新的 DMA 请求。

DMA 方式对于存在大量数据传输的高速设备是一个很好的选择，硬盘、网络、显示等设备普遍都采用 DMA 方式。一个计算机系统中通常包含多个 DMA 控制器，比如有特定设备专用的 SATA 接口 DMA 控制器、USB 接口 DMA 控制器等，也有通用的 DMA 控制器用于可编程的源地址与目标地址之间的数据传输。

DMA 控制器的功能可以很简单，也可以很复杂。例如，DMA 控制器可以仅仅支持对一段连续地址空间的读写，也可以支持对多段地址空间的读写以及执行其他的 IO 操作。不同 IO 设备的 DMA 行为各不相同，因此现代的 IO 控制器大多会实现专用的 DMA 控制器用于自身的数据传输。

表 5.2 举例说明了 PIO 和 DMA 两种数据传输方式的不同。

表 5.2　PIO 和 DMA 两种数据传输方式

PIO 方式	DMA 方式
键盘输入	**网卡收包**
敲击键盘	接收端收到网络包
键盘输入被记录在 PS/2 控制器内	网卡将收到的网络包写入内存中预先分配好的内存中
PS/2 控制器向处理器发送中断	网卡向处理器发送中断
CPU 查询中断源，发现键盘中断	CPU 查询中断源，发现网卡接收中断
CPU 从 PS/2 控制器内读回键盘值	CPU 从内存中读到网络包，并进行处理，初始化新的接收缓冲供网卡使用
CPU 清中断	CPU 清中断

从上面两个例子中可以看到，PIO 方式和 DMA 方式处理的流程一致，区别在于：首先键盘的数据是被记录在 IO 设备本身的，而网卡的数据则直接由网卡写入内存之中；其次 CPU 处理时，对键盘是直接从 IO 寄存器读数据，而对网卡则直接从内存读数据。

看起来似乎差别不大。但需要考虑的是，IO 访问相比内存访问慢很多，而且对于内存访问，CPU 可以通过 Cache、预取等方式进行加速，IO 访问则缺少这种有效的优化方式。在上面的例子中，如果网卡采用 PIO 的方式使用 CPU，对网卡的包一个字一个字地进行读访问，效率将非常低下。而对于键盘来说，一次输入仅仅只有 8 位数据，而且相比处理器的处理速度，键盘输入的速度相当低，采用 PIO 的处理方式能够很简单地完成数据输入任务。

5.4.4　龙芯 3A3000+7A1000 桥片系统中的 CPU、GPU、DC 通信

下面以龙芯 3A3000+7A1000 桥片中 CPU、GPU、DC 间的同步与通信为例说明处理器与 IO

间的通信。如图5.11所示，龙芯3A3000处理器和龙芯7A1000桥片通过HyperTransport总线相连，7A1000桥片中集成GPU、DC（显示控制器）以及专供GPU和DC使用的显存控制器。CPU可以通过PIO方式读写GPU中的控制寄存器、DC中的控制寄存器以及显存；GPU和DC可以通过DMA方式读写内存，GPU和DC还可以读写显存。

CPU或GPU周期性地把要显示的数据写入帧缓存（Frame Buffer），DC根据帧缓存的内容进行显示。帧缓存可以分配在内存中，GPU和DC通过DMA方式访问内存中的帧缓存；在独立显存的情况下，帧缓存分配在独立显存中，CPU直接把要显示的数据写入帧缓存，或者GPU通过DMA方式从内存中读取数据并把计算结果写入帧缓存，DC直接读取帧缓存的内容进行显示。根据是否由GPU完成图形计算以及帧缓存是否分配在内存中，常见的显示模式有以下四种。

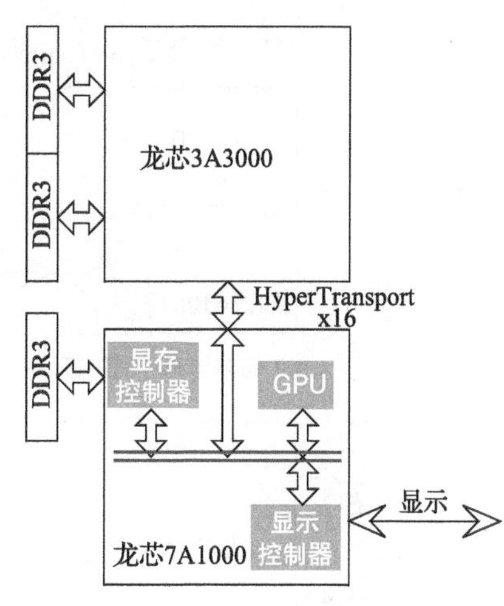

图5.11 龙芯3A3000+7A1000两片方案

模式一：不使用GPU，CPU与DC共享内存。不使用桥片上的显存，而在内存中分配一个区域专供显示使用，这个区域称之为帧缓存。需要显示时，CPU通过正常内存访问将需要显示的内容写入内存中的帧缓存，然后通过PIO方式读写DC中的控制寄存器启动DMA，DC通过DMA操作读内存中的帧缓存并进行显示，如图5.12a所示。

模式二：不使用GPU，DC使用独立显存。DC使用桥片上的显存，这个区域称之为帧缓存。需要显示时，CPU将需要显示的内容从内存读出，再通过PIO方式写入独立显存上的帧缓存，然后通过PIO操作读写DC中的控制寄存器启动DMA，DC读显存上的帧缓存并进行显示，如图5.12b所示。

模式三：CPU与GPU/DC共享内存。需要显示时，CPU在内存中分配GPU使用的空间，并将相关数据填入，然后CPU通过PIO读写GPU中的控制寄存器启动DMA操作，GPU通过DMA读内存并将计算结果通过DMA写入内存中的帧缓存，CPU通过PIO方式读写DC中的控制寄存器启动DMA，DC通过DMA方式读内存中的帧缓存并完成显示，如图5.12c所示。

模式四：GPU/DC使用独立显存。需要显示时，CPU在内存中分配GPU使用的空间，并将相关数据填入，然后CPU通过PIO读写GPU中的控制寄存器启动DMA操作，GPU通过DMA读内存并将计算结果写入显存中的帧缓存，DC读显存中的帧缓存并完成显示，如图5.12d所示。

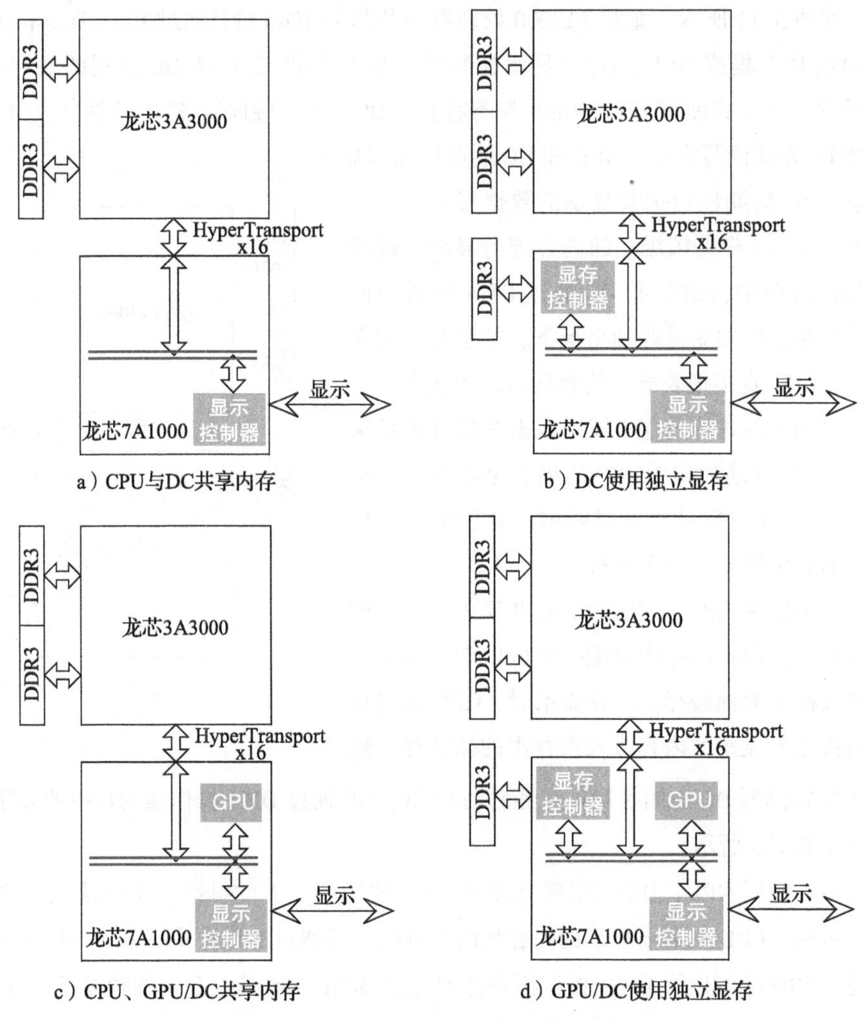

图 5.12　3A3000+7A1000 的不同显示方式

5.5　本章小结

本章介绍了计算机系统的基本原理和硬件组成结构。冯·诺依曼结构将计算机分为控制器、运算器、存储器、输入设备和输出设备五大部分，这一章重点介绍了冯·诺依曼结构组成部分的结构及各部分之间的关系，尤其是 CPU、内存、IO 之间的相互关系。

习题

1. 分别说明图 5.6~5.9 所示四种结构中每个芯片包含冯·诺依曼结构五个部分的哪部分功能。

2. 查阅资料，比较 Skylake 处理器和 Zen 处理器的运算器结构。
3. 说明 ROB、保留站（发射队列）、重命名寄存器在指令流水线中的作用，并查阅资料，比较 Skylake 处理器和 Zen 处理器的 ROB、发射队列、重命名寄存器项数。
4. 假设 A 处理器有两级 Cache，一级 Cache 大小为 32KB，命中率为 95%，命中延迟为 1 拍；二级 Cache 大小为 1MB，命中率为 80%，命中延迟为 30 拍，失效延迟为 150 拍。B 处理器有三级 Cache，一级 Cache 大小为 32KB，命中率为 95%，命中延迟为 1 拍；二级 Cache 大小为 256KB，命中率为 75%，命中延迟为 20 拍；三级 Cache 大小为 4MB，命中率为 80%，命中延迟为 50 拍，失效延迟为 150 拍。比较两款处理器的平均访问延迟。
5. 假设某内存访问，行关闭、打开、读写各需要两拍，在行缓存命中率为 70% 和 30% 的情况下，采用 openpage 模式还是 close page 模式性能更高？
6. 简要说明处理器和 IO 设备之间的两种通信方式的通信过程。
7. 简要说明处理器和 IO 设备之间的两种同步方式的同步过程。
8. 在一个两片系统中，CPU 含内存控制器，桥片含 GPU、DC 和显存，简要说明在 PPT 翻页过程中，CPU、GPU、DC、显存、内存之间的同步和通信过程。
9. 调查目前市场主流光盘、硬盘、SSD 盘、内存的价格，并计算每 GB 存储容量的价格。

C H A P T E R 6

第6章

计算机总线接口技术

通过上一章的学习，我们知道一个完整的计算机系统包含多种组成部件。这些组成部件，一般不是由单个公司独立生产的，而是由不同的公司共同生产完成的，每个公司往往只能生产这些部件中的一种或者少数几种。按照经济学原理，分工是促进社会生产力发展的重要原因和方法。现代计算机的飞速发展也同样得益于社会化的分工。分工就要求人们相互协调，共同遵循一定的规则规范。计算机的生产也是如此，计算机内部包含的多个部件往往是由不同的公司生产的。为了让这些不同的部件组合在一起可以正常工作，必须制定一套大家共同遵守的规格和协议，这就是接口或者总线。按照中文的含义，接口是指两个对象连接的部分，而总线是指对象之间传输信息的通道。本文对接口和总线的概念不做语义上的区分，因为使用某种接口，必然需要使用与之相对应的总线；而总线也必然离不开接口，否则就无法使用。本文使用总线时，也包含与之相对应的接口；使用接口时，也包含与之相对应的总线。比如，提到USB时，既包含USB总线，也包含USB接口。

总线的应用和标准化，降低了计算机设计和应用的复杂度。有了标准化的接口，厂家生产出来的产品只需要接口符合规范，就可以直接与其他厂家生产的产品配合使用，而不必设计所有的硬件。比如，希捷公司可以只负责生产硬盘，金士顿公司可以只负责生产内存条。总线的标准化，促进了计算机行业的分工合作，也极大地促进了计算机产业的发展。同时，标准化的总线也降低了计算机使用的成本，提高了用户使用的方便性。如果不同厂家生产的产品接口规格都不一样，那么用户使用起来就会非常不方便。例如，在手机还没有发展到智能机的时代，人们可能需要一个用来打电话的手机，一个听音乐的MP3，以及一个拍照的卡片相机。由于没有统一的标准，这些电子产品的充电接口往往是不一样的。在外出或者出差的时候，人们就需要携带各种各样的充电器，非常不方便。

总线技术涉及计算机的很多方面，除了物理链路外，还会涉及体系结构方面的内容。总线是不断演进发展的，目前应用的总线大都是在前代总线的基础上改进优化而来的，而且还在不断地改进。

本章首先对总线的概念进行一个简单介绍，然后对当代计算机使用的总线进行简单分类，并按照一种分类原则分别介绍几种常用总线。通过本章的学习，读者可以对计算机的常见总线有一个基本的了解。

6.1　总线概述

总线的本质作用是完成数据交换。总线用于将两个或两个以上的部件连接起来，使得它们之间可以进行数据交换，或者说通信。总线含义很广，它不仅仅是指用于数据交换的通道，有时也包含了软件硬件架构。比如 PCI 总线、USB 总线，它们不仅仅是指主板上的某个接口，还包含了与之相对应的整套硬件模型、软件架构。

总线的含义可以分为以下几个层级：

1）机械层。接口的外形、尺寸、信号排列、连接线的长度范围等。

2）电气层。信号描述、电源电压、电平标准、信号质量等。

3）协议层。信号时序、握手规范、命令格式、出错处理等。

4）架构层。硬件模型、软件架构等。

不同的总线包含的内容也有所不同，有的总线包含以上所有的层级，有的总线可能只包含部分层级。

6.2　总线分类

可以从多个角度对总线进行分类。

按照数据传递的方向，总线可以分为单向总线和双向总线。单向总线是指数据只能从一端传递到另一端，而不能反向传递。单向总线也称为单工总线。双向总线是指数据可以在两个方向上传递，既可以从 A 端传递到 B 端，也可以从 B 端传递到 A 端。双向总线也称为双工总线。双工总线又可分为半双工总线和全双工总线。半双工总线是指在一个时间段内，数据只能从一个方向传送到另一个方向，数据不能同时在两个方向传递。全双工总线是指数据可以同时在两个方向传递。全双工总线包含两组数据线，分别用于两个方向的数据传输。

按照总线使用的信号类型，总线可以分为并行总线和串行总线。并行总线包含多位传输线，在同一时刻可以传输多位数据，而串行总线只使用一位传输线，同一时刻只传输一位数据。并行总线的优点在于相同频率下总线的带宽更大，但正因为采用了同一时刻并行传输多位数据的方法，必须保证多位数据在同一时刻到达。这样就会对总线的宽度和频率产生限制，同时也对主板设计提出了更高的要求。与并行总线相反，一般串行总线只使用一位传输线，同一时刻只能传输一位数据，而且使用编码的方式将时钟频率信息编码在传输的数据之中。因此，串行总线的传输频率可以大大提升。PCI 总线、DDR 总线等都是传统的并行总线，而 USB、

SATA、PCIE 等都是串行总线。以串行总线传输方式为基础，使用多条串行总线进行数据传输的方式正在被广泛采用。以 PCIE 协议为例，PCIE 的接口规范中，可以使用 x1、x4、x8、x16 等不同宽度的接口，其中，x16 就是采用 16 对串行总线进行数据传输。多位串行总线与并行总线的根本差别在于，多位串行总线的每一个数据通道都是相对独立传输的，它们独立进行编解码，在接收端恢复数据之后再进行并行数据之间的对齐。而并行总线使用同一个时钟对所有的数据线进行同时采样，因此对数据传输线之间的对齐有非常严格的要求。

按照总线在计算机系统中所处的物理位置，总线可以分为片上总线、内存总线、系统总线和设备总线。下面将按照这个划分，分别举例介绍每种总线。

6.3 片上总线

片上总线是指芯片片内互连使用的总线。芯片在设计时，常常要分为多个功能模块，这些功能模块之间的连接即采用片上互连总线。例如，一个高性能通用处理器在设计时，常常会划分为处理器核、共享高速缓存、内存控制器等多个模块，而一个 SoC（System on Chip，片上系统）芯片所包含的模块就更多了。图 6.1 是一个嵌入式 SoC 芯片的内部结构，可以看到里面包含了很多功能模块，这些模块之间的连接就需要用到片上互连总线。这些模块形成了 IP（Intellectual Property），一家公司在设计芯片时常常需要集成其他公司的 IP。这些 IP 的接口使用大家共同遵守的标准时，才能方便使用。因此，芯片的片上互连总线也形成了一定的标准。目前业界公开的主流片上互连总线是 ARM 公司的 AMBA 系列总线。

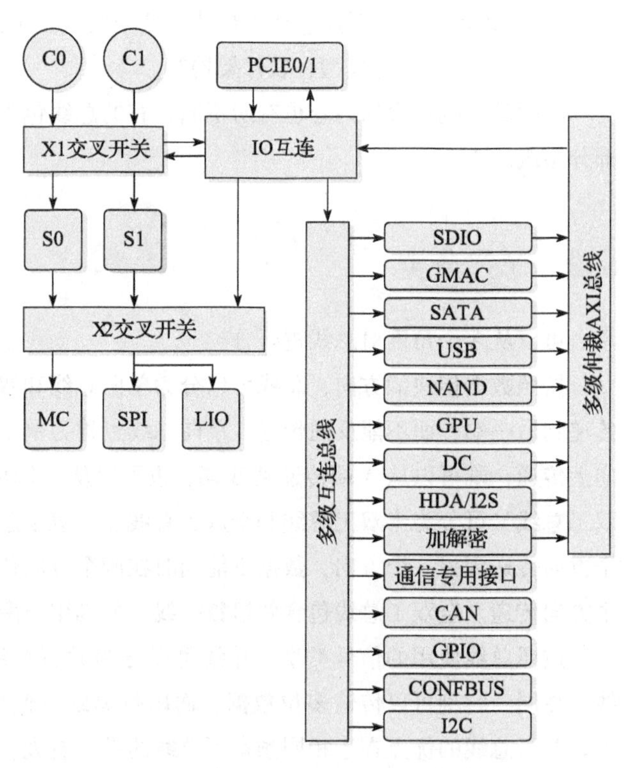

图 6.1 龙芯 2K1000LA 芯片的结构图

高级微控制器总线架构（Advanced Microcontroller Bus Architecture，简称 AMBA）系列总线包括 AXI、AHB、ASB、APB 等总线。下面对 AMBA 总线的一些特点进行概括说明，这些总线的详细内容可以参阅相关总线协议。

1. AXI 总线

高级可扩展接口（Advanced eXtensible Interface，简称 AXI）总线是一种高性能、高带宽、低延迟的片上总线。它的地址/控制和数据总线是分离的，支持不对齐的数据传输，同时在突发传输中只需要发送首地址即可。它使用分离的读写数据通道并支持乱序访问。AXI 是 AMBA 3.0 规范中引入的一个新的高性能协议，目标是满足超高性能和复杂的片上系统（SoC）的设计需求。

AXI 总线主设备的主要信号定义如表 6.1 所示。可以看到，AXI 总线主要分为 5 个独立的通道，分别为写请求、写数据、写响应、读请求、读响应。每个通道采用握手协议独立传输。

表 6.1　AXI 总线主要信号定义

引脚名称	方向	描述
AWID[n:0]	输出	写请求标识号
AWADDR[m:0]	输出	写请求地址
AWSIZE[2:0]	输出	写请求数据宽度
AWLEN[3:0]	输出	写请求数据长度
AWBURST[1:0]	输出	写请求类型
AWVALID	输出	写请求有效信号
AWREADY	输入	写请求接收准备好信号
WID[n:0]	输出	写数据标识号，与写请求标识号对应
WDATA[j:0]	输出	写数据
WSTRB[k:0]	输出	写数据屏蔽信号，1 位对应 8 个数据位
WVALID	输出	写数据有效信号
WREADY	输入	写数据接收准备好信号
BID[n:0]	输入	写响应标识号，与写请求标识号对应
BRESP[1:0]	输入	写响应状态
BVALID	输入	写响应有效信号
BREADY	输出	写响应接收准备好信号
ARID[n:0]	输出	读请求标识号
ARADDR[m:0]	输出	读请求地址
ARSIZE[2:0]	输出	读请求数据宽度
ARLEN[3:0]	输出	读请求数据长度
ARBURST[1:0]	输出	读请求类型
ARVALID	输出	读请求有效信号
ARREADY	输入	读请求接收准备好信号
RID[n:0]	输入	读数据标识号，与读请求标识号对应
RDATA[j:0]	输入	读数据
RRESP[1:0]	输入	读响应状态
RVALID	输入	读数据有效信号
RREADY	输出	读数据接收准备好信号

AXI 协议包括以下特点：

- 单向通道体系结构。信息流只以单方向传输，符合片内设计的要求。
- 支持多项数据交换。AXI 协议支持的数据宽度很宽，最大可到 1024 位。通过并行执行突发（Burst）操作，极大地提高了数据吞吐能力，可在更短的时间内完成任务。
- 独立的地址和数据通道。地址和数据通道分开便于对每一个通道进行单独优化，可以根据需要很容易地插入流水级，有利于实现高时钟频率。

（1）AXI 架构

AXI 协议是一个主从协议，每套总线的主设备和从设备是固定好的。只有主设备才可以发起读写命令。一套主从总线包含五个通道：写地址通道、写数据通道、写响应通道、读地址通道、读返回通道。读/写地址通道用来传送读写目标地址、数据宽度、传输长度和其他控制信息。写数据通道用来由主设备向从设备传送写数据，AXI 支持带掩码的写操作，可以指定有效数据所在的字节。写响应通道用来传送写完成信息。读返回通道用来传送从设备读出的数据以及响应信息。

AXI 协议的一次完整读写过程称为一个总线事务（Transaction），传输一个周期的数据称为一次传输（Transfer）。AXI 协议允许地址控制信息在数据传输之前发生，并且支持多个并发访问同时进行，它还允许读写事务的乱序完成。图 6.2 和图 6.3 分别说明了读写事务是如何通过读写通道进行的。

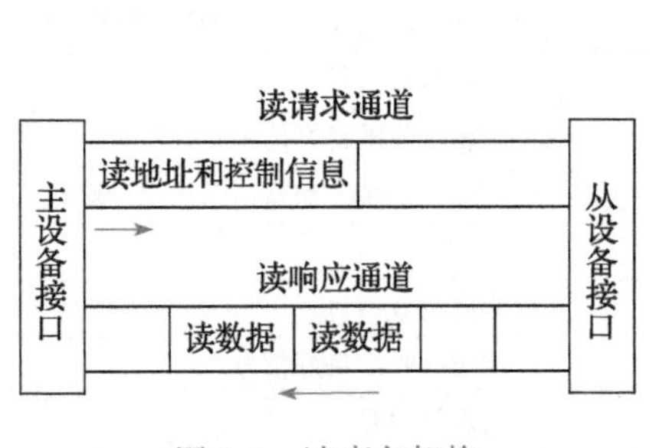

图 6.2　读事务架构

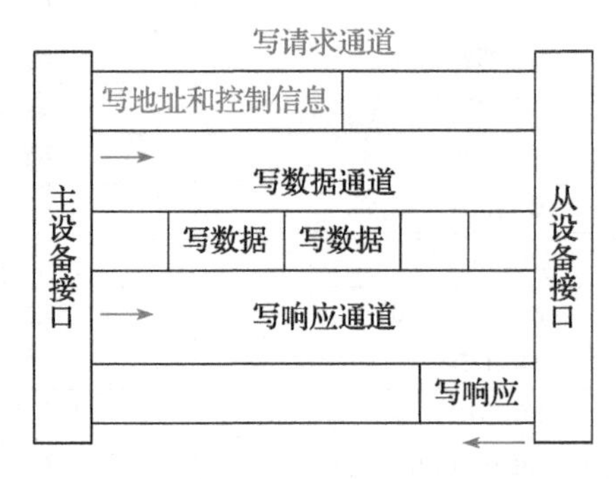

图 6.3　写事务架构

AXI 使用双向握手协议，每次传输都需要主从双方给出确认信号。数据的来源方设置有效（Valid）信号，数据的接收方设置准备好（Ready）信号。只有当有效信号和准备好信号同时有效时，数据才会传输。读请求通道和写数据通道还各包含一个结束（Last）信号来指示一次突发传输的最后一个传输周期。

（2）互连架构

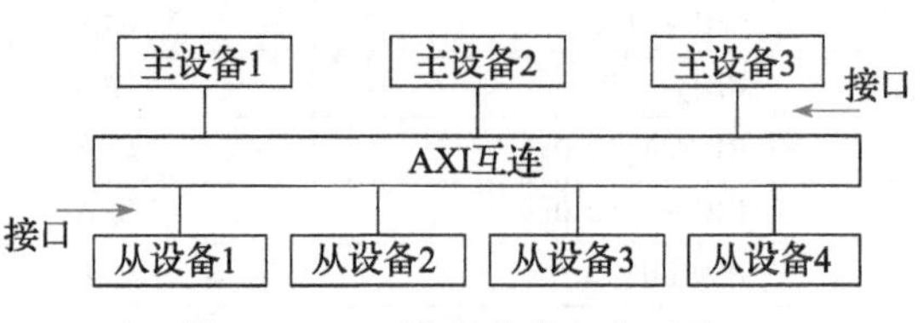

图 6.4　AXI 设备的接口和互连

在一个使用 AXI 总线的处理器系统中，一般都会包含多个主设备和从设备。这些设备之间使用互连总线进行连接，如图 6.4

所示。在该互连结构中，任意一个主设备都可以访问所有的从设备。比如，主设备 2 可以访问从设备 1、2、3、4。

为了减少互连结构的信号线个数，AXI 的互连结构可以共享地址和数据通道，或者共享地址通道但使用多个数据通道。当需要连接的主从设备个数较多时，为了减少互连结构的信号线个数，AXI 协议还可以很方便地支持多层次的互连结构。

（3）高频设计

AXI 协议的每个传输通道都只是单向的信息传递，并且 AXI 协议对多个通道之间的数据传输没有规定特定的顺序关系，多个通道之间没有同步关系。因此，设计者可以很容易地在通道中插入寄存器缓冲，这对于高频设计是很重要的。

（4）基本事务

下面简要介绍 AXI 的读写事务。AXI 协议的主要特点是使用 VALID 和 READY 握手机制进行传输。地址和数据信息都只在 VALID 和 READY 信号同时为高的情况下才进行传输。

图 6.5 显示了一个突发读事务的传输，其中请求由主设备发往从设备，响应由从设备发往主设备。地址信息在 T2 传输后，主设备从 T4 时刻开始给出读数据 READY 信号，从设备保持读数据 VALID 信号为低，直到读数据准备好后，才在 T6 时刻将读数据 VALID 信号拉高，主设备在 T6 时刻接收读数据。当所有读数据传输完成后，在 T13 时刻，从设备将 RLAST 信号拉高表示该周期是最后一个数据传输。

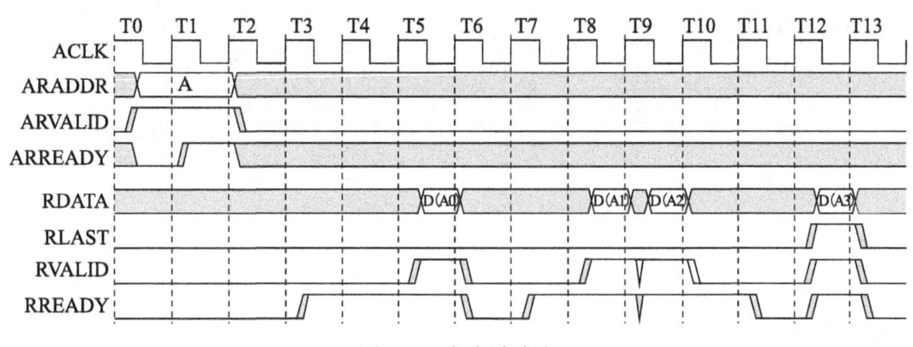

图 6.5　突发读事务

图 6.6 显示了一个重叠的读事务。在 T4 时刻，事务 A 的读数据还没有完成传输，从设备就已经接收了读事务 B 的地址信息。重叠事务使得从设备可以在前面的数据没有传输完成时就开始处理后面的事务，从而降低后面事务的完成时间。AXI 总线上，通过 ID 对不同的事务加以区别。同一个读事务的请求与响应中，ARID 与 RID 相同；同一个写事务的请求与响应中，AWID、WID 与 BID 相同。

图 6.7 是一个写事务的示例。主从设备在 T2 时刻传输写地址信息，接着主设备将写数据发送给从设备，在 T9 时刻，所有的写数据传输完毕，从设备在 T10 时刻给出写完成响应信号。

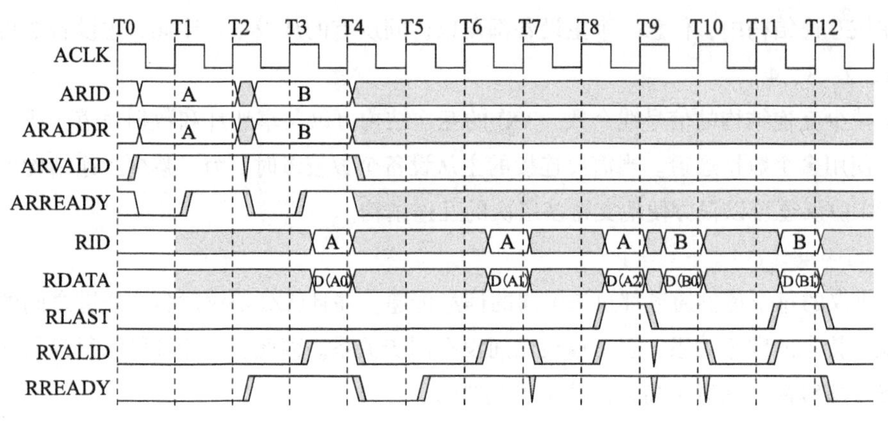

图 6.6 重叠的读事务

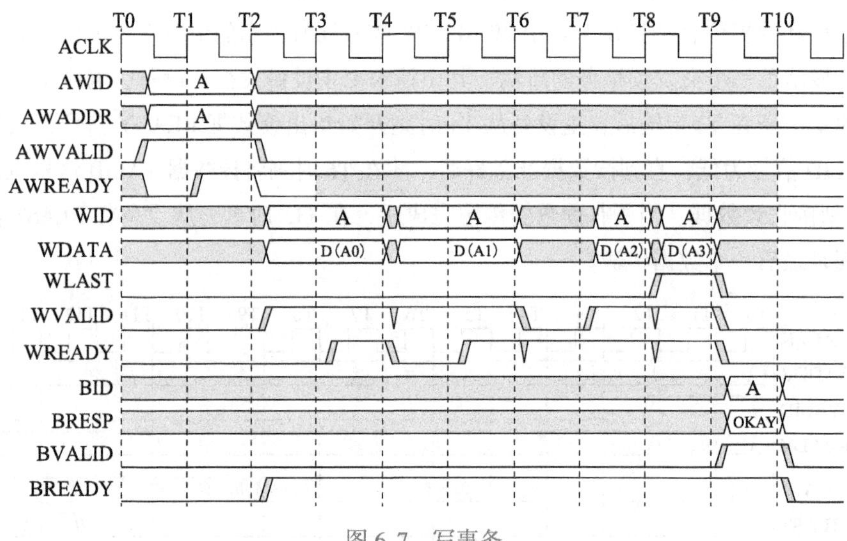

图 6.7 写事务

（5）读写事务顺序

AXI 协议支持读写事务乱序完成。每一个读写事务都有一个 ID 标签，该标签通过 AXI 信号的 ID 域进行传输。同 ID 的读事务或者同 ID 的写事务必须按照接收的顺序按序完成，不同 ID 的事务可以乱序完成。以图 6.6 为例，图中事务 A 的请求发生在事务 B 的请求之前，从设备响应时事务 A 的数据同样发生在事务 B 的数据之前，这就是顺序完成。如果事务 A 与事务 B 使用了不同的 ID，那么从设备就可以先返回事务 B 的数据再返回事务 A 的数据。

（6）AXI 协议的其他特点

AXI 协议使用分离的读写地址通道，读事务和写事务都包含一个独立的地址通道，用来传输地址和其他控制信息。

AXI 协议支持下列传输机制：

- 不同的突发传输类型。AXI 支持回绕（Wrapping）、顺序（Incrementing）和固定（Fix）三种传输方式。回绕传输适合高速缓存行传输，顺序传输适合较长的内存访问，固定传输则适合对外设 FIFO 的访问。
- 传输长度可变。AXI 协议支持 1 到 16 甚至更多个传输周期。
- 传输数据宽度可变。支持 8～1024 位数据宽度。
- 支持原子操作。
- 支持安全和特权访问。
- 支持错误报告。
- 支持不对齐访问。

2. AHB、ASB、APB 总线

AHB、ASB、APB 总线是在 AXI 总线之前推出的系统总线，本书只对它们进行简要总结，详细内容可参阅相关协议文档。

AHB（Advanced High-performance Bus）总线是高性能系统总线，它的读写操作共用命令和响应通道，具有突发传输、事务分割、流水线操作、单周期总线主设备切换、非三态实现以及宽数据总线等特点。AHB 协议允许 8～1024 位的数据总线宽度，但推荐的数据宽度最小为 32 位，最大为 256 位。

ASB（Advanced System Bus）是第一代 AMBA 系统总线，同 AHB 相比，它支持的数据宽度要小一些，典型数据宽度为 8 位、16 位、32 位。它的主要特征有：流水线方式，数据突发传送，多总线主设备，内部有三态实现。

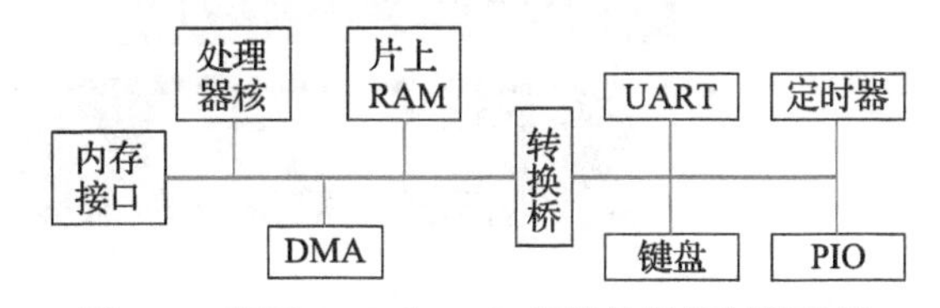

图 6.8　使用 AHB 和 APB 连接的微控制器系统

APB（Advanced Peripheral Bus）是本地二级总线（Local Secondary Bus），通过桥和 AHB/ASB 相连。它主要是为了满足不需要高性能流水线接口或不需要高带宽接口的设备间的互连。其主要优点是接口简单、易实现。

基于 AMBA 总线的计算机系统的结构如图 6.8 和图 6.9 所示。

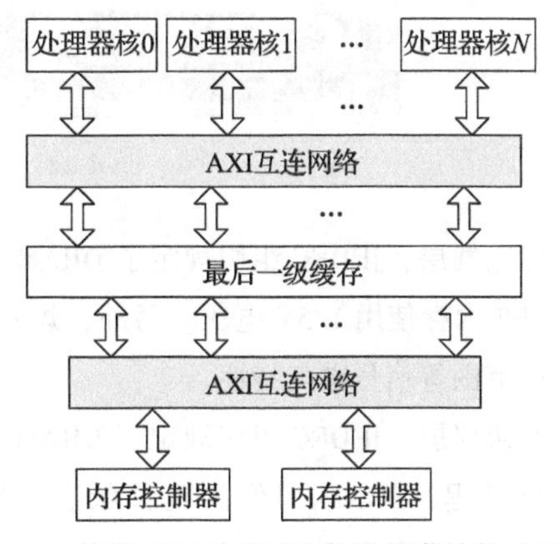

图 6.9　使用 AXI 总线互连的通用高性能处理器

片上互连总线的最大特点是高并行性。由于片内走线的距离短，线宽细，因此可以实现高并行性。片上互连总线的设计需要考虑总线的通用性、可扩展性、性能以及总线接口逻辑的设计简单性等方面。

6.4　内存总线

内存总线用于连接处理器和主存储器。

前面章节我们介绍了目前使用的主存储器——DRAM 芯片，以及内存条、内存控制器的一些概念。内存控制器和内存芯片（或者说内存条）的接口就是内存总线。内存总线规范是由 JEDEC(Joint Electron Device Engineering Council) 组织制定的，它包含了一般总线的三个层级：机械层、电气层和协议层。

在机械层，JEDEC 规定了内存芯片的封装方式、封装大小和引脚排布，内存条生产厂家可以据此设计内存条 PCB 板，可以使用不同 DRAM 厂家的芯片。同时，JEDEC 也制定了内存条和计算机主板连接的规范，也就是内存插槽规范，规定了内存条的引脚个数、排布和内存条的长度、厚度、机械形式。这样不同厂家的内存条就可以在同一块主板上使用。图 6.10 是台式机使用的 DDR3 内存条和对应的内存插槽的图片。DDR3 内存条使用双列直插式设计，每列分布了 120 个引脚，共 240 个引脚。中间的缺口不是位于内存条的正中心，目的是防止将内存条插反。图 6.11 是台式机使用的 DDR2 内存条的图片。DDR3 内存条和 DDR2 内存条的长度相同，但内存条上的缺口位置是不同的，可以防止 DDR2 和 DDR3 内存条之间误插。

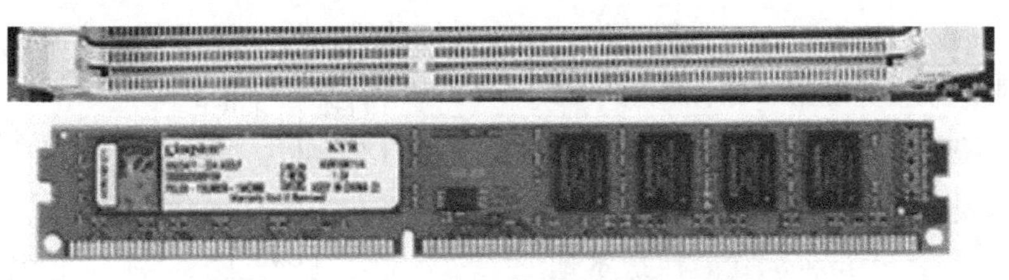

图 6.10　台式机的 DDR3 内存条和内存插槽

图 6.11　台式机的 DDR2 内存条

在电气层，JEDEC 组织规定了 DRAM 芯片的电气特性。例如，DDR2 内存使用 1.8V 电压，而 DDR3 内存使用 1.5V 电压。另外，规范还规定输入电压高低电平的标准、信号斜率、时钟抖动的范围等信号电气特性。

在协议层，JEDEC 组织规定了 DRAM 芯片的操作时序。协议规定了 DRAM 芯片的上电和初始化过程、DRAM 工作的几种状态、状态之间的转换，以及低功耗控制等内容。比如，DRAM 初始化完成后，进入空闲态，通过激活（Activate）命令进入“打开一行”的激活态，只有在激活态，才可以读写 DRAM 的数据，单纯的读写操作后，DRAM 仍会处于激活态，等待下一次读写。如果想要读写其他行，需要首先发送预充（Precharge）命令将 DRAM 转回空闲态，然后再发送激活命令。这些命令不是在任意时刻都可以发送的，需要满足协议规定的时序要求。图 6.12 给出了 DDR2 内存的状态转换图。

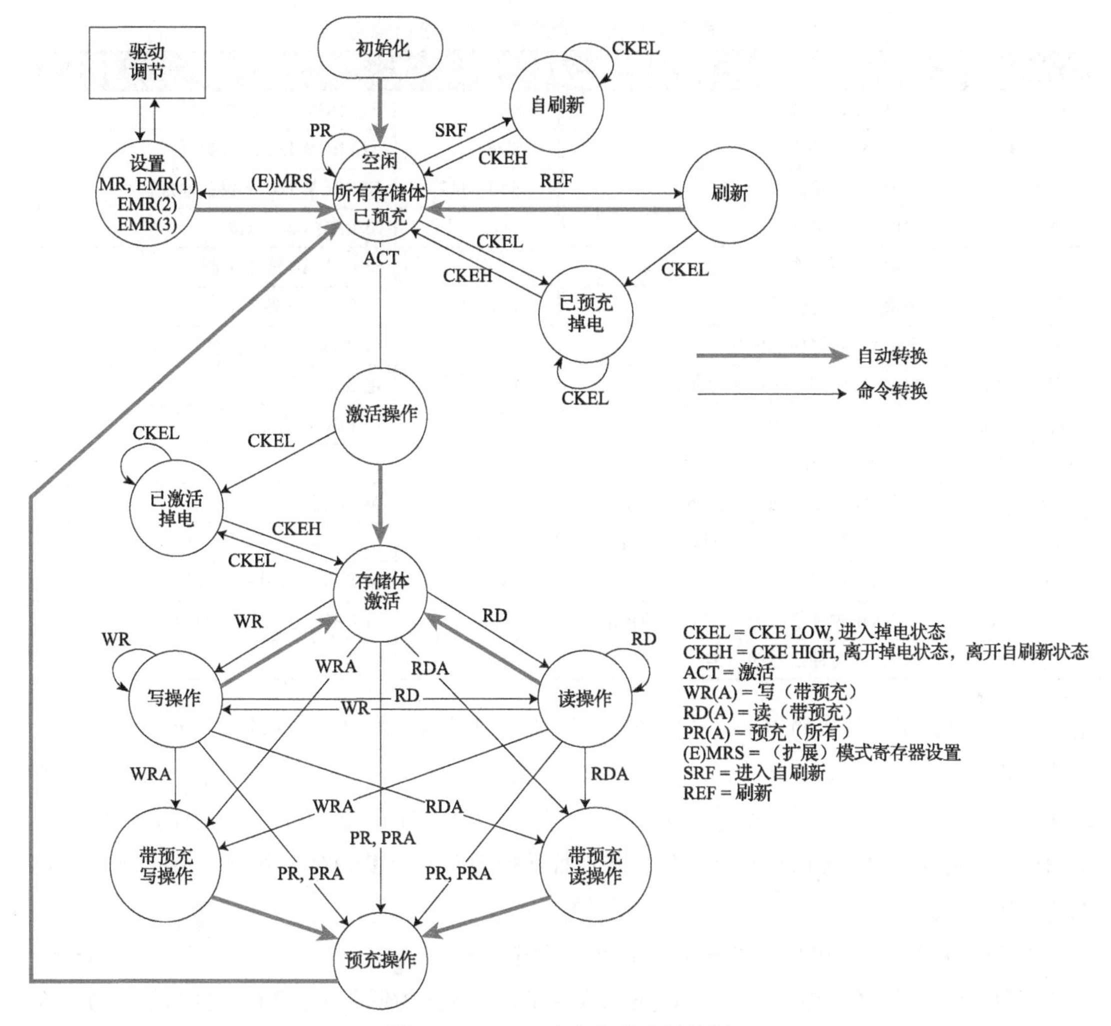

图 6.12 DDR2 内存各状态转换图

DDR3 内存条的接口信号见表 6.2。内存条将多个 DDR3 SDRAM 存储芯片简单地并列在一起，因此表中所列的信号主要是 DDR3 SDRAM 的信号。此外，表中还包含了一组 I2C 总线信号（SCL、SDA）和 I2C 地址信号（SA0~SA2）用来支持内存条的软件识别。内存条将自身的一些设计信息（包括 SDRAM 类型、SDRAM 的速度等级、数据宽度、容量以及机械尺寸标准等信息）保存在一个 EEPROM 中，该 EEPROM 可以通过 I2C 总线访问，称为 SPD（Serial Present

Detect)。计算机系统可以通过 I2C 总线来读取内存条的信息，从而自动匹配合适的控制参数并获取正确的系统内存容量。组装电脑时，用户可以选用不同容量、品牌的内存条而无须修改软件或主板，就离不开 SPD 的作用。值得一提的是，表中给出的信号是按照双面内存条带 ECC 功能列出来的，如果只有单面，或者不带 ECC 校验功能，只需将相应的引脚位置悬空。

表 6.2　双面 DDR3 UDIMM 内存条的接口信号列表

引脚名称	描述	引脚名称	描述
A0～A15	SDRAM 地址线	SCL	EEPROM I2C 总线时钟
BA0～BA3	SDRAM Bank 地址	SDA	EEPROM I2C 总线数据线
RAS#	SDRAM 行地址选通	SA0～SA2	EEPROM I2C 从设备地址
CAS#	SDRAM 列地址选通	V_{DD}	SDRAM Core 电源
WE#	SDRAM 写使能	$V_{DD}Q$	SDRAM IO 输出电源
S0#～S1#	SDRAM 片选信号	VrefDQ	SDRAM IO 参考电源
CKE0～CKE1	SDRAM 时钟使能信号	VrefCA	SDRAM 命令地址参考电源
ODT0～ODT1	SDRAM 终端匹配电阻控制信号	V_{ss}	电源地信号
DQ0～DQ63	DIMM 内存数据线	V_{DDSPD}	EEPROM 电源
CB0～CB7	DIMM ECC 数据线	NC	空闲引脚
DQS0～DQS8	SDRAM 数据选通线（差分对的正沿）	TEST	测试引脚
$\overline{DQS0}$～$\overline{DQS8}$	SDRAM 数据选通线（差分对的负沿）	RESET#	复位引脚
DM0～DM8	SDRAM 数据 Mask 线	EVENT#	温度传感器引脚（可选）
CK0～CK8	SDRAM 时钟信号线（差分对的正沿）	V_{TT}	SDRAM IO 终端匹配电阻电源
$\overline{CK0}$～$\overline{CK8}$	SDRAM 时钟信号线（差分对的负沿）	RSVD	保留

DRAM 存储单元是按照 Bank、行、列来组织的，因此对 DRAM 的寻址是通过 bank 地址、行地址和列地址来进行的。此外，计算机系统中可以将多组 DRAM 串接在一起，不同组之间通过片选（CS）信号来区分。在计算机系统中，程序的地址空间是线性的，处理器发出的内存访问地址也是线性的，由内存控制器负责将地址转换为对应于 DRAM 的片选、Bank 地址、行地址、列地址。

DDR3 SDRAM 读操作时序如图 6.13 所示。图中命令（Command，简称 CMD）由 RAS_n、CAS_n 和 WE_n 三个信号组成。当 RAS_n 为高电平，CAS_n 为低电平，WE_n 为高电平时，表示一个读命令。该图中，列地址信号延迟（CL）等于 5 个时钟周期，读延迟（RL）等于 5 个时钟周期，突发长度（Burst Length，BL）等于 8。控制器发出读命令后，经过 5 个时钟周期，SDRAM 开始驱动 DQS 和 DQ 总线输出数据。DQ 数据信号和 DQS 信号是边沿对齐的。在 DQS 的起始、DQ 传输数据之前，DQS 信号会有一个时钟周期长度的低电平，称为读前导（Read Preamble）。读前导的作用是给内存控制器提供一个缓冲时间，以开启一个信号采样窗口，将有用的读数据采集到内部寄存器，同时又不会采集到数据线上的噪声数据。

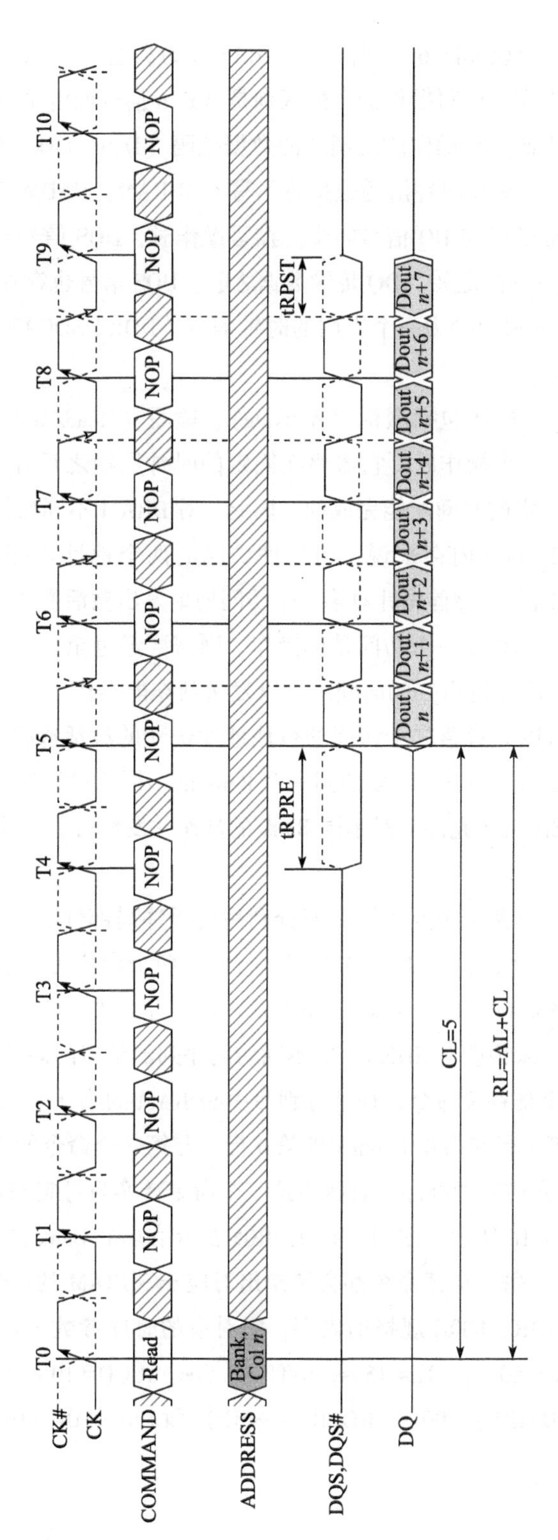

图 6.13　DDR3 SDRAM 读时序

DDR3 SDRAM 写操作的协议如图 6.14 所示。当 RAS_n 为高电平，CAS_n 为低电平，WE_n 为低电平时，表示一个写操作。读写操作命令的区别是 WE_n 信号的电平不同，读操作时该信号为高，写操作时该信号为低。写操作使用额外的数据掩码（Data Mask，DM）信号来标识数据是否有效。当 DM 为高时，对应时钟沿的数据并不写入 SDRAM，当 DM 为低时，对应时钟沿的数据才写入 SDRAM。DM 信号与 DQ 信号同步。在写操作时，DQS 信号和 DQ 信号是由内存控制器驱动的。同样，在 DQS 的起始、DQ 传输数据之前，DQS 信号也存在一个写前导（Write Preamble）。DDR3 SDRAM 的写前导为一个周期的时钟信号，DDR2 SDRAM 的写前导为半个时钟周期的低电平信号。

前面讲过 SDRAM 的基本操作包括激活（Activate）、读写（Read/Write）和预充电（Precharge）。当 SDRAM 接收到一个操作后，它需要在固定的时钟周期之后开始进行相应的动作，并且这些动作是需要经过一定的时间才能完成的。因此，对 DRAM 不同操作命令之间是有时间限制的。例如，对于 DDR3-1600 内存来说，当软件访问的两个地址正好位于内存的同一个 Bank 的不同行时，内存控制器需要首先针对第一个访问地址发出激活操作，经过 13.75ns 的时间，才可以发出读写操作。如果第一个访问是读操作，则需要经过至少 7.5ns（此外还需满足 tRASmin 的要求，这里进行简化说明）的时间才可以发送预充电操作。预充电操作发送后，需要经过 13.75ns 的时间才可以针对第二个访问的行地址发送新的激活操作，然后经过 13.75ns 的时间，发送读写操作。因此，对 SDRAM 的同一个 Bank 的不同行进行读写存在较大的访问延迟。为了掩盖访问延迟，SDRAM 允许针对不同 Bank 的操作并发执行。上述访问过程如图 6.15 所示。

提高内存总线访问效率的两个主要手段是充分利用行缓冲局部性和 Bank 级并行度。行缓冲局部性是说，当两个访存命令命中 SDRAM 的同一行时，两个命令可以连续快速发送；Bank 级并行度是说，针对 SDRAM 的不同 Bank 的操作可以并发执行，从而降低后一个操作的访存延迟。下面以一个简单的例子来说明对 SDRAM 的不同访问序列的延迟的差别。

假定处理器发出了三个访存读命令，地址分别命中 SDRAM 的第 0 个 Bank 的第 0 行（列地址为 0）、第 0 个 Bank 的第 1 行和第 0 个 Bank 的第 0 行（与第一个命令的列地址不同，假定列地址为 1）。如果我们不改变访问的顺序，直接将这三个命令转换为对应 SDRAM 的操作发送给内存。则需要的时间如图 6.16 所示。图中，<B0，R0>表示第 0 个 Bank 的第 0 行，<B0，R1>表示第 0 个 Bank 的第 1 行。每一个读命令都会转换出对应于 SDRAM 的<激活，读数据，预充电>序列。假定使用的是 DDR2-800E 规格的内存，它对应的时序参数为：tRCD = 15ns，tRP = 15ns，tRASmin = 45ns，tRC = 60ns，tRL = 15ns，tRTP = 7.5ns，tCCD = 10ns（4 个时钟周期）。则读数据分别在第 30ns（tRCD+tRL）、90ns（tRC+tRCD+tRL）和 150ns（tRC+tRC+tRCD+tRL）返回给处理器。

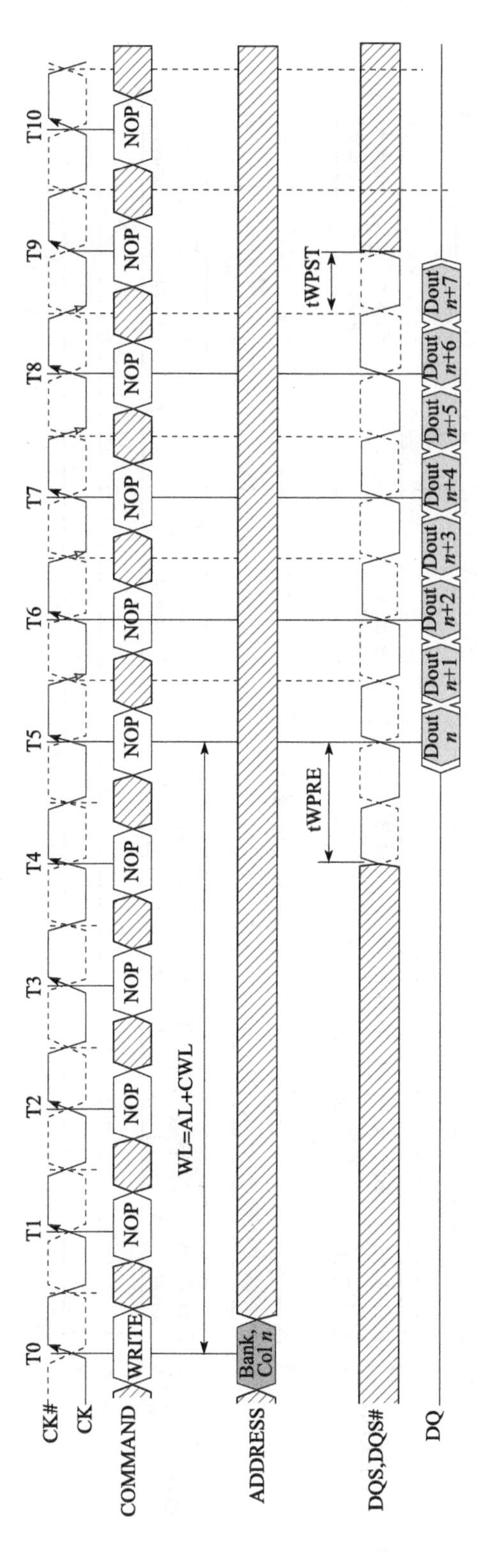

图 6.14　DDR3 SDRAM 写时序

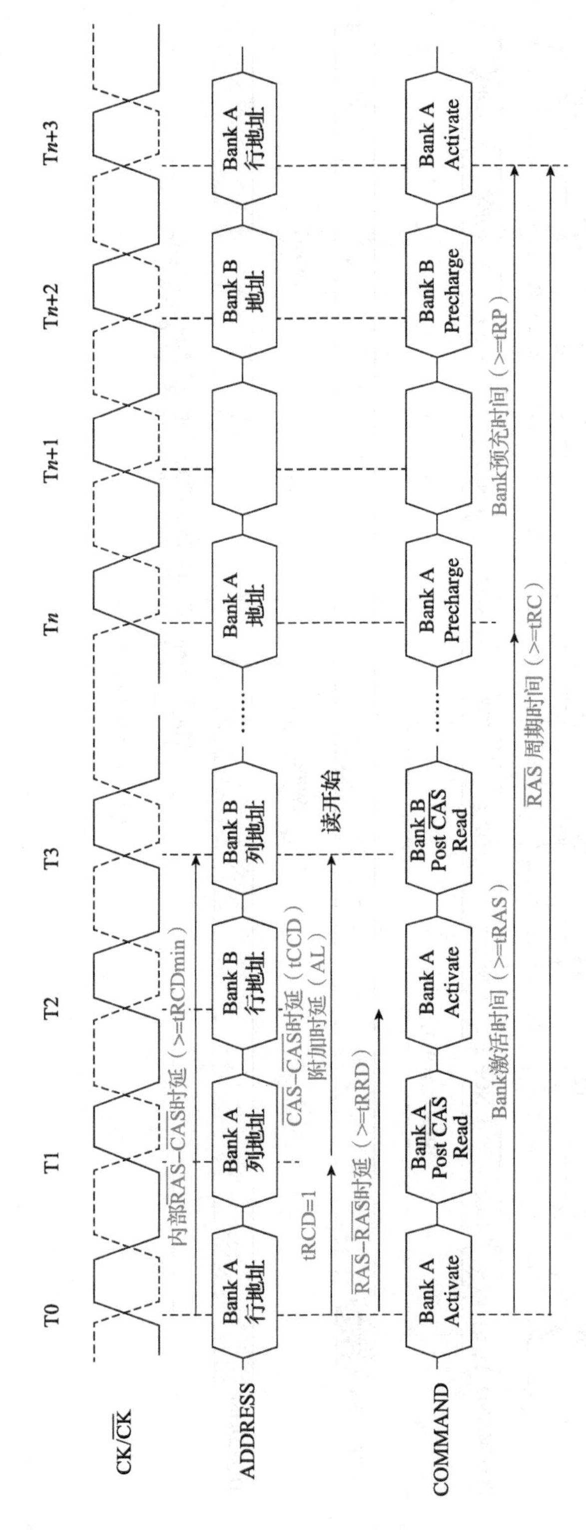

图6.15　SDRAM的访问时序图

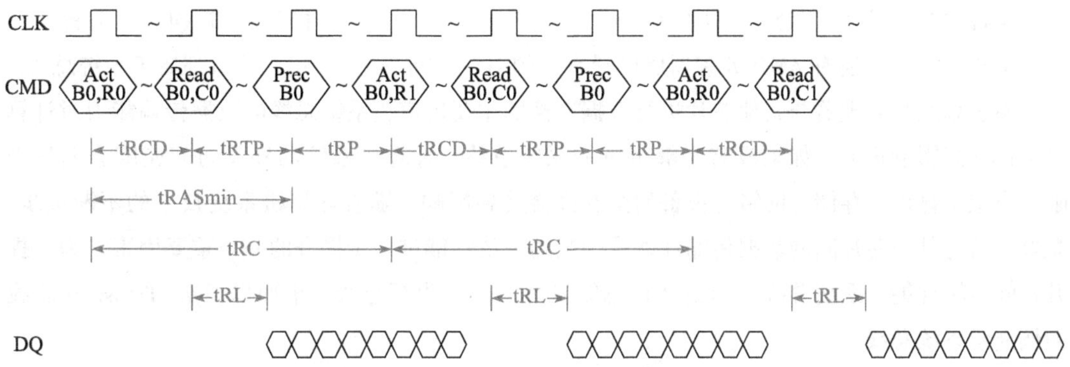

CLK

CMD　Act B0,R0 ~ Read B0,C0 ~ Prec B0 ~ Act B0,R1 ~ Read B0,C0 ~ Prec B0 ~ Act B0,R0 ~ Read B0,C1

tRCD　tRTP　tRP　tRCD　tRTP　tRP　tRCD

tRASmin

tRC　tRC

tRL　tRL　tRL

DQ

图 6.16　调度前的命令序列

假定我们改变命令发给内存的顺序，我们将第 3 个命令放到第 1 个命令之后发送，将第 2 个命令最后发送，则得到的访存序列如图 6.17 所示。在该图中，针对第 0 个 Bank 第 0 行第 1 列的命令不需要发送预充电和激活操作，而是在针对第 0 个 Bank 第 0 行第 0 列的命令之后直接发送。则处理器得到读数据的时间变为第 30ns、第 40ns 和第 90ns。相比上一种访存序列，第 3 个访存命令的读数据的访存延迟降低了 110ns（40ns 相比于 150ns）。

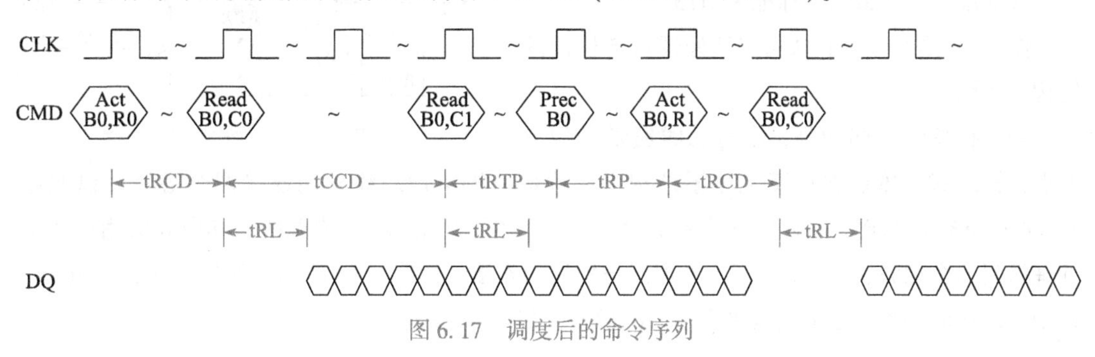

图 6.17　调度后的命令序列

对内存总线的控制是由内存控制器实现的。内存控制器负责管理内存条的初始化、读写、低功耗控制等操作。内存控制器接收处理器发出的读写命令，将其转化为内存芯片可以识别的 DRAM 操作，并负责处理时序相关问题，最终返回数据（对于读命令）或者返回一个响应（对于写命令）给处理器。内存控制器一般还包括命令调度功能，以提高内存总线的访问效率。对于处理器来说，它只需要发送读写命令给内存控制器就可以了，而不必关心内存的状态以及内存是如何被读写的。

6.5　系统总线

系统总线通常用于处理器与桥片的连接，同时也作为多处理器间的连接以构成多路系统。

英特尔处理器所广泛采用的 QPI（Quick Path Interconnect）接口及在 QPI 之前的 FSB（Front Side Bus），还有 AMD 处理器所广泛采用的 HT（HyperTransport）接口都属于系统总线。

系统总线是处理器与其他芯片进行数据交换的主要通道，系统总线的数据传输能力对计算机整体性能影响很大。如果没有足够带宽的系统总线，计算机系统的外设访问速度会明显受限，类似于显示、存储、网络等设备的交互都会受到影响。随着计算机系统技术的不断进步，微处理器与其他芯片间的数据传输性能成为制约系统性能进一步提升的一个重要因素。为了提升片间传输性能，系统总线渐渐由并行总线发展为高速串行总线。下面以 HyperTransport 总线为例介绍系统总线。

6.5.1 HyperTransport 总线

HyperTransport 总线（简称 HT 总线）是 AMD 公司提出的一种高速系统总线，用于连接微处理器与配套桥片，以及多个处理器之间的互连。HT 总线提出后，先后发展了 HT1.0、HT2.0、HT3.0 等几代标准，目前最新的标准为 HT3.1。

图 6.18 是采用 HT 总线连接处理器与桥片的结构示意图。

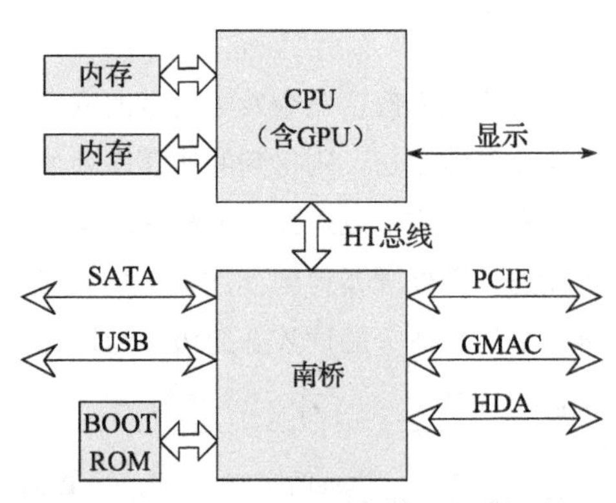

图 6.18 CPU-南桥两片方案

与并行总线不同的是，串行总线通常采用点对点传输形式，体现在计算机体系结构上，就是一组串行总线只能连接两个芯片。以龙芯 3A2000/3A3000 为例，在四路互连系统中，一共采用了 7 组 HT 互连总线，其中 6 组用于四个处理器间的全相联连接，1 组用于处理器与桥片的连接，如图 6.19 所示。而作为对比，PCI 总线则可以在同一组信号上连接多个不同的设备，如图 6.20 所示。

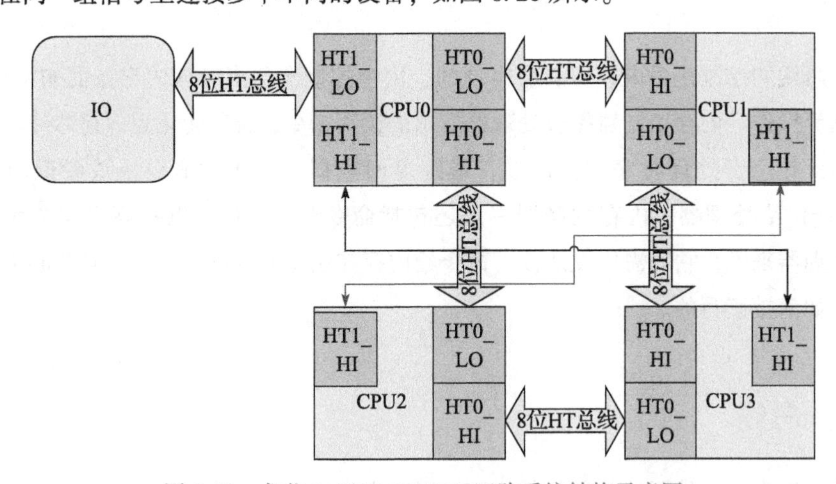

图 6.19 龙芯 3A2000/3A3000 四路系统结构示意图

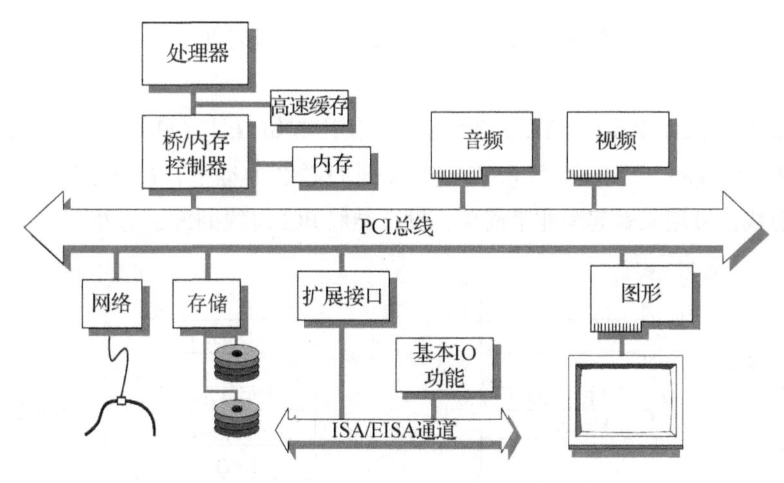

图 6.20　PCI 总线设备连接

HT 总线的软件架构与 PCI 总线协议基本相同，都采用配置空间、IO 空间和 Memory 空间的划分，通过对配置寄存器的设置，采用正向译码的方向对设备空间进行访问。基于 PCI 总线设计的设备驱动程序能够直接使用在 HT 总线的设备上。

但在电气特性及信号定义上，HT 总线与 PCI 总线却大相径庭，HT 由两组定义类似但方向不同的信号组成。其主要信号定义如表 6.3 所示。

表 6.3　HT 总线主要信号定义

引脚名称	方向	描述
TX_CLKp/TX_CLKn	输出	发送端时钟信号
TX_CTLp/TX_CTLn	输出	发送端控制信号，用于区分命令包与数据包
TX_CADp[n:0]/TX_CADn[n:0]	输出	发送端命令地址数据复用信号，用于传输各种包
RX_CLKp/RX_CLKn	输入	接收端时钟
RX_CTLp/RX_CTLn	输入	接收端控制信号，用于区分命令包与数据包
RX_CADp[n:0] /RX_CADn[n:0]	输入	接收端命令地址数据复用信号，用于传输各种包

可以看到，图 6.21 中两个芯片通过定义相同的信号进行相互传输。与上一节介绍的 DDR 内存总线所不同的是，HT 总线上，用于数据传输的信号并非双向信号，而是由两组方向相反的单向信号各自传输。这种传输方式即通常所说的全双工传输。发送和接收两个方向的传输可以同时进行，互不干扰。而采用双向信号的总线，例如 DDR 内存总线或者 PCI 总线，只能进行半双工传输，其发送和接收不能同时进行。而且在较高频率下，发送和接收两种模式需要进行切换时，为了保证其

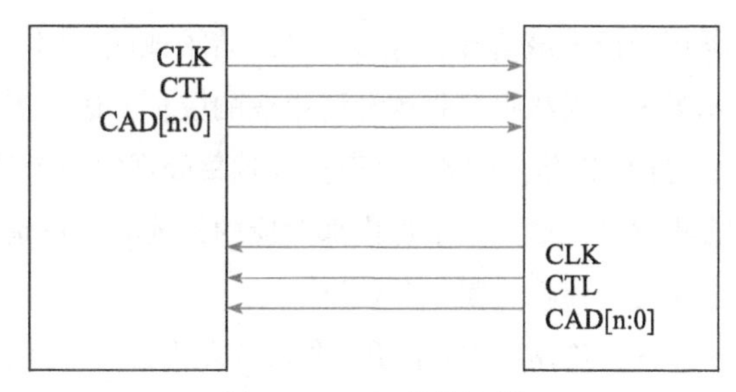

图 6.21　HT 总线连接

数据传输的完整性，还需要在切换过程中增加专门的空闲周期，这样更加影响了总线传输效率。

PCI 接口信号定义如图 6.22 所示。PCI 总线上使用起始信号（FRAME#）及相应的准备好信号（TRDY#、IRDY#）、停止信号（STOP#）来进行总线的握手，控制总线传输。与 PCI 总线不同，HT 总线信号定义看起来非常简单，没有类似 PCI 总线的握手信号。

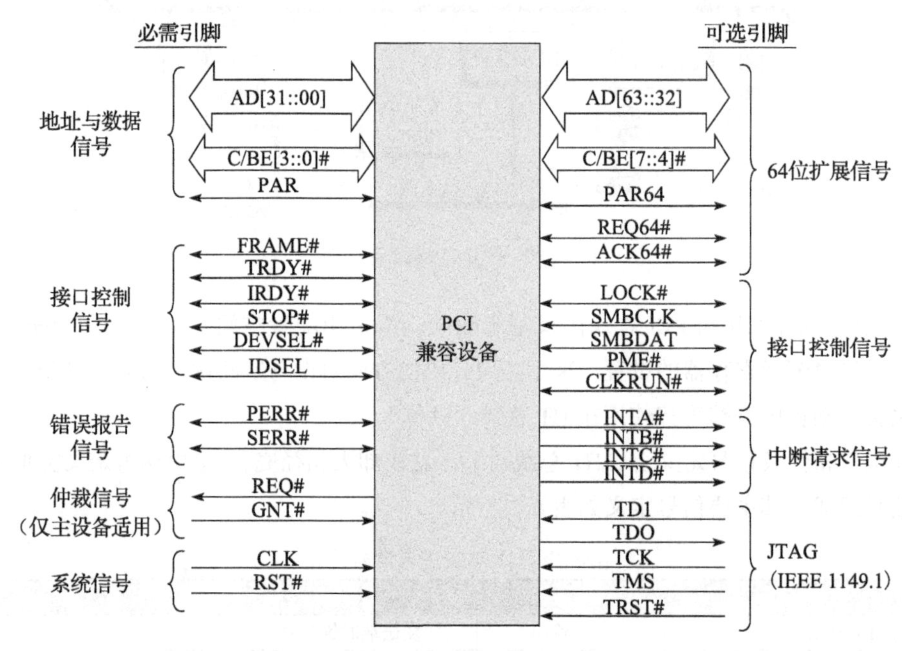

图 6.22 PCI 总线信号定义

实际上 HT 总线的读写请求是通过包的形式传输的，将预先定义好的读写包通过几个连续的时钟周期进行发送，再由接收端进行解析处理。同时，HT 总线采用了流控机制替代了握手机制。

流控机制的原理并不复杂。简单来说，在总线初始化完成后，总线双方的发送端将自身的接收端能够接收的请求或响应数通过一种专用的流控包通知对方。总线双方各自维护一组计数器用于记录该信息。每需要发出请求或响应时，先检查对应的计数器是否为 0。如果为 0，表示另一方无法再接收这种请求或响应，发送方需要等待；如果不为 0，则将对应的计数器值减 1，再发出请求或响应。而接收端每处理完一个请求或响应后，会再通过流控包通知对方，对方根据这个信息来增加内部对应的计数器。正是通过这种方式，有效消除了总线上的握手，提升了总线传输的频率和效率。

这种传输模式对提升总线频率很有好处。PCI 总线发展到 PCI-X 时，频率能够达到 133MHz，宽度最高为 64 位，总线峰值带宽为 1064MB/s。而 HT 总线发展到 3.1 版本时，频率能够达到

3.2GHz，使用双沿传输，数据速率达到6.4Gb/s，以常见的16位总线来说，单向峰值带宽为12.8GB/s，双向峰值带宽为25.6GB/s。即使去除地址命令传输周期，其有效带宽也比PCI总线提升了一个数量级以上。

6.5.2 HT包格式

HT总线的传输以包为单位。按照传输的类型，首先分为控制包和数据包两种。控制包和数据包使用CTL信号区分，当CTL信号为高时，表示正在传输一个控制包，当CTL信号为低时，表示正在传输一个数据包。数据包依附于最近的一个带数据的控制包。

控制包根据传输的内容，再分为三种不同的包格式，分别为信息包、请求包和响应包。

信息包的作用是为互连的两端传递底层信息，本身不需要流控。这意味着对于信息包，无论何时都是可以被接收并处理的。流控信息就是一种典型的信息包。信息包的格式如表6.4所示。

表6.4 HT信息包格式

字节 \ 数据位	7	6	5	4	3	2	1	0
0	命令相关内容		命令					
1	命令相关内容							
2	命令相关内容							
3	命令相关内容							

其中，“命令”域用于区分不同的包。对不同的命令，包的其他位置表示的内容之间有所不同。

HT也是采用DDR传输，即双倍数据率传输，在时钟的上升、下降沿各传一组数据。每种包大小都是4字节的倍数。图6.23是在总线上传输的时序示意图，以8位的CAD总线为为例。在CTL为高电平的时候，表示传输的是控制包，而CTL为低时，表示传输的是数据包。图中CAD信息上的数字对应包格式表中的具体拍数。

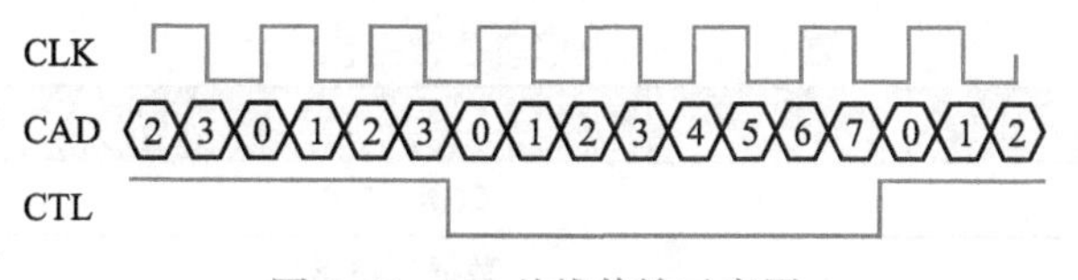

图6.23 HT总线传输示意图

表6.5为请求包的格式。因为需要传输地址信息，请求包最少需要8字节。当使用64位地址时，请求包可以扩展至12字节。大部分请求包地址的［7:2］是存放在第3拍。因为数据的最小单位为4字节，地址的［1:0］不需要进行传输。当传输的数据少于4字节时，利用数据包的屏蔽位进行处理。

表 6.5　HT 请求包格式

字节 \ 数据位	7	6	5	4	3	2	1	0
0	顺序标识		命令					
1		顺序标识		设备标识				
2	命令相关内容							
3	命令相关内容							
4	地址 [15:8]							
5	地址 [23:16]							
6	地址 [31:24]							
7	地址 [39:32]							

请求包主要是读请求和写请求。其中读请求不需要数据，而写请求需要跟随数据包。

表 6.6 是响应包的格式。响应包大小为 4 字节。与请求包类似，写响应包不需要数据，而读响应包需要跟随数据包。

表 6.6　HT 响应包格式

字节 \ 数据位	7	6	5	4	3	2	1	0
0	命令相关内容		命令					
1				设备标识				
2			错误	命令相关内容				
3			错误				命令相关内容	

表 6.7 和表 6.8 分别是数据包的两种格式。在请求包或响应包中定义了专门的数据长度信息，这个长度以 4 字节为基本单位，最长为 16，也就是 64 字节。因此数据包的大小是 4 字节的整数倍，最大为 64 字节。

表 6.7 为不带屏蔽位的数据包格式，最长可以为 64 字节。

表 6.7　HT 无屏蔽位数据包格式

数据位	7	6	5	4	3	2	1	0
0	数据 [7:0]							
1	数据 [15:8]							
2	数据 [23:16]							
3	数据 [31:24]							
4+	请求或响应包的长度信息规定的数据长度，为 4 的倍数，最多 64 个数据							

表 6.8 为带屏蔽位的数据包格式，前 4 个字节用于定义数据的使能/屏蔽信息，每一位对应一个字节，最多可以为 32 个字节。也就是说，对于带屏蔽位的数据，一个数据包最多传输

32字节数据。对于数据包，长度最多就是32+4个字节。

表6.8　HT带屏蔽位数据包格式

数据位	7	6	5	4	3	2	1	0
0	屏蔽位［7:0］							
1	屏蔽位［15:8］							
2	屏蔽位［23:16］							
3	屏蔽位［31:24］							
4	数据［7:0］							
5	数据［15:8］							
6	数据［23:16］							
7	数据［31:24］							
8+	请求或响应包的长度信息规定的数据长度，为4的倍数，最多32个数据							

6.6　设备总线

设备总线用于计算机系统中与IO设备的连接。PCI（Peripheral Component Interconnect）总线是一种对计算机体系结构连接影响深远并广泛应用的设备总线。PCIE（PCI Express）可以被看作PCI总线的升级版本，兼容PCI软件架构。PCIE总线被广泛地用作连接设备的通用总线，在现有计算机系统中已经基本取代了PCI的位置。PCIE接口在系统中的位置如图6.24所示，一般与SATA、USB、显示等设备接口位于同样层次，用于扩展外部设备。

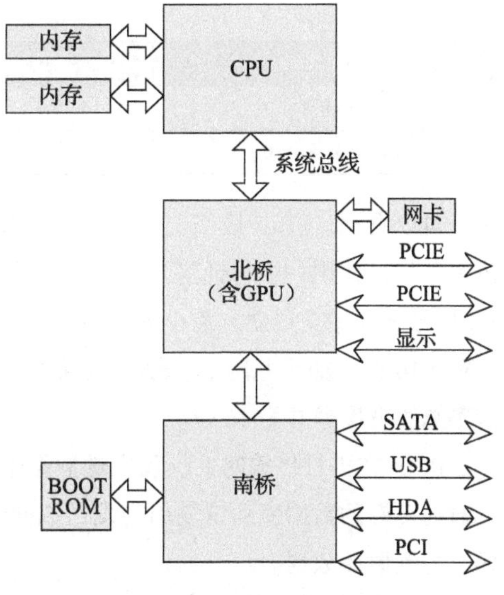

图6.24　PCIE接口位置示意图

6.6.1　PCIE总线

与HT类似，PCIE总线也是串行总线。PCIE与设备进行连接的时候同样采用点对点的方式，一组PCIE接口只能连接一个设备。为了连接多个设备，就需要实现多个接口，如图6.25所示。

与HT又有所不同，两者在信号定义和接收发送方法上有很大差别。上一节介绍过，HT总线主要包括三种信号，分别为CLK、CTL、CAD，其中CLK作为随路时钟使用，用于传递总线的频率信息并用作数据恢复。

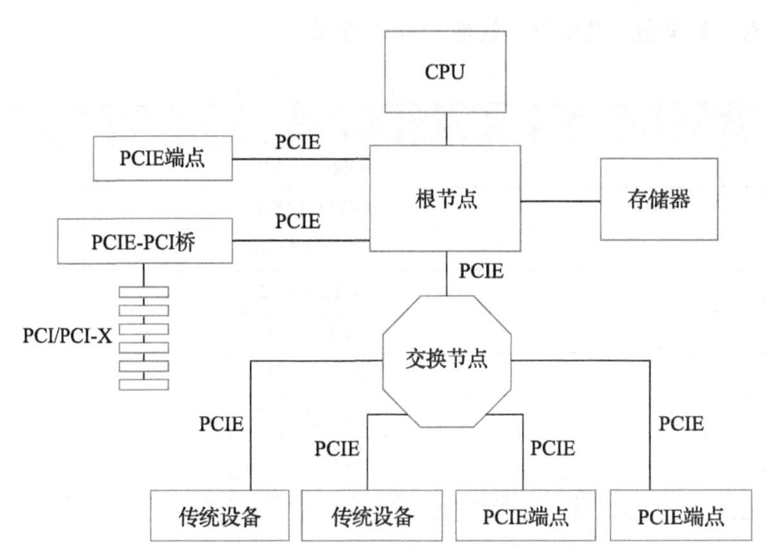

图 6.25　PCIE 接口连接示意图

PCIE 的总线信号如表 6.9 所示。

表 6.9　PCIE 总线主要信号定义

引脚名称	方向	描述
TXp/TXn[n : 0]	输出	发送信号
RXp/RXn[n : 0]	输入	接收信号

可以看到，PCIE 接口上只有用于数据传输的信号。HT 接口上，CAD[n : 0] 通常是以 8 位为单位，共用一组时钟信号，总线宽度可以为 8 位、16 位或 32 位。而 PCIE 接口上的各个 TX 信号之间相互独立，最小单位为 1 位，称之为通道（Lane）。常见的总线宽度有 1 位、4 位、8 位及 16 位。如千兆网卡、SATA 扩展卡、USB 扩展卡等总线宽度大多为 1 位，而显卡、RAID 卡等总线宽度通常为 16 位。

PCIE 在进行传输时，仅仅发送数据信号，而没有发送时钟信号。在接收端通过总线初始化时约定好的数据序列恢复出与发送端同步的时钟，并使用该时钟对接收到的数据信号进行采样，得到原始数据。

6.6.2　PCIE 包格式

PCIE 总线的传输同样以包（事务层包，Transaction Level Packet，简称 TLP）为单位，其包格式如图 6.26 所示。PCIE 包主要分为 TLP 首部与数据负载两部分，其作用与 HT 包类似，可以对应到 HT 包中的控制包与数据包。PCIE 包同样是以 4 字节为单位增长。

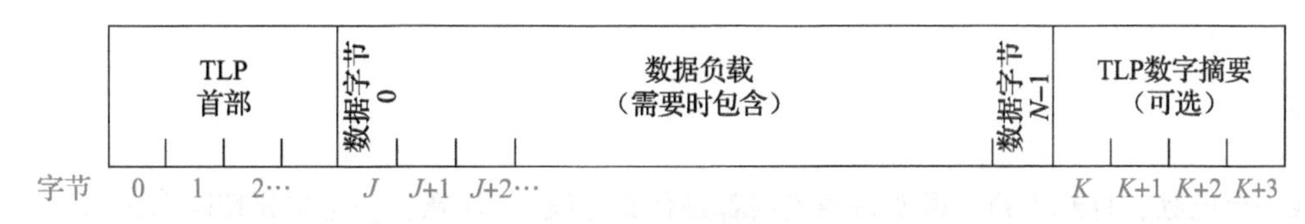

图 6.26 PCIE 总线包格式

对于具体包格式的定义，PCIE 与 HT 各有不同。尤其是 PCIE 包在协议上最多可以一次传输 4KB 的数据，而 HT 包最多一次传输 64 字节。PCIE 的具体包格式定义在此不再展开，感兴趣的读者可以参考 PCIE 相关协议。

此外，PCIE 同样采用了流控机制来消除总线握手。

PCIE 总线被广泛地用作连接设备的设备总线，而 HT 总线则作为系统总线，用于处理器与桥片之间的连接及多处理器间的互连。

这些使用上的差异是由总线接口特性所决定的。与 HT 总线不同的是，PCIE 接口在 x1 时，只有一对发送信号线和一对接收信号线，没有随之发送的时钟和控制信号。PCIE 接口通过总线传输编码，将时钟信息从总线上重新提取并恢复数据。PCIE 总线的传输相比 HT 总线来说，开销更大，带来延迟的增大及总线带宽利用率的降低。

PCIE 总线可以由多个数据通道组成，每个通道只有一对发送信号和一对接收信号，因此传输时每个通道所使用的信号线更少，而且不同的通道之间相关性小，目前使用的 PCIE 卡最多为 16 个数据通道。对于物理连接来说，PCIE 接口相比 HT 接口，实现更为简单，被广泛地用作可扩展设备连接，逐渐替代了 PCI 总线。

6.7 本章小结

本章简单介绍了计算机中的总线技术。总线技术的应用简化了计算机的设计，使得人们可以专注于部件的开发，促进了分工合作。计算机在发展过程中，形成了各种各样的总线，有些总线发展为行业标准，有专门的组织和结构去制定规范，有些总线虽然没有明文规定，却也成为事实上的标准。这些总线，有的已经逐渐消失，有的还在不断演进。随着计算机产业的发展，未来还会不断出现新的总线。计算机总线的发展趋势是：内部化、串行化和统一化。随着集成电路行业器件集成度的不断提高，越来越多的功能被集成到单个芯片中，因此许多外部总线逐渐被内部化。串行总线由于占用的引脚个数少，总线速度高，因此逐渐替代并行总线成为主流。在市场竞争中，由于马太效应，不同设备的接口逐渐向少数几种总线标准集中，特别是在消费电子领域，USB 接口逐渐成为 IO 设备的标准接口，总线接口越来越统一化。

习题

1. 找一台电脑，打开机箱，说明每条连线都是什么总线。(注意：一定要先切断电源。)
2. 说明总线包含哪些层次。
3. 假定一组 AXI 3.0 总线，ID 宽度为 8，数据宽度为 64，地址宽度为 32，请计算该组 AXI 总线的信号线数量。
4. 阅读 AMBA APB 总线协议并设计一个 APB 接口的 GPIO 模块。
5. DRAM 的寻址包含哪几部分？
6. 假设一个处理器支持两个 DDR3 内存通道，每个通道为 64 位宽，内存地址线个数为 15，片选个数为 4，计算该处理器实际支持的最大内存容量。

C H A P T E R 7

第7章

计算机系统启动过程分析

前面章节主要从计算机硬件的角度对构成计算机系统的各个主要部分进行了介绍。为了描述计算机硬件系统各部分之间的相互关系，本章将对计算机从开机到点亮屏幕，接收键盘输入，再到引导并启动整个操作系统的具体过程进行探讨。与本书其他章节一样，本章基于LoongArch架构进行介绍，具体则以龙芯3号处理器的启动过程为例。

无论采用何种指令系统的处理器，复位后的第一条指令都会从一个预先定义的特定地址取回。处理器的执行就从这条指令开始。处理器的启动过程，实际上就是一个特定程序的执行过程。这个程序我们称之为固件，又称为BIOS(Basic Input Output System，基本输入输出系统)。对于LoongArch，处理器复位后的第一条指令将固定从地址0x1C000000的位置获取。这个地址需要对应一个能够给处理器核提供指令的设备，这个设备以前是各种ROM，现在通常是闪存(Flash)。从获取第一条指令开始，计算机系统的启动过程也就开始了。

为了使计算机达到一个最终可控和可用的状态，在启动过程中，需要对包括处理器核、内存、外设等在内的各个部分分别进行初始化，再对必要的外设进行驱动管理。本章的后续内容将对这些具体工作进行讨论。

7.1 处理器核初始化

在讨论这个过程之前，先来定义什么叫作初始化。所谓初始化，实际上是将计算机内部的各种寄存器状态从不确定设置为确定，将一些模块状态从无序强制为有序的过程。简单来说，就是通过load/store指令或其他方法将指定寄存器或结构设置为特定数值。

举例来说，在MIPS和LoongArch结构中，都只将0号寄存器的值强制规定为0，而其他的通用寄存器值是没有要求的。在处理器复位后开始运行的时候，这些寄存器的值可能是任意值。如果需要用到寄存器内容，就需要先对其进行赋值，将这个寄存器的内容设置为软件期望的值。这个赋值操作可以是加载立即数，也可以是对内存或者其他特定地址进行load操作，又可以是以其他已初始化的寄存器作为源操作数进行运算得到的结果。

这个过程相对来说比较容易理解，因为是对软件上需要用到的单元进行初始化。而另一种情况看起来就相对隐蔽一些。例如，在现代处理器支持的猜测执行、预取等微结构特性中，可能会利用某些通用寄存器的值或者高速缓存的内容进行猜测。如果整个处理器的状态并没有完全可控，或许会猜测出一些极不合理的值，导致处理器微结构上执行出错而引发死机。这样就需要对一些必要的单元结构进行初始化，防止这种情况发生。

举一个简单的例子。计算机系统中使用约定的 ABI（Application Binary Interface，应用程序二进制接口）作为软件接口规范。LoongArch 约定使用 1 号寄存器（$r1）作为函数返回指针寄存器（ra，Return Address）。函数返回时，一般使用指令“jirl”。这条指令的格式为“jirl rd，rj，offset”，其中 rj 与 offset 表示跳转的目标地址，rd 为计算得到的返回地址，为当前 PC+4，用于函数调用返回。当不需要保存时，可以指定为 $r0，也就是 0 号寄存器。因此，函数返回时，一般可用“jirl $r0，$r1，0”来实现。这样，一种可行的转移预测优化方法是在指令译码得到“jirl”指令时，立即使用 $r1 作为跳转地址进行猜测取指，以加速后续的指令执行。

如果程序中没有使用“jirl $r0，$r1，0”，而是采用了诸如“jirl $r0，$r2，0”这样的指令，就会导致这个猜测机制出错。而如果此时 $r1 的寄存器是一个随机值，就有可能导致取指猜测错误，发出一个对非法地址的猜测请求。如果此时处理器没有对猜测访问通路进行控制或初始化，就可能会发生严重问题，例如猜测访问落入地址空洞而失去响应并导致死机等。

为了防止这个问题，在处理器开始执行之后，一方面需要先对相关的寄存器内容进行初始化，设置为一个正常地址值，另一方面则需要对地址空间进行处理，防止出现一般情况下不可访问的地址空洞。这样即使发生了这种猜测访问，也可以得到响应，避免系统出错或死机。

7.1.1　处理器复位

处理器的第一条指令实际上是由复位信号控制的，但受限于各种其他因素，复位信号并没有对处理器内部的所有部分进行控制，例如 TLB、Cache 等复杂结构，而是只保证从取指部件到 BIOS 取指令的通路畅通。如果把 CPU 比作一个大房间，复位后的房间内部漆黑一片，大门（内存接口）、窗户（IO 接口）都是关着的，只有微弱的灯光照亮了通向一扇小门（BIOS 接口）的通路。

在 LoongArch 架构下，处理器复位后工作在直接地址翻译模式下。该模式下的地址为虚实地址直接对应的关系，也就是不经 TLB 映射，也不经窗口映射。默认情况下，无论是取指访问还是数据访问，都是 Uncache 模式，也即不经缓存。这样即使硬件不对 TLB、Cache 两个结构进行初始化，处理器也能正常启动并通过软件在后续的执行中对这些结构进行初始化。尤其是早期的处理器设计由于对资源或时序的考虑，出于简化硬件设计的目标，将很多初始化工作交由软件进行。但现在大部分处理器在硬件上自动处理，从而减轻软件负担，缩短系统启动时间。例如，龙芯 3A1000 和龙芯 3B1500 都没有实现硬件初始化功能，只能通过软件对 Cache 进行初始化。本身 Cache 的初始化就需要运行在 Uncache 的空间上，执行效率低下，而且当 Cache 越来越大时，所需要的执行时间就越来越长。从龙芯 3A2000 开始，龙芯处理器也实现了 TLB、各级 Cache 等结构的硬件初始化。硬件初始化的时机是在系统复位解除之后、取指访问开始之前，以此来缩短 BIOS 的启动时间。

LoongArch 处理器复位后的第一条指令将固定从地址 0x1C000000 的位置获取，这个过程是由处理器的执行指针寄存器被硬件复位为 0x1C000000 而决定的。

对物理地址 0x1C000000 的取指请求，会被处理器内部预先设定好的片上互连网络路由至某个预先存放着启动程序的存储设备。从第一条指令开始，处理器核会依据软件的设计按序执行。

以龙芯 3A5000 处理器为例，处理器得到的前几条指令通常如下。左框中为手工编写的代码，右框中为编译器编译生成的汇编代码。其中的 stack、_gp 为在代码其他地址所定义的标号，编译器编译时能够使用实际的地址对其进行替换。

dli	t0, (0x7 << 16)	lu12i.w	$r12, 0x70
csrxchg	zero, t0, 0x4	csrxchg	$r0, $r12, 0x4
dli	t0, 0x1c001000	lu12i.w	$r12, 0x1c001
csrwr	t0, 0xc	csrwr	$r12, 0xc
dli	t0, 0x1c001000	lui12i.w	$r12, 0x1c001
csrwr	t0, 0x88	csrwr	$r12, 0x88
dli	t0, (1 << 2)	ori	$r12, $r0, 0x4
csrxchg	zero, t0, 0x0	csrxchg	$r0, $r12, 0x0
la	sp, stack	lu12i.w	$r3, 0x90400
		lu32i.d	$r3, 0
		lu52i.d	$r3, $r3, 0x900
la	gp, _gp	lu12i.w	$r2, 0x90020
		ori	$r2, $r2, 0x900
		lu32i.d	$r2, 0
		lu52i.d	$r2, $r2, 0x900

这几条指令对处理器核的中断处理相关寄存器进行了初始化，并对后续软件将使用的栈地址等进行了初始化。第一条 csrxchg 指令将例外配置寄存器（0x4 偏移）中的比特 18：16 设置为 0，以将除 TLB 外的所有例外和中断入口设置为同一个（代码中的 0x1C001000）。第一条 csrwr 指令将该例外入口地址（0xC 号控制寄存器）设置为 0x1C001000，第二条 csrwr 指令将 TLB 重填例外的入口地址（0x88 号控制寄存器）也设置为 0x1C001000。实际上 BIOS 并没有使用 TLB 地址映射，一旦出现了 TLB 重填例外，一定是使用的地址出现了错误。第二条 csrxchg 指令将模式信息寄存器（0x0 号控制寄存器）中的比特 2 设置为 0，以禁用所有的中断。可以看到，对于 stack、_gp 这些地址的装载所用的 la 指令，在经过编译器编译之后，最终产生了多条指令与之对应。其中 lu12i. w 用于将 20 位立即数符号扩展并装载到寄存器的比特 63：12，lu32i. d 用于将 20 位立即数符号扩展并装载到寄存器的比特 63：32，lu52i. d 用于将 12 位立即

数装载到寄存器的比特 63：52，ori 用于将 12 位立即数与寄存器的内容进行或操作。

需要指出的是，处理器复位后先是通过频率为几十兆赫兹（MHz）以下的低速设备取指令，例如 SPI 或 LPC 等接口。一拍只能取出 1 比特（SPI）或 4 比特（LPC），而一条指令一般需要 32 比特。对于吉赫兹（GHz）的高性能处理器来说，几千拍才能执行一条指令，相当于在城市空荡荡的大街上只有一个人在行走，这时候的指令很“孤独”。

整个处理器由系统复位到操作系统启动的简要流程如图 7.1 所示。其中第一列为处理器核初始化过程，第二列为芯片核外部分初始化过程，第三列为设备初始化过程，第四列为内核加载过程，第五列为多核芯片中的从核（Slave Core）独有的启动过程。

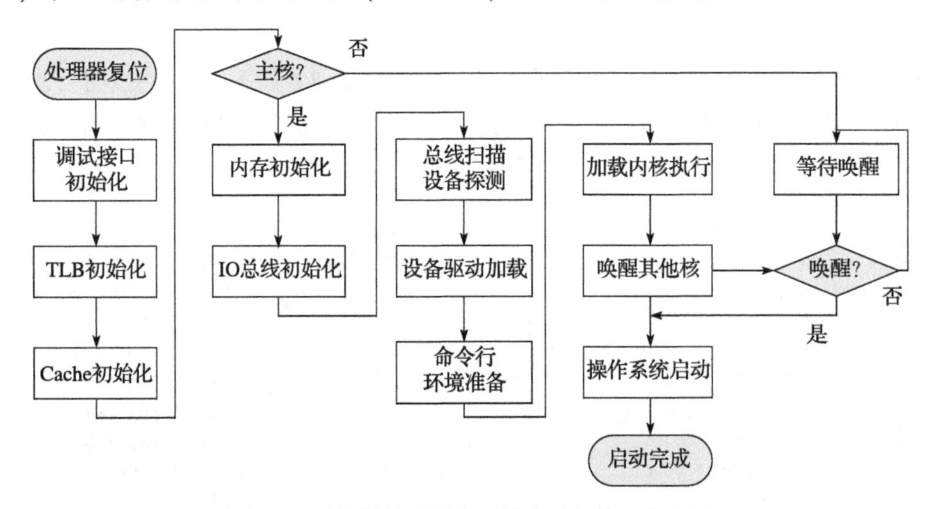

图 7.1　系统复位到操作系统启动的简要流程图

7.1.2　调试接口初始化

那么，在启动过程中优先初始化的是什么呢？首先是用于调试的接口部分。比如开机时听到的蜂鸣器响声，或者在一些主板上看到的数码管显示，都是最基本的调试用接口。对于龙芯 3 号处理器来说，最先初始化的结构是芯片内集成的串口控制器。串口控制器作为一个人机交互的界面，可以提供简单方便的调试手段，以此为基础，再进一步对计算机系统中其他更复杂的部分进行管理。

对串口的初始化操作实际上是处理器对串口执行一连串约定好的 IO 操作。在 X86 结构下，IO 地址空间与内存地址空间相互独立，IO 操作与访存操作是通过不同的指令实现的。MIPS 和 LoongArch 等结构并不显式区分 IO 和内存地址，而是采用全局编址，使用地址空间将 IO 和内存隐式分离，并通过地址空间或 TLB 映射对访问方式进行定序及缓存等的控制。只有理解 IO 与内存访问的区别，才能很好地理解计算机启动中的各种初始化过程。

内存空间对应的是存储器，存储器不会发生存储内容的自行更新。也就是说，如果处理器核向存储单元 A 中写入了 0x5a5a 的数值，除非有其他的主控设备（例如其他的处理器核或是其他的设备 DMA）对它也进行写入操作，否则这个 0x5a5a 的数值是不会发生变化的。

IO 空间一般对应的是控制寄存器或状态寄存器，是受 IO 设备的工作状态影响的。此时，写入的数据与读出的数据可能会不一致，而多次读出的数据也可能不一致，其读出数据是受具体设备状态影响的。例如，对串口的线路状态寄存器（寄存器偏移 0x5）的读取在不同的情况下会产生不同的返回值。该寄存器定义如表 7.1 所示。

表 7.1　串口线路状态寄存器定义

位域	位域名称	位宽	访问	描述
7	ERROR	1	R	错误表示位。1 表示至少有奇偶校验位错误、帧错误或打断中断的一个；0 表示没有错误
6	TE	1	R	传输为空表示位。1 表示传输 FIFO 和传输移位寄存器都为空（给传输 FIFO 写数据时清零）；0 表示有数据
5	TFE	1	R	传输 FIFO 为空表示位。1 表示当前传输 FIFO 为空（给传输 FIFO 写数据时清零）；0 表示有数据
4	BI	1	R	打断中断表示位。1 表示接收数据的起始位+数据+奇偶位+停止位都是 0，即有打断中断；0 表示没有打断
3	FE	1	R	帧错误表示位。1 表示接收的数据没有停止位；0 表示没有错误
2	PE	1	R	奇偶校验位错误表示位。1 表示当前接收的数据有奇偶错误；0 表示没有奇偶错误
1	OE	1	R	数据溢出表示位。1 表示有数据溢出；0 表示无溢出
0	DR	1	R	接收数据有效表示位。0 表示在 FIFO 中无数据；1 表示在 FIFO 中有数据

可以看到这个寄存器里的各个数据位都与当时的设备状态相关。例如当程序等待外部输入数据时，就需要查询这个寄存器的第 0 位，以确定是否收到数据，再从 FIFO 寄存器中读取实际的数据。在这个轮询的过程中，寄存器的第 0 位根据串口的工作状态由 0 变成 1。

更有意思的是，这个寄存器的某些位在读操作之后会产生自动清除的效果，例如第 7 位（错误表示位）在一次读操作之后会自动清零。

从这个寄存器上可以看到 IO 访问与内存访问的一些区别。IO 寄存器的行为与具体的设备紧密相关，每种 IO 设备都有各自不同的寄存器说明，需要按照其规定的访问方式进行读写，而不像内存可以进行随意的读写操作。

前面提到，在 LoongArch 结构下，IO 地址空间与内存地址空间统一编址，那么 IO 操作和内存操作的差异如何体现呢？处理器上运行的指令使用虚拟地址，虚拟地址通过地址映射规则与物理地址相关联。基本的虚拟地址属性首先区分为经缓存（Cache）与不经缓存（Uncache）两种。对于内存操作，现代高性能通用处理器都采用 Cache 方式进行访问，以提升访存性能。Cache 在离处理器更近的位置上利用访存局部性原理进行缓存，以加速重复访存或者其他规则访存（通过预取等手段）。对于存储器来说，在 Cache 中进行缓存是没有问题的，因为存储器所存储的内容不会自行修改（但可能会被其他核或设备所修改，这个问题可以通过缓存一致性协议解决）。但是对于 IO 设备来说，因为其寄存器状态是随着工作状态的变化而变化的，如果缓存在 Cache 中，那么处理器核将无法得到状态的更新，所以一般情况下不能对 IO 地址空间进行 Cache 访问，需要使用 Uncache 访问。使用 Uncache 访问对 IO 进行操作还有另一个作用，就是可以严格控制读写的访问顺序，不会因为预取类的操作导致寄存器状态的丢失。例如前面提到的线路状态寄存器的第 7 位（ERROR），一旦被预取的读操作所访问就会自动清除，而这个预取操作本身有可能会因为错误执行而被流水线取消，这样就导致这个错误状态的丢失，无法被软件观察到。

理解了 IO 操作与内存访问操作的区别，串口初始化的过程就显得非常简单。串口初始化程序仅仅是对串口的通信速率及一些控制方法进行设置，以使其很方便地通过一个串口交互主机进行字符的读写交互。

串口初始化的汇编代码和说明如下。对于串口设备各个寄存器的具体含义，感兴趣的读者可以在相关处理器的用户手册上查找。

```
LEAF(initserial)
li      a0, GS3_UART_BASE       #加载串口设备基地址
li      t1, 128                 #线路控制寄存器，写入 0x80 (128) 表示后续的寄存器访问为分频
sb.b    t1, a0, 3               #寄存器访问
li      t1, 0x12
sb.b    t1, a0, 0               #配置串口波特率分频，当串口控制器输入频率为 33MHz，并将串口通信
li      t1, 0x0                 #速率设置为 115200 时，分频方式为 33000000/16/0x12=114583
sb.b    t1, a0, 1               #由于串口通信有固定的起始格式，能够容忍传输两端一定的速率差异，
                                #只要将传输两端的速率保持在一定的范围之内就可以保证传输的正确性


li      t1, 3
sb.b    t1, a0, 3               #设置传输字符宽度为 8，同时将后续的寄存器访问设置为正常寄存器
li      t1, 0
sb.b    t1, a0, 1               #不使用中断模式
li      t1, 71
sb      t1, a0, 2
jirl    ra
END (initserial)
```

这里有一个值得注意的地方，串口设备使用相同的地址映射了两套功能完全不同的寄存器，通过线路控制寄存器的最高位（就是串口寄存器中偏移为 3 的寄存器的最高位）进行切换。因为其中一套寄存器主要用于串口波特率的设置，只需要在初始化时进行访问，在正常工作状态下完全不用再次读写，所以能够将其访问地址与另一套正常工作用的寄存器相复用来节

省地址空间。表 7.2 中是两组不同寄存器的定义。

表 7.2　串口的部分地址复用寄存器

偏移	名称（初始化设置下，0x3[7]=1）	名称（工作模式下，0x3[7]=0）
0x0	分频锁存器低位	数据寄存器
0x1	分频锁存器高位	中断使能寄存器
0x2	—	中断标识寄存器
0x3	线路控制寄存器。其中比特 7 为分频控制访问使能，该位为 1 时可以访问表中的“初始化设置”寄存器，为 0 时可以访问表中的“工作模式”寄存器	

在初始化时，代码中先将 0x3 偏移寄存器的最高位设置为 1，以访问分频设置寄存器，按照与连接设备协商好的波特率和字符宽度，将初始化信息写入配置寄存器中。然后退出分频寄存器的访问模式，进入正常工作模式。

在使用时，串口的对端是一个同样的串口，两个串口的发送端和接收端分别对连，通过双向的字符通信来实现被调试机的字符输出和字符输入功能。

在正常工作模式下，当 CPU 需要通过串口对外发送和接收字符时，执行的两个函数分别如下。

```
字符输出
LEAF(tgt_putchar)
dli     a1, GS3_UART_BASE               #加载串口设备基地址
1:
ld.bu   a2, a1, 0x5                     #读取线路状态寄存器中的发送 FIFO 空标志
andi    a2, a2, 0x20
                                        #FIFO 非空时等待
beqz    a2, 1b                          #FIFO 空时将通过 a0 传入的字符写入数据寄存器
st.b    a0, a1, 0
jirl    zero, ra, 0
END(tgt_putchar)
```

```
字符输入
LEAF(tgt_getchar)
dli     a0, GS3_UART_BASE               #加载串口设备基地址
1:
ld.bu   a1, a0, 0x5                     #读取线路状态寄存器中的接收 FIFO 有效标志
andi    a1, a1, 0x1
                                        #接收 FIFO 为空时等待
beqz    a1, 1b                          #FIFO 非空时将数据读出并放在 a0 寄存器中返回
ld.b    a0, a0, 0
jirl    zero, ra, 0

END(tgt_getchar)
```

可以看到，串口通过数据 FIFO 作为软件数据接口，并通过线路状态寄存器中的特定位来表示串口设备的工作状态。串口驱动函数通过观察状态确定是否能够进行数据的输入输出交互。

对于字符输出，串口控制器实现的功能是将发送 FIFO 中的数据转换为协议的格式并按位

通过 tx 引脚向外发送，再按照发送 FIFO 的空满状态设置对应的状态寄存器。对于字符输入，串口控制器实现的功能是将在 rx 引脚上收到的信号通过协议格式进行解析，将解析得到的字符写入接收 FIFO，并按照接收 FIFO 的空满状态设置对应的状态寄存器。

串口是一个功能非常简单的设备，通过硬件提供底层支持，软件进行配合驱动来实现整个字符输入输出功能。再上到应用层面，还需要更多的软件参与。例如，当通过上位机的 minicom 或其他的串口工具对被调试机进行字符输入时，我们看到自己输入的字符立即显示在 minicom 界面上，看起来就像是键盘输入给了 minicom，minicom 显示后通过串口进行发送，但其真正的过程却更为复杂：

1）用户在上位机的 minicom 界面中敲击键盘，输入字符 A；

2）上位机的内核通过其键盘驱动获得字符 A；

3）上位机的内核将字符 A 交给 minicom 进程；

4）minicom 进程调用串口驱动发送字符 A；

5）内核中的串口驱动将字符 A 通过串口发送给被调试机；

6）被调试机的软件发现串口接收 FIFO 状态非空并接收字符 A；

7）被调试机将接收的字符 A 通过发送函数写入串口发送 FIFO；

8）被调试机的串口将发送 FIFO 中的字符 A 发送给上位机；

9）上位机发现串口接收 FIFO 状态非空并接收字符 A；

10）上位机将接收的字符 A 交给 minicom 进程，minicom 将其显示在界面上。

从 CPU 对串口的初始化过程可以看出，当 load 与 store 指令访问 IO 设备时，与访问内存“直来直去”的行为是完全不同的。

7.1.3 TLB 初始化

接下来对 TLB 进行初始化。TLB 作为一个地址映射的管理模块，主要负责操作系统里用户进程地址空间的管理，用以支持多用户多任务并发。然而在处理器启动的过程中，处理器核处于特权态，整个 BIOS 都工作在统一的地址空间里，并不需要对用户地址空间进行过多干预。此时 TLB 的作用更多是地址转换，以映射更大的地址空间供程序使用。下面具体来看看 TLB 在这一过程中的作用。

LoongArch 结构采用了分段和分页两种不同的地址映射机制。分段机制将大段的地址空间与物理地址进行映射，具体的映射方法在 BIOS 下使用窗口机制进行配置，主要供系统软件使用。而分页机制通过 TLB 起作用，主要由操作系统管理，供用户程序使用。

BIOS 一般映射两段，其中 0x90000000_00000000 开始的地址空间被映射为经缓存的地址，0x80000000_00000000 开始的地址空间被映射为不经缓存的地址。根据地址空间的转换规则，这两段转换为物理地址时直接抹除地址的高位，分别对应整个物理地址空间，仅仅在是否经过

Cache 缓存上有所区别。

由于分段机制是通过不同的虚拟地址来映射全部的物理地址空间，并不适合用作用户程序的空间隔离和保护，也不适合需要更灵活地址空间映射方法的场合。这些场景下就需要利用 TLB 机制。早期的处理器或者比较简单的处理器中没有实现硬件初始化 TLB 的逻辑，在使用之前需要使用软件对 TLB 进行初始化。TLB 的初始化主要是将全部表项初始化为无效项。

初始化为无效项就是将 TLB 的每项逐一清空，以免程序中使用的地址被未初始化的 TLB 表项所错误映射。在没有硬件复位 TLB 逻辑的处理器里，启动时 TLB 里可能会包含一些残留的或者随机的内容，这部分内容可能会导致 TLB 映射空间的错误命中。因此在未实现硬件复位 TLB 的处理器中，需要对整个 TLB 进行初始化操作。

可以利用正常的 TLB 表项写入指令，例如 LoongArch 中的 TLBWR 指令，通过一个循环将 TLB 中的表项一项一项地写为无效。也可以利用更高效的指令来将所有表项直接写为无效，例如 LoongArch 中的 INVTLB 0 指令。

以下是使用 TLBWR 指令来进行 TLB 初始化的相关代码及相应说明。具体的 TLB 结构和原理可以参考第 3 章的介绍。通过下面这段代码可以看到，初始化的过程实际上就是将整个 TLB 表项清 0 的过程。需要特别说明的是，在 LoongArch 架构中，实际上并不需要使用这样的指令来完成这个过程，而可以直接使用 INVTLB 0，$r0，$r0 这一条指令，由硬件完成类似的循环清空操作。

```
LEAF(CPU_TLBClear)
dli      a3, 0                              #循环变量
dli      a0, (1<<31) | (12 << 24)           #设置页大小为 4K,31 位为 1 表示无效
li       a2, 64                             #TLB 表项数
1:
csrwr    a0, 0x10                           #将表项写入编号为 0x10 的 TLBIDX 寄存器
addi.d   a0, 1                              #增加 TLBIDX 中的索引号
addi.d   a3, 1                              #增加循环变量
tlbwr                                       #写 TLB 表项
bne      a3, a2, 1b
jirl     zero, ra, 0
END(CPU_TLBClear)
```

前面提到过，越来越多的处理器已经实现了在芯片复位时由硬件进行 TLB 表项的初始化，这样在 BIOS 代码中可以不用再使用类似的软件初始化流程，比如从龙芯 3A2000 开始的桌面或服务器用的处理器就不再需要软件初始化，这能够减少所需的启动时间。但是在一些嵌入式类的处理器上还是需要上面提到的软件初始化流程。

7.1.4 Cache 初始化

Cache 在处理器内的作用在前面的章节已经介绍过了，Cache 的引入能够减小处理器执行和访存延迟之间的性能差异，即缓解存储墙的问题。引入 Cache 结构，能够大大提高处理器的

整体运行效率。

在系统复位之后，Cache 同样也处于一个未经初始化的状态，也就是说 Cache 里面可能包含残留的或随机的数据，如果不经初始化，对于 Cache 空间的访问也可能会导致错误的命中。

不同的处理器可能包含不同的 Cache 层次，各级 Cache 的容量也可能各不相同。例如龙芯 3A1000 处理器包含私有一级指令 Cache、私有一级数据 Cache 和共享二级 Cache 两个层次，而龙芯 3A5000 处理器则包含私有一级指令 Cache、私有一级数据 Cache、私有二级替换 Cache 和共享三级 Cache 三个层次。在进行 Cache 初始化时要考虑所有需要的层次。

Cache 的组织结构主要包含标签（Tag）和数据（Data）两个部分，Tag 用于保存 Cache 块状态、Cache 块地址等信息，Data 则保存数据内容。大多数情况下对 Cache 的初始化就是对 Tag 的初始化，只要将其中的 Cache 块状态设置为无效，其他部分的随机数据就不会产生影响。

龙芯 3A5000 中一级数据 Cache 的组织如图 7.2 所示。其中 Tag 上的 cs 位为 0 表示该 Cache 块为无效状态，对该 Cache 的初始化操作就是使用 Cache 指令将 Tag 写为 0。对应的 ECC 位会在 Tag 写入时自动生成，不需要专门处理。

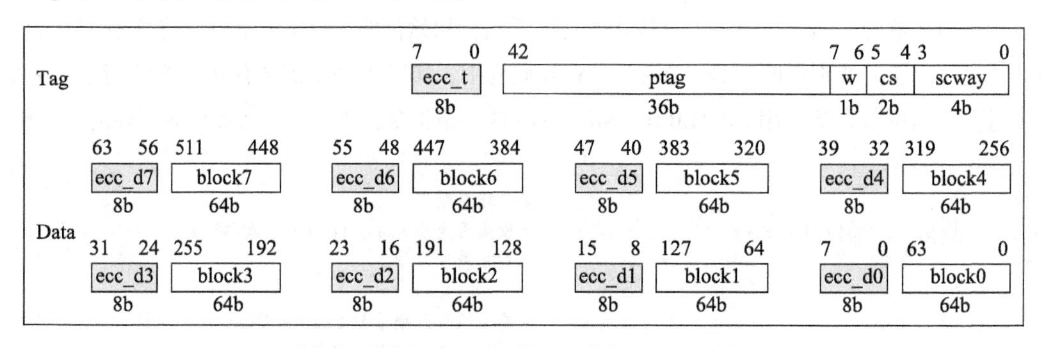

图 7.2 龙芯 3A5000 的一级数据 Cache 组织

不同 Cache 层次中 Tag 的组织结构可能会略有区别，初始化程序也会稍有不同，在此不一一列举。以下仅以龙芯 3A 处理器内部的一级指令 Cache 的初始化为例进行说明。

```
LEAF(godson2_cache_init)
li        a2, (1<<14)                 #64KB/4 路,为 Index 的实际数量
li        a0, 0x0                     #a0 表示当前的 index
1:
CACOP     0x0, a0, 0x0                #对 4 路 Cache 分别进行写 TAG 操作
CACOP     0x0, a0, 0x1
CACOP     0x0, a0, 0x2
CACOP     0x0, a0, 0x3
addi.d    a0, a0, 0x40                #每个 Cache 行大小为 64 字节
bne       a0, a2, 1b
jr        ra
END(godson2_cache_init)
```

CACOP 为 LoongArch 指令集中定义的 Cache 指令，其定义为 CACOP code，rj，si12。其中 code 表示操作的对象和操作的类型，0x0 表示对一级指令 Cache 进行初始化操作（StoreTag），将指定 Cache 行的 Tag 写为 0。rj 用于表示指定的 Cache 行，si12 在这个操作中表示不同的 Cache 路数。

需要特别指出的是，上述程序中的 Cache 指令为特权态指令，只有运行在特权态时，处理器才可以执行 Cache 指令，这样可以避免用户程序利用某些 Cache 指令对 Cache 结构进行破坏。处理器在复位完成之后就处于最高特权态中，完成各项初始化。在加载操作系统执行之后，在操作系统中才会使用用户态对程序的运行加以限制，以防止不同用户进程之间的相互干扰。

在完成所有 Cache 层次的初始化之后，就可以跳转到 Cache 空间开始执行。此后程序的运行效率将会有数十倍的提升。以取指为例，在使用 Cache 访问之前，需要以指令宽度为单位（龙芯 3A5000 中为 4 字节）进行取指操作，在使用 Cache 访问之后，取指将以 Cache 行为单位（龙芯 3A5000 中为 64 字节），大大提升了取指的效率。

既然 Cache 的使用能够大大提高程序运行效率，为什么不首先对 Cache 进行初始化呢？在跳转到 Cache 空间执行后，程序运行效率大大提升，随之而来的是处理器内各种复杂猜测机制的使用。例如对取数操作的猜测执行可能导致一个落在 TLB 映射空间的访存操作，如果此时 TLB 尚未完成初始化，就可能会导致 TLB 异常的发生，而 TLB 异常处理机制的缺失又会导致系统的崩溃。

实际上，在跳转到 Cache 空间执行前，BIOS 中还会对一些处理器具体实现中的细节或功能进行初始化，在保证执行基本安全的状态下，才会跳转到 Cache 空间执行。这些初始化包括对各种地址窗口的设置、对一些特殊寄存器的初始化等。感兴趣的读者可以自行阅读相关的 BIOS 实现代码，在此不再赘述。

得益于摩尔定律的持续生效，片上 Cache 的容量越来越大，由此却带来了初始化时间越来越长的问题。但同时，在拥有越来越多可用片上资源的情况下，TLB、Cache 等结构的初始化也更多地开始使用硬件自动完成，软件需要在这些初始化上耗费的时间也越来越少。例如从龙芯 3A2000 开始，片上集成的 TLB、各级 Cache 都已经在复位之后由专用的复位电路进行初始化，不再由低效的 Uncache 程序来完成，大大缩短了系统启动时间。

完成 Cache 空间的初始化并跳转至 Cache 空间运行也标志着处理器的核心部分，或者说体系结构相关的初始化部分已经基本完成。接下来将对计算机系统所使用的内存总线和 IO 总线等外围部分进行初始化。

如果把 CPU 比作一个大房间，完成对 TLB、Cache 等的初始化后，房间内已是灯火通明，但大门（内存接口）和窗口（IO 接口）还是紧闭的。

7.2　总线接口初始化

在使用同一款处理器的不同系统上，TLB、Cache 这些体系结构紧密相关的芯片组成部分的初始化方法是基本一致的，不需要进行特别的改动。与此不同的是，内存和 IO 设备的具体组成在计算机系统中则可以比较灵活地搭配，不同系统间的差异可能会比较大。

在计算机系统硬件设计中，内存可以使用不同的总线类型，例如 DDR、DDR2、DDR3 或者 DDR4。在主板上使用时，也可以灵活地增加或者减小内存容量，甚至改变内存条种类，例如将非缓冲型内存模组（Unbuffered DIMM，简称 UDIMM）改为寄存型内存模组（Registered DIMM，简称 RDIMM）。

IO 总线的情况也比较类似，在计算机系统硬件设计中可以搭配不同的桥片，也可以在主板上根据实际情况改变某些接口上连接的设备，例如增加 PCIE 网卡或者增加硬盘数量等。

这些不同的配置情况要求在计算机系统启动时能够进行有针对性的初始化。前面提到过，初始化就是将某些寄存器通过 load/store 指令或是其他的方法设置为期望数值的过程。以下代码段就是龙芯 3A 处理器上对内存控制器进行初始化的程序片段。

```
ddr2_config:
  add.d    a2, a2, s0              #a2、s0 为调用该程序时传入的参数,它们的和表示初始化参数在
                                   #Flash 中的基地址
  dli      t1, DDR_PARAM_NUM       #t1 用于表示内存参数的个数
  addi.d   v0, t8, 0x0             #t8 为调用该程序时传入的参数,用于表示内存控制器的寄存器基地址
1:
  ld.d     a1, 0x0(a2)             #可以看到,初始化的过程就是从 Flash 中取数再写入内存控制器中的
  st.d     a1, 0x0(v0)             #寄存器的过程
  addi.d   t1, t1, -1
  addi.d   a2, a2, 0x8
  addi.d   v0, v0, 0x8
  bnez     t1, 1b
```

7.2.1　内存初始化

内存是计算机系统的重要组成部分。冯·诺依曼结构下，计算机运行时的程序和数据都被保存在内存之中。相对复位时用于取指的 ROM 或是 Flash 器件来说，内存的读写性能大幅提高。以 SPI 接口的 Flash 为例，即使不考虑传输效率的损失，当 SPI 接口运行在 50MHz 时，其带宽最高也只有 50MHz×2b = 100Mb/s，而一个 DDR3-1600 的接口在内存宽度为 64 位时，其带宽可以达到最高 1600MHz×64b = 102 400Mb/s。由此可见内存的使用对系统性能的重要程度。

越来越多的处理器已经集成内存控制器。因为内存的使用和设置与外接内存芯片的种类、

配置相关，所以在计算机系统启动的过程中需要先获取内存的配置信息，再根据该信息对内存控制器进行配置。正如上一章对内存总线的介绍，这些信息包含内存条的类型、容量、行列地址数、运行频率等。

获取这些信息是程序通过I2C总线对外部内存条的SPD芯片进行读操作来完成的。SPD芯片也相当于一个Flash芯片，专门用于存储内存条的配置信息。

如上面的程序片段所示，对内存的初始化实际上就是根据内存配置信息对内存控制器进行初始化。与Cache初始化类似的是，内存初始化并不涉及其存储的初始数据。与Cache又有所不同的地方在于，Cache有专门的硬件控制位来表示Cache块是否有效，而内存却并不需要这样的硬件控制位。内存的使用完全是由软件控制的，软件知道其访问的每一个地址是否存在有效的数据。而Cache是一个硬件加速部件，大多数情况下软件并不需要真正知道而且也不希望知道其存在，Cache的硬件控制位正是为了掩盖内存访问延迟，保证访存操作的正确性。因此内存初始化仅仅需要对内存控制器进行初始化，并通过控制器对内存的状态进行初始化。在初始化完成以后，如果是休眠唤醒，程序可以使用内存中已有的数据来恢复系统状态；如果是普通开机，则程序可以完全不关心内存数据而随意使用。

内存控制器的初始化包括两个相对独立的部分，一是根据内存的行地址、列地址等对内存地址映射进行配置，二是根据协议对内存信号调整的支持方式对内存读写信号相关的寄存器进行训练，以保证传输时的数据完整性。

在内存初始化完成后，可能还需要根据内存的大小对系统可用的物理地址空间进行相应的调整和设置。

7.2.2　IO总线初始化

前面提到，受外围桥片搭配及可插拔设备变化的影响，系统每次启动时需要对IO总线进行有针对性的初始化操作。

对于龙芯3A5000处理器，对应的IO总线主要为HyperTransport总线。在IO总线初始化时，做了三件事：一是对IO总线的访问地址空间进行设置，划定设备的配置访问空间、IO访问空间和Memory访问空间；二是对IO设备的DMA访问空间进行规定，对处理器能接收的DMA内存地址进行设置；三是对HyperTransport总线进行升频，从复位时1.0模式的200MHz升频到了3.0模式的2.0GHz，并将总线宽度由8位升至16位。

完成了这三件事，对IO总线的初始化就基本完成了。接着还将设置一些和桥片特性相关的配置寄存器以使桥片正常工作。

IO总线初始化的主要目的是将非通用的软硬件设置都预先配置好，将与桥片特性相关的部分与后面的标准驱动加载程序完全分离出来，以保证接下来的通用设备管理程序的运行。

如果把CPU比作一个大房间，至此，房间灯火通明，门窗均已打开，但门窗外还是漆黑一片。

完成内存与IO总线初始化后，BIOS中基本硬件初始化的功能目标已经达到。但是为了加载操作系统，还必须对系统中的一些设备进行配置和驱动。操作系统所需要的存储空间比较大，通常无法保存在Flash这样的存储设备中，一般保存在硬盘中并在使用时加载，或者也可以通过网口、U盘等设备进行加载。为此就需要使用更复杂的软件协议来驱动系统中的各种设备，以达到加载操作系统的最终目标。

在此之前的程序运行基本没有使用内存进行存数取数操作，程序也是存放在Flash空间之中的，只不过是经过了Cache的缓存加速。在此之后的程序使用的复杂数据结构和算法才会对内存进行大量的读写操作。为了进一步提高程序的运行效率，先将程序复制到内存中，再跳转到内存空间开始执行。

此后，还需要对处理器的运行频率进行测量，对BIOS中的计时函数进行校准，以便在需要等待的位置进行精确的时间同步。在经过对各种软件结构必要的初始化之后，BIOS将开始一个比较通用的设备枚举和驱动加载的过程。下一节将对这个标准的设备枚举和加载过程进行专门的说明。

7.3　设备的探测及驱动加载

PCI总线于20世纪90年代初提出，发展到现在已经逐渐被PCIE等高速接口所替代，但其软件配置结构却基本没有发生变化，包括HyperTransport、PCIE等新一代高速总线都兼容PCI协议的软件框架。

在PCI软件框架下，系统可以灵活地支持设备的自动识别和驱动的自动加载。下面对PCI的软件框架进行简要说明。

在PCI协议下，IO的系统空间分为三个部分：配置空间、IO空间和Memory空间。配置空间存储设备的基本信息，主要用于设备的探测和发现；IO空间比较小，用于少量的设备寄存器访问；Memory空间可映射的区域较大，可以方便地映射设备所需要的大块物理地址空间。

对于X86架构来说，IO空间的访问需要使用IO指令操作，Memory空间的访问则需要使用通常的load/store指令操作。而对于MIPS或者LoongArch这种把设备和存储空间统一编址的体系结构来说，IO空间和Memory空间没有太大区别，都使用load/store指令操作。IO空间与Memory空间的区别仅在于所在的地址段不同，对于某些设备的Memory访问，可能可以采用更长的单次访问请求。例如对于IO空间，可以限制为仅能使用字访问，而对于Memory空间，则可以任意地使用字、双字甚至更长的Cache行访问。

配置空间的地址偏移由总线号、设备号、功能号和寄存器号的组合得到，通过对这个组合的全部枚举，可以很方便地检测到系统中存在的所有设备。

以 HyperTransport 总线为例，配置访问分为两种类型，即 Type0 和 Type1，其区别在于基地址和对总线号的支持。如图 7.3 所示，只需要在图中总线号、设备号、功能号的位置上进行枚举，就可以遍历整个总线，检测到哪个地址上存在设备。

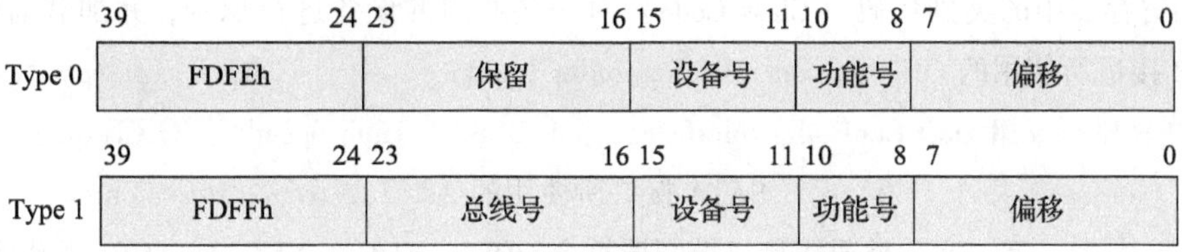

	39　24	23　16	15　11	10　8	7　0
Type 0	FDFEh	保留	设备号	功能号	偏移
Type 1	FDFFh	总线号	设备号	功能号	偏移

图 7.3　HyperTransport 总线配置访问的两种类型

通过这种方式，即使在某次上电前总线上的设备发生了变化，也可以在这个枚举的过程中被探测到。而每个设备都拥有唯一的识别号，即图 7.4 中的设备号和厂商号，通过加载这些识别号对应的驱动，就完成了设备的自动识别和驱动的自动加载。

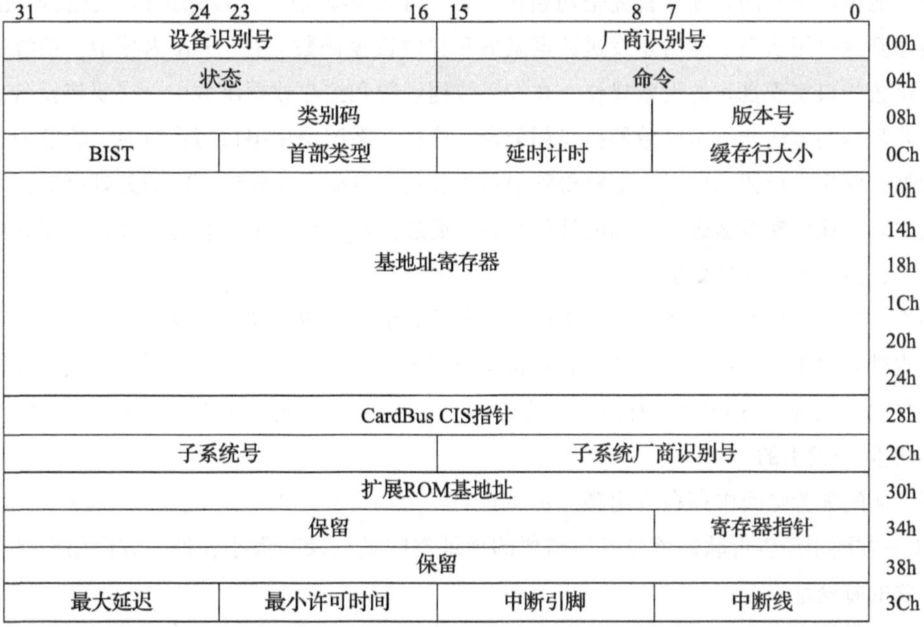

31　24	23　16	15　8	7　0	
设备识别号		厂商识别号		00h
状态		命令		04h
类别码			版本号	08h
BIST	首部类型	延时计时	缓存行大小	0Ch
基地址寄存器				10h 14h 18h 1Ch 20h 24h
CardBus CIS指针				28h
子系统号		子系统厂商识别号		2Ch
扩展ROM基地址				30h
保留			寄存器指针	34h
保留				38h
最大延迟	最小许可时间	中断引脚	中断线	3Ch

图 7.4　标准的设备配置空间寄存器分布

图 7.4 为标准的设备配置空间寄存器分布。对于所有设备，这个空间的分布都是一致的，以保证 PCI 协议对其进行统一的检索。

图 7.4 中的厂商识别号（Vendor ID）与设备识别号（Device ID）的组合是唯一的，由专门的组织进行管理。每一个提供 PCI 设备的厂商都应该拥有唯一的厂商识别号，以在设备枚举时正确地找到其对应的驱动程序。例如英特尔的厂商识别号为 0x8086，龙芯的厂商识别号为

0x0014。设备识别号对于每一个设备提供商的设备来说应该是唯一的。这两个识别号的组合就可以在系统中唯一地指明正确的驱动程序。

除了通过厂商识别号与设备识别号对设备进行识别并加载驱动程序之外，还可以通过设备配置空间寄存器中的类别代码（Class Code）对一些通用的设备进行识别，并加载通用驱动。例如USB接口所使用的OHCI（Open Host Controller Interface，用于USB2.0 Full Speed或其他接口）、EHCI（Enhanced Host Controller Interface，用于USB2.0 High Speed）、XHCI（eXtensible Host Controller Interface，用于USB3.0），SATA接口所使用的AHCI（Advance Host Controller Interface，用于SATA接口）等。这一类通用接口控制器符合OHCI、EHCI、XHCI或AHCI规范所规定的标准接口定义和操作方法，类似于处理器的指令集定义，只要符合相应的规范，即使真实的设备不同，也能够运行标准的驱动程序。

所谓驱动程序就是一组函数，包含用于初始化设备、关闭设备或是使用设备的各种相关操作。还是以最简单的串口设备为例，如果在设备枚举时找到了一个PCI串口设备，它的驱动程序里面可能包含哪些函数呢？首先是初始化函数，在找到设备后，首先执行一次初始化函数，以使设备到达可用状态。然后是发送数据函数和接收数据函数。在Linux内核中，系统通过调用读写函数接口实现真正的设备操作。在发送数据函数和接收数据函数中，需要将设备发送数据和接收数据的方法与读写函数的接口相配合，这样在系统调用串口写函数时，能够通过串口发送数据，调用串口读函数时，能够得到串口接收到的数据。此外还有中断处理函数，当串口中断发生时，让中断能够进入正确的处理函数，通过读取正确的中断状态寄存器，找到中断发生的原因，再进行对应的处理。

当然，为了实现所有设备的共同工作，还需要其他PCI协议特性的支持。

首先就是对于设备所需IO空间和Memory空间的灵活设置。从图7.4可以看到，在配置空间中，并没有设备本身功能上所使用的寄存器。这些寄存器实际上是由可配置的IO空间或Memory空间来索引的。

图7.4的配置空间中存在6组独立的基址寄存器（Base Address Register，简称BAR）。这些BAR一方面用于告诉软件该设备所需要的地址空间类型及其大小，另一方面用于接收软件给其配置的基地址。

BAR的寄存器定义如图7.5所示，其最低位表示该BAR是IO空间还是Memory空间。BAR中间有一部分只读位为0，正是这些0的个数表示该BAR所映射空间的大小，也就是说BAR所映射的空间为2的幂次方大小。BAR的高位是可写位，用来存储软件设置的基地址。

31　　　　n	n−1　　　　4	3	2　1	0
可写位	只读0位	可预取标识	64位标识	IO标识

图7.5　BAR的寄存器定义

在这种情况下，对一个BAR的基地址配置方式首先是确定BAR所映射空间的大小，再分配一个合适的空间，给其高位基地址赋值。确定BAR空间大小的方法也很巧妙，只要给这个寄存器先写入全1的值，再读出来观察0的个数即可得到。

对PCI设备的探测和驱动加载是一个递归调用过程，大致算法如下：

1）将初始总线号、初始设备号、初始功能号设为0。

2）使用当前的总线号、设备号、功能号组成一个配置空间地址，这个地址的构成如图7.3所示，使用该地址，访问其0号寄存器，检查其设备号。

3）如果读出全1或全0，表示无设备。

4）如果该设备为有效设备，检查每个BAR所需的空间大小，并收集相关信息。

5）检测其是否为一个多功能设备，如果是则将功能号加1再重复扫描，执行第2步。

6）如果该设备为桥设备，则给该桥配置一个新的总线号，再使用该总线号，从设备号0、功能号0开始递归调用，执行第2步。

7）如果设备号非31，则设备号加1，继续执行第2步；如果设备号为31，且总线号为0，表示扫描结束，如果总线号非0，则退回上一层递归调用。

通过这个递归调用，就可以得到整个PCI总线上的所有设备及其所需要的所有空间信息。有了这些信息，就可以使用排序的方法对所有的空间从大到小进行分配。最后，利用分配的基地址和设备的ID信息，加载相应的驱动就能够正常使用该设备。

下面是从龙芯3A处理器PCI初始化代码中抽取出的程序片段。通过这个片段，可以比较清楚地看到整个软件处理过程。

```
void _pci_businit(int init)
{
  ......

  for(i=0,pb=pci_head;i<pci_roots;i++,pb=pb->next){  #这里的pci_roots用于表示系统中有多少
                                                      #个根节点，通常的计算机系统中都为1
    _pci_scan_dev (pb, i, 0, init)
  }
  ......
  _setup_pcibuses (init)                               #对地址窗口等进行配置
}

static void _pci_scan_dev (struct pci_pdevice *dev, int bus, int device, int initialise)
{
  for (; device<32; device++) {
    _pci_query_dev (dev, bus, device, initialize) ;    #对本级总线，扫描所有32个设备
                                                      #位置，判断是否存在设备
  }
}
```

```
static void _pci_query_dev(struct pci_device *dev, int bus, int device, int initialise)
{
  ......
  misc = _pci_conf_read(tag, PCI_BHLC_REG);
  if(PCI_HDRTYPE_MULTIFN(misc)){                                    #检测是否为多功能设备
    for(function=0;function<8;function++){
      tag = _pci_make_tag(bus,device,function);
      id  = _pci_conf_read(tag, PCI_ID_REG);
      if(id==0 ||id==0xFFFFFFFF){
        continue;
      }
      _pci_query_dev_func(dev,tag,initialise);
    }
  } else {
    _pci_query_dev_func(dev,tag,initialise);
  }
}

void _pci_query_dev_func(struct pci_device *dev, pcitag tag, int initialise)
{
  ......
  class = _pci_conf_read(tag, PCI_CLASS_REG);                      #读取配置头上的类别信息
  id    = _pci_conf_read(tag, PCI_ID_REG);                         #读取配置头上的厂商 ID、设备 ID
  ......
   if(PCI_ISCLASS(class,PCI_CLASS_BRIDGE,PCI_SUBCLASS_BRIDGE_PCI)){ #对于桥设备,
                                                                    #需要递归处理下级总线
     ......
     pd->bridge.pribus_num = bus;                                   #设置桥上的总线号信息
     pd->bridge.secbus_num = ++_pci_nbus;
     ......
     _pci_scan_dev(pd, pd->bridge.secbus_num, 0, initialise);       #开始递归调用
     ......
     /* 收集整个下级总线所需要的资源信息 */
  } else {
    ......
    /* 收集本设备所需要的资源信息 */
  }
}
```

假设 Memory 空间的起始地址为 0x40000000，在设备扫描过程中发现了 USB 控制器、显示控制器和网络控制器，三个设备对于 Memory 空间的需求如表 7.3 所示。

表 7.3　三个设备的空间需求

设备号	名称	BAR 号	大小
1	USB 控制器	0	4KB
2	显示控制器	0	128MB
		1	64KB
3	网络控制器	0	4KB
		1	16KB

在得到以上信息后，软件对各个设备的空间需求进行排序，并依次从 Memory 空间的起始地址开始分配，最终得到的设备地址空间分布如表 7.4 所示。

表 7.4　三个设备的地址空间分布

设备号	名称	BAR 号	大小	起始地址	结束地址
1	USB 控制器	0	4KB	0x48015000	0x48015FFF
2	显示控制器	0	128MB	0x40000000	0x47FFFFFF
		1	64KB	0x48000000	0x4800FFFF
3	网络控制器	0	4KB	0x48014000	0x48014FFF
		1	16KB	0x48010000	0x48013FFF

经过这样的设备探测和驱动加载过程，可以将键盘、显卡、硬盘或者网卡等设备驱动起来，在这些设备上加载预存的操作系统，就完成了整个系统的正常启动。

如果把 CPU 比作一个大房间，至此，房间内灯火通明，门窗均已打开，门窗外四通八达。CPU 及相关硬件处于就绪状态。

7.4　多核启动过程

上面几节主要讨论了从处理器核初始化、总线初始化、外设初始化到操作系统加载的启动过程。启动过程中多处理器核间的相互配合将在本节进行讨论。

实现不同处理器核之间相互同步与通信的一种手段是核间中断与通信信箱机制。在龙芯 3 号处理器中，为每个处理器核实现了一组核间通信寄存器，包括一组中断寄存器和一组信箱寄存器。这组核间通信寄存器也属于 IO 寄存器的一种。实际上，信箱寄存器完全可以通过在内存中分配一块地址空间实现，这样 CPU 访问延迟更短。而专门使用寄存器实现的信箱寄存器更多是为了在内存还没有初始化前就让不同的核间能够有效通信。

7.4.1　初始化时的多核协同

在 BIOS 启动过程中，为了简化处理流程，实际上并没有用到中断寄存器，对于各种外设也没有使用中断机制，都是依靠处理器的轮询来实现与其他设备的协同工作。

为了简化多核计算机系统的启动过程，我们将多核处理器中的一个核定为主核，其他核定为从核。主核除了对本处理器核进行初始化之外，还要负责对各种总线及外设进行初始化；而从核只需要对本处理器核的私有部件进行初始化，之后在启动过程中就可以保持空闲状态，直至进入操作系统再由主核进行调度。

从核需要初始化的工作包括哪些部分呢？首先是从核私有的部分。所谓私有，就是其他处理器核无法直接操纵的部件，例如核内的私有寄存器、TLB、私有 Cache 等，这些器件只能由每个核自己进行初始化而无法由其他核代为进行。其次还有为了加速整个启动过程，由主核分配给从核做的工作，例如当共享 Cache 的初始化操作非常耗时的时候，可以将整个共享 Cache 分为多个部分，由不同的核负责某一块共享 Cache 的初始化，通过并行处理的方式进行加速。

主核的启动过程与前三节介绍的内容基本是一致的。但在一些重要的节点上则需要与从核进行同步与通信，或者说通知从核系统已经到达了某种状态。为了实现这种通知机制，可以将信箱寄存器中不同的位定义为不同的含义，一旦主核完成了某些初始化阶段，就可以给信箱寄存器写入相应的值。例如将信箱寄存器的第 0 位定义为“串口初始化完成”标志，第 1 位定义为“共享 Cache 初始化完成”标志，第 2 位定义为“内存初始化完成”标志。

在主核完成串口的初始化后，可以向自己的信箱寄存器写入 0x1。从核在第一次使用串口之前需要查询主核的信箱寄存器，如果第 0 位为 0，则等待并轮询，如果非 0，则表示串口已经初始化完成，可以使用。

在主核完成了共享 Cache 的初始化后，向自己的信箱寄存器写入 0x3。而从核在初始化自己的私有 Cache 之后，还不能直接跳转到 Cache 空间执行，必须等待信号，以确信主核已将全部的共享 Cache 初始化完成，然后再开始 Cache 执行才是安全的。

在主核完成了内存初始化后，其他核才能使用内存进行数据的读写操作。那么从核在第一次用到内存之前就必须等待表示内存初始化完成的 0x7 标志。

7.4.2　操作系统启动时的多核唤醒

当从核完成了自身的初始化之后，如果没有其他工作需要进行，就会跳转到一段等待唤醒的程序。在这个等待程序里，从核定时查询自己的信箱寄存器。如果为 0，则表示没有得到唤醒标志。如果非 0，则表示主核开始唤醒从核，此时从核还需要从其他几个信箱寄存器里得到唤醒程序的目标地址，以及执行时的参数。然后从核将跳转到目标地址开始执行。

以下为龙芯 3A5000 的 BIOS 中从核等待唤醒的相关代码。

```
slave_main:
    dli      t2, NODE0_CORE0_BUF0            #NODE0_CORE0_BUF0 为 0 号核的信箱寄存器地址,其他核的
    dli      t3, BOOTCORE_ID                 #信箱寄存器地址与之相关,在此根据主核的核号,确定主核信
    sll.d    t3, 8                           #箱寄存器的实际地址
    or       t2, t2, t3

wait_scache_allover:
    ld.w     t4, t2, FN_OFF                  #等待主核写入初始化完成标志
    dli      t5, SYSTEM_INIT_OK
    bne      t4, t5, wait_scache_allover

    bl       clear_mailbox                   #对每个核各自的信箱寄存器进行初始化

waitforinit:
    li       a0, 0x1000
idle1000:
    addiu    a0, -1
    bnez     a0, idle1000

    ld.w     t2, t1, FN_OFF                  #t1 为各个核的信箱寄存器地址,轮询等待
    beqz     t2, waitforinit

    ld.d     t2, t1, FN_OFF                  #通过读取低 32 位确定是否写入,再读取 64 位得到完整地址
    ld.d     sp, SP_OFF(t1)                  #从信箱寄存器中的其他地方取回相关启动参数
    ld.d     gp, GP_OFF(t1)
    ld.d     a1, A1_OFF(t1)

    move     ra, t2                          #转至唤醒地址,开始执行
    jirl     zero, ra, 0x0
```

在操作系统中，主核在各种数据结构准备好的情况下就可以开始依次唤醒每一个从核。唤醒的过程也是串行的，主核唤醒从核之后也会进入一个等待过程，直到从核执行完毕再通知主核，再唤醒一个新的从核，如此往复，直至系统中所有的处理器核都被唤醒并交由操作系统管理。

7.4.3 核间同步与通信

操作系统启动之前，利用信箱寄存器进行了大量的多核同步与通信操作，但在操作系统启动之后，除了休眠唤醒一类的操作，却基本不会用到信箱寄存器。Linux 内核中，只需要使用核间中断就可以完成各种核间的同步与通信操作。

核间中断也是利用一组 IO 寄存器实现的。通过将目标核的核间中断寄存器置 1 来产生一个中断信号，使目标核进入中断处理。中断处理的具体内容则是通过内存进行交互的。内核中为每个核维护一个队列（内存中的一个数据结构），当一个核想要中断其他核时，它将需要处理的内容加入目标核的这个队列，然后再向目标核发出核间中断（设置其核间中断寄存器）。

当目标核被中断之后，开始处理其核间通信队列，如果其间还收到了更多的核间中断请求，也会一并处理。

为什么 Linux 内核中的核间中断处理不通过信箱寄存器进行呢？首先信箱寄存器只有一组，也就是说如果通过信箱寄存器发送通信消息，在这个消息没被处理之前，是不能有其他核再向其发出新的核间中断的。这样无疑会导致核间中断发送方的阻塞。另外，核间中断寄存器实际上是 IO 寄存器，前面我们提到，对于 IO 寄存器的访问是通过不经缓存这种严格访问序的方式进行的，相比于 Cache 访问方式，不经缓存读写效率极其低下，本身延迟开销很大，还可能会导致流水线的停顿。因此在实际的内核中，只有类似休眠唤醒这种特定的同步操作才会利用信箱寄存器进行，其他的同步通信操作则是利用内存传递信息，并利用核间中断寄存器产生中断的方式共同完成的。

7.5　本章小结

本章的目的是使读者了解最基本的计算机软硬件协同。计算机系统从上电复位到引导操作系统启动的基本过程是从处理器核的初始化开始，经过芯片的各种接口总线的初始化，再到各种外围设备的初始化，最终完成了操作系统引导的准备工作。整个启动过程的大部分工作是串行的。对于多核处理器，启动过程中还会穿插着一些多核协同的处理工作。

系统启动的整个过程中，计算机系统在软件的控制下由无序到有序，所有的组成部分都由程序管理，按照程序的执行发挥各自的功能，最终将系统的控制权安全交到操作系统手中，完成整个启动过程。

习题

1. 什么情况下需要对 Cache 进行初始化？LoongArch 中 Cache 初始化过程中所使用的 CACOP 指令 Index Store Tag 的作用是什么？
2. Cache 初始化和内存初始化的目的有什么不同？系统如何识别内存的更换？
3. 从 HyperTransport 配置地址空间的划分上，计算整个系统能够支持的总线数量、设备数量及功能数量。
4. 根据 PCI 地址空间命中方法及 BAR 的配置方式，给出地址空间命中公式。
5. 多核唤醒时，如果采用核间中断方式，从核的唤醒流程是怎样的？
6. 在一台 Linux 机器上，通过“lspci -v”命令查看该机器的设备列表，并列举其中三个设备的总线号、设备号和功能号，通过其地址空间信息写出该设备 BAR 的实际内容。

P A R T 4

第四部分

CPU 微结构

第四部分介绍 CPU 指令系统和晶体管实现之间的桥梁：CPU 微结构。该部分的内容组织如下：第 8 章首先回顾二进制、CMOS 晶体管及逻辑电路的基本概念；随后介绍先行进位加法器和定点补码乘法器两种运算单元的电路设计。第 9 章重点介绍五级静态流水线处理器的微结构设计；最后对多发射数据通路、动态流水线、转移预测和高速缓存等提升流水线效率的技术进行简要介绍。

C H A P T E R 8

第 8 章

运算器设计

8.1 二进制与逻辑电路

8.1.1 计算机中数的表示

人们使用计算机处理信息。无论被处理信息的实质形态如何千差万别，计算机内部只能处理离散化的编码后的数据。目前，计算机系统内部的所有数据均采用二进制编码。这样做的原因主要有两点。

1）二进制只有“0”和“1”两个数，其编码、计数和运算规则都很简单，特别是其中的符号“0”和“1”恰好可以与逻辑命题的“假”和“真”两个值相对应，因而能通过逻辑电路方便地实现算术运算。

2）二进制只有两种基本状态，使用有两个稳定状态的物理器件就能表示二进制数的每一位，而制造有两个稳定状态的物理器件要比制造有多个稳定状态的物理器件容易得多。例如电压的“高”“低”、磁极的“N”“S”、脉冲的“正”“负”、磁通量的“有”“无”。半导体工艺无论是 TTL、ECL 还是 CMOS，都是用电压的高低来表示二进制的两个基本状态。

所有数据在计算机内部最终都交由机器指令处理，被处理的数据分为数值数据和非数值数据两类。数值数据用于表示数量的多少；非数值数据就是一个二进制比特串，不表示数量多少。对于给定的一个二进制比特串，要确定其表达的数值，需要明确三个要素：进位制、定/浮点表示和编码规则。

1. 二进制

二进制同人们日常使用的十进制原理是相同的，区别仅在于两者的基数不同。

一般地，任意一个 R 进制数（R 是正整数）

$$A = a_n a_{n-1} \cdots a_1 a_0 . a_{-1} a_{-2} \cdots a_{1-m} a_{-m} (m,\ n \text{ 为正整数})$$

其值可以通过如下方式求得：

$$\text{Value}(A) = a_n \times R^n + a_{n-1} \times R^{n-1} + \cdots + a_1 \times R^1 + a_0 \times R^0 + a_{-1} \times R^{-1} + a_{-2} \times R^{-2} + \cdots + a_{1-m} \times R^{1-m} + a_{-m} \times R^{-m}$$

其中 R 称为基数，代表每个数位上可以使用的不同数字符号的个数。R^i 称为第 i 位上的权，即采用“逢 R 进一”。

二进制即是上述一般性定义中 $R=2$ 的具体情况。

上面的定义只回答了非负数或无符号整数的二进制表示问题。有关正负整数的表示问题会在下面讨论。下面举例说明无符号二进制整数的表示和加法。

例 用 4 位二进制编码，计算 5+9。

解 5 的 4 位二进制表示为 0101_2，9 的 4 位二进制表示为 1001_2。5+9 列竖式计算如下：

$$\begin{array}{r} 0101 \\ +1001 \\ \hline 1110 \end{array}$$

上面的竖式计算过程和人们日常的十进制竖式加法计算过程极为相似。所不同的仅在于，十进制是“逢十进一”，二进制是“逢二进一”。

计算机内部的所有数据都采用二进制编码表示，但是在表示绝对值较大的数据时需要很多位，不利于书写和阅读，因此经常采用十六进制编码来记录数据。因为 16 恰为 2^4，所以二进制和十六进制相互转换时不会出现除不尽的情况，可以非常快捷地进行两种进制的转换运算。具体做法是，将一个数由二进制编码转换为十六进制编码时，从小数点开始，向左、向右两个方向，每 4 个二进制位一组（不足时小数点左侧的左补 0，小数点右侧的右补 0），直接替换为一个十六进制位。十六进制编码转换为二进制编码的方法类似，只是每个十六进制位替换为 4 个二进制位。

2. 定点数的表示

常见的数有整数和实数之分，整数的小数点固定在数的最右边，通常省略不写，而实数的小数点则不是固定的。但是，计算机中只能表示 0 和 1，无法表示小数点，因此计算机中表示数值数据必须要解决小数点的表示问题。我们通过约定小数点的位置来解决该问题。小数点位置约定在固定位置的数称为定点数，小数点位置约定为可以浮动的数称为浮点数。其中浮点数的表示将在下面介绍。这里将介绍计算机中最常见的两种定点数表示方法：原码和补码。

在明确了进位制和小数点位置的约定之后，整数在计算机中的表示还有一个正负号如何表示的问题要解决。针对这一问题，原码和补码这两种编码规则采用了不同的解决思路。

（1）原码

数的原码表示采用“符号-数值”的表示方式，即一个形如 $A=a_{n-1}a_{n-2}\cdots a_1a_0$ 的原码表示，最高位 a_{n-1} 是符号位，0 表示正数，1 表示负数；其余位 $a_{n-2}\cdots a_1a_0$ 表示数值的绝对值。如果 a_{n-1} 是 0，则 A 表示正数 $+a_{n-2}\cdots a_1a_0$；如果 a_{n-1} 是 1，则 A 表示负数 $-a_{n-2}\cdots a_1a_0$。例如，对于

+19 和−19 这两个数，如果用 8 位二进制原码表示，则+19 的原码是 00010011_2，−19 的原码是 10010011_2。

原码表示有两大优点：

1）与人们日常记录正负数的习惯接近，与真实数值之间的对应关系直观，利于与真实数值相互转换。

2）原码实现乘除运算比较简便直接。

但是原码表示亦存在两个缺点：

1）存在两个 0，即一个+0，一个−0。这不仅有悖于人们的习惯，也给使用带来不便。

2）原码的加减运算规则复杂，这对于逻辑实现的影响很大。在进行原码加减运算时，需要首先判断是否为异号相加或同号相减的情况，如果是的话则必须先根据两个数的绝对值的大小关系来决定结果的正负号，再用绝对值大的数减去绝对值小的数。

权衡上述利弊，现代计算机中基本不使用原码来表示整数。原码仅在表示浮点数的尾数部分时采用。

（2）补码

补码是定点数的另一种表示方法。现代计算机中基本都是采用补码来表示整数。它最大的好处就是可以用加法来完成减法运算，实现加减运算的统一。这恰好解决了原码表示所存在的最大问题。

在补码表示中，其最高位同原码一样也作为符号位，0 表示正数，1 表示负数。补码表示和原码表示的差异在于其数值的计算方法。对于一个形如 $A=a_{n-1}a_{n-2}\cdots a_1a_0$ 的补码表示，其值等于$-2^{n-1}\times a_{n-1}+a_{n-2}\cdots a_1a_0$。如果 a_{n-1} 是 0，则补码和原码一样，A 表示正的 $a_{n-2}\cdots a_1a_0$；如果 a_{n-1} 是 1，则 A 表示 $a_{n-2}\cdots a_1a_0$ 减去 $10\cdots0_2$（共 $n-1$ 个 0）得到的数。

求一个数的补码是个取模运算。关于模运算系统的准确数学描述，感兴趣的读者可以自行查阅相关资料。这里举一个最为常见的模运算系统的例子——时钟。这个模系统的模数为 12。假定现在时钟指向 6 点，需要将它拨向 10 点，那么你有两种拨法，一种是顺时针向前拨 4 个小时，另一种是逆时针向后拨 8 个小时。这种相同的效果用数学的语言来说即 $4\equiv-8(\mathrm{mod}\ 12)$。基于模运算系统的概念，对于具有 1 位符号位和 $n-1$ 位数值位的 n 位二进制整数的补码来说，其补码的定义是：

$$[X]_{补}=2^n+X(\mathrm{mod}\ 2^n),\quad -2^{n-1}\leqslant X<2^{n-1}$$

利用补码基于模运算的这个特点，可以把减法转换成加法来做，因此在计算机中不用把加法器和减法器分开，只要有加法器就可以做减法。

根据上述补码的定义并不容易写出一个数值的补码形式，而前面提到的原码可以很直观地与其数值进行转换。这里介绍一个原码和补码之间的转换方法：最高位为 0 时，原码与补码相同；最高位为 1 时，原码的最高位不变，其余位按位取反后末位加 1。举个例子，譬如

+19 这个数，如果用 8 位二进制原码表示是 00010011_2，最高位是 0，所以其二进制补码也是 00010011_2。那么对于-19 这个数，其原码就是把+19 原码的最高位从 0 变为 1，即 10010011_2。在求-19 的补码时，原码最高位的 1 保持不变，原码余下的 7 位 0010011_2 按位取反得到 1101100_2，末位再加一个 1，得到 1101101_2，最终得到-19 的 8 位补码是 11101101_2，这个值实际上是由+19 的 8 位补码减去 $10000000_2(128_{10})$ 得到的。

(3) 溢出

无论采用原码表示还是补码表示，当一个二进制数的位数确定后，其能够覆盖的数值范围也就确定了。例如 n 位的二进制有符号数，其原码表示范围是 $[-2^{n-1}+1, 2^{n-1}-1]$，其补码表示范围是 $[-2^{n-1}, 2^{n-1}-1]$。当同符号数相加或异符号数相减时，结果的数值就可能会超过该长度编码下可表示的范围，称之为溢出。例如，使用 4 位二进制编码计算-7+5，-7 的补码是 1001_2，+5 的补码是 0101_2，两者相加是 $1110_2(-2_{10})$，两异号数相加不会溢出。又比如，使用 4 位二进制编码计算 5+4，+5 的补码是 0101_2，+4 的补码是 0100_2，两者相加得到 $1001_2(-7_{10})$，这显然是溢出，两个正数相加得到了一个负数。

加法溢出的判断方法是：如果 A 和 B 的最高位一样，但是 $A+B$ 结果的最高位与 A 和 B 的最高位不一样，表示溢出，即两个正数相加得到负数，或两个负数相加得到正数。减法溢出的判断方法类似，即负数减正数结果是正数，或正数减负数结果是负数，这就表示溢出。

3. 浮点数的表示

计算机中用于数据存储、传输和运算的部件的位数都是有限的，所以采用定点数表示数值数据时有一个不足之处，就是表示范围有限，太大或太小的数都不能表示。同时定点数表示精度也有限，用定点做除法不精确。此外，定点数也无法表示数学中的实数。所以，计算机还定义了浮点数，用来表示实数并弥补定点数的不足。

(1) 二进制的科学记数法

在具体介绍计算机浮点数表示规格前，我们先回忆一下日常书写实数时所采用的科学记数法。譬如 0.000000001_{10} 可以记为 $1.0_{10}\times10^{-9}$，-31576000_{10} 可以记为 $-3.1576_{10}\times10^7$。一个采用科学记数法表示的数，如果尾数没有前导零且小数点左边只有一位整数，则可称为规格化数。既然我们可以用科学记数法来表示十进制实数，也可以用科学记数法来表示二进制实数。其一般的表示形式为：

$$(-1)^s \times f \times 2^e$$

其中 s 表示符号，f 为尾数域的值，e 为指数域的值。

譬如二进制实数的科学记数法表示：$1.1_2\times2^4=2.4_{10}\times10^1$，$-1.0_2\times2^{-7}=-7.8125_{10}\times10^{-3}$。

(2) IEEE 754 浮点数标准

计算机中的浮点数表示沿用了科学记数法的表示方式，即包含了符号、尾数和阶码三个域。符号用一位二进制码表示，0 为正，1 为负。然而在计算机内部位宽是有限的，余下的尾数和阶码两者间存在一个此消彼长的关系，需要设计者在两者间权衡：增加尾数的位宽会提高表示的精度但是会减少表示的范围，而增加阶码的位宽虽然扩大了表示的范围但是会降低表示的精度。因为浮点数规格的定义融入了设计者自身的考虑，所以直到20世纪80年代初，浮点数表示格式还没有统一标准，不同厂商的计算机内部的浮点数表示格式存在差异。这导致在不同厂商计算机之间进行含有浮点数的数据传送或程序移植时，必须进行数据格式的转换，更为糟糕的是，有时这种数据格式转换会带来运算结果不一致的问题。因此，从20世纪70年代后期开始，IEEE成立委员会着手制定统一的浮点数标准，最终在1985年完成了浮点数标准IEEE 754的制定。该标准的主要起草者是美国加州大学伯克利分校数学系教授William Kahan，他帮助Intel公司设计了8087浮点协处理器，并以此为基础形成了IEEE 754标准，他本人也因此获得了1987年的图灵奖。自IEEE 754标准颁布后，目前几乎所有的计算机都遵循该标准来表示浮点数。在过去的几十年间，IEEE 754标准也根据工业界在CPU研发过程中遇到的新需求、实现的新结构，及时进行演进和完善。其中一个比较重要的版本是2008年更新的IEEE 754—2008。该版本中明确了有关融合乘加（Fused Multiply-Add）运算、半精度浮点数等方面的内容。本书仅介绍IEEE 754标准中涉及单精度、双精度浮点数表示的基本内容，对其他内容感兴趣的读者可查阅相关文献。

（3）IEEE 754标准浮点数格式

IEEE 754标准中定义了两种基本的浮点数格式：32位的单精度格式和64位的双精度格式，如图8.1所示。

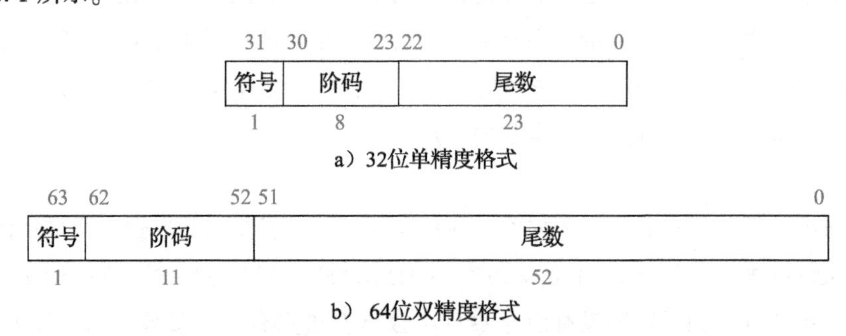

图8.1　IEEE 754浮点数格式

32位单精度格式中包含1位符号、8位阶码和23位尾数；64位双精度格式中包含1位符号、11位阶码和52位尾数。两种格式下基数均隐含为2。

IEEE 754标准中，尾数用原码表示。由于表示同一个数的时候尾数可以有多种表示，例如0.001_2可以表示为$0.1_2\times2^{-2}$，也可以表示成$1.0_2\times2^{-3}$，因此需要一个规格化的表示来使得表示唯一。IEEE 754标准中规格化尾数的表示统一为1.xxxx的形式。尾数规格化后第一位总为1，因而可以在尾数中缺省这一位1。隐藏该位后尾数可以多一位表示，精度提高一位。

IEEE 754 标准中，阶码用加偏置常量的移码表示，但是所用的偏置常量并不是通常 n 位移码所用的 2^{n-1}，而是（$2^{n-1}-1$），因此，单精度和双精度浮点数的偏置常量分别为 127 和 1023。

IEEE 754 标准对浮点数的一些情况做了特殊的规定，总的来说可以分为 5 种情况，主要用阶码进行区分，表 8.1 给出了 IEEE 754 标准中单精度和双精度不同浮点数的表示。

表 8.1　IEEE 754 浮点数格式

	单精度				双精度			
	符号	阶码	尾数	值	符号	阶码	尾数	值
正无穷	0	255	0	∞	0	2047	0	∞
负无穷	1	255	0	-∞	1	2047	0	-∞
非数（NaN）	0 或 1	255	≠0	NaN	0 或 1	2047	≠0	NaN
规格化非 0 正数	0	$0<e<255$	f	$1.f\times2^{e-127}$	0	$0<e<2047$	f	$1.f\times2^{e-1023}$
规格化非 0 负数	1	$0<e<255$	f	$-1.f\times2^{e-127}$	1	$0<e<2047$	f	$-1.f\times2^{e-1023}$
非规格化非 0 正数	0	0	$f\neq0$	$0.f\times2^{-126}$	0	0	$f\neq0$	$0.f\times2^{-1022}$
非规格化非 0 负数	1	0	$f\neq0$	$-0.f\times2^{-126}$	1	0	$f\neq0$	$-0.f\times2^{-1022}$
正 0	0	0	0	0	0	0	0	0
负 0	1	0	0	-0	1	0	0	-0

1）无穷大（阶码全 1 尾数全 0）。引入无穷大是为了在出现浮点计算异常时保证程序能够继续执行下去，同时也为程序提供一种检测错误的途径。+∞ 在数值上大于所有有限浮点数，-∞ 在数值上小于所有有限浮点数。无穷大不仅可以是运算的结果，也可以作为运算的源操作数。当无穷大作为源操作数时，根据 IEEE 754 标准规定，可以得到无穷大或非数的结果。

2）非数（阶码全 1 尾数非 0）。非数（NaN）表示一个没有定义的数。引入非数的目的是检测非初始化值的使用，而且在计算出现异常时程序能够继续执行下去。非数根据尾数的内容又可以分为发信号非数（Signaling NaN）和不发信号非数（Quiet NaN）两种。如果源操作数是 Quiet NaN，则运算结果还是 Quiet NaN；如果源操作数是 Signaling NaN，则会触发浮点异常。

3）规格化非 0 数（阶码非全 0 非全 1）。阶码 e 的值落在［1，254］（单精度）和［1，2046］（双精度）范围内的浮点数是规格化的非 0 数。其尾数经过规格化处理，最高位的 1 被省略。因此如果符号位是 0，则表示数值为 $1.f\times2^{e-127}$（单精度）和 $1.f\times2^{e-1023}$（双精度）；如果符号位是 1，则表示数值为 $-1.f\times2^{e-127}$（单精度）和 $-1.f\times2^{e-1023}$（双精度）。

4）非规格化非 0 数（阶码全 0 尾数非 0）。在规格化非 0 数中，能表示的浮点数的最小阶值是 -126（单精度）和 -1022（双精度），如果浮点数的绝对值小于 1.0×2^{-126}（单精度）和 1.0×2^{-1022}（双精度），该如何表示呢？IEEE 754 允许特别小的非规格化数，此时阶码为 0，尾数的小数点前面的那个 1 就不再添加了。因此如果符号位是 0，则表示数值为 $0.f\times2^{-126}$（单精度）和 $0.f\times2^{-1022}$（双精度）；如果符号位是 1，则表示数值为 $-0.f\times2^{-126}$（单精度）和 $-0.f\times2^{-1022}$（双精度）。非规格化数填补了最小的规格化数和 0 之间的一段空隙，使得浮点数值可表示的精度进一步提升了很多。

5）零（阶码全 0 尾数全 0）。根据符号位的取值，分为+0 和-0。

8.1.2 MOS 晶体管工作原理

从原理上看，只要有一个二值系统，并且系统中能够进行与、或、非这样的基本操作，就能够搭建出一台计算机。最早期的电子计算机使用继电器或电子管实现二值系统，而现代计算机中则采用晶体管来实现二值系统。晶体管可以根据控制端电压或电流的变化来实现“开启”和“关闭”的功能，从而表达二进制。晶体管主要分为双极型晶体管（Bipolar Junction Transistor）和金属-氧化物半导体场效应晶体管（Metal Oxide Semiconductor Field Effect Transistor，简称 MOSFET 或 MOS）。当前绝大多数 CPU 都采用 MOS 晶体管实现，其中又以互补金属氧化物半导体（Complementary Metal Oxide Semiconductor，简称 CMOS）晶体管电路设计最为常见。

1. 半导体

MOS 晶体管使用硅作为基本材料。在元素周期表中，硅是 IV 族元素，它的原子最外层有 4 个电子，可以与相邻的 4 个硅原子的最外层电子配对形成共价键。图 8.2a 给出了纯净硅中原子连接关系的一个简单二维平面示意，实际上纯净硅中原子构成的是一个正四面体立体网格。通过与相邻原子形成的共价键，纯净硅中所有原子的最外层都具有 8 个电子，达到相对稳定，所以纯净硅的导电性很弱。但是，如果在纯净硅中掺杂少量 5 价的原子（如磷），这些原子将挤占原有硅原子的位置，而由于这些原子的最外层有 5 个电子，除了与原有硅原子形成共价键用掉 4 个电子外，还多余一个处于游离状态的电子，如图 8.2b 所示。在电场的作用下，处于游离状态的电子就会逆着电场方向流动，形成负电流。这类材料被称为 N(Negative) 型材料。同样，如果在纯净的硅中掺杂少量 3 价的原子（如硼），那么这些原子挤占原有硅原子的位置后，其最外层还缺少一个电子和相邻的硅原子形成共价键，形成空穴，如图 8.2c 所示。在电场的作用下，周围的电子就会跑过来填补这个空穴，从而留下一个新的空穴，相当于空穴也在顺着电场方向流动，形成正电流。这类材料被称为 P(Positive) 型材料。当非 4 价元素掺杂的含量较小时，产生的电子和空穴也就比较少，用-号表示；当非 4 价元素掺杂的含量较大时，产生的电子和空穴也就比较多，用+号表示。因此，P^-表示掺杂浓度低的 P 型材料，里面只有少量的空穴；N^+表示掺杂浓度高的 N 型材料，里面有大量电子。

2. NMOS 和 PMOS 晶体管

如图 8.3 所示，MOS 晶体管是由多层摆放在一起的导电和绝缘材料构建起来的。每个晶体管的底部叫作衬底，是低浓度掺杂的半导体硅。晶体管的上部接出来 3 个信号端口，分别称为源极（Source）、漏极（Drain）和栅极（Gate）。源极和漏极叫作有源区，该区域内采用与衬底相反极性的高浓度掺杂。衬底是低浓度P型掺杂，有源区是高浓度N型掺杂的MOS晶体管叫作NMOS晶体管；衬底是低浓度N型掺杂，有源区是高浓度P型掺杂的MOS晶体管叫作PMOS晶体管。无论是NMOS管还是PMOS管，其栅极与衬底之间都存在一层绝缘体，叫作栅氧层，其成分通常是二氧化硅（SiO_2）。最早期的MOS晶体管栅极由金属制成，后来的栅极采用掺杂后的多晶硅制成。掺杂后的多晶硅尽管其电阻比金属大，但却比半导体硅的电阻小很多，可以作为电极。并且同普通金属相比，多晶硅更耐受高温，不至于在MOS晶体管生产过程中融化。不过最新的工艺又有重新采用金属栅极的。

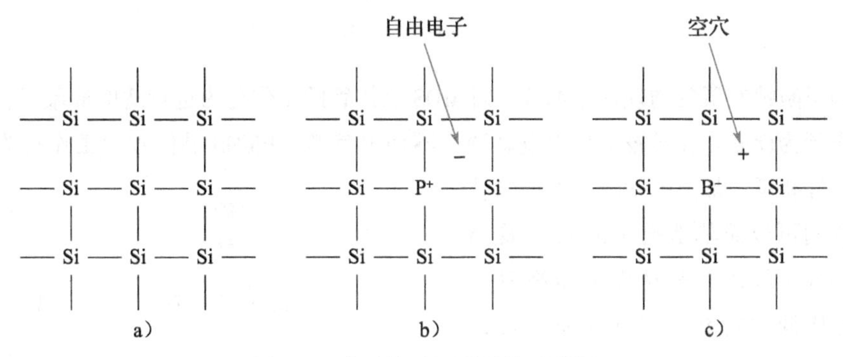

图8.2 半导体硅原子结构示意图

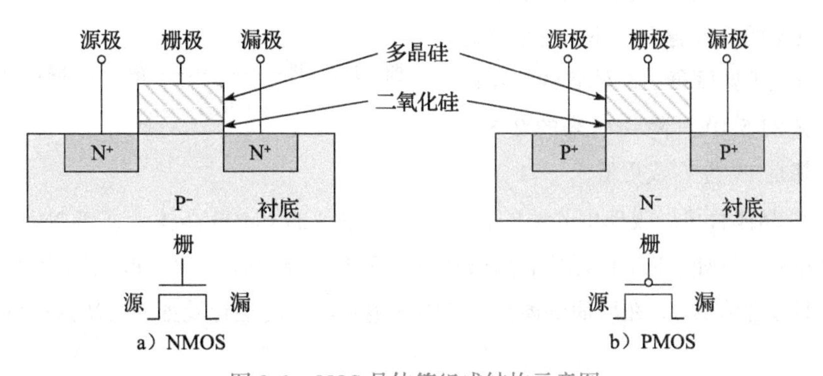

图8.3 MOS晶体管组成结构示意图

上面简述了MOS晶体管的基本构成，下面以NMOS晶体管为例介绍MOS晶体管的工作原理。如果单纯在源极、漏极之间加上电压，两极之间是不会有电流流过的，因为源极和漏极之间相当于有一对正反相对的PN结，如图8.4a所示。如果先在栅极上加上电压，因为栅氧层是绝缘的，就会在P衬底里形成一个电场。栅极上的正电压会把P衬底里面的电子吸引到栅氧层的底部，形成一个很薄的沟道电子层，相当于在源极和漏极之间架起了一座导电的桥梁。此时如果再在源极、漏极之间加上电压，那么两极之间的电流就能流过来了，如图8.4b所示。NMOS的基本工作原理就是这样，但是其实际的物理现象却很复杂。

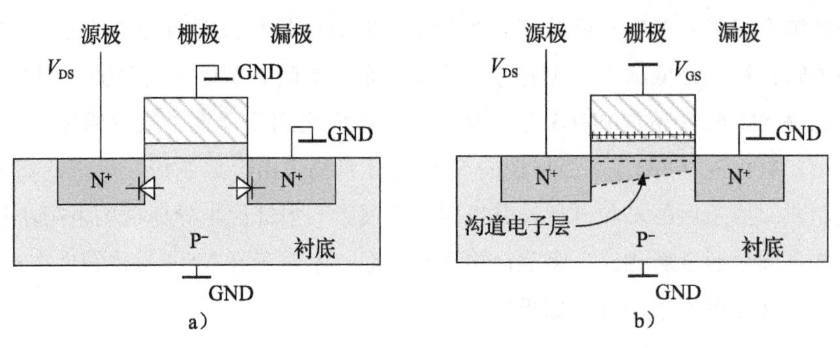

图 8.4　NMOS 晶体管工作原理示意图

当我们屏蔽掉底层的物理现象细节，对 MOS 晶体管的工作行为进行适度抽象后，NMOS 晶体管的工作行为就是：在栅极上加上电就通，不加电就断。PMOS 晶体管的工作行为与 NMOS 晶体管的恰好相反，加上电就断，不加电就通。这样我们可以简单地把 MOS 晶体管当作开关。NMOS 晶体管是栅极电压高时打开，栅极电压低时关闭；PMOS 晶体管反过来，栅极电压低时打开，栅极电压高时关闭。如图 8.5 所示。随着工艺的发展，MOS 晶体管中栅氧层的厚度越来越薄，使得开启所需的栅极电压不断降低。晶体管的工作电压从早期工艺的 5.0V，降到后来的 2.5V、1.8V，现在都是 1V 左右或更低。

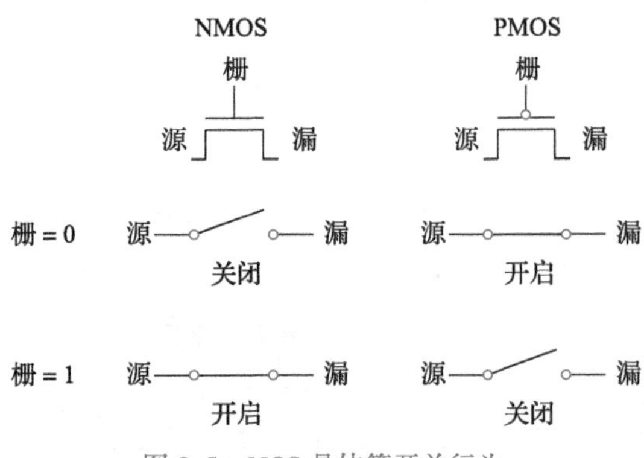

图 8.5　MOS 晶体管开关行为

尽管 MOS 晶体管可以表现出开关的行为，但是单纯的 PMOS 晶体管或者 NMOS 晶体管都不是理想的开关。例如，NMOS 晶体管适合传输 0 而不适合传输 1；PMOS 晶体管恰好相反，适合传输 1 而不适合传输 0。在后面讲述常见 CMOS 电路时，将会论及如何解决这一问题。

8.1.3　CMOS 逻辑电路

在了解了 MOS 晶体管的组成和基本原理后，我们接下来了解如何用 MOS 晶体管构建逻辑电路。

1. 数字逻辑电路

(1) 布尔代数

数字逻辑基于的数学运算体系是布尔代数。布尔代数是在二元集合 {0, 1} 基础上定义的。最基本的逻辑运算有三种：与（AND，&）、或（OR，|）、非（NOT，~）。这三种逻辑关系定义如下：

A	B	$A \& B$	$A \mid B$	$\sim A$
0	0	0	0	1
0	1	0	1	1
1	0	0	1	0
1	1	1	1	0

常用的布尔代数运算定律有：

- 恒等律：$A \mid 0=A$，$A \& 1=A$；
- 0/1 律：$A \mid 1=1$，$A \& 0=0$；
- 互补律：$A \mid (\sim A)=1$，$A \& (\sim A)=0$；
- 交换律：$A \mid B=B \mid A$，$A \& B=B \& A$；
- 结合律：$A \mid (B \mid C)=(A \mid B) \mid C$，$A \& (B \& C)=(A \& B) \& C$；
- 分配律：$A \&(B \mid C)=(A \& B) \mid (A \& C)$，$A \mid (B \& C)=(A \mid B) \& (A \mid C)$；
- 德摩根（DeMorgan）定律：$\sim(A \& B)=(\sim A) \mid (\sim B)$，$\sim(A \mid B)=(\sim A) \& (\sim B)$。

上述定律虽然很简单，但使用起来变化无穷。

根据电路是否具有数据存储功能，可将数字逻辑电路分为组合逻辑电路和时序逻辑电路两类。

（2）组合逻辑

组合逻辑电路中没有数据存储单元，电路的输出完全由当前的输入决定。在组合逻辑的各种表达方式中，最简单的就是真值表，即对每一种可能的输入组合给出输出值。显然一个 N 输入的电路就有 2^N 种不同的输入组合。常见的门级组合逻辑除了与门（AND）、或门（OR）、非门（NOT），还有与非门（NAND）、或非门（NOR）、异或门（XOR）。图 8.6 给出了一些常见的门逻辑符号及其真值表。

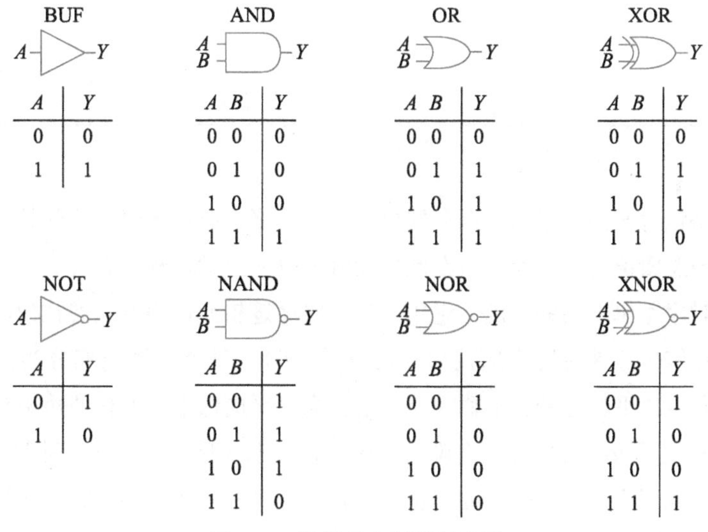

图 8.6　常用基本逻辑门电路

利用基本逻辑门电路可以构成具有特定功能的更大规模的组合逻辑部件，如译码器、编码器、多路选择器、加法器等。加法器和乘法器两类运算逻辑电路我们将在后续章节中介绍。表 8.2 所示是 3-8 译码器真值表，把 3 位信号译码成 8 位输出，当输入 000 时，8 个输出里面最低位为 1，输入为 001 时，次低位为 1，依次类推。表 8.3 所示是一个 8 选 1 选择器的真值表，当 *CBA* 为 000 的时候选择输出第 0 路 D_0，为 001 的时候选择输出第 1 路 D_1，依次类推。可以看出选择器可以用译码器加上与门来实现。

表 8.2　3-8 译码器真值表

输入			输出							
C	*B*	*A*	Y_0	Y_1	Y_2	Y_3	Y_4	Y_5	Y_6	Y_7
0	0	0	1	0	0	0	0	0	0	0
0	0	1	0	1	0	0	0	0	0	0
0	1	0	0	0	1	0	0	0	0	0
0	1	1	0	0	0	1	0	0	0	0
1	0	0	0	0	0	0	1	0	0	0
1	0	1	0	0	0	0	0	1	0	0
1	1	0	0	0	0	0	0	0	1	0
1	1	1	0	0	0	0	0	0	0	1

表 8.3　8 选 1 选择器真值表

输入			输出
C	*B*	*A*	*Y*
0	0	0	D_0
0	0	1	D_1
0	1	0	D_2
0	1	1	D_3
1	0	0	D_4
1	0	1	D_5
1	1	0	D_6
1	1	1	D_7

（3）时序逻辑

时序逻辑电路包含时钟信号和数据存储单元两个要素。时序逻辑电路的特点在于，其输出不但与当前输入的逻辑值有关，而且与在此之前曾经输入过的逻辑值有关。

时钟信号是时序逻辑电路的基础，它用于确定时序逻辑元件中的状态在何时发生变化。如图 8.7 所示，时钟信号是具有固定周期的标准脉冲信号。每个时钟周期分为高、低电平两部分，其中低电平向高电平变化的边沿称为上升沿，高电平向低电平变化的边沿称为下降沿。在 CPU 设计中，通常使用边沿触发方式来确定时序逻辑状态变化的时间点。所谓边沿触发就是将时钟信号的上升沿或下降沿作为采样的同步点，在每个采样同步点，对时序逻辑电路的状态进行采样，并存储到数据存储单元中。

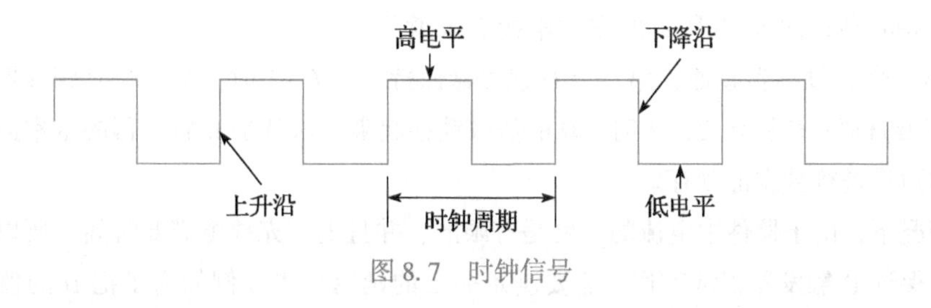

图 8.7　时钟信号

数据存储单元是时序逻辑电路中的核心。数据存储单元多由锁存器构成。首先介绍 RS 锁存器。图 8.8 是 RS 锁存器的逻辑图和真值表。RS 锁存器包含置位端 S(Set) 和复位端 R(Reset) 两个输入端口，R 为 0、S 为 1 时置输出为 1，R 为 1、S 为 0 时输出为 0。在图 8.8 中，下面与非门的输出接到上面与非门的一个输入，同样上面与非门的输出接到下面与非门的一个输入，通过两个成蝶形连接的与非门构成 RS 锁存器。RS 锁存器与组合逻辑的不同在于，当 (R, S) 的值从 (0, 1) 或 (1, 0) 变成 (1, 1) 时能够保持输出值的状态不变，从而实现数据的存储。组合的输出只跟输入相关；但是 RS 锁存器的输入变了，它的输出还能保持原来的值。

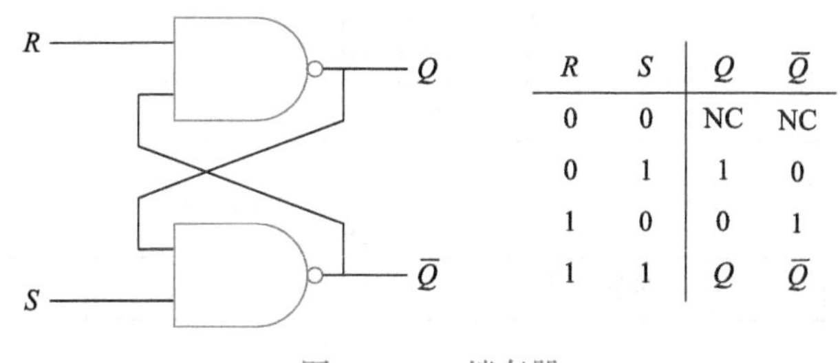

R	S	Q	$\overline{Q}$
0	0	NC	NC
0	1	1	0
1	0	0	1
1	1	Q	$\overline{Q}$

图 8.8　RS 锁存器

在 RS 锁存器前面连接上两个与非门，再用时钟 C(Clock) 控制 D 输入就构成了如图 8.9a 所示的电路。当 C=0 时，R 和 S 都为 1，RS 锁存器处于保持状态，也就是说当时钟处于低电平时，无论输入 D 怎样变化，输出都保持原来的值。当 C=1 时，输出 Q 与输入 D 值相同，相当于直通。这就是 D 锁存器 (D Latch) 的原理，通过时钟 C 的电平进行控制，高电平输入，低电平保持。

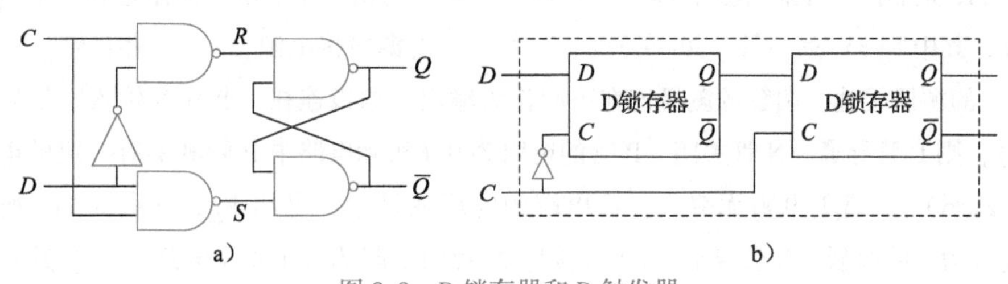

图 8.9　D 锁存器和 D 触发器

两个D锁存器以图8.9b所示的方式串接起来就构成了一个D触发器（D Flip-Flop）。当$C=0$时，第一个D锁存器直通，第二个D锁存器保持；当$C=1$时，第一个D锁存器保持，第二个D锁存器直通；C从0变为1时，D的值被锁存起来。这就是D触发器的基本原理，它是通过时钟的边沿进行数据的锁存。

实际情况下，由于器件中电流的速度是有限的，并且电容充放电需要时间，所以电路存在延迟。为了保证D触发器正常工作，需要满足一定的延迟要求。例如为了把D的值通过时钟边沿锁存起来，要求在时钟变化之前的某一段时间内D的值不能改变，这个时间叫作建立时间（Setup Time）。另外，在时钟跳变后的一段时间内，D的值也不能变，这个时间就是保持时间（Hold Time）。建立时间和保持时间可以是负数。此外D触发器还有一个重要的时间参数叫作Clock-to-Q时间，也就是时钟边沿到来后Q端数据更新为新值的时间。D触发器整个的访问延迟是建立时间加上Clock-to-Q时间。图8.10给出了上升沿触发的D触发器的建立时间、保持时间以及Clock-to-Q时间的示意。

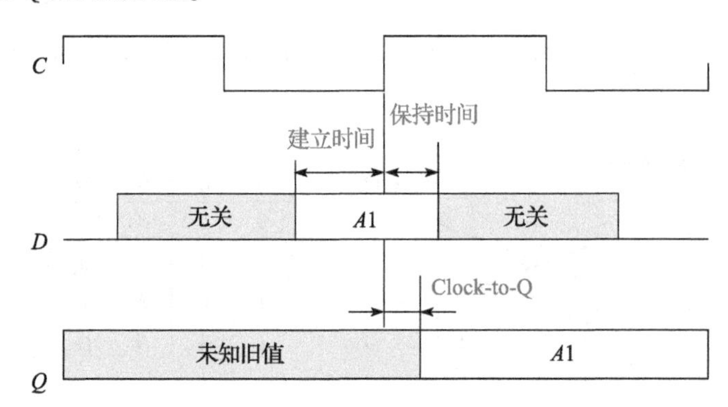

图8.10　D触发器建立时间、保持时间和Clock-to-Q时间

2. 常见CMOS电路

下面通过若干具体示例，讲述如何用MOS晶体管实现逻辑电路，且所列举的电路都是CMOS电路。关于CMOS电路的基本特点，将在“非门”示例之后予以说明。

（1）非门

图8.11a是非门（也称作反相器）的CMOS电路，它由一个PMOS晶体管和一个NMOS晶体管组成，其中PMOS晶体管（以下简称“P管”）的源极接电源，NMOS晶体管（以下简称“N管”）的源极接地，两管的漏极连在一起作为输出，栅极连在一起作为输入。如果输入为0（接地），则P管导通，N管关闭，P管的电阻为0（实际电路中P管其实有一定的电阻，大约在几千欧姆），N管的电阻无穷大，输出端的电压就是电源电压V_{dd}，如图8.11b所示。反之，当输入为1的时候，N管导通，P管关闭，N管的电阻为0（实际电路中N管其实有一定的电阻，大约在几千欧姆），P管的电阻无穷大，输出端与电源断开，与地导通，输出端电压

为 0，如图 8.11c 所示。这就是反相器 CMOS 电路的工作原理。

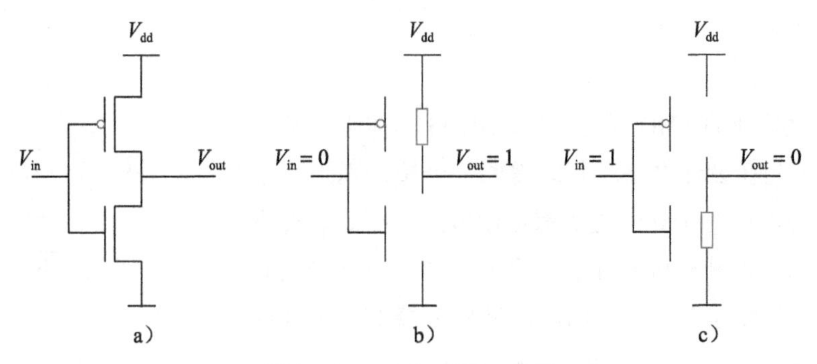

图 8.11　CMOS 电路：非门

从反相器的工作原理可以看出 CMOS 电路的基本特征，其关键就在“C”（Complementary，互补）上，即由上下两个互补的部分组成电路，上半部分由 P 管构成，下半部分由 N 管构成。上半部分打开的时候下半部分一定关上，下半部分打开的时候上半部分一定关闭。这种电路设计的好处是：在稳定状态，电路中总有一端是关死的，几乎没有直流电流，可以大幅度降低功耗。

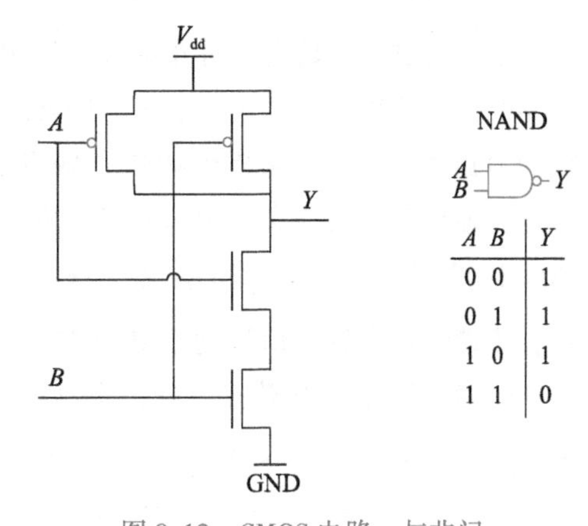

图 8.12　CMOS 电路：与非门

（2）与非门

图 8.12 所示的是一个两输入与非门的 CMOS 电路，电路上面两个 P 管并联，下面两个 N 管串联。两个 P 管并联后，一头接电源，另一头与两个串联的 N 管连接。两个 N 管串联后，一头与并联的 P 管连接，另一头接地。与非门的两个输入 A 和 B 分别连接到一个 N 管和一个 P 管，输出端是 Y。当 A 和 B 中有一个为 0，则上面的 P 管网络导通，下面的 N 管网络断开，输出端被连接到电源上，即输出 Y 为 1。

（3）或非门

图 8.13 所示的是一个两输入或非门的 CMOS 电路，电路上面两个 P 管串联，下面两个 N 管并联。两个 P 管串联后，一头接电源，另一头与两个并联的 N 管连接。两个 N 管并联后，一头与串联的 P 管连接，另一头接地。或非门的两个输入 A 和 B 分别连接到一个 N 管和一个 P 管，输出端是 Y。

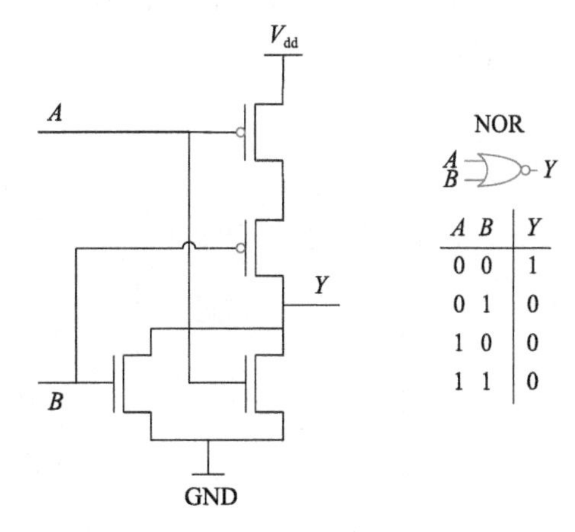

图 8.13　CMOS 电路：或非门

当 A 和 B 中有一个为 1，则上面的 P 管网络断开，下面的 N 管网络导通，输出端与电源断开，连通到地上，即输出 Y 为 0。

(4) 传输门

前面提到过单纯的 PMOS 晶体管或 NMOS 晶体管都不是理想的开关，但是在设计电路时有时需要一个接近理想状态的开关，该开关无论对于 0 还是 1 都可以传递得很好。解决的方式也很直观，如图 8.14 所示，一个 P 管和一个 N 管彼此源极连在一起，漏极连在一起，两者的栅极上接上一对极性相反的使能信号。当 EN = 0、$\overline{\text{EN}}$ = 1 时，P 管和 N 管都关闭；当 EN = 1、$\overline{\text{EN}}$ = 0 时，P 管和 N 管都开启。当 P 管和 N 管都开启时，无论信号是 0 还是 1，都可以通过最适合传递该信号的 MOS 晶体管从 A 端传递到 B 端。

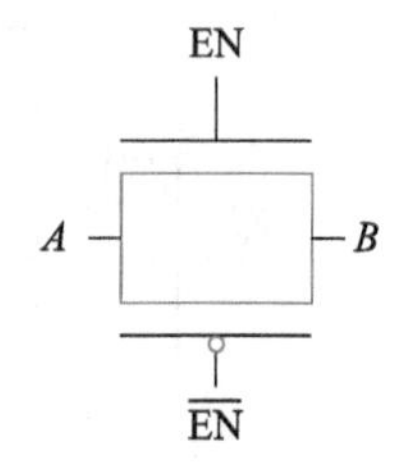

图 8.14　CMOS 电路：传输门

(5) D 触发器

在前面讲述逻辑电路时介绍过如何用逻辑门搭建 D 触发器，在用 CMOS 电路实现 D 触发器时，我们也可以利用 CMOS 的逻辑门搭建出 RS 锁存器，进而搭建出 D 锁存器，并最终得到 D 触发器。但是考虑到构建 D 触发器时我们其实真正需要的是开关电路和互锁电路，所以这种构建 D 触发器的方式消耗的资源过多。图 8.15 中给出现代计算机中常用的一种 D 触发器电路结构。该电路的左边（虚线框内部）可以视作一个去除了输出缓冲器的 D 锁存器，该锁存器存储的值体现在其内部 $N1$ 点的状态。当 CLK = 0，$\overline{\text{CLK}}$ = 1 时，传输门 G1 开启、G2 关闭，D 点的值经由反相器 I1 和传输门 G1 传递进来，并通过反相器 I2 和三态反相器 T1 反馈至 $N1$ 点，使该点到达一个稳定状态。当 CLK = 1，$\overline{\text{CLK}}$ = 0 时，传输门 G1 关闭、G2 开启，D 点值的变化不再影响到内部 $N1$ 点，同时 $N1$ 点的状态经由传输门 G2，并通过反相器 I3 和三态反相器 T2 反馈至 $N2$ 点，使 $N2$ 点处于稳定状态，并将该值传递至输出端 Q。

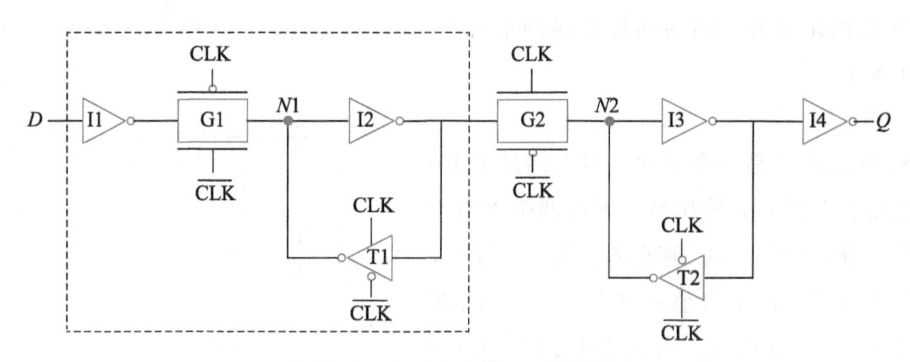

图 8.15　CMOS 电路：D 触发器

3. CMOS 电路延迟

前面在介绍 MOS 晶体管原理的时候曾经提到过，真实世界中，PMOS 晶体管和 NMOS 晶体管即便是在导通状态下源极和漏极之间也是有电阻的，栅极和地之间也存在寄生电容。因此 CMOS 电路工作时输入和输出之间存在延迟，该延迟主要由电路中晶体管的 *RC* 参数来决定。

图 8.16a 是一个 CMOS 反相器的示意图。其输出端有一个对地电容，主要由本身 P 管和 N 管漏极的寄生电容、下一级电路的栅电容以及连线电容组成。反相器输出端从 0 到 1 变化时，需要通过 P 管的电阻对该电容充电；从 1 到 0 变化时，该电容的电荷需要通过 N 管的电阻放电到地端。图 8.16b 示意了输出电容的充放电过程，其中左图代表充电过程，右图代表放电过程。因此，该反相器输出从 0 到 1 变化时的延迟由 P 管打开时的电阻和输出电容决定；从 1 到 0 变化时的延迟由 N 管打开时的电阻和输出电容决定。图 8.16c 示意了在该反相器输入端从 0 变到 1、再变回到 0 的过程中（图中虚线表示），输出端值变化的过程。从中可以看出，反相器从输入到输出的变化是有延迟的，而且反相器的输出不是理想的矩形，而是存在一定的斜率。

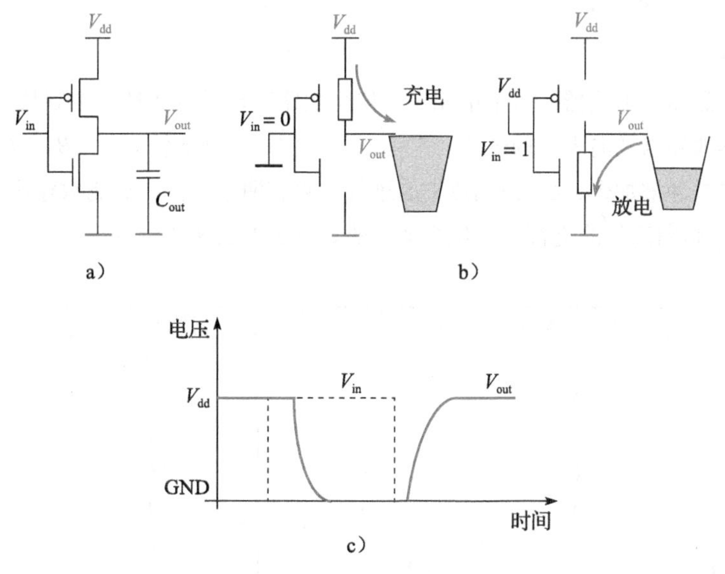

图 8.16　CMOS 反相器的延迟

在芯片设计的时候，需要根据单元的电路结构建立每个单元的延迟模型。一般来说，一个单元的延迟由其本身延迟和负载延迟所构成，而负载延迟又与该单元的负载相关。需要指出的是，用早期工艺生成的晶体管，其负载延迟与负载呈线性关系，但对于深亚微米及纳米工艺，晶体管的负载延迟不再与负载呈线性关系。在工艺厂家给出的单元延迟模型中，通常通过一个二维表来描述每个单元的延迟，其中一维是输入信号的斜率，另外一维是输出负载。即一个单元的延迟是由输入信号的斜率和输出负载两个值通过查表得到的。

8.2　简单运算器设计

在计算机发展的早期阶段，运算部件指的就是算术逻辑单元（Arithmetic Logic Unit，简称ALU）。ALU可以做算术运算、逻辑运算、比较运算和移位运算。后来功能部件不断发展扩充，可以执行乘法、除法、开方等运算。本节主要介绍定点补码加法器的设计。

加法是许多运算的基础。根据不同的性能和面积需求，加法器有很多种实现方式。进位处理是加法器的核心。根据进位处理方法的不同，常见的加法器包括：行波进位加法器（Ripple Carry Adder，简称RCA），先行进位加法器（Carry Look-ahead Adder，简称CLA），跳跃进位加法器（Carry Skip Adder，简称CSKA），进位选择加法器（Carry Select Adder，简称CSLA），进位递增加法器（Carry Increment Adder，简称CIA），等等。其中行波进位加法器最为简单直接，而先行进位加法器使用较为广泛。

8.2.1　定点补码加法器

1. 一位全加器

一位全加器是构成加法器的基本单元。一位全加器实现两位本地二进制数以及低位的进位位相加，求得本地和以及向高位的进位。它有三个1位二进制数输入A、B和C_{in}，其中A和B分别为本地的加数和被加数，C_{in}为低位来的进位。它有两个1位二进制数输出S和C_{out}，其中S是本地和，C_{out}是向高位的进位。一位全加器的真值表如表8.4所示。

表8.4　一位全加器真值表

A	B	C_{in}	S	C_{out}
0	0	0	0	0
0	0	1	1	0
0	1	0	1	0
0	1	1	0	1
1	0	0	1	0
1	0	1	0	1
1	1	0	0	1
1	1	1	1	1

根据表8.4，可以写出全加器的逻辑表达式如下：

$$S = \sim A \ \& \sim B \ \& \ C_{in} \mid \sim A \ \& \ B \ \& \sim C_{in} \mid A \ \& \sim B \ \& \sim C_{in} \mid A \ \& \ B \ \& \ C_{in}$$

$$C_{out} = A \ \& \ B \mid A \ \& \ C_{in} \mid B \ \& \ C_{in}$$

上述表达式中，~表示取反操作，&表示与操作，|表示或操作，其中~操作的优先级最高，&操作次之，|操作优先级最低。上述表达式还可以简单解释为：当输入的三个数中有奇

数个 1 时，本地和为 1；当输入的三个数中有两个 1 时，向高位的进位为 1。

根据上面的逻辑表达式，图 8.17 给出了用非门和与非门搭建的一位全加器的逻辑电路图及其示意图。如果我们不严格区分非门和与非门，以及不同数目输入与非门之间的延迟差异，则可近似认为每个一位全加器需要 2 或 3 级的门延迟。

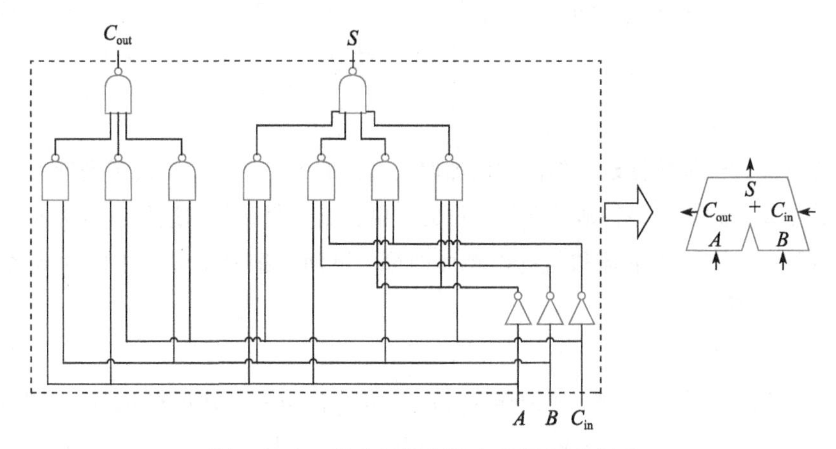

图 8.17 一位全加器逻辑电路图与示意图

接下来将介绍如何用一位全加器构建一个 $N(N>1)$ 位的带进位加法器。

2. 行波进位加法器

构建 N 位带进位加法器的最简单的方法是将 N 个一位全加器逐个串接起来。图 8.18 给出了 32 位行波进位加法器的示意图。其中输入 $A=a_{31}\cdots a_0$ 和 $B=b_{31}\cdots b_0$ 分别是加数和被加数，C_{in} 是最低位的进位；输出为和 $S=s_{31}\cdots s_0$ 以及最高位向上的进位 C_{out}。所谓“行波”，是指每一级的一位全加器将来自低位的一位全加器的进位输出 C_{out} 作为本级的进位输入 C_{in}，如波浪一般层层递进下去。这种串行的进位传递方式与人们日常演算十进制加法时采用的进位方式原理一样，非常直观。但是，这种加法器的电路中每一位的数据相加都必须等待低位的进位产生之后才能完成，即进位在各级之间是顺序传递的。回顾一下上文关于一位全加器的延迟的大致估算，可知一位全加器输入到 S 的最长延迟是 3 级门、输入到 C_{out} 的最长延迟是 2 级门。因此，32 位行波进位加法器中，从最低位的输入 A_0、B_0、C_{in} 到最高位的进位输出 C_{out} 存在一条进位链，其总延迟为 $2\times32=64$ 级门；从最低位的输入 A_0、B_0、C_{in} 到最高位的进位输入 C_{in} 的延迟为 $2\times31=62$ 级门，所以从最低位的输入 A_0、B_0、C_{in} 到最高位的加和 S_{31} 的总延迟为 $62+3=65$ 级门。从这个例子可以看出，虽然行波进位加法器直观简单，但是其延迟随着加法位数 N 的增加而线性增长，N 越大时，行波进位加法器的延迟将越发显著。在 CPU 设计中，加法器的延迟是决定其主频的一个重要参数指标，如果加法器的延迟太长，则 CPU 的主频就会降低。例如，对于一个 64 位的高性能通用 CPU 来说，在良好的流水线切分下，每级流水的延迟应控制在 20 级门以内，所以 64 位行波进位加法器高达 129 级门的延迟太长了。

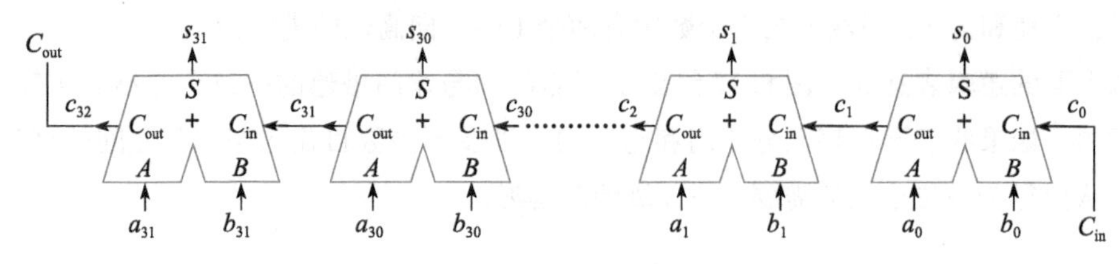

图 8.18　32 位行波进位加法器

3. 先行进位加法器

为了改进行波进位加法器延迟随位数增加增长过快的缺点，人们提出了先行进位加法器的电路结构。其主要思想是先并行地计算每一位的进位，由于每一位的进位已经提前算出，这样计算每一个的结果只需要将本地和与进位相加即可。下面详细介绍先行进位（或者说并行进位）加法器的设计原理。

（1）并行进位逻辑

假设两个 N 位数 A 和 B 相加，A 记作 $a_{N-1}a_{N-2}\cdots a_ia_{i-1}\cdots a_1a_0$，$B$ 记作 $b_{N-1}b_{N-2}\cdots b_ib_{i-1}\cdots b_1b_0$。定义第 i 位的进位输入为 c_i，进位输出为 c_{i+1}，且将加法器的输入 C_{in} 记作 c_0 以方便后面描述的统一。每一位进位输出 c_{i+1} 的计算为：

$$c_{i+1} = a_i \mathbin{\&} b_i \mid a_i \mathbin{\&} c_i \mid b_i \mathbin{\&} c_i = a_i \mathbin{\&} b_i \mid (a_i \mid b_i) \mathbin{\&} c_i$$

设 $g_i=a_i \mathbin{\&} b_i$，$p_i=a_i \mid b_i$，则 c_{i+1} 的计算可以表达为：

$$c_{i+1} = g_i \mid p_i \mathbin{\&} c_i$$

从上式可以看出，当 $g_i=1$ 时，在 c_{i+1} 必定产生一个进位，与 c_i 无关；当 $p_i=1$ 时，如果 c_i 有一个进位输入，则该进位可以被传播至 c_{i+1}。我们称 g_i 为第 i 位的进位生成因子，p_i 为第 i 位的进位传递因子。

下面以 4 位加法器的进位传递为例，根据公式 $c_{i+1}=g_i \mid p_i \mathbin{\&} c_i$ 逐级展开可得到：

$$c_1 = g_0 \mid p_0 \mathbin{\&} c_0$$

$$c_2 = g_1 \mid p_1 \mathbin{\&} g_0 \mid p_1 \mathbin{\&} p_0 \mathbin{\&} c_0$$

$$c_3 = g_2 \mid p_2 \mathbin{\&} g_1 \mid p_2 \mathbin{\&} p_1 \mathbin{\&} g_0 \mid p_2 \mathbin{\&} p_1 \mathbin{\&} p_0 \mathbin{\&} c_0$$

$$c_4 = g_3 \mid p_3 \mathbin{\&} g_2 \mid p_3 \mathbin{\&} p_2 \mathbin{\&} g_1 \mid p_3 \mathbin{\&} p_2 \mathbin{\&} p_1 \mathbin{\&} g_0 \mid p_3 \mathbin{\&} p_2 \mathbin{\&} p_1 \mathbin{\&} p_0 \mathbin{\&} c_0$$

扩展之后，每一位的进位输出 c_{i+1} 可以由仅使用本地信号生成的 g 和 p 直接得到，不用依赖前一位的进位输入 c_i。图 8.19 给出了 4 位先行进位的逻辑电路图及其示意图。从图 8.19 中可以看出，采用先行进位逻辑，产生第 4 位的进位输出只需要 2 级门延迟，而之前介绍的行波进位逻辑则需要 8 级门延迟，先行进位逻辑的延迟显著地优于行波进位逻辑。当然，这里为了电路逻辑的简洁以及计算的简便，我们使用了四输入、五输入的与非门，这些与非门的延迟比行波进位逻辑中采用的二输入、三输入的与非门的延迟要长，但我们不再做进一步细致的区分，均视作相同延迟。而且实际实现时也很少采用五输入的与非门，其 N 管网络上串接五个 NMOS 管，电阻值较大，电路速度慢。

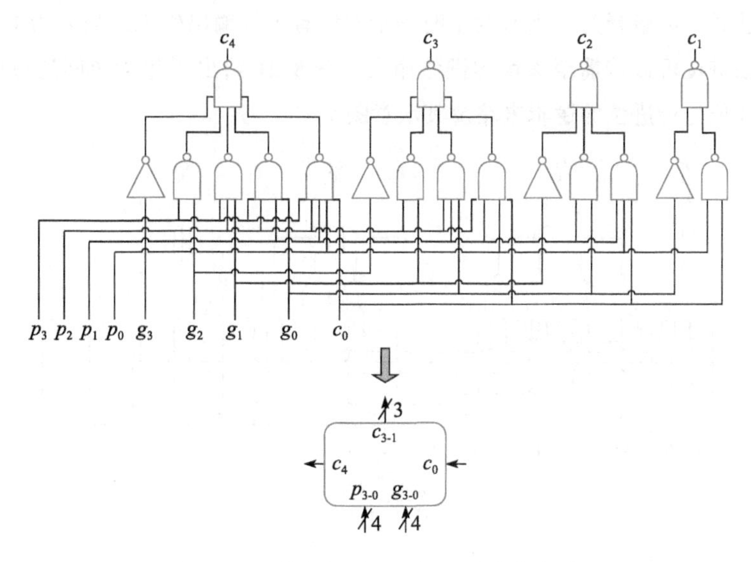

图 8.19　块内并行的 4 位先行进位逻辑

（2）块内并行、块间串行逻辑

理论上可以把上述并行进位方法扩展成更多位的情况，但那需要很多输入的逻辑门，在实现上是不现实的。实现更多位的加法器时通常采用分块的进位方法，将加法器分为若干个相同位数的块，块内通过先行进位的方法计算进位，块间通过行波进位的方法传递进位。图 8.20 给出了 16 位加法器中采用该方式构建的进位逻辑。由于块内并行产生进位只需要 2 级门延迟，因此从 p_i 和 g_i 产生 c_{16} 最多只需要 8 级门延迟，而非行波进位逻辑的 32 级门延迟。

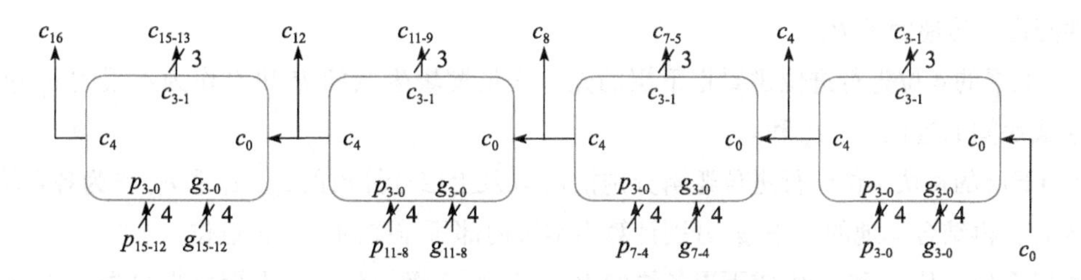

图 8.20　块内并行、块间串行的 16 位先行进位加法器的进位逻辑

（3）块内并行、块间并行逻辑

为了进一步提升加法器的速度，可以在块间也采用先行进位的方法，即块内并行、块间也并行的进位实现方式。与前面类似，对于块内进位，定义其进位生成因子为 g 和进位传递因子为 p，对于块间的进位传递，定义其进位生成因子为 G 和进位传递因子为 P，则其表达式如下：

$$P = p_3 \,\&\, p_2 \,\&\, p_1 \,\&\, p_0$$

$$G = g_3 \mid p_3 \,\&\, g_2 \mid p_3 \,\&\, p_2 \,\&\, g_1 \mid p_3 \,\&\, p_2 \,\&\, p_1 \,\&\, g_0$$

上面的表达式可以解释为，当 G 为 1 时表示本块有进位输出生成，当 P 为 1 时表示当本块有进位输入时该进位可以传播至该块的进位输出。图 8.21 给出了包含块间进位生成因子和进位传递因子的 4 位先行进位的逻辑电路及其示意图。

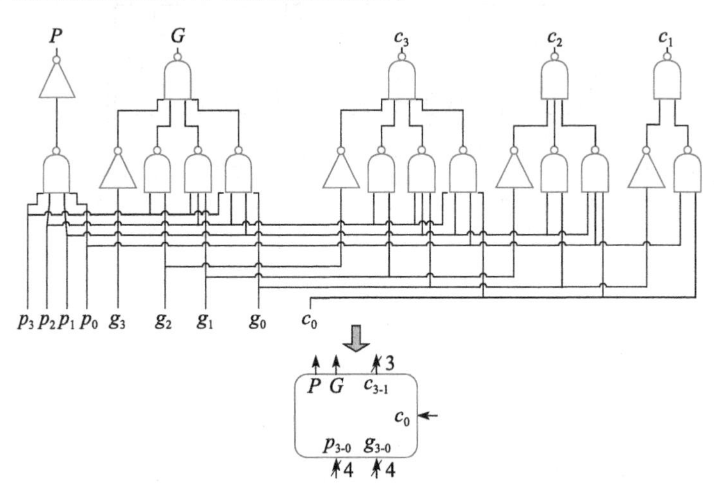

图 8.21　包含块间进位生成因子和进位传递因子的 4 位先行进位逻辑

定义上述的块间进位生成因子和进位传递因子是因为这种逻辑设计具有很好的层次扩展性，即以层次化的方式构建进位传递逻辑，把下一级的 P 和 G 输出作为上一级的 p_i 和 g_i 输入。图 8.22 给出了一个采用两层并行进位结构的 16 位先行进位逻辑，采用了 5 块 4 位先行进位逻辑。其计算步骤是：

1）下层的 4 块 4 位先行进位逻辑根据各块所对应的 p_i 和 g_i 生成各自的块间进位生成因子 G 和块间进位传递因子 P；

2）上层的 4 位先行进位逻辑把下层的先行进位逻辑生成的 P 和 G 作为本层的 p_i 和 g_i 输入，生成块间的进位 c_4、c_8 和 c_{12}；

3）下层的每块 4 位先行进位逻辑分别把 c_0 以及上层计算出的 c_4、c_8 和 c_{12} 作为各自块的进位输入 c_0，再结合本地的 p_i 和 g_i 分别计算出本块内部所需要的每一位进位。

可以看出，从 p_i 和 g_i 生成下层各块的 P、G 需要 2 级门延迟，上层根据自身 p_i 和 g_i 输入生成进位输出 $c_1 \sim c_3$ 需要 2 级门延迟，下层各块从 c_0 输入至生成进位输出 $c_1 \sim c_3$ 也需要 2 级门延迟。所以整体来看，从 p_i 和 g_i 生成进位 $c_1 \sim c_{16}$ 最长的路径也只需要 6 级门延迟，这比前面介绍的块内并行但块间串行的电路结构更快。而且进一步分析可知，块间并行的电路结构中，最大的与非门的扇入为 4，而前面分析块间串行电路结构延迟时，那个电路中最大的与非门的扇入为 5。

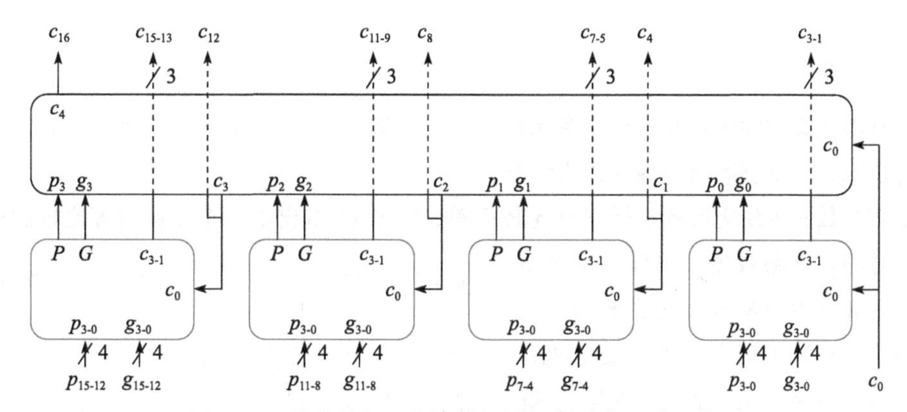

图 8.22 块内并行且块间并行的 16 位先行进位逻辑

这种块间并行的电路结构在设计更多位的加法器时，只需要进一步进行层次化级联就可以。例如，仍采用 4 位先行进位逻辑作为基本块，通过 3 层的树状级联就可以得到 64 位加法器的进位生成逻辑，其从 p_i 和 g_i 输入到所有进位输出的最长路径的延迟为 10 级门。感兴趣的读者可以自行推导一下其具体的结构和连接关系。

采用块内并行且块间并行的先行进位逻辑所构建的加法器，其延迟随着加法位数的增加以对数的方式增长，因而在高性能通用 CPU 设计中被广泛采用。

8.2.2 减法运算实现

在 8.1.1 节中我们提到，现代通用计算机中定点数都是用补码表示的。补码表示的一个显著优点就是补码的减法可以通过补码加法来实现，即补码运算具有如下性质：

$$[A]_{补} - [B]_{补} = [A - B]_{补} = [A]_{补} + [-B]_{补}$$

而 $[-B]_{补}$可以通过将 $[B]_{补}$ “按位取反，末位加 1”的法则进行计算。所以，只需要将被减数直接接到加法器的 A 输入，减数按位取反后接到加法器的 B 输入，同时将加法器的进位输入 C_{in} 置为 1，就可以用加法器完成 $[A]_{补}-[B]_{补}$的计算了，如图 8.23 所示。在此基础之上，可以将加法和减法统一到一套电路中予以实现，如图 8.23 所示，其中 SUB 作为加、减法的控制信号。当 SUB 信号为 0 时，表示进行加法运算；当 SUB 信号为 1 时，表示进行减法运算。

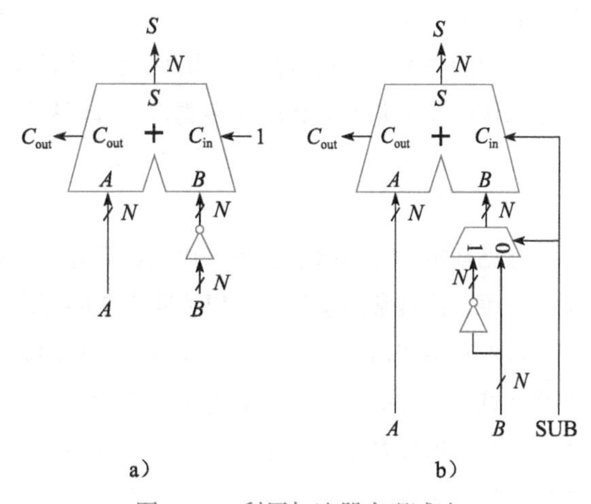

图 8.23 利用加法器实现减法

8.2.3　比较运算实现

常见基本运算中除了加减法外还有比较运算。比较运算主要包含两种类型：一是判断两个数的相等情况，二是判断两个数的大小情况。

判断两个数相等所需要的逻辑电路比较简单，图 8.24 给出了一个 4 位相等比较的逻辑电路及其示意图。电路首先采用异或逻辑逐位比较输入 A 和 B 的对应位是否相同，所得到的结果中只要出现一个 1 则表示两者不相等，输出结果为 0；否则结果为 1。更多位数的相等比较的电路原理与所举的例子基本一致，只是在实现时判断异或结果中是否有 1 需要多级逻辑完成以降低逻辑门的扇入数目。

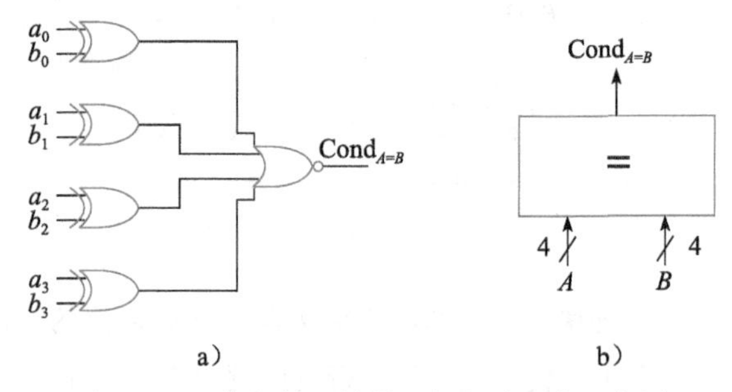

图 8.24　4 位相等比较器逻辑电路及其示意图

我们通过分析 $A-B$ 的结果来比较 A 和 B 的大小。这里需要注意的是结果溢出的情况。如果减法操作没有发生溢出，则减法结果的符号位为 1 时表示 $A<B$；如果发生溢出，则结果符号位为 0 时才表示 $A<B$。假设 A 和 B 是两个 64 位的有符号数，$A=a_{63}\cdots a_0$，$B=b_{63}\cdots b_0$，$A-B$ 的结果为 $S=s_{63}\cdots s_0$，则 $A<B$ 成立的条件可以表示为：

$$\begin{aligned}\text{Cond}_{A<B} &= \sim \text{Overflow}\ \&\ s_{63} \mid \text{Overflow}\ \&\sim s_{63} \\ &= a_{63}\ \&\ s_{63} \mid \sim b_{63}\ \&\ s_{63} \mid a_{63}\ \&\sim b_{63}\end{aligned}$$

当然，最终的表示方式也可以直接得到，即 $A<B$ 成立的条件仅包括三种情况：① A 是负数且 B 是非负数；② A 是负数（且 B 也是负数）且结果是负数；③ B 是非负数（且 A 是非负数）且结果是负数。

由于能够通过减法来做大小的比较，且相等比较的逻辑资源并不多，所以在设计 ALU 时，比较操作的实现并不会新增很多逻辑资源消耗。

8.2.4　移位器

常见基本运算中除了加减、比较运算外，还有移位运算。移位运算不仅在进行位串处理时十分有用，而且常用于计算乘以或除以 2 的幂次方。移位运算通常有四种：逻辑左移、逻辑右移、算术右移和循环右移。其中左移、右移的概念如同其名字中的表述，是直观明了的。逻辑右移和算术右移的区别在于前者从高位移入的是 0，后者从高位移入的是源操作数的符号位。算术右移之所以名字中使用“算术”这个词，是因为当用移位操作计算有符号数（补码表示）除以 2 的幂次方时，只有从高位移入符号位才能保证结果的正确。由此也可以知晓为什么没有定义“算术左移”这种移位操作。因为无论是有符号数还是无符号数，其乘以 2 的幂次方都只需要在低位移入 0 就可以了。循环右移操作，顾名思义，右移时从最低位移出去的比特位并不被丢弃，而是重新填入到结果的最高位。也正是因为这种循环移位的特点，循环左移操作其实可以用循环右移操作来实现，故不单独定义循环左移操作。例如：5 位二进制数 11001，其逻辑左移 2 位的结果是 00100，逻辑右移 2 位的结果是 00110，算术右移 2 位的结果是 11110，循环右移 2 位的结果是 01110。

N 位数的移位器实现，实质上是 N 个 $N:1$ 的多路选择器。图 8.25 中依次给出了 4 位数的逻辑左移、逻辑右移、算术右移和循环右移的逻辑电路示意图。其中 $A=a_3a_2a_1a_0$ 是被移位数，$\text{shamt}_{1..0}$ 是移位量，$Y=y_3y_2y_1y_0$ 是移位结果。更多位数的移位器的实现原理与示例一致，只是选择器的规模更大。由于位数多时多路选择器消耗的电路资源较多，所以在实现时，可以将逻辑右移、算术右移和循环右移的电路糅合到一起，以尽可能复用多路选择器的资源。

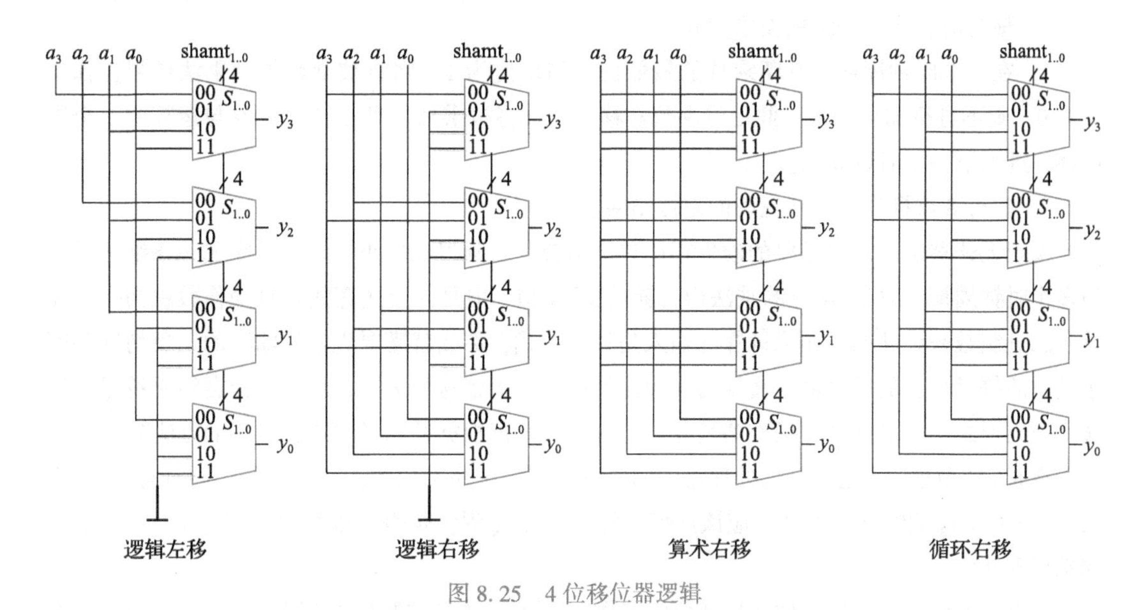

图 8.25　4 位移位器逻辑

8.3　定点补码乘法器

本节介绍定点补码乘法器的设计。乘法指令在科学计算程序中很常见，矩阵运算、快速傅里叶变换操作中都有大量的定点或浮点乘法操作。在计算机发展的早期，由于硬件集成度较低，只通过 ALU 实现了加减法、移位等操作，乘法这样的复杂操作需要由软件通过迭代的移位-累加操作来实现。随着处理器运算部件的升级，现代处理器已经使用硬件方式来实现定点和浮点乘法操作。

8.3.1 补码乘法器

对于定点乘法器而言，最简单的实现方式就是通过硬件来模拟软件的迭代操作，这种乘法实现方式被称为移位加。其逻辑结构如图8.26所示。

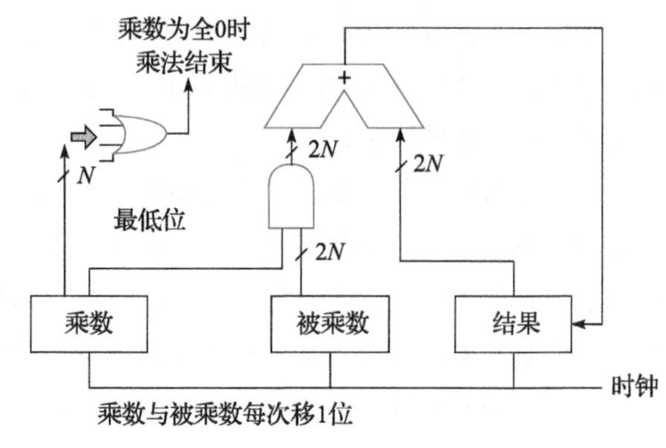

图8.26　迭代式硬件原码乘法器

以两个8位数的乘法为例，乘法器的输入包括一个8位的乘数和一个8位的被乘数，输出则是16位的乘法结果。通过触发器将这3个数存储下来，并执行以下步骤：

1）最初时，将乘法结果设置为0。

2）在每个时钟周期，判断乘数的最低位。如果值为1，则将被乘数加到乘法结果；如果值为0，则不进行加法操作。此后将乘数右移1位，将被乘数左移1位，将参与运算的3个数锁存，进入下一个时钟周期。

3）执行8次操作，得到正确的乘法结果。

实现上述移位加算法需要的硬件很简单，组合逻辑延迟也较小，缺点是完成一条乘法需要很多个时钟周期，对于64位的乘法而言就需要64拍。但是，上述算法是将操作数视为一个无符号二进制数来设计的，如果计算的输入是补码形式，那么就需要先根据输入的正负情况判断出结果的符号位，随后将输入转换为其绝对值后进行上述迭代运算，最后再根据结果符号位转换回补码形式。很显然这样操作略显复杂，有没有直接根据补码形式进行运算的方法呢？

在8.1.1节中介绍过，现代处理器中的定点数都是按照补码形式来存储的，同时有 $[X]_{补}+[Y]_{补}=[X+Y]_{补}$ 的特性。那么，应该如何计算 $[X\times Y]_{补}$ 呢？是否可以简单地将 $[X]_{补}$ 与 $[Y]_{补}$ 相乘得到呢？

还是以8位乘法为例。假定有8位定点数 Y，$[Y]_{补}$ 的二进制格式写作 $y_7y_6y_5y_4y_3y_2y_1y_0$，根据补码定义，Y 的值等于：

$$Y=-y_7\times2^7+y_6\times2^6+y_5\times2^5+\cdots+y_1\times2^1+y_0\times2^0$$

由此推出：

$$\begin{aligned}[X\times Y]_{补}&=[X\times(-y_7\times2^7+y_6\times2^6+\cdots+y_1\times2^1+y_0\times2^0)]_{补}\\&=[X\times-y_7\times2^7+X\times y_6\times2^6+\cdots+X\times y_1\times2^1+X\times y_0\times2^0]_{补}\end{aligned}$$

根据补码加法具有的特性，有：

$$[X\times Y]_{补}=[X\times-y_7\times2^7]_{补}+[X\times y_6\times2^6]_{补}+\cdots+[X\times y_0\times2^0]_{补}$$

需要注意，这个公式中位于方括号外的加法操作为补码加法，而之前两个公式中位于方括号内部的加法为算术加法。由于 y_i 只能取值为 0 或者 1，再根据补码减法的规则，继续推导公式，有：

$$[X \times Y]_{补} = -y_7 \times [X \times 2^7]_{补} + y_6 \times [X \times 2^6]_{补} + \cdots + y_0 \times [X \times 2^0]_{补}$$

公式中最开头的减号是补码减法操作。为了继续运算，需要引入一个定理：

$$[X \times 2^n]_{补} = [X]_{补} \times 2^n$$

该定理的证明可以较容易地根据补码的定义得出，留作本章的课后习题。据此定理，补码乘法的公式可以继续推导如下：

$$[X \times Y]_{补} = -[X]_{补} \times (y_7 \times 2^7) + [X]_{补} \times (y_6 \times 2^6) + \cdots + [X]_{补} \times (y_0 \times 2^0)$$
$$= [X]_{补} \times (-y_7 \times 2^7 + y_6 \times 2^6 + \cdots + y_0 \times 2^0)$$

最后得到的公式与移位加算法的原理很类似，但是存在两个重要区别：第一，本公式中的加法、减法均为补码运算；第二，最后一次被累加的部分积需要使用补码减法来操作。这就意味着 $[X]_{补} \times [Y]_{补}$ 不等于 $[X \times Y]_{补}$。图 8.27 给出两个 4 位补码相乘的例子。注意在补码加法运算中，需要进行 8 位的符号位扩展，并仅保留 8 位结果。

```
1010×1001(-6×-7)                1010×0101(-6×5)
            1010                            1010
          × 1001                          × 0101
--------------------            --------------------
       +11111010                       +11111010
       +0000000                        +0000000
       +000000                         +111010
       -11010                          -00000
--------------------            --------------------
        00101010(42)                   111100010(-30)
```

图 8.27　补码乘法计算示例

简单地修改之前的迭代式硬件原码乘法器，就可以实现补码乘法，如图 8.28 所示。

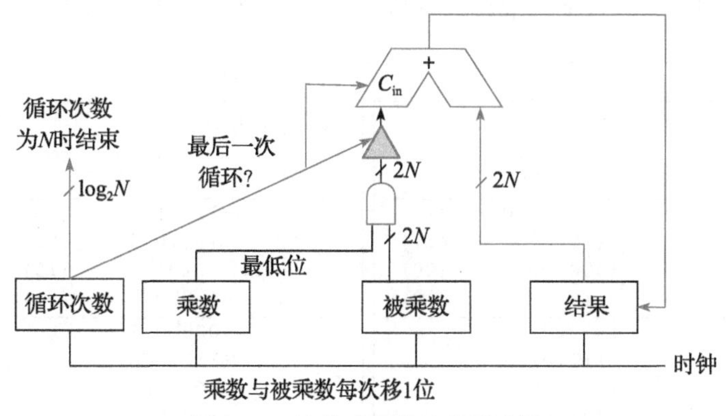

图 8.28　迭代式硬件补码乘法器

依此方法，也可以计算 32 位数、64 位数的补码乘法。运算数据更宽的乘法需要更多的时钟周期来完成。

8.3.2 Booth 乘法器

Booth 乘法器由英国的 Booth 夫妇提出。按照 8.3.1 节中的补码乘法算法，需要特地挑出第 N 个部分积，并使用补码减法操作，这就需要实现一个额外的状态机来控制，增加了硬件设计复杂度。因此他们对补码乘法公式进行变换，试图找到更适合于硬件实现的算法。

Booth 一位乘变换的公式推导如下：

$$
\begin{aligned}
&(-y_7\times 2^7+y_6\times 2^6+\cdots+y_1\times 2^1+y_0\times 2^0)\\
=&(-y_7\times 2^7+(y_6\times 2^7-y_6\times 2^6)+(y_5\times 2^6-y_5\times 2^5)+\cdots\\
&+(y_1\times 2^2-y_1\times 2^1)+(y_0\times 2^1-y_0\times 2^0)+(0\times 2^0))\\
=&(y_6-y_7)\times 2^7+(y_5-y_6)\times 2^6+\cdots+(y_0-y_1)\times 2^1+(y_{-1}-y_0)\times 2^0
\end{aligned}
$$

其中 y_{-1} 取值为 0。经过变换，公式变得更加规整，不再需要专门对最后一次部分积采用补码减法，更适合硬件实现。这个新公式被称为 Booth 一位乘算法。

为了实现 Booth 一位乘算法，需要根据乘数的最末两位来确定如何将被乘数累加到结果中，再将乘数和被乘数移一位。根据算法公式，很容易得出它的规则，如表 8.5 所示。

表 8.5 Booth 一位乘运算规则

y_i	y_{i-1}	操作
0	0	不需要加 (+0)
0	1	补码加 X(+$[X]_补$)
1	0	补码减 X(-$[X]_补$)
1	1	不需要加 (+0)

注意算法开始时，要隐含地在乘数最右侧补一个 y_{-1} 的值。图 8.29 给出了 Booth 一位乘算法的示例。

```
1010×1001(-6×-7)
         1010
      ×  1001
-----------------------
   -11111010     (10)
   +1111010      (01)
   +000000       (00)
   -11010        (10)
-----------------------
   +00000110
   +1111010
   +000000
   +00110
-----------------------
   100101010(42)
```

```
1010×0101(-6×5)
         1010
      ×  0101
-----------------------
   -11111010     (10)
   +1111010      (01)
   -111010       (10)
   +11010        (01)
-----------------------
   +00000110
   +1111010
   +000110
   +11010
-----------------------
   111100010(-30)
```

图 8.29 Booth 一位乘示例

在 Booth 一位乘算法中，为了计算 N 位的补码乘法，依然需要 $N-1$ 次加法。而数据宽度较大的补码加法器面积大、电路延迟长，限制了硬件乘法器的计算速度，因此重新对补码乘法公式进行变换，得到 Booth 两位乘算法：

$$
\begin{aligned}
&(-y_7 \times 2^7 + y_6 \times 2^6 + \cdots + y_1 \times 2^1 + y_0 \times 2^0) \\
=&(-2 \times y_7 \times 2^6 + y_6 \times 2^6 + (y_5 \times 2^6 - 2 \times y_5 \times 2^4) + \cdots \\
&+ (y_1 \times 2^2 - 2 \times y_1 \times 2^0) + y_0 \times 2^0 + y_{-1} \times 2^0) \\
=&(y_5 + y_6 - 2y_7) \times 2^6 + (y_3 + y_4 - 2y_5) \times 2^4 + \cdots + (y_{-1} + y_0 - 2y_1) \times 2^0
\end{aligned}
$$

根据 Booth 两位乘算法，需要每次扫描 3 位的乘数，并在每次累加完成后，将被乘数和乘数移 2 位。根据算法公式，可以推导出操作的方式，参见表 8.6。注意被扫描的 3 位是当前操作阶数 i 加上其左右各 1 位。因此操作开始时，需要在乘数最右侧隐含地补一个 0。

表 8.6　Booth 两位乘运算规则

y_{i+1}	y_i	y_{i-1}	操作
0	0	0	不需要加 (+0)
0	0	1	补码加 X $(+[X]_{补})$
0	1	0	补码加 X $(+[X]_{补})$
0	1	1	补码加 $2X$ $(+[X]_{补}$左移)
1	0	0	补码减 $2X$ $(-[X]_{补}$左移)
1	0	1	补码减 X $(-[X]_{补})$
1	1	0	补码减 X $(-[X]_{补})$
1	1	1	不需要加 (+0)

还是以 4 位补码乘法为例，如图 8.30 所示。

```
1010×1001(-6×-7)
          1010
     ×    1001
--------------------
      +11111010   (010)
      -11010      (100)
--------------------
      +11111010
      +00110
--------------------
      100101010(42)
```

```
1010×0101(-6×5)
          1010
     ×    0101
--------------------
      +11111010   (010)
      +111010     (010)
--------------------
      +11111010
      +111010
--------------------
      111100010(-30)
```

图 8.30　Booth 两位乘示例

如果使用 Booth 两位乘算法，计算 N 位的补码乘法时，只需要 $\lceil N/2 \rceil-1$ 次加法，如果使用移位加策略，则需要 $N/2$ 个时钟周期来完成计算。龙芯处理器就采用了 Booth 两位乘算法来实现硬件补码乘法器，大多数现代处理器也均采用该算法。

同理，可以推导 Booth 三位乘算法、Booth 四位乘算法。其中 Booth 三位乘算法的核心部分为：

$$(y_{i-1} + y_i + 2y_{i+1} - 4y_{i+2}) \times 2^i \quad (i = 0,\ 每次循环\ i + 3)$$

对于 Booth 三位乘而言，在扫描乘数低位时，有可能出现补码加 3 倍 $[X]_{补}$ 的操作。不同于2倍 $[X]_补$ 可以直接通过将 $[X]_补$ 左移1位来实现，3倍 $[X]_补$ 的值很难直接获得，需要在主循环开始之前进行预处理，算出3倍 $[X]_补$ 的值并使用额外的触发器记录下来。对于越复杂的Booth算法，需要的预处理过程也越复杂。所以，相比之下Booth两位乘算法更适合硬件实现，更为实用。本节接下来将介绍这个算法的电路实现方式。

Booth乘法的核心是部分积的生成，共需要生成 $N/2$ 个部分积。每个部分积与 $[X]_补$ 相关，总共有 $-X$、$-2X$、$+X$、$+2X$ 和0五种可能，而其中减去 $[X]_补$ 的操作，可以视作加上按位取反的 $[X]_补$ 再末位加1。为了硬件实现方便，将这个末位加1的操作提取出来，假设 $[X]_补$ 的二进制格式写作 $x_7x_6x_5x_4x_3x_2x_1x_0$，再假设部分积 P 等于 $p_7p_6p_5p_4p_3p_2p_1p_0+c$，那么有：

$$p_i = \begin{cases} \sim x_i & \text{选择} -X \\ \sim x_{i-1} & \text{选择} -2X \\ x_i & \text{选择} +X \\ x_{i-1} & \text{选择} +2X \\ 0 & \text{选择} 0 \end{cases}$$

$$c = \begin{cases} 1 & \text{选择} -X \text{ 或 } -2X \\ 0 & \text{选择} +X \text{ 或 } +2X \text{ 或 } 0 \end{cases}$$

当部分积的选择为 $2X$ 时，可以视作 X 输入左移1位，此时 p_i 就与 x_{i-1} 相等。如果部分积的选择是 $-X$ 或者 $-2X$，则此处对 x_i 或者 x_{i-1} 取反，并设置最后的末位进位 c 为1。

根据上述规则，经过卡诺图分析，可以得出每一位 p_i 的逻辑表达式：

$$p_i = \sim(\sim(S_{-X}\& \sim x_i)\& \sim(S_{-2X}\& \sim x_{i-1})\& \sim(S_{+X}\& x_i)\& \sim(S_{+2X}\& x_{i-1}))$$

其中 S_{+X} 信号在部分积选择为 $+X$ 时为1，其他情况为0；另外三个 S 信号含义类似。画出 p_i 的逻辑图，如图8.31所示。

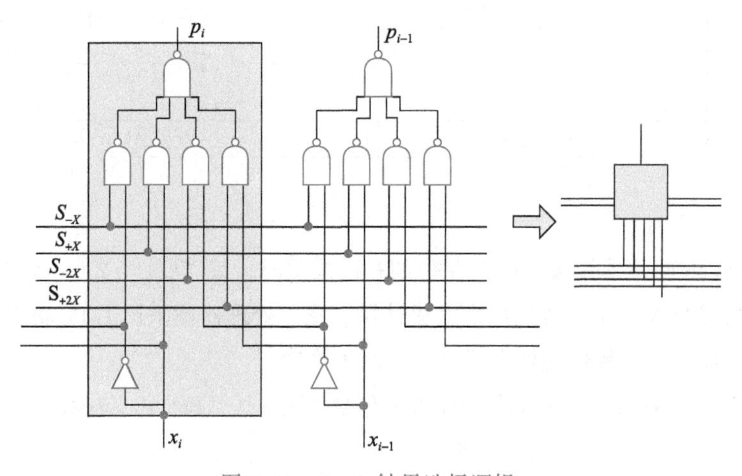

图8.31 Booth结果选择逻辑

下文将使用图中箭头右侧的小示意图来代表 p_i 的生成逻辑。生成逻辑中需要使用部分积选择信号，因此还需要考虑如何根据 y_{i-1}、y_i 和 y_{i+1} 三个信号生成图 8.31 用到的 4 个选择信号。根据表 8.6 中的规则，很容易通过卡诺图化简得到：

$$S_{-X} = \sim(\sim(y_{i+1} \& y_i \& \sim y_{i-1}) \& \sim(y_{i+1} \& \sim y_i \& y_{i-1}))$$

$$S_{+X} = \sim(\sim(\sim y_{i+1} \& y_i \& \sim y_{i-1}) \& \sim(\sim y_{i+1} \& \sim y_i \& y_{i-1}))$$

$$S_{-2X} = \sim(\sim(y_{i+1} \& \sim y_i \& \sim y_{i-1}))$$

$$S_{+2X} = \sim(\sim(\sim y_{i+1} \& y_i \& y_{i-1}))$$

画出选择信号生成部分的逻辑图，并得到如图 8.32 所示的示意图。

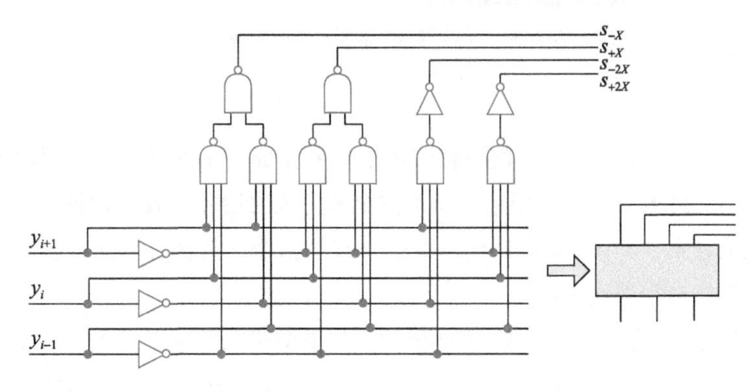

图 8.32　Booth 选择信号生成逻辑

将两部分组合起来，形成每个 Booth 部分积的逻辑图，并得到如图 8.33 所示的示意图。

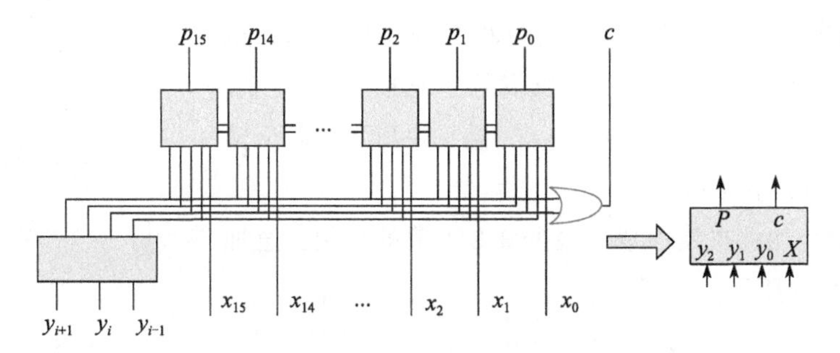

图 8.33　Booth 部分积生成逻辑

这个逻辑就是两位 Booth 乘法的核心逻辑。调用该逻辑，并通过移位加策略实现两位 Booth 补码乘的结构，如图 8.34 所示。

乘法操作开始时，乘数右侧需要补 1 位的 0，而结果需要预置为全 0。在每个时钟周期的计算结束后，乘数算术右移 2 位，而被乘数左移 2 位，直到乘数为全 0 时，乘法结束。对于 N 位数的补码乘法，操作可以在 $N/2$ 个时钟周期内完成，并有可能提前结束。在这个结构中，被乘数、结果、加法器和 Booth 核心的宽度都为 $2N$ 位。

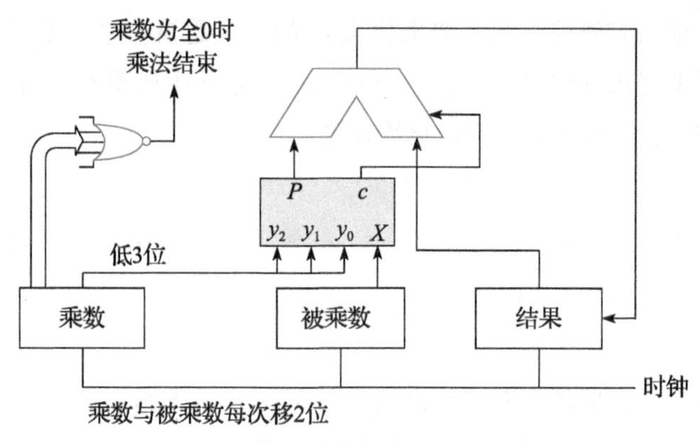

图 8.34 使用移位加实现 Booth 乘法

8.3.3 华莱士树

即使采用了 Booth 两位乘算法，使用移位加策略来完成一个 64 位的乘法操作也需要 32 个时钟周期，并且不支持流水操作，即第一条乘法全部完成之后才能开始计算下一条。现代处理器通常可以实现全流水、4 个时钟周期延迟的定点乘法指令，其核心思想就是将各个部分积并行地加在一起，而非串行迭代累加。

以 64 位数据的乘法为例，共有 32 个部分积，如果按照二叉树方式来搭建加法结构，第一拍执行 16 个加法，第二拍执行 8 个加法，以此类推，就可以在 5 个时钟周期内结束运算。这个设计还支持流水式操作：当上一条乘法指令到达第二级，此时第一级的 16 个加法器已经空闲，可以用来服务下一条乘法指令了。

这种设计的硬件开销非常大，其中 128 位宽度的加法器就需要 31 个，而用于锁存中间结果的触发器更是接近 4000 个。本节将要介绍的华莱士树（Wallace Tree）结构可以大幅降低多个数相加的硬件开销和延迟。

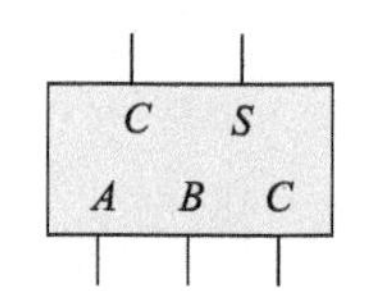

图 8.35 一位全加器示例

华莱士树由全加器搭建而成。根据 8.2.1 节的介绍，全加器的示例如图 8.35 所示。

$$S = \sim A \,\&\, \sim B \,\&\, C \mid \sim A \,\&\, B \,\&\, \sim C \mid A \,\&\, \sim B \,\&\, \sim C \mid A \,\&\, B \,\&\, C$$

$$C = A \,\&\, B \mid A \,\&\, C \mid B \,\&\, C$$

全加器可以将 3 个 1 位数 A、B、C 的加法转换为两个 1 位数 S 和 C 的错位加法：

$$A + B + C = S + (C << 1)$$

如果参与加法的数据较宽，可以通过调用多个全加器将 3 个数的加法转换为两个数的加法。图 8.36 给出了 3 个 4 位数相加的例子。

其中 4 位数 A 的二进制表示为 $A_3A_2A_1A_0$，可以很容易得知：

$$\{A_3A_2A_1A_0\} + \{B_3B_2B_1B_0\} + \{D_3D_2D_1D_0\} = \{S_3S_2S_1S_0\} + \{C_2C_1C_00\}$$

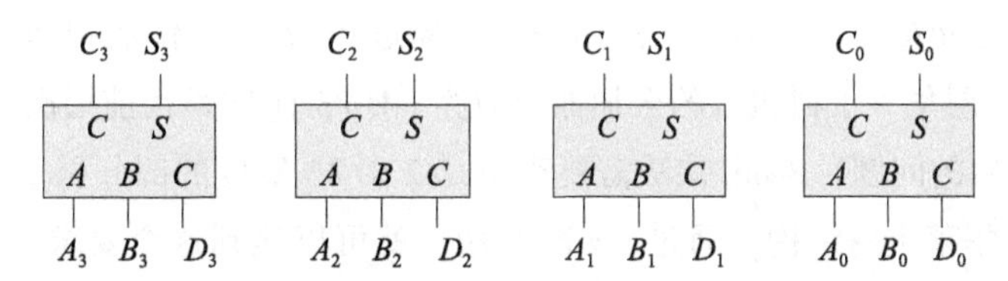

图 8.36　使用全加器实现 3 个 4 位数相加

公式中所有加法都为补码加法，操作宽度为 4 位，结果也仅保留 4 位的宽度，这也导致 C_3 位没有被使用，而是在 C_0 右侧再补一个 0 参与补码加法运算。

那么问题来了，如果需要相加的数有 4 个，又应该如何呢？很自然地想到，可以先将其中 3 个数相加，再调用一层全加器结构，将刚得到的结果与第 4 个数相加即可。不过要注意，全加器的 C 输出需要左移 1 位才能继续参与运算。如图 8.37 所示。

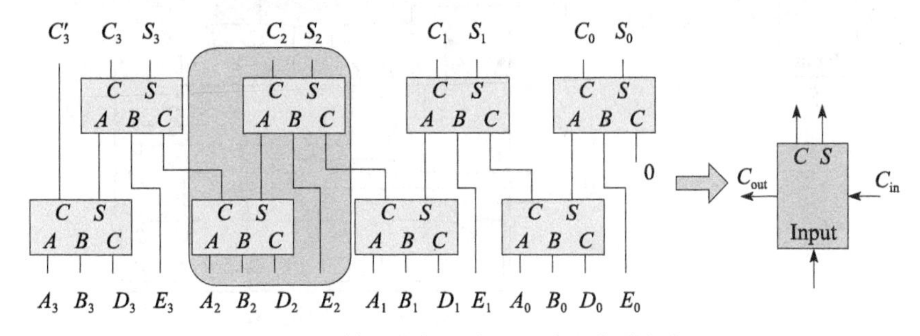

图 8.37　使用全加器实现 4 个 4 位数相加

最后结果中，最高位进位 C_3 和 C_3' 都不会被使用。第二级的最右侧全加器需要在其中一个输入位置补 0 参与运算。从图 8.37 中可以看出，整个结构呈现重复特征，提取出圆角矩形框选中的部分，这部分称为一位华莱士树。准确地说，图中圆角矩形框选中的部分是 4 个数相加的一位华莱士树结构，它除了输入的 4 个被加数、输出的 C 与 S 之外，还有级联的进位信号。通过 M 个这样的一位华莱士树，就可以实现 4 个 M 位数的相加。

可以简单地计算一下使用华莱士树进行相加的优势。根据图 8.37 的结构，4 个数相加的华莱士树需要两层全加器，当前位的进位信号在第一层产生，并接到了下一位的第二层，这意味着 C_{out} 与 C_{in} 无关。全加器的 S 输出需要 3 级门延迟，而 C 输出需要 2 级门延迟，因此不论参与加法的数据宽度是多少位，将 4 个数相加转换为两个数相加最多只需要 6 级门延迟，最后把这两个数加起来还需要一个加法器。整套逻辑需要一个加法器的面积，再加上两倍数据宽度个全加器的面积。如果不使用华莱士树，而是先将四个数捉对相加，再把结果相加，计算的延迟就是两倍的加法器延迟，面积则是 3 倍的加法器面积。对于 64 位或者更宽的加法器，它的延迟肯定是远远超过 6 级门的，面积也比 64 个全加器要大得多。

因此使用华莱士树进行多个数相加可以明显地降低计算延迟，数据宽度越宽，其效果越明显。通过本节后续的介绍可以归纳出，使用华莱士树进行 M 个 N 位数相加，可以大致降低延迟 $\log N$ 倍，而每一层华莱士树包含的全加器个数为 $\lfloor M'/3 \rfloor$（M'是当前层次要加的数字个数）。

回到本节最开始的问题，Booth 乘法需要实现 $N/2$ 个 $2N$ 宽度的部分积相加，如果可以先画出 $N/2$ 个数的一位华莱士树结构，通过 $2N$ 次使用，就可以达到这个要求。为了描述的简洁，下面我们具体分析 $N=16$ 即 8 个数相加情况下的一位华莱士树结构，如图 8.38 所示。

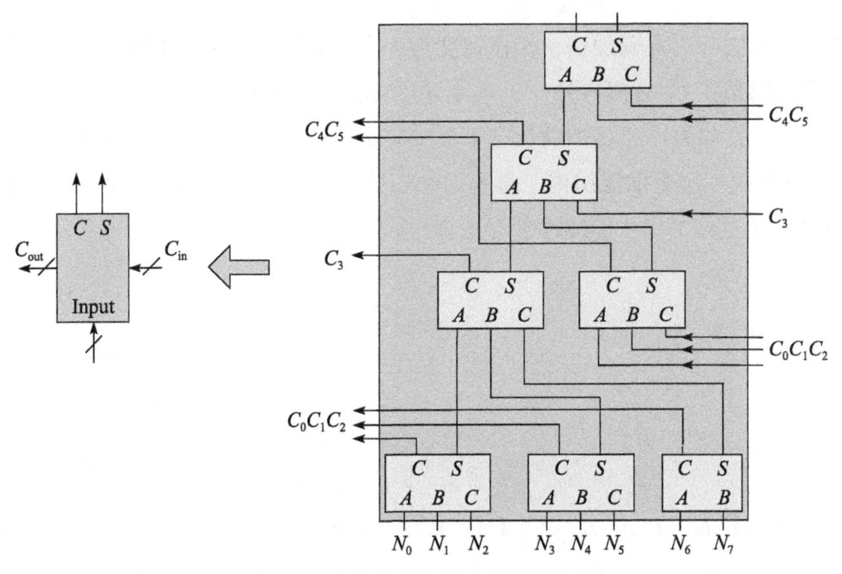

图 8.38　8 个数相加的一位华莱士树

从图 8.38 中可以看出，通过华莱士树可以用 4 级全加器即 12 级门的延迟把 8 个数转换成两个数相加。华莱士树的精髓在于：通过连线实现进位传递，从而避免了复杂的进位传递逻辑。不过需要指出的是，在华莱士树中，每一级全加器生成本地和以及向高位的进位，因此在每一级华莱士树生成的结果中，凡是由全加器的进位生成的部分连接到下一级时要连接到下一级的高位。图 8.39 所示的搭建方法就是没有保证这一点，所以是错误的。

图 8.40 的搭建方式修正了图 8.39 中级间进位传递逻辑的错误，但是它的搭建方式依然存在问题。为了理解问题出在哪里，我们需要从整个乘法器的设计入手。

为了构成一个 16 位定点补码乘法器，需要使用 8 个 Booth 编码器，外加 32 个 8 个数相加的一位华莱士树，再加上一个 32 位加法器。值得注意的是，根据上一节提出的 Booth 乘法核心逻辑，除了有 8 个部分积需要相加之外，还有 8 个“末位加 1”的信号。在华莱士树中，最低位对应的华莱士树上有空闲的进位输入信号，根据图 8.38 的结构，共有 6 个进位输入，可以接上 6 个“末位加 1”的信号。还剩下两个“末位加 1”的信号，只能去最后的加法器上想办法：最后的加法器负责将华莱士树产生的 $2N$ 位的 C 和 S 信号错位相加，其中 C 信号左移一位低位补 0。据此设计，这两个“末位加 1”的信号可以一个接到加法器的进位输入上，另一个

接到 C 左移后的补位上。分析到这里，应该能够理解为什么说图 8.38 中的华莱士树才是合适的，因为这种搭建方法才能出现 6 个进位输入。

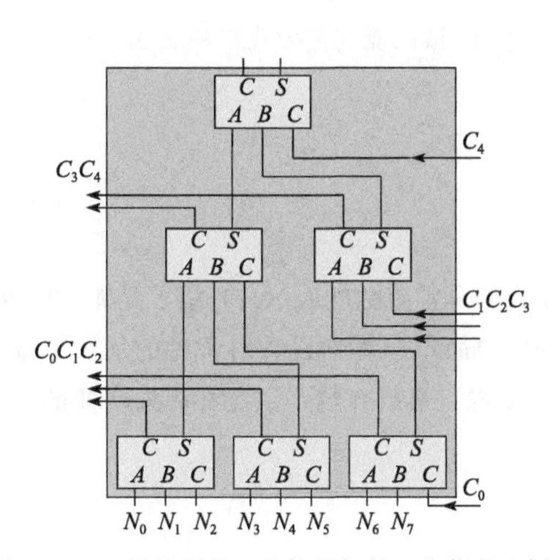

图 8.39　一种错误的 8 个数相加的一位华莱士树

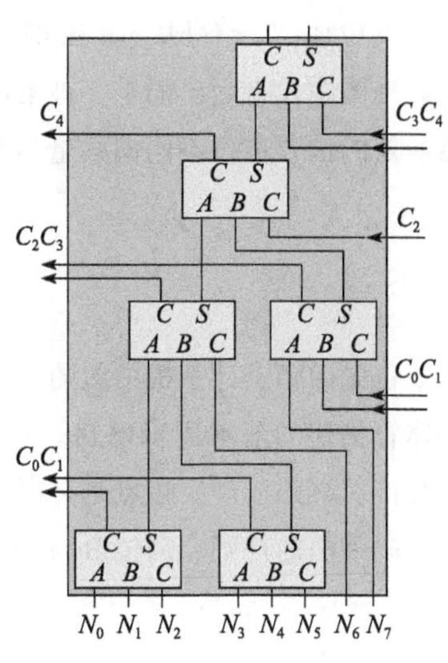

图 8.40　修正后的 8 个数相加的一位华莱士树

最终的乘法器示意图如图 8.41 所示。

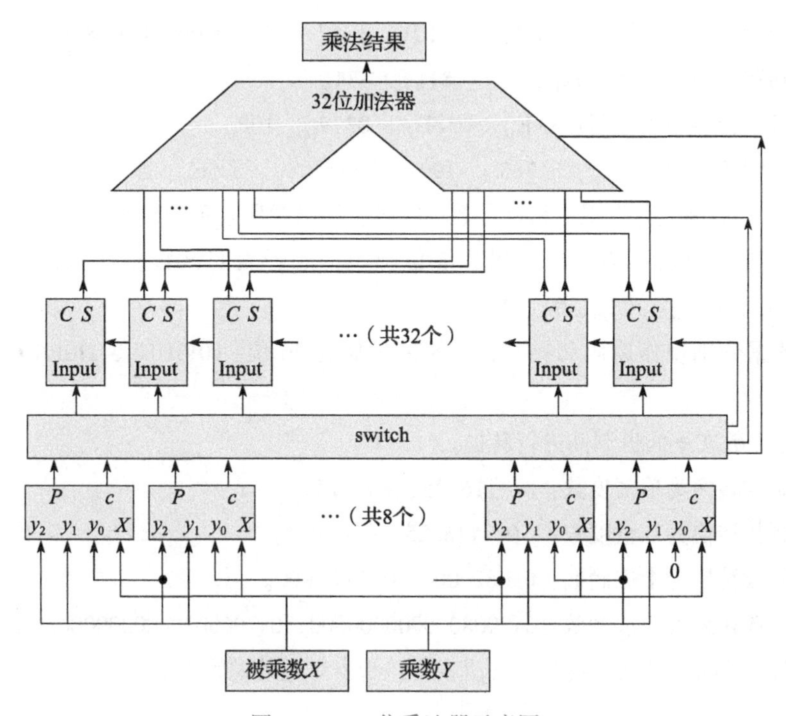

图 8.41　16 位乘法器示意图

图中间标注为switch的部分，负责收集8个Booth核心生成的8个32位数，进行类似矩阵转置的操作，重新组织为32组8个一位数相加的格式，输出给华莱士树，并将Booth核心生成的8个“末位加1”信号从switch部分右侧接出，提供给华莱士树最右侧的一位树及最后的加法器。此外图中没有画出的是，被乘数X送到8个Booth编码器时需要先扩展到32位，并按照编码器所处的位置进行不同偏移量的左移操作。

8.4　本章小结

本章首先回顾了计算机中数的二进制编码及定点数和浮点数的表示，介绍了晶体管原理以及由晶体管构建的基本逻辑电路。然后介绍了CPU中简单运算器设计时常见的加法、减法、比较和移位运算的实现，重点是补码加法器的设计实现。最后介绍了定点补码乘法器的设计，重点是补码乘法的规则、两位Booth算法和华莱士树。

习题

1. 请将下列无符号数据在不同的进制表达间进行转换。
   （1）二进制转换为十进制：101011_2、001101_2、01011010_2、0000111010000101_2。
   （2）十进制转换为二进制：42_{10}、79_{10}、811_{10}、374_{10}。
   （3）十六进制转换为十进制：$8AE_{16}$、$C18D_{16}$、$B379_{16}$、100_{16}。
   （4）十进制转换为十六进制：81783_{10}、1922_{10}、345208_{10}、5756_{10}。
2. 请给出32位二进制数分别视作无符号数、原码、补码时所表示的数的范围。
3. 请将下列十进制数表示为8位原码和8位补码，或者表明该数据会溢出：45_{10}、-59_{10}、-128_{10}、119_{10}、127_{10}、128_{10}、0、-1_{10}。
4. 请将下列数据分别视作原码和补码，从8位扩展为16位：00101100_2、11010100_2、10000001_2、00010111_2。
5. 请将下列浮点数在不同进制间进行转换。
   （1）十进制数转换为单精度数：0、116.25、-4.375。
   （2）十进制数转换为双精度数：-0、116.25、-2049.5。
   （3）单精度数转换为十进制数：0xff800000、0x7fe00000。
   （4）双精度数转换为十进制数：0x8008000000000000、0x7065020000000000。
6. 请写出下图所示晶体管级电路图的真值表，并给出对应的逻辑表达式。

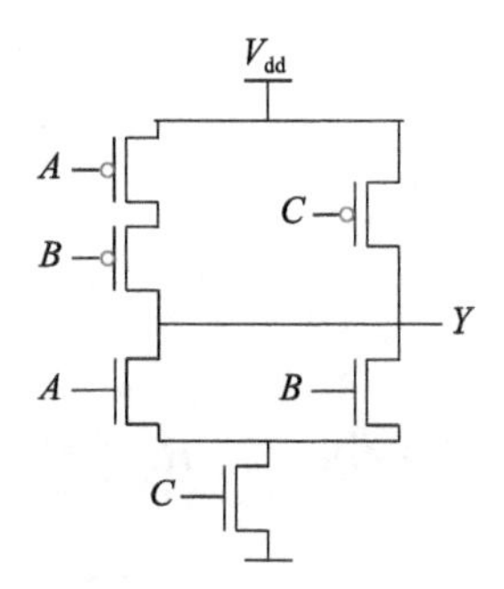

7. 请写出下图所示逻辑门电路图的真值表。

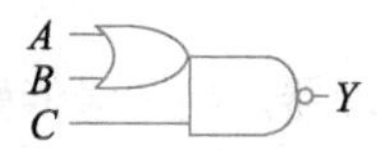

8. 请用尽可能少的二输入 NAND 门搭建出一个具有二输入 XOR 功能的电路。
9. 请用 D 触发器和常见组合逻辑门搭建出一个具有同步复位为 0 功能的触发器的电路。
10. 证明 $[X+Y]_补 = [X]_补 + [Y]_补$。
11. 证明 $[X-Y]_补 = [X]_补 + [-Y]_补$。
12. 假设每个“非门”“与非门”“或非门”的扇入不超过 4 个且每个门的延迟为 T，请给出下列不同实现的 32 位加法器的延迟。
    (1) 行波进位加法器；
    (2) 4 位一块且块内并行、块间串行的加法器；
    (3) 4 位一块且块内并行、块间并行的加法器。
13. 作为设计者，在什么情况下会使用行波进位加法器而非先行进位加法器？
14. 请利用图 8.21 所示的 4 位先行进位逻辑组建出块内并行且块间并行的 64 位先行进位加法器的进位逻辑，并证明其正确性。
15. 请举例说明 $[X\times Y]_补 \neq [X]_补 \times [Y]_补$。
16. 请证明 $[X\times 2^n]_补 = [X]_补 \times 2^n$。
17. 假设每个“非门”“与非门”“或非门”的扇入不超过 4 个且每个门的延迟为 T，请给出下列不同实现将 4 个 16 位数相加的延迟：
    (1) 使用多个先行进位加法器；
    (2) 使用华莱士树及先行进位加法器。
18. 请系统描述采用两位 Booth 编码和华莱士树的补码乘法器是如何处理 $[-X]_补$ 和 $[-2X]_补$ 的部分积的。
19. 用 Verilog 语言设计一个 32 位输入宽度的定点补码乘法器，要求使用 Booth 两位一乘和华莱士树。
20. 单精度和双精度浮点数能表示无理数 π 吗？为什么？

CHAPTER 9
第9章

指令流水线

本章介绍如何使用流水线来设计处理器。冯·诺依曼原理的计算机由控制器、运算器、存储器、输入设备和输出设备组成，其中控制器和运算器合起来称为中央处理器，俗称处理器或CPU。前一章重点介绍了ALU和乘法器的设计，它们都属于运算器。本章介绍控制器，并应用流水线技术，搭建出高性能的处理器。

9.1 单周期处理器

本节先引入一个简单的CPU模型。这个CPU可以取指令并执行，实现程序员的期望。根据第2章的介绍，指令系统按照功能可以分为运算指令、访存指令、转移指令和特殊指令四类。根据指令集的定义，可以得知CPU的数据通路包括以下组成要素：

- 程序计数器，又称PC，指示当前指令的地址；
- 指令存储器，按照指令地址存储指令码，接收PC，读出指令；
- 译码部件，用于分析指令，判定指令类别；
- 通用寄存器堆，用于承载寄存器的值，绝大多数指令都需要读取及修改寄存器；
- 运算器，用于执行指令所指示的运算操作；
- 数据存储器，按照地址存储数据，主要用于访存指令。

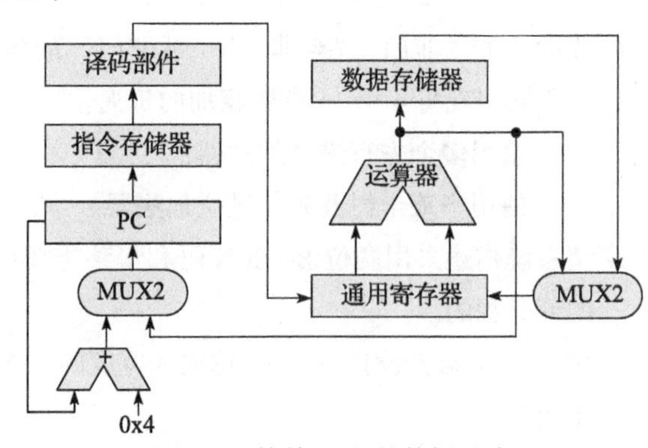

图9.1 简单CPU的数据通路

将这些组成要素通过一定规则连接起来，就形成了CPU的数据通路。图9.1给出了这个简单CPU的数据通路。

数据通路上各组成要素间的具体连接规则如下：根据PC从指令存储器中取出指令，然后是译码部件解析出相关控制信号，并读取通用寄存器堆；运算器对通用寄存器堆读出的操作数进行计算，得到计算指令的结果写回通用寄存器堆，或者得到访存指令的地址，或者得到转移指令的跳转目标；load 指令访问数据存储器后，需要将结果写回通用寄存器堆。通用寄存器堆写入数据在计算结果和访存结果之间二选一。由于有控制流指令的存在，因此新指令的 PC 既可能等于顺序下一条指令的 PC（当前指令 PC 加 4），也可能来自转移指令计算出的跳转目标。

译码部件在这个数据通路中有非常重要的作用。译码部件要识别不同的指令，并根据指令要求，控制读取哪些通用寄存器、执行何种运算、是否要读写数据存储器、写哪个通用寄存器，以及根据控制流指令来决定 PC 的更新。这些信息从指令码中获得，传递到整个处理器中，控制了处理器的运行。根据 LoongArch 指令的编码格式，可以将指令译码为 op、src1、src2、src3、dest 和 imm 几个部分，示例见图 9.2。

2R-type	opcode		rj	rd
3R-type	opcode	rk	rj	rd
2RI8-type	opcode	I8	rj	rd
2RI12-type	opcode	I12	rj	rd
2RI14-type	opcode	I14	rj	rd
2RI16-type	opcode	I16	rj	rd
1RI21-type	opcode	I21	rj	I21
I26-type	opcode	I26	I26	

译　码

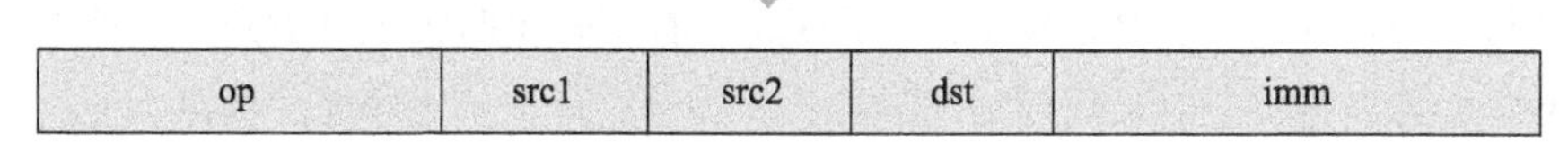

图 9.2　译码功能示意

图 9.3 展示了带控制逻辑的数据通路，图中虚线是新加入的控制逻辑。此外，还加入了时钟和复位信号。引入时钟是因为更新 PC 触发器、写通用寄存器以及 store 类访存指令写数据存储器时都需要时钟。而引入复位信号是为了确保处理器每次上电后都是从相同位置取回第一条指令。数据通路再加上这些逻辑，就构成了处理器。

简要描述一下这个处理器的执行过程：

1）复位信号将复位的 PC 装载到 PC 触发器内，之后的第一个时钟周期内，使用 PC 取指、译码、执行、读数据存储器、生成结果；

2）当第二个时钟周期上升沿到来时，根据时序逻辑的特性，将新的 PC 锁存，将上一个时钟周期的结果写入寄存器堆，执行可能的数据存储器写操作；

3）第二个时钟周期内，就可以执行第二条指令了，同样按照上面两步来执行。

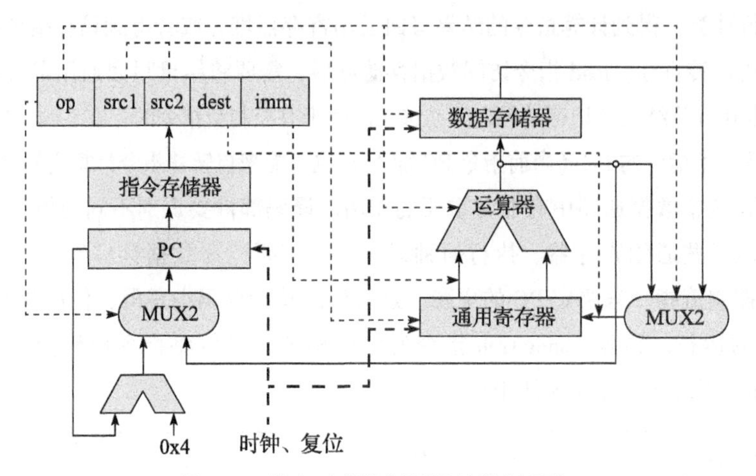

图 9.3 带有时序控制逻辑的数据通路

依此类推，由一系列指令构成的程序就在处理器中执行了。由于每条指令的执行基本在一拍内完成，因此这个模型被称为单周期处理器。

9.2 流水线处理器

根据 8.1.2 节给出的 CMOS 电路延迟的介绍，当电路中组合逻辑部分延迟增大时，整个电路的频率就会变低。在上一节的单周期处理器模型中，每个时钟周期必须完成取指、译码、读寄存器、执行、访存等很多组合逻辑工作，为了保证在下一个时钟上升沿到来之前准备好寄存器堆的写数据，需要将每个时钟周期的间隔拉长，导致处理器的主频无法提高。使用流水线技术可以提高处理器的主频。在引入流水线技术之前，先介绍一下多周期处理器的概念。

在单周期处理器中，每个时钟周期内执行的功能可以比较明显地进行划分。举例而言，按照取指、译码并读寄存器、执行、访存和准备写回划分为 5 个阶段。如果我们在每段操作前后加上触发器，看起来就能减少每个时钟周期的工作量，提高处理器频率。在图 9.4 中，加粗框线的是触发器。

为了清晰，图中省略了控制逻辑的部分连线，没有画出通用寄存器和数据存储器的写入时钟。先将原始时钟接到所有的触发器，按照这个示意图设计的处理器是否可以使用呢？按照时序逻辑特性，每个时钟上升沿，触发器的值就会变成其驱动端 D 端口的新值，因此推算一下：

1）在第 1 个时钟周期，通过 PC 取出指令，在第 2 个时钟上升沿锁存到指令码触发器 R1；

2）在第 2 个时钟周期，将 R1 译码并生成控制逻辑，读取通用寄存器，读出结果在第 3 个时钟上升沿锁存到触发器 R2；

3）在第 3 个时钟周期，使用控制逻辑和 R2 进行 ALU 运算。

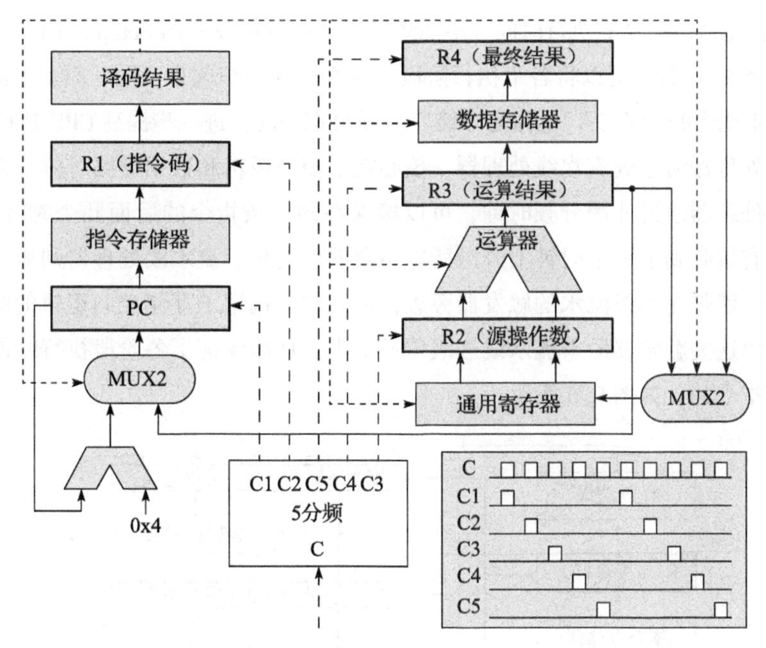

图 9.4　多周期处理器的结构图

推算到这里就会发现，此时离控制逻辑的生成（第2个时钟周期）已经隔了一个时钟周期了，怎么保证这时候控制逻辑还没有发生变化呢？

使用分频时钟或门控时钟可以做到这一点。如图 9.4 右下方所示，将原始的时钟通过分频的方式产生出 5 个时钟，分别控制图中 PC、R1 ~ R4 这 5 组触发器。这样，在进行 ALU 运算时，可以保证触发器 R1 没有接收到下一个时钟上升沿，故不可能变化，因此可以进行正确的 ALU 运算。同理，包括写寄存器、执行访存等，都受到正确的控制。

经过推算，可以将这种处理器执行指令时的指令-时钟周期的对照图画出来，如图 9.5 所示。这种图可以被称为处理器执行的时空图，也被称为流水线图。画出流水线图是分析处理器行为的直观、有效的方法。

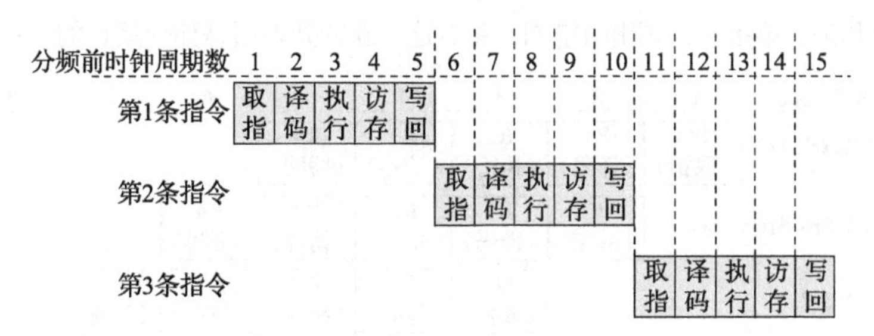

图 9.5　多周期处理器的流水线时空图

这种增加触发器并采用分频时钟的处理器模型称为多周期处理器。多周期处理器设计可以提高运行频率，但是每条指令的执行时间并不能降低（考虑到触发器的 Setup 时间和 Clk-to-Q 延迟则执行时间会增加）。我们可以将各个执行阶段以流水方式组织起来，同一时刻不同指令的不同执行阶段（流水线中的“阶段”也称为“级”）重叠在一起，进一步提高 CPU 执行效率。

从多周期处理器演进到流水线处理器，核心在于控制逻辑和数据通路对应关系维护机制的变化。多周期处理器通过使用分频时钟，可以确保在同一条指令的后面几个时钟周期执行时，控制逻辑因没有接收到下一个时钟上升沿所以不会发生变化。流水线处理器则通过另一个方法来保证这一点，就是在每级流水的触发器旁边，再添加一批用于存储控制逻辑的触发器。指令的控制逻辑借由这些触发器沿着流水线逐级传递下去，从而保证了各阶段执行时使用的控制逻辑都是属于该指令的，如图 9.6 所示。

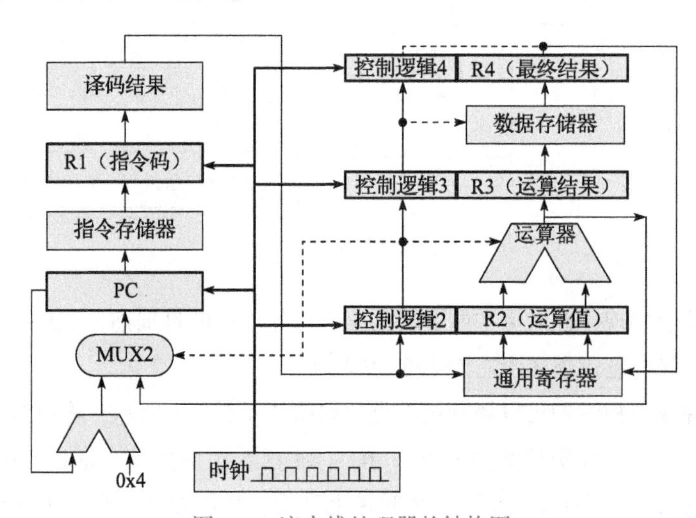

图 9.6　流水线处理器的结构图

从图 9.6 中的虚线可以看出，控制运算器进行计算的信息来自控制逻辑 2，即锁存过一次的控制逻辑，刚好与 R2 中存储的运算值同属一条指令。图中取消了 R3 阶段写通用寄存器的通路，而是将 R3 的内容锁存一个时钟周期，统一使用控制逻辑 4 和 R4 来写。

可以先设计几条简单指令，画出时空图，看看这个新的处理器是如何运行的。示例见图 9.7。

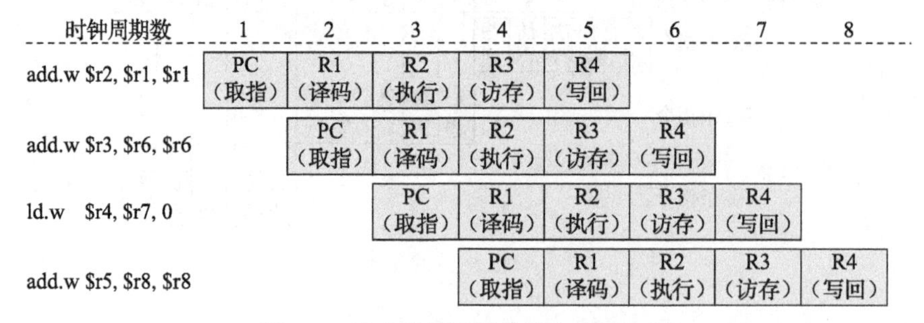

时钟周期数	1	2	3	4	5	6	7	8
add.w $r2, $r1, $r1	PC（取指）	R1（译码）	R2（执行）	R3（访存）	R4（写回）			
add.w $r3, $r6, $r6		PC（取指）	R1（译码）	R2（执行）	R3（访存）	R4（写回）		
ld.w　$r4, $r7, 0			PC（取指）	R1（译码）	R2（执行）	R3（访存）	R4（写回）	
add.w $r5, $r8, $r8				PC（取指）	R1（译码）	R2（执行）	R3（访存）	R4（写回）

图 9.7　流水线处理器的流水线时空图

要记得图中 R2、R3 和 R4 实际上还包括各自对应的控制逻辑触发器，所以到下一个时钟周期后，当前部件及对应触发器已经不再需要给上一条指令服务，新的指令才可以在下一个时钟周期立即占据当前的触发器。

如果从每个处理器部件的角度，也可以画出另一个时空图，见图 9.8。图中不同下标的 I 代表不同的指令。

图 9.8 处理器部件时空图

从这个角度看过去，处理器的工作方式就像一个 5 人分工合作的加工厂，每个工人做完自己的部分，将自己手头的工作交给下一个工人，并取得一个新的工作，这样可以让每个工人都一直处于工作状态。这种工作方式被称为流水线，采用这种模型的处理器被称为流水线处理器。

9.3 指令相关和流水线冲突

前面设计的流水线处理器在执行图 9.7 中所示的简单指令序列时可以很顺畅，每个时钟周期都能执行完一条指令。但是程序中的指令序列并不总是这么简单，通常会存在指令间的相关，这就有可能导致流水线处理器执行出错。举例来说，对于“add.w \$r2, \$r1, \$r1; add.w \$r3, \$r2, \$r2”这个指令序列，第 1 条指令将结果写入 r2 寄存器，第 2 条指令再用 r2 寄存器的值进行计算。在前面设计的 5 级静态流水线处理器中，第 1 条指令在第 5 级写回阶段才把结果写回到寄存器，但是第 2 条指令在第 2 级译码阶段（此时第 1 条指令尚在第 3 级执行阶段）就已经在读寄存器的值了，所以第 2 条指令读取的是 r2 寄存器的旧值，从而造成了运算结果错误。因此本节将重点探讨如何在流水线处理器结构设计中处理好指令相关，从而保证程序的正确执行。

指令间的相关可以分为 3 类：数据相关、控制相关和结构相关。在程序中，如果两条指令访问同一个寄存器或内存单元，而且这两条指令中至少有 1 条是写该寄存器或内存单元的指令，那么这两条指令之间就存在数据相关。上面举的例子就是一种数据相关。如果两条指令中一条是转移指令且另一条指令是否被执行取决于该转移指令的执行结果，则这两条指令之间存在控制相关。如果两条指令使用同一份硬件资源，则这两条指令之间存在结构相关。

在程序中，指令间的相关是普遍存在的。这些相关给指令增加了一个序关系，要求指令的执行必须满足这些序关系，否则执行的结果就会出错。为了保证程序的正确执行，处理器结构设计必须满足这些序关系。指令间的序关系有些是很容易满足的，例如两条相关的指令之间隔得足够远，后面的指令开始取指执行时前面的指令早就执行完了，那么处理器结构设计就不用做特殊处理。但是如果两条相关的指令挨得很近，尤其是都在指令流水线的不同阶段时，就需要用结构设计来保证这两条指令在执行时满足它们的相关关系。

相关的指令在一个具体的处理器结构中执行时可能会导致冲突（hazard）。例如本节开头所举例子中，数据相关指令序列在5级静态流水线处理器中执行时碰到的读数时机早于写数的情况就是一个冲突。下面将具体分析5级静态流水线处理器中存在的冲突及其解决办法。

9.3.1　数据相关引发的冲突及解决办法

数据相关根据冲突访问读和写的次序可以分为3种。第1种是写后读（Read After Write，简称RAW）相关，即后面指令要用到前面指令所写的数据，也称为真相关。第2种是写后写（Write After Write，简称WAW）相关，即两条指令写同一个单元，也称为输出相关。第3种是读后写（Write After Read，简称WAR）相关，即后面的指令覆盖前面指令所读的单元，也称为反相关。在9.2节所介绍的5级简单流水线中，只有RAW相关会引起流水线冲突，WAR相关和WAW相关不会引起流水线冲突。但是在9.4节中将要介绍的乱序执行流水线中，WAR相关和WAW相关也有可能引起流水线冲突。

下面重点分析RAW相关所引起的流水线冲突并讨论其解决方法。对于如下指令序列：

```
add.w    $r2, $r1, $r1
add.w    $r3, $r2, $r2
ld.w     $r4, $r3, 0
add.w    $r5, $r4, $r4
```

其中第1、2条指令间，第2、3条指令间，第3、4条指令间存在RAW相关。这3条指令在9.2节所介绍的5级简单流水线处理器中执行的流水线时空图如图9.9所示。

图9.9中从第1条指令的写回阶段指向第2条指令的译码阶段的箭头以及从第2条指令的写回阶段指向第3条指令的译码阶段的箭头都表示RAW相关会引起冲突。这是因为如果第2条指令要使用第1条指令写回到寄存器的结果，就必须保证第2条指令读取寄存器的时候第1条指令的结果已经写回到寄存器中了，而现有的5级流水线结构如果不加控制，第2条指令就会在第1条指令写回寄存器之前读取寄存器，从而引发数据错误。为了保证执行的正确，一种最直接的解决方式是让第2条指令在译码阶段等待（阻塞）3拍，直到第1条指令将结果写入

寄存器后才能读取寄存器，进入后续的执行阶段。同样的方式亦适用于第2、3条指令之间和第3、4条指令之间。采用阻塞解决数据相关的流水线时空图如图9.10所示。

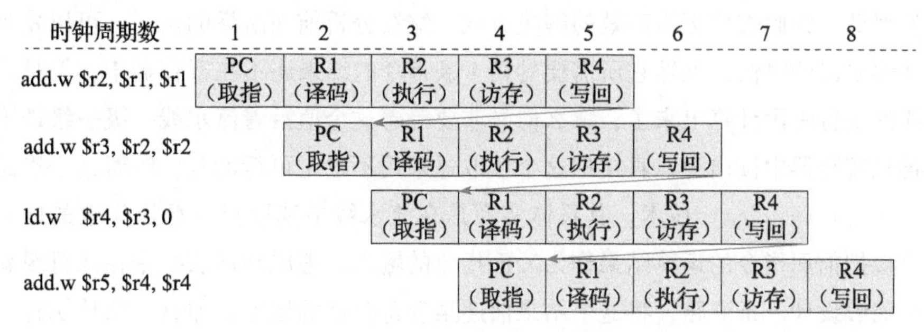

图9.9　RAW数据相关的流水线时空图

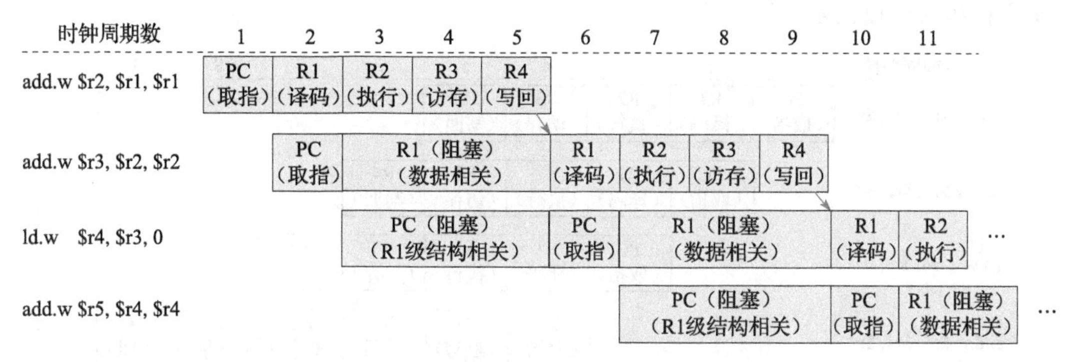

图9.10　用阻塞解决数据相关的流水线时空图

阻塞功能在处理器流水线中的具体电路实现是：将被阻塞流水级所在的寄存器保持原值不变，同时向被阻塞流水级的下一级流水级输入指令无效信号，用流水线空泡（Bubble）填充。对于图9.10所示的流水线阻塞，从每个处理器部件的角度所看到的时空图如图9.11所示。

时钟周期数	1	2	3	4	5	6	7
PC（取指）	I_0	I_1	I_2	I_2	I_2	I_2	I_3
R1（译码）	空闲	I_0	I_1	I_1	I_1	I_1	I_2
R2（执行）	空闲	空闲	I_0	无效	无效	无效	I_1
R3（访存）	空闲	空闲	空闲	I_0	无效	无效	无效
R4（写回）	空闲	空闲	空闲	空闲	I_0	无效	无效

图9.11　有阻塞的处理器部件时空图

流水线前递技术

采用阻塞的方式虽然能够解决 RAW 相关所引发的流水线冲突，但是阻塞势必引起流水线执行效率的降低，为此需要更为高效的解决方式。继续分析前面所举的例子，可以发现第 2 条指令位于译码阶段的时候，虽然它所需要的第 1 条指令的结果还不在寄存器中，但是这个值已经在流水线的执行阶段计算出来了，那么何必非要等着这个值沿着流水线一级一级送下去写入寄存器后再从寄存器中读出呢？直接把这个值取过来用不也是可行的吗？顺着这个思路就产生了流水线前递（Forwarding）技术。其具体实现是在流水线中读取指令源操作数的地方通过多路选择器直接把前面指令的运算结果作为后面指令的输入。考虑到加法指令在执行级就完成了运算，因此能够设计一条通路，将这个结果前递至读寄存器的地方，即有一条从执行级到译码级的前递通路。除此之外，还可以依次添加从访存级、写回级到译码级的前递通路。新的流水线时空图如图 9.12 所示。

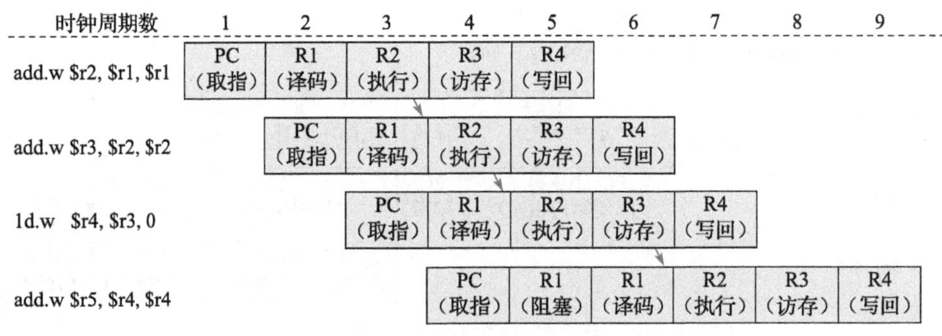

图 9.12 加入前递的数据相关时空图

可以看出，加入前递技术之后，执行这 4 条指令的性能有大幅提高。

通过前面对于指令相关的分析，我们需要在处理器中加入阻塞流水线的控制逻辑以及前递通路。演进后的处理器结构如图 9.13 所示。为了表达清晰，图中省略了时钟信号到每组触发器的连接线。

图 9.13 中虚线框中是新加入的逻辑。为了解决数据相关，加入了寄存器相关判断逻辑，收集当前流水线中处于执行、访存及写回级的最多 3 条指令的目的寄存器信息，与译码级的源寄存器比较，并根据比较结果决定是否阻塞译码级 R1；为了解决控制相关，加入了译码级和执行级能够修改 PC 级有效位的通路；为了解决结构相关，加入了译码级到 PC 级的阻塞控制逻辑；为了支持前递，加入了从执行级、访存级到译码级的数据通路，并使用寄存器相关判断逻辑来控制如何前递。可以看出，大多数机制都加在了前两级流水线上。

9.3.2 控制相关引发的冲突及解决办法

控制相关引发的冲突本质上是对程序计数器 PC 的冲突访问引起的。图 9.14 中的箭头即表

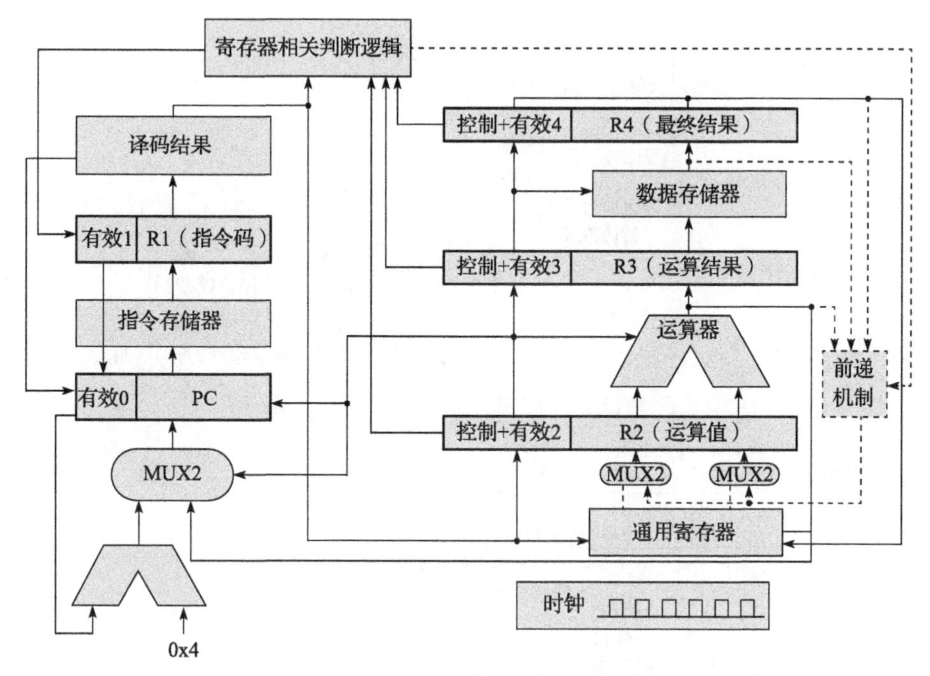

图 9.13　处理指令相关的流水线结构图

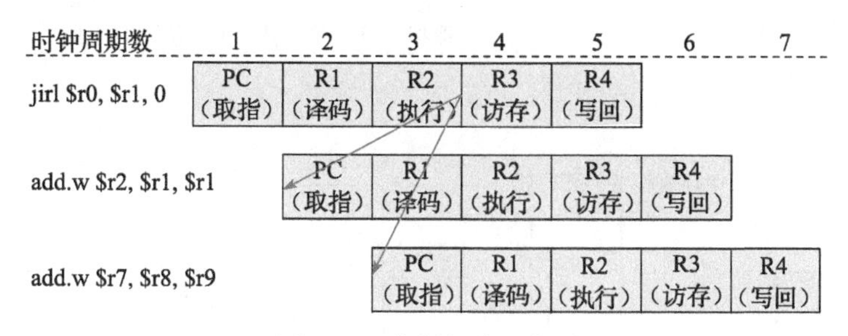

图 9.14　控制相关示意图

示控制相关所引发的冲突。

按照图 9.6 给出的处理器设计，执行阶段 R2 触发器所存储的值经过计算之后才能给出转移指令的正确目标并在下一个时钟上升沿更新 PC，但是图 9.13 中转移指令尚未执行结束时，PC 已经更新完毕并取指了，从而可能导致取回了错误的指令。为了解决这个问题，可以通过在取指阶段引入 2 拍的流水线阻塞来解决，如图 9.15 所示。

在单发射 5 级静态流水线中，如果增加专用的运算资源将转移指令条件判断和计算下一条指令 PC 的处理调整到译码阶段，那么转移指令后面的指令只需要在取指阶段等 1 拍，调整后前述代码序列的执行流水线的时空图如图 9.16 所示。采用这种解决控制相关的方式，继续改进流水线处理器结构，得到如图 9.17 所示的结构设计。

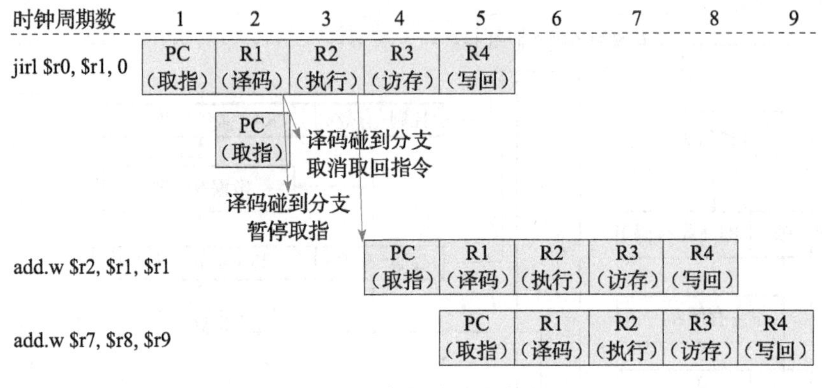

图 9.15 解决控制相关的流水线时空图

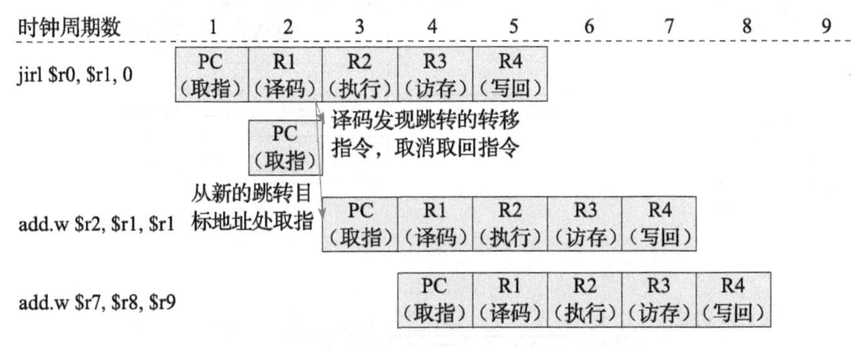

图 9.16 优化控制相关处理后的流水线时空图

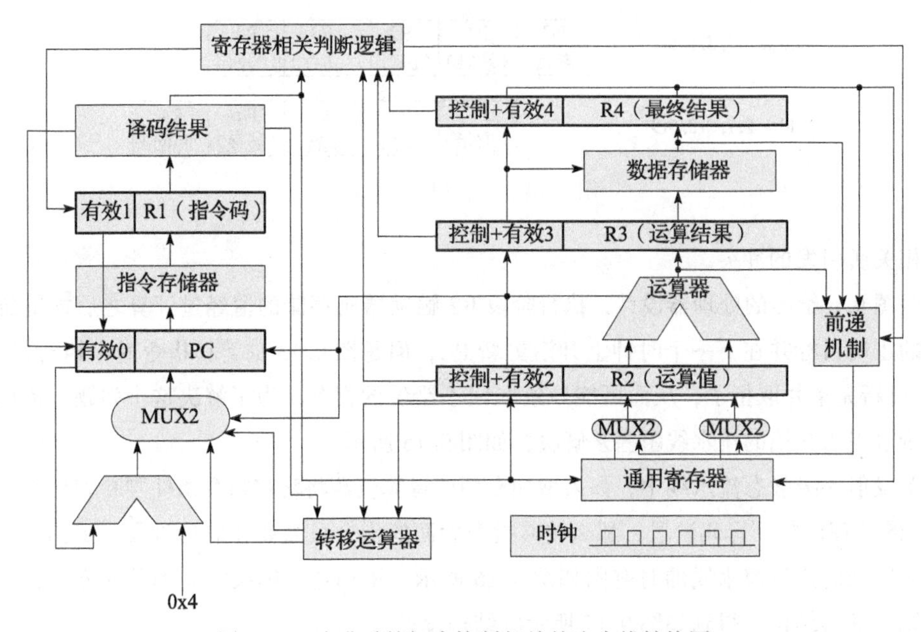

图 9.17 改进后的解决控制相关的流水线结构图

为更进一步减少由控制相关引起的阻塞，可以采用转移指令的延迟槽技术，在定义指令系统的时候就明确转移指令延迟槽指令的执行不依赖于转移指令的结果，这样转移指令后面的指令在取指阶段1拍也不用等。总之，在单发射5级静态流水线处理器中，通过在译码阶段对转移指令进行处理和利用转移指令延迟槽技术，就可以避免控制相关引起的流水线阻塞。但是这两项技术并不一定适用于其他结构，后面9.5.3节讨论转移预测技术时将做进一步分析。

9.3.3 结构相关引发的冲突及解决办法

结构相关引起冲突的原因是两条指令要同时访问流水线中的同一个功能部件。回顾前面图9.10中所示的指令序列执行情况，由于流水线中只有一个译码部件，所以第3条指令因为结构相关在第7个时钟周期之前不能进入译码阶段，否则就将覆盖第2条指令的信息，导致第2条指令无法正确执行。同样，可以看到不存在任何数据相关的第4条指令，由于存在结构相关也被多次阻塞，甚至被堵得还无法进入取指阶段。

9.4 流水线与异常处理

这里简要介绍一下如何在流水线处理器中支持异常处理。在第3章曾介绍过，异常产生的来源包括：外部事件、指令执行中的错误、数据完整性问题、地址转换异常、系统调用和陷入以及需要软件修正的运算等。在流水线处理器中，这些不同类型的异常可能在流水线的不同阶段产生。例如访存地址错异常可以在取指阶段和访存阶段产生，保留指令异常和系统调用异常在译码阶段产生，整数溢出异常在执行阶段产生，而中断则可以在任何时候发生。

异常可以分为可恢复异常和不可恢复异常。不可恢复的异常通常发生在系统硬件出现了严重故障的时候，此时异常处理后系统通常面临重启，所以处理器响应不可恢复异常的机制很简单，只要立即终止当前的执行，记录软件所需的信息然后跳转到异常处理入口即可。但是，可恢复异常的处理就比较难，要求做得非常精确，这也就是常常提到的精确异常概念。精确异常要求处理完异常之后，回到产生异常的地方接着执行，还能执行正确，就好像没有发生过异常一样。要达成这个效果，要求在处理异常时，发生异常的指令前面的所有指令都执行完（修改了机器状态），而发生异常的指令及其后面的指令都没有执行（没有修改机器状态）。

在流水线处理器中，同时会有多条指令处于不同阶段，不同阶段都有发生异常的可能，那么如何实现精确异常呢？这里给出一种可行的设计方案。为什么说是可行的以及结构设计该如何修改，作为课后作业留给同学们思考。

1）任何一级流水发生异常时，在流水线中记录下发生异常的事件，直到写回阶段再处理。

2）如果在执行阶段要修改机器状态（如状态寄存器），保存下来直到写回阶段再修改。

3）指令的PC值随指令流水前进到写回阶段为异常处理专用。

4）将外部中断作为取指的异常处理。

5）指定一个通用寄存器（或一个专用寄存器）为异常处理时保存 PC 值专用。

6）当发生异常的指令处在写回阶段时，保存该指令的 PC 及必需的其他状态，置取指的 PC 值为异常处理程序入口地址。

在前面 3 节的介绍中，由简至繁地搭建出一个可以正常执行各种指令的流水线处理器。回顾设计过程，其中的设计要点有两个：第一是通过加入大量触发器，实现了流水线功能；第二是通过加入大量控制逻辑，解决了指令相关问题。

9.5 提高流水线效率的技术

我们通常以应用的执行时间来衡量一款处理器的性能。应用的执行时间等于指令数乘以 CPI（Cycles Per Instruction，每指令执行周期数）再乘以时钟周期。当算法、程序、指令系统、编译器都确定之后，一个应用的指令数就确定下来了。时钟周期与结构设计、电路设计、生产工艺以及工作环境都有关系，不作为这里讨论的重点。我们主要关注 CPI 的降低，即如何通过结构设计提高流水线效率。上一节中提到指令相关容易引起流水线的阻塞。因此，流水线处理器实际的 CPI 等于指令的理想执行周期数加上由于指令相关引起的阻塞周期数：

流水线 CPI = 理想 CPI + 结构相关阻塞周期数 + RAW 阻塞周期数 + WAR 阻塞周期数
+ WAW 阻塞周期数 + 控制相关阻塞周期数

从上面的公式可知，要想提高流水线效率（即降低 Pipeline CPI），可以从降低理想 CPI 和降低各类流水线阻塞这些方面入手。

9.5.1 多发射数据通路

我们首先讨论如何降低理想 CPI。最直观的方法就是让处理器中每级流水线都可以同时处理更多的指令，这被称为多发射数据通路技术。例如双发射流水线意味着每一拍用 PC 从指令存储器中取两条指令，在译码级同时进行两条指令的译码、读源寄存器操作，还能同时执行两条指令的运算操作和访存操作，并同时写回两条指令的结果。那么双发射流水线的理想 CPI 就从单发射流水线的 1 降至 0.5。

要在处理器中支持多发射，首先就要将处理器中的各种资源翻倍，包括采用支持双端口的存储器。其次还要增加额外的阻塞判断逻辑，当同一个时钟周期执行的两条指令存在指令相关时，也需要进行阻塞。包括数据相关、控制相关和结构相关在内的阻塞机制都需要改动。我们来观察几条简单指令在双发射流水线中的时空图，如图 9.18 所示。

在图 9.18 中，为了流水线控制的简化，只有同一级流水线的两条指令都不被更早的指令阻塞时，才能让这两条指令一起继续执行，所以第 6 条指令触发了陪同阻塞。

时钟周期数	1	2	3	4	5	6	7	8	9
add.w $r2, $r1, $r1	PC_0（取指）	$R1_0$（译码）	$R2_0$（执行）	$R3_0$（访存）	$R4_0$（写回）				
add.w $r3, $r1, $r1	PC_1（取指）	$R1_1$（译码）	$R2_1$（执行）	$R3_1$（访存）	$R4_1$（写回）				
add.w $r4, $r2, $r2		PC_0（取指）	$R1_0$（译码）	$R2_0$（执行）	$R3_0$（访存）	$R4_0$（写回）			
ld.w $r5, $r3, 0		PC_1（取指）	$R1_1$（译码）	$R2_1$（执行）	$R3_1$（访存）	$R4_1$（写回）			
add.w $r6, $r1, $r1			PC_0（取指）	$R1_0$（陪同阻塞）	$R1_0$（译码）	$R2_0$（执行）	$R3_0$（访存）	$R4_0$（写回）	
add.w $r7, $r5, $r5			PC_1（取指）	$R1_1$（数据相关）	$R1_1$（译码）	$R2_1$（执行）	$R3_1$（访存）	$R4_1$（写回）	
add.w $r8, $r1, $r1				PC_0（结构相关）	PC_0（取指）	$R1_0$（译码）	$R2_0$（执行）	$R3_0$（访存）	$R4_0$（写回）
add.w $r9, $r1, $r1				PC_1（结构相关）	PC_1（取指）	$R1_1$（译码）	$R2_1$（执行）	$R3_1$（访存）	$R4_1$（写回）

图 9.18　双发射处理器的流水线时空图

多发射数据通路技术虽然从理论上而言可以大幅度降低处理器的 CPI，但是由于各类相关所引起的阻塞影响，其实际执行效率是要大打折扣的。所以我们还要进一步从减少各类相关引起的阻塞这个方面入手来提高流水线的执行效率。

9.5.2　动态调度

如果我们用道路交通来类比的话，多发射数据通路就类似于把马路从单车道改造为多车道，但是这个多车道的马路有个奇怪的景象——速度快的车（如跑车）不能超过前面速度慢的车（如马车），即使马车前面的车道是空闲的。直觉上我们肯定觉得这样做效率低，只要车道有空闲，就应该允许后面速度快的车超过前面速度慢的车。这就是动态调度的基本出发点。用本领域的概念来描述动态的基本思想就是：把相关的解决尽量往后拖延，同时前面指令的等待不影响后面指令继续前进。下面我们通过一个例子来加深理解：假定现在有一个双发射流水线，所有的运算单元都有两份，那么在执行下列指令序列时：

```
div.w    $r3, $r2, $r1
add.w    $r5, $r4, $r3
sub.w    $r8, $r7, $r6
```

由于除法单元采用迭代算法实现，所以 div.w 指令需要多个执行周期，与它有 RAW 相关的 add.w 指令最早也只能等到 div.w 指令执行完毕后才能开始执行。但是 sub.w 指令何时可以开始执行呢？可以看到 sub.w 指令与前两条指令没有任何相关，采用动态调度的流水线就允许

sub.w 指令越过前面尚未执行完毕的 div.w 指令和 add.w 指令，提前开始执行。因为 sub.w 是在流水线由于指令间的相关引起阻塞而空闲的情况下“见缝插针”地提前执行了，所以这段程序整体的执行延迟就减少了。

要完成上述功能，需要对原有的流水线做一些改动。首先，要将原有的译码阶段拆分成“译码”和“读操作数”两个阶段。译码阶段进行指令译码并检查结构相关，随后在读操作数阶段则一直等待直至操作数可以读取。处在等待状态的指令不能一直停留在原有的译码流水级上，因为这样它后面的指令就没法前进甚至是取进流水线，更不用说什么提前执行了。因此考虑新增一个结构存放这些等待的指令，这个结构被称为保留站，有的文献中也称之为发射队列，这是动态调度中必需的核心部件。除了存储指令的功能，保留站还要负责控制其中的指令何时去执行，因此保留站中还会记录下描述指令间相关关系的信息，同时监测各条指令的执行状态。如果指令是在进入保留站前读取寄存器，那么保留站还需要监听每条结果总线，获得源操作数的最新值。

保留站在处理器中的大致位置如图 9.19 所示。保留站通常组织为一个无序的队列结构，其中每一项对应一条指令，包含多个域，存放这个指令的监听结果和后续执行所需各类信息，

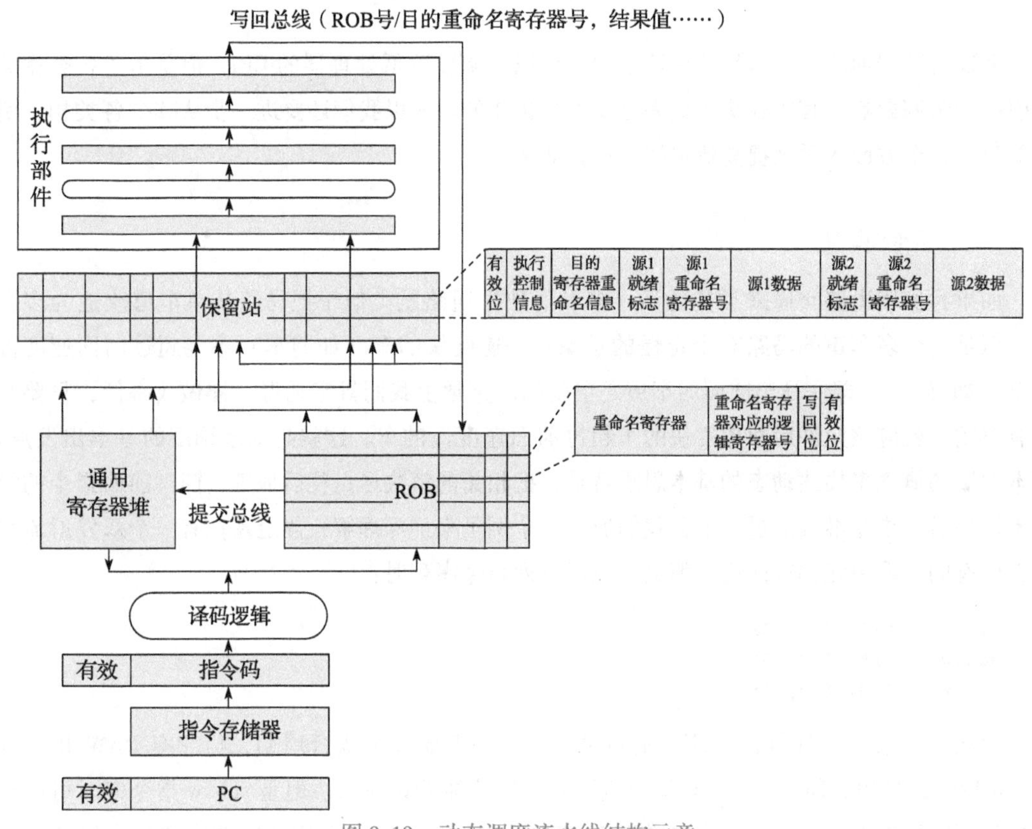

图 9.19　动态调度流水线结构示意

包括有效位、指令执行控制信息（如操作码）、源操作数的就绪状态、源操作数的监听对象以及源操作数的数据。如果采用了后面将要提到的寄存器重命名技术，那么保留站中通常还要存放该指令目的寄存器重命名后的信息。译码并读寄存器的指令进入保留站，保留站会每个时钟周期选择一条没有被阻塞的指令，送往执行逻辑，并退出保留站，这个动作称为“发射”。

保留站调度算法的核心在于“挑选没有被阻塞的指令”。从保留站在流水线所处的位置来看，保留站中的指令不可能因为控制相关而被阻塞。结构相关所引起的阻塞的判定条件也是直观的，即检查有没有空闲的执行部件和空闲的发射端口。但是在数据相关所引起的阻塞的处理上，存在着不同的设计思路。

为了讨论清楚保留站如何处理数据相关所引起的阻塞，先回顾一下9.3节关于RAW、WAR、WAW三种数据相关的介绍，在那里我们曾提到在5级简单流水线上WAR和WAW两种数据相关不会产生冲突，但是在动态调度的情况下就可能会产生。下面来看两个例子。例如下面的指令序列：

```
div.w     $r3, $r2, $r1
add.w     $r5, $r4, $r3
sub.w     $r4, $r7, $r6
```

add.w指令和sub.w指令之间存在WAR相关，在乱序调度的情况下，sub.w指令自身的源操作数不依赖于div.w和add.w指令，可以读取操作数执行得到正确的结果。那么这个结果能否在执行结束后就立即写入寄存器呢？回答是否定的。假设sub.w执行完毕的时候，add.w指令因为等待div.w指令的结果还没有开始执行，那么sub.w指令如果在这个时候就修改了r4寄存器的值，那么等到add.w开始执行时，就会产生错误的结果。

WAW相关的例子与上面WAR相关的例子很相似，如下面的指令序列：

```
div.w     $r3, $r2, $r1
add.w     $r5, $r4, $r3
sub.w     $r5, $r7, $r6
```

add.w指令和sub.w指令之间存在WAW相关，在乱序调度的情况下，sub.w指令可以先于add.w指令执行，如果sub.w执行完毕的时候，add.w指令因为等待div.w指令的结果还没有开始执行，那么sub.w指令若是在这个时候就修改了r5寄存器的值，那就会被add.w指令执行完写回的结果覆盖掉。从程序的角度看，sub.w后面的指令读取r5寄存器会得到错误的结果。

上面的例子解释了WAR和WAW相关在动态调度流水线中是怎样产生冲突的。如何解决呢？阻塞作为解决一切冲突的普适方法肯定是可行的。方法就是如果保留站判断出未发射的指令与前面尚未执行完毕的指令存在WAR和WAW相关，就阻塞其发射直至冲突解决。历史上第一台采用动态调度流水线的CDC6000就是采用了这种解决思路，称为记分板办法。

事实上，WAR和WAW同RAW是有本质区别的，它们并不是由程序中真正的数据依赖关系所引起的相关关系，而仅仅是由于恰好使用具有同一个名字的寄存器所引起的名字相关。打个比方来说，32 项的寄存器文件就好比一个有 32 个储物格的储物柜，每条指令把自己的结果数据放到一个储物格中，然后后面的指令依照储物格的号（寄存器名字）从相应的格子中取出数据，储物柜只是一个中转站，问题的核心是要把数据从生产者传递到指定的消费者，至于说这个数据通过哪个格子做中转并不是绝对的。WAR 和 WAW 相关产生冲突意味着两对“生产者-消费者”之间恰好准备用同一个格子做中转，而且双方在“存放-取出”这个动作的操作时间上产生了重叠，所以就引发了混乱。如果双方谁都不愿意等（记分板的策略）怎么办？再找一个不受干扰的空闲格子，后来的一方换用这个新格子做中转，就不用等待了。这就是寄存器重命名技术。通过寄存器重命名技术，可以消除 WAR 和 WAW 相关。例如，存在 WAR 和 WAW 相关指令序列：

```
div.w    $r3, $r2, $r1
add.w    $r5, $r4, $r3
sub.w    $r3, $r7, $r6
mul.w    $r9, $r8, $r3
```

可以通过寄存器重命名变为：

```
div.w    $r3, $r2, $r1
add.w    $r5, $r4, $r3
sub.w    $r10, $r7, $r6
mul.w    $r9, $r8, $r10
```

重命名之后就没有 WAR 和 WAW 相关了。

1966 年，Robert Tomasulo 在 IBM 360/91 中首次提出了对于动态调度处理器设计影响深远的 Tomasulo 算法。该算法在 CDC6000 记分板方法基础上做了进一步改进。面对 RAW 相关所引起的阻塞，两者解决思路是一样的，即将相关关系记录下来，有相关的等待，没有相关的尽早送到功能部件开始执行。但是 Tomasulo 算法实现了硬件的寄存器重命名，从而消除了 WAR 和 WAW 相关，也就自然不需要阻塞了。

在流水线中实现动态调度，还有最后一个需要考虑的问题——精确异常。回顾一下 9.4 节中关于精确异常的描述，要求在处理异常时，发生异常的指令前面的所有指令都执行完（修改了机器状态），而发生异常的指令及其后面的指令都没有执行（没有修改机器状态）。那么在乱序调度的情况下，指令已经打破了原有的先后顺序在流水线中执行了，“前面”“后面”这样的顺序关系从哪里获得呢？还有一个问题，发生异常的指令后面的指令都不能修改机器的状态，但是这些指令说不定都已经越过发生异常的指令先去执行了，怎么办呢？

上面两个问题的解决方法是：在流水线中添加一个重排序缓冲（ROB）来维护指令的有序结束，同时在流水线中增加一个“提交”阶段。指令对机器状态的修改只有在到达提交阶段时才能生效（软件可见），处于写回阶段的指令不能真正地修改机器状态，但可以更新并维护一个临时的软件不可见的机器状态。ROB 是一个先进先出的有序队列，所有指令在译码之后按程序顺序进入队列尾部，所有执行完毕的执行从队列头部按序提交。提交时一旦发现有指令发生异常，则 ROB 中该指令及其后面的指令都被清空。发生异常的指令出现在 ROB 头部时，这条指令前面的指令都已经从 ROB 头部退出并提交了，这些指令对于机器状态的修改都生效了；异常指令和它后面的指令都因为清空而没有提交，也就不会修改机器状态。这就满足了精确异常的要求。

总结一下实现动态调度后流水线各阶段的调整：

- 取指。不变。
- 译码。译码拆分为译码和读操作数两个阶段。在读操作数阶段，把操作队列的指令根据操作类型派送（dispatch）到保留站（如果保留站以及 ROB 有空），并在 ROB 中指定一项作为临时保存该指令结果之用；保留站中的操作等待其所有源操作数就绪后即可以被挑选出来发射（issue）到功能部件执行，发射过程中读寄存器的值和结果状态域，如果结果状态域指出结果寄存器已被重命名到 ROB，则读 ROB。
- 执行。不变。
- 写回。把结果送到结果总线，释放保留站；ROB 根据结果总线修改相应项。
- 提交。如果队列中第一条指令的结果已经写回且没有发生异常，把该指令的结果从 ROB 写回到寄存器或存储器，释放 ROB 的相应项；如果队列头的指令发生了异常或者转移指令猜测错误，清除操作队列以及 ROB 等。

9.5.3　转移预测

因转移指令而引起的控制相关也会造成流水线的阻塞。在前面 9.3.2 节中曾指出，通过将转移指令处理放到译码阶段和转移指令延迟槽两项技术，可以在单发射 5 级静态流水线中无阻塞地解决控制相关所引起的冲突。但是这种解决控制相关所引起的冲突的方式并不是普适的。比如当为了提高处理器的主频而将取指阶段的流水级做进一步切分后，或者是采用多发射数据通路设计后，仅有 1 条延迟槽指令是无法消除流水线阻塞的。

正常的应用程序中转移指令出现十分频繁，通常平均每 5~10 条指令中就有一条是转移指令，而且多发射结构进一步加速了流水线遇到转移指令的频率。例如假设一个程序平均 8 条指令中有一条转移指令，那么在单发射情况下平均 8 拍才遇到 1 条转移指令，而 4 发射情况下平均 2 拍就会遇到 1 条转移指令。而且随着流水线越来越深，处理转移指令所需要的时钟周期数也越来越多。面对这些情况，如果还是只能通过阻塞流水线的方式来避免控制相关引起的冲突，将会极大地降低流水线处理器的性能。

现代处理器普遍采用硬件转移预测机制来解决转移指令引起的控制相关阻塞，其基本思路是在转移指令的取指或译码阶段预测出转移指令的方向和目标地址，并从预测的目标地址继续取指令执行，这样在猜对的情况下就不用阻塞流水线。既然是猜测，就有错误的可能。硬件转移预测的实现分为两个步骤：第一步是预测，即在取指或译码阶段预测转移指令是否跳转以及转移的目标地址，并根据预测结果进行后续指令的取指；第二步是确认，即在转移指令执行完毕后，比较最终确定的转移条件和转移目标与之前预测的结果是否相同，如果不同则需要取消预测后的指令执行，并从正确的目标重新取指执行。

下面通过一个简单的例子来说明转移预测对性能的影响。假设平均 8 条指令中有 1 条转移指令，某处理器采用 4 发射结构，在第 10 级流水计算出转移方向和目标（这意味着转移预测失败将产生（10-1)×4＝36 个空泡）。如果不进行转移预测而采用阻塞的方式，那么取指带宽浪费 36/(36+8)＝82%；如果进行简单的转移预测，转移预测错误率为 50%，那么平均每 16 条指令预测错误一次，指令带宽浪费 36/(36+16)＝75%；如果使用误预测率为 10%的转移预测器，那么平均每 80 条指令预测错误一次，指令带宽浪费降至 36/(36+80)＝31%；如果使用误预测率为 4%的转移预测器，则平均每 200 条指令预测错误一次，取指令带宽浪费进一步降至 36/(36+200)＝15%。

从上面的例子可以看出，在转移预测错误开销固定的情况下，提高转移预测的准确率有助于大幅度提升处理器性能。那么能否设计出具有很高预测正确率的转移预测器呢？通过对大量应用程序中转移指令的行为进行分析后，人们发现它具有两个非常好的特性：首先，转移指令有较好的局部性，即少数转移指令的执行次数占所有转移指令执行次数中的绝大部分，这意味着只要对少量高频次执行的转移指令做出准确的预测就能获得绝大多数的性能提升；其次，绝大多数转移指令具有可预测性，即能够通过对转移指令的行为进行分析学习得出其规律性。

转移指令的可预测性主要包括单条转移指令的重复性以及不同转移指令之间存在的方向相关、路径相关。单条转移指令的重复性主要与程序中的循环有关。例如 for 型循环中转移指令的模式为 TT……TN(成功 n 次后跟 1 次不成功)；while 型循环中转移指令的模式为 NN……NT(不成功 n 次后跟 1 次成功)。不同转移指令之间的相关性主要出现在“if…else…”结构中。图 9.20a 是转移指令之间存在方向相关的例子。两个分支的条件（完全或部分）基于相同或相关的信息，后面分支的结果基于前面分支的结果。图 9.20b 是转移指令之间存在路径相关的例子。如果一个分支是通向当前分支的前 n 条分支之一，则称该分支处在当前分支的路径上，处在当前分支的路径上的分支与当前分支结果之间的相关性称为路径相关。

```
Y:if (cond1)
  :
X:if (cond1&cond2)

Z:if (cond1)
  :
Y: if (cond2)
  :
X: if (cond1&cond2)

Y:if(cond1) a=2;
  :
X: if (a==0)
```

a)

```
Z: if (!cond1)
Y: else if (!cond2)
V: else if (cond3)
  :
X:if (cond1 & cond2)
```

b)

图 9.20　转移指令之间的相关性

流水线中最早可以在取指阶段进行转移预测，此时只有 PC [㊀] 信息可以用来进行预测，且预测出的信息需要同时包括转移的方向和目标地址。这里介绍此类预测器中一种最基本的结构——分支目标缓冲（Branch Target Buffer，简称 BTB）。BTB 逻辑上通常组织为一个基于内容寻址的查找表，其结构如图 9.21 所示。每个表项包含 PC、跳转目标（Target）和饱和计数器（Counter）三个部分。BTB 的预测过程是：用取指 PC 与表中各项的 PC 进行比较，如果某项置相等且该项的饱和计数器值指示预测跳转，则取出该项所存的跳转目标并跳转过去。

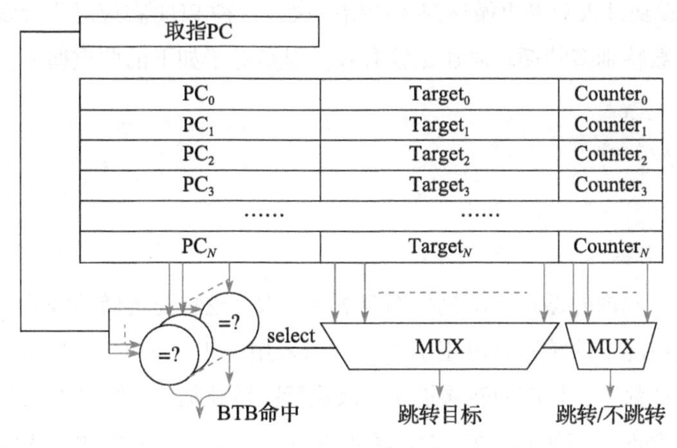

图 9.21　BTB 结构示意图

对于那些采用 PC 相对跳转的指令，其在译码阶段就可以根据 PC 和指令码明确计算得到，因此只需要对转移方向（即是否跳转）进行预测。下面介绍此类预测器中一种最基本的结构，即根据单条转移指令的转移历史来预测转移指令的跳转方向。这种转移预测主要依据转移指令重复性的规律，对于重复性特征明显的转移指令（如循环）可以取得很好的预测效果。例如，对于循环语句 for(i=0; i<10; i++){…}，可以假设其对应的汇编代码中是由一条回跳的条件转移指令来控制循环的执行。该转移指令前 9 次跳转，第 10 次不跳转，如果我们用 1 表示跳转，0 表示不跳转，那么这个转移指令的转移模式就记为（1111111110）。这个转移模式的特点是，如果上一次是跳转，那么这一次也是跳转的概率比较大。这个特点启发我们将该转移指令的执行历史记录下来用于猜测该转移指令是否跳转。这种用于记录转移指令执行历史信息的表称为转移历史表（Branch History Table，简称 BHT）。最简单的 BHT 利用 PC 的低位进行索引，每项只有 1 位，记录索引到该项的转移指令上一次执行时的跳转情况，1 表示跳转，0 表示不跳转。由于存储的信息表征了转移的模式，所以这种 BHT 又被称为转移模式历史表（Pattern History Table，简称 PHT）。利用这种 1 位 PHT 进行预测时，首先根据转移指令的 PC 低位去索引 PHT，如果表项值为 1，则预测跳转，否则预测不跳转；其次要根据该转移指令实

㊀ 其实还可以补充采用转移历史信息进行预测，不过此处囿于篇幅暂不展开。

际的跳转情况来更新对应PHT的表项中的值。仍以前面的for循环为例，假设PHT的表项初始值都为0，那么转移指令第1次执行时，读出的表项为0所以预测不跳转，但这是一次错误的预测，第1次执行结束时会根据实际是跳转的结果将对应的表项值更新为1；转移指令第2次执行时，从表项中读出1所以预测跳转，这是一次正确的预测，第2次执行结束时会根据实际是跳转的结果将对应的表项值更新为1；…；转移指令第10次执行时，从表项中读出1所以预测跳转，这是一次错误的预测，第10次执行结束时会根据实际是不跳转的结果将对应的表项值更新为0。可以看到进入和退出循环都要猜错一次。这种PHT在应对不会多次执行的单层循环时，或者循环次数特别多的循环时还比较有效。但是对于如下的两重循环：

```
for(i=0;i<10;i++)
  for(j=0;j<10;j++)
  {
    …
  }
```

使用上述1位PHT，则内外循环每次执行都会猜错2次，这样总的转移预测正确率仅有80%。

为了提高上述情况下的转移预测正确率，可以采用每项2位的PHT。这种PHT中每一项都是一个2位饱和计数器，相应的转移指令每次执行跳转就加1（加到3为止），不跳转就减1（减到0为止）。预测时，如果相应的PHT表项的高位为1（计数器的值为2或3）就预测跳转，高位为0（计数器的值为0或1）就预测不跳转。也就是说，只有连续两次猜错，才会改变预测的方向。使用上述2位PHT后，前面两重循环的例子中，内层循环的预测正确率从80%提高到（7+81）/100=88%。图9.22给出了2位PHT转移预测机制的示意。

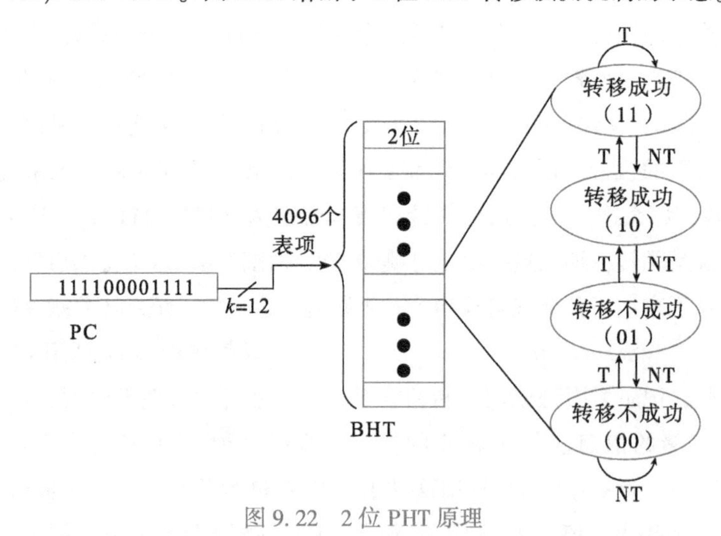

图9.22　2位PHT原理

还有很多技术可以提高分支预测的准确率。可以使用分支历史信息与PC进行哈希操作后再查预测表，让分支历史影响预测结果；可以使用多个预测器同时进行预测，并预测哪个预测器的结果更准确，这被称为锦标赛预测器。具体的实现方法，以及更高级的分支预测技术可以参见本套系列教材中的硕士课程教材。

9.5.4　高速缓存

由于物理实现上存在差异，自 20 世纪 80 年代以来 CPU 和内存的速度提升幅度一直存在差距，而且这种差距随着时间的推移越来越大。例如 DDR3 内存的访问延迟约为 50ns，而高端处理器的时钟周期都在 1ns 以下，相当于每访问一次 DDR3 都需要花费至少 50 个处理器的时钟周期，如果程序有较多依赖访存结果的数据相关，就会严重影响处理器的性能。处理器和内存的速度差距造就了存储层次：离处理器流水线距离越近的地方，使用存储密度小的电路结构，牺牲存储容量来换取更快的访问速度；离处理器流水线距离越远的地方，使用存储密度大的电路结构，牺牲访问速度来换取存储容量。目前计算机中常见的存储层次包括寄存器、高速缓存(Cache)、内存、IO 这四个层次。本节主要讨论 Cache 的相关概念。

Cache 为了追求访问速度，容量通常较小，其中存放的内容只是主存储器内容的一个子集。Cache 是微体系结构的概念，它没有程序上的意义，没有独立的编址空间，处理器访问 Cache 和访问存储器使用的是相同的地址，因而 Cache 对于编程功能正确性而言是透明的。Cache 在流水线中的位置大致如图 9.23 所示，这里为了避免共享 Cache 引入的结构相关采用了独立的指令 Cache 和数据 Cache，前者仅供取指，后者仅供访存。

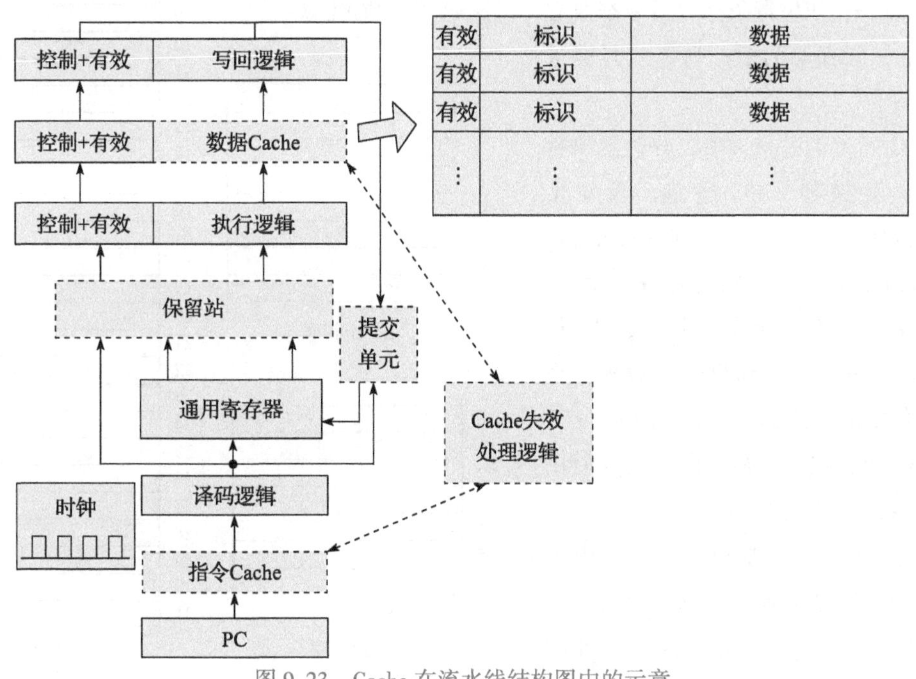

图 9.23　Cache 在流水线结构图中的示意

由于Cache没有独立的编址空间，且只能存放一部分内存的内容，所以一个Cache单元可能在不同时刻存储不同的内存单元的内容。这就需要一种机制来标明某个Cache单元当前存储的是哪个内存单元的内容。因此Cache的每一个单元不仅要存储数据，还要存储该数据对应的内存地址（称为Cache标签，Tag）以及在Cache中的状态（如是否有效，是否被改写等）。

处理器访问Cache时，除了用其中的某些位进行索引外，还要将访问地址与Cache中的Tag相比较。如果命中，则直接对Cache中的内容进行访问；如果不命中，则该指令阻塞在取指或者访存阶段，同时由Cache失效处理逻辑完成后续处理后才能继续执行，如果是读访问那么就需要从下一层存储中取回所需读取的数据，并放置在Cache中。

设计Cache结构主要考虑3方面问题：

1）Cache块索引的方式。Cache的容量远小于内存，会涉及多个内存单元映射到同一个Cache单元的情况，具体怎么映射需要考虑。通常分为3种索引方式：直接相连、全相连和组相连。

2）Cache与下一层存储的数据关系，即写策略，分为写穿透和写回两种。存数指令需要修改下一层存储的值，如果将修改后的值暂时放在Cache中，当Cache替换回下一层存储时再写回，则称为写回Cache；如果每条存数指令都要立即更新下一层存储的值，则称为写穿透Cache。

3）Cache的替换策略，分为随机替换、LRU替换和FIFO替换。当发生Cache失效而需要取回想要的Cache行，此时如果Cache满了，则需要进行替换。进行Cache替换时，如果有多个Cache行可供替换，可以选择随机进行替换，也可以替换掉最先进入Cache的Cache行（FIFO替换），或者替换掉最近最少使用的Cache行（LRU替换）。

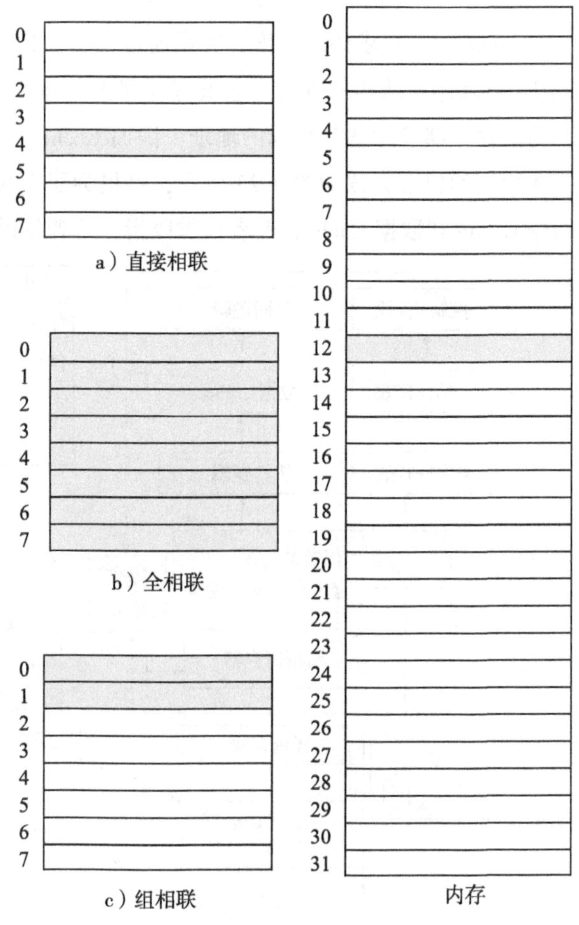

图9.24　直接相联、全相联、组相联映射

直接相联、全相联和组相联中内存和Cache的映射关系原理如图9.24所示。将内存和Cache都分为大小一样的块，假设内存有32项，Cache有8项。

在直接相联方式中，每个内存块只能放到 Cache 的一个位置上，假设要把内存的第 12 号块放到 Cache 中，因为 Cache 只有 8 项，所以只能放在第（12 mod 8 = 4）项上，其他地方都不能放；由此可知第 4、12、20、28 号内存块都对应到 Cache 的第 4 项上，如果冲突了就只能替换。这就是直接相联，硬件简单但效率低，如图 9.24a 所示。在全相联方式中，每个内存块都可以放到 Cache 的任一位置上，这样第 4、12、20、28 号内存块可以同时放入 Cache 中。这就是全相联，硬件复杂但效率高，如图 9.24b 所示。组相联是直接相联和全相联的折中。以两路组相联为例，Cache 中第 0、2、4、6 号位置为一路（这里称为第 0 路），第 1、3、5、7 为另一路（这里称为第 1 路），每路 4 个 Cache 块。对于内存的第 12 号块，因为 12 除以 4 余数为 0，所以既可以把第 12 号块放到 Cache 第 0 路的第 0 号位置（即 Cache 的第 0 号位置），也可以放到第 1 路的第 0 号位置（即 Cache 的第 1 号位置），如图 9.24c 所示。

直接相联、全相联和组相联 Cache 的结构如图 9.25 所示。从中可以看出，访问 Cache 时地址可分为 3 个部分：偏移（Offset）、索引（Index）和标签（Tag）。Offset 是块内地址，在地址的低位。因为 Cache 块一般比较大，通常包含 32 字节或 64 字节，而指令或数据访问往往没有这么宽，需要通过 Offset 来指定访问对象在块内的具体位置。Index 是用来索引 Cache 块的，将其作为地址来访问 Cache。地址的高位是访问 Cache 的 Tag，用于和 Cache 中保存的 Tag 进行比较，如果相等就给出命中信号 Hit。在直接相联结构中，访问地址的 Tag 仅需要和 Index 索引的那个 Cache 块的 Tag 比较；在全相联结构中，Index 位数为 0，访问地址的 Tag 需要和每个 Cache 块的 Tag 比较，如果相等就给出命中信号 Hit，同时将命中项的 Cache 块的 Data 通过 Mux（多路选择器，Multiplexer）选出；在组相联结构中，访问地址的 Tag 需要和每一组中 Index 索引的那个 Cache 块的 Tag 比较，生成 Hit 信号并选出命中项的 Data。注意 Offset 位数只和 Cache 块大小相关，但 Tag 和 Index 位数则和相联度相关。例如在 32 位处理器中，如果 Cache 大小为 16KB，块大小为 32 字节，则 Offset 为 5 位，共有 512 个 Cache 块。采用直接相联结构 Index 为 9 位，Tag 为 18 位；采用全相联结构 Index 为 0 位，Tag 为 27 位；采用两路组相联结构 Index 为 8 位，Tag 为 19 位。

在基本 Cache 结构的基础之上，有着一系列围绕性能的优化技术，具体可以参见本套系列教材中的硕士课程教材。

9.6 本章小结

本章从处理器的数据通路开始，先引入流水线技术，并逐渐增加设计复杂度，最终搭建出了 5 级静态流水线处理器。本章还简要介绍了一些提高流水线效率的方法。

图 9.26 是龙芯 3A3000 处理器的流水线示意图。可以看出，现代处理器依然没有脱离教材中讲述的基础原理。图中左侧为 PC 级和译码级，并加入了分支预测、指令 Cache 和指令 TLB；

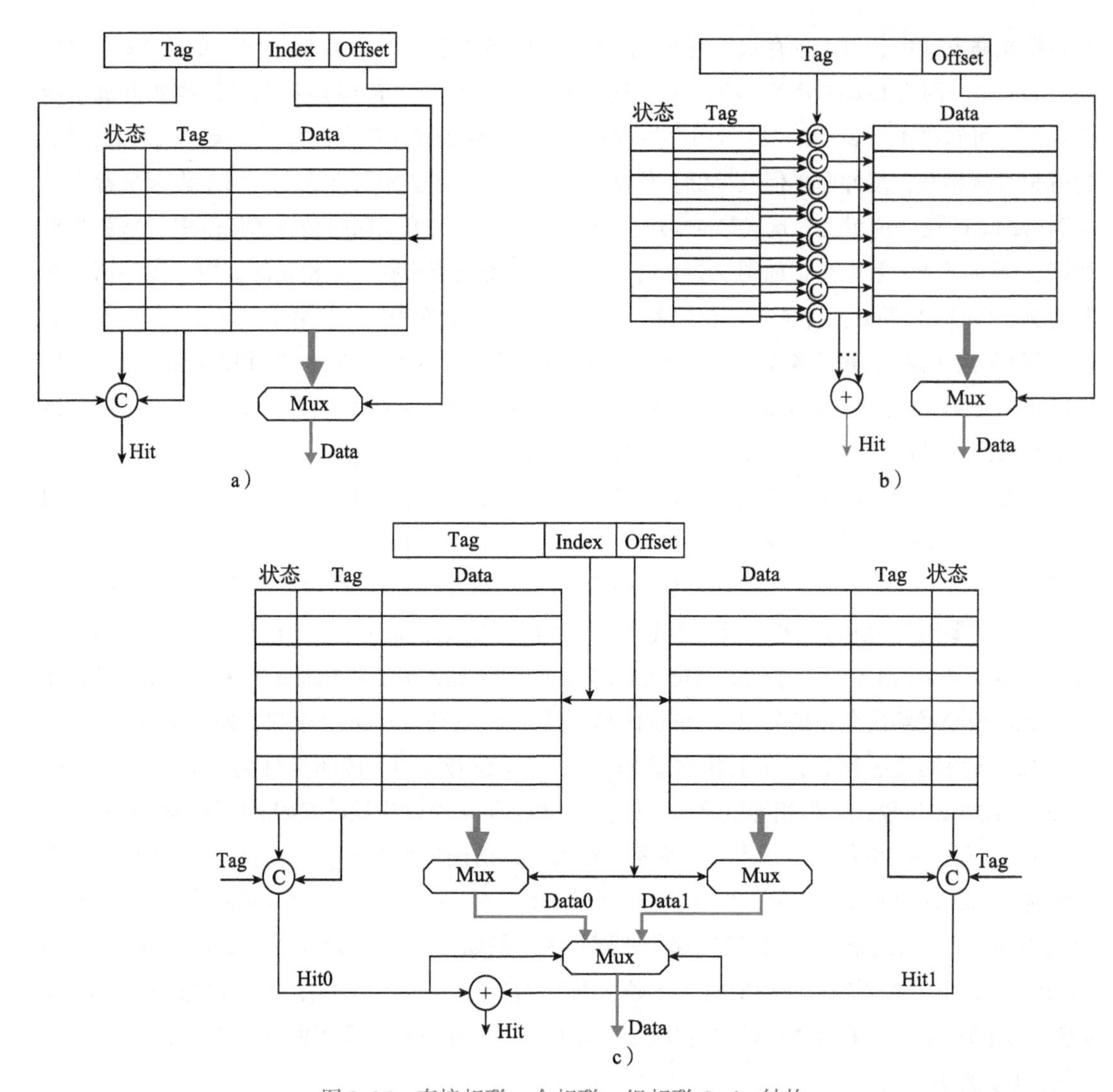

图 9.25 直接相联、全相联、组相联 Cache 结构

图的中间部分为重命名和提交单元，重命名后指令进入保留站，也称发射队列，并在就绪后发射并执行；图的右侧为访存执行单元，需要访问数据 Cache 和数据 TLB，并有可能访问图下方的二级 Cache。提交单元要负责将指令提交，提交后指令就可以退出流水线了。

习题

1. 请给出下列程序在多周期处理器（如图 9.4 所示）上执行所需要的时钟周期数，并给出前三次循环执行的时空图。

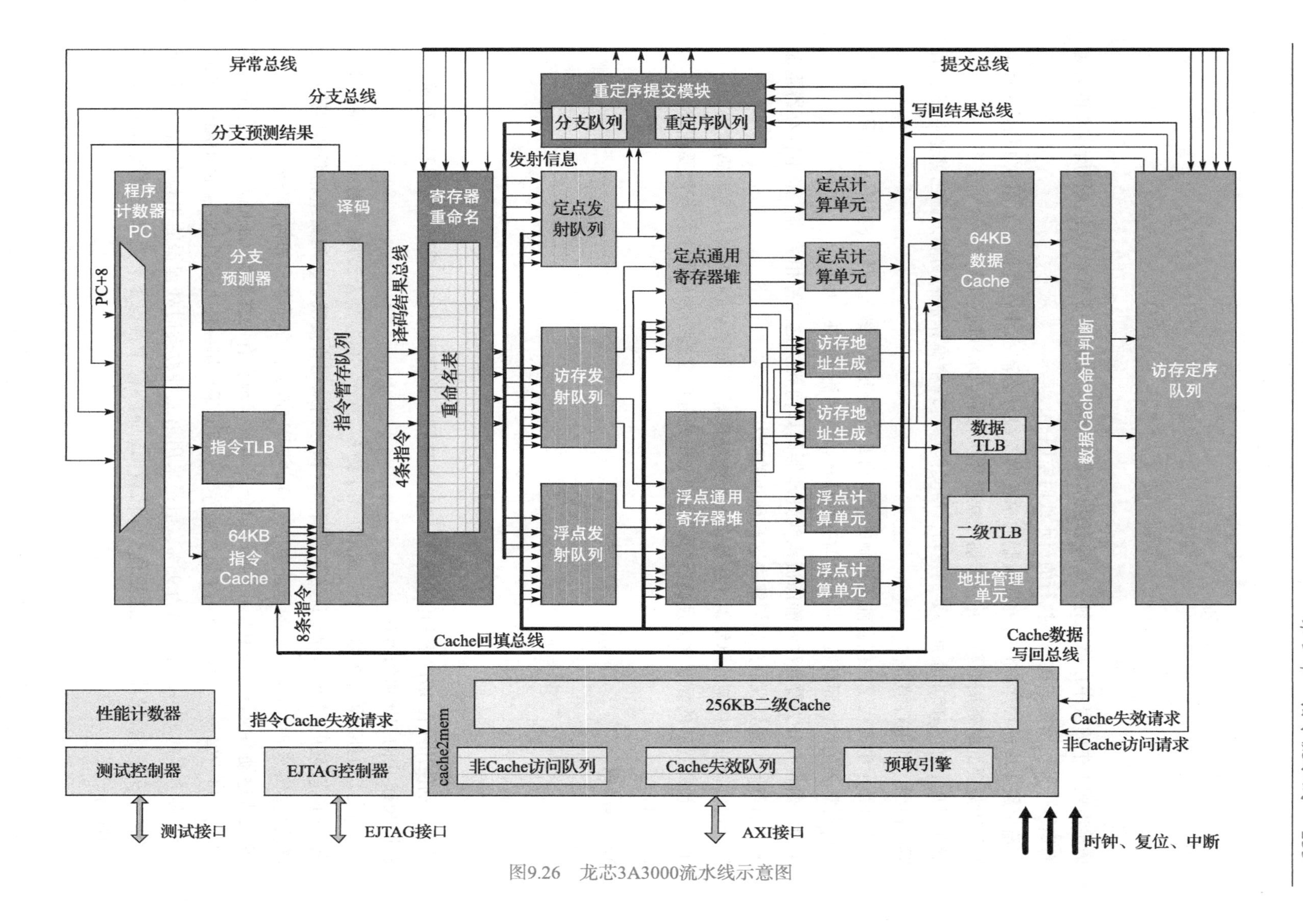

图9.26　龙芯3A3000流水线示意图

```
    addi.w    t0, zero, 100
LOOP:
    addi.w    t0, t0, -1
    bnez      t0, LOOP
```

2. 请给出题1中的程序在单发射5级静态流水线处理器（如图9.6所示）上执行所需要的时钟周期数，并给出前三次循环执行的流水线时空图。
3. 请给出题1中的程序在包含前递机制的单发射5级静态流水线处理器（如图9.13所示）上执行所需要的时钟周期数，并给出前三次循环执行的流水线时空图。
4. 请在图9.13的基础上添加必要的逻辑，使其能够实现精确异常的功能。画出修改后的处理器结构图，并进行解释。
5. 请给出题1中的程序在包含前递机制的双发射5级静态流水线处理器（如图9.18所示）上执行所需要的时钟周期数，并给出前三次循环执行的流水线时空图。
6. 请问数据相关分为哪几种？静态流水线处理器是如何解决这几种相关的？采用寄存器重命名的动态流水线处理器是如何解决这几种相关的？
7. 假设在包含前递机制的单发射5级静态流水线处理器（如图9.13所示）的译码级添加了一个永远预测跳转的静态分支预测器，那么题1中的程序在这个处理器上执行需要花费多少时钟周期？
8. 对于程序段

```
for(i=0; i<10; i++)
  for(j=0; j<10; j++)
    for(k=0; k<10; k++)
      {…}
```

计算分别使用一位BHT表和使用两位BHT表进行转移猜测时三重循环的转移猜测准确率，假设BHT表的初始值均为0。
9. 在一个32位处理器中实现一个Cache块大小为64字节、总容量为32KB的数据Cache，该数据Cache仅使用32位物理地址访问。请问，当分别采用直接映射、两路组相联和四路组相联的组织结构时，Cache访问地址中Tag、Index和Offset三部分各自如何划分？
10. 假设程序动态执行过程中load、store指令占40%。现在有两种数据Cache的设计方案，其中第一种方案的Cache容量小于第二种方案，因此采用第一种方案的Cache命中率为85%，第二种方案的Cache命中率为95%，但是采用第二种方案时处理器的主频会比第一种低10%。请问哪种设计方案性能更优？（假设Cache不命中情况下会阻塞流水线100个时钟周期。）

P A R T 5

第五部分

并行处理结构

本部分介绍并行处理结构。要深入了解并行处理结构，必须要从系统设计（即软硬件协同设计）的角度入手。本部分重点介绍并行程序的编程基础，以及广泛应用的并行处理结构——多核处理器。

CHAPTER 10

第10章 并行编程基础

10.1 程序的并行行为

人们对应用程序性能的追求是无止境的，例如天气预报、药物设计、核武器模拟等应用。并行处理系统可以协同多个处理单元来解决同一个问题，从而大幅度提升性能。评价一个并行处理系统，主要看其执行程序的性能（即程序在其上的执行时间）。可以通过一些公认的并行测试程序集（如SPLASH、NAS）来进行评测。因此，在讨论并行处理结构之前，先来看一下程序的并行行为。程序的并行行为主要包括指令级并行性、数据级并行性、任务级并行性。

10.1.1 指令级并行性

指令级并行性（Instruction Level Parallelism，简称ILP）主要指指令之间的并行执行，当指令之间不存在相关时，这些指令可以在处理器流水线上重叠起来并行执行。在程序运行中，如果必须等前一条指令执行完成后，才能执行后一条指令，那么这两条指令是相关的。指令相关主要包括数据相关、控制相关和结构相关。数据相关包括写后读（Read After Write，简称RAW）相关、读后写（Write After Read，简称WAR）相关和写后写（Write After Write，简称WAW）相关。其中RAW相关是真正的数据相关，因为存在真正的数据传递关系；WAR相关和WAW相关又称为假相关或者名字相关，指令之间实际不存在数据传递。控制相关主要是由于存在分支指令，一条指令的执行取决于该分支指令的执行结果，则这两条指令之间存在控制相关。结构相关是指两条指令同时需要流水线中的同一个功能部件。在这些相关中，RAW数据相关和控制相关是真正制约指令级并行执行的相关。指令相关容易引起流水线阻塞，从而降低流水线效率。

现代处理器采用多种微结构设计技术挖掘指令级并行性，包括指令流水线、多发射、动态调度、寄存器重命名、转移猜测等技术。指令流水线重叠执行多条不相关的指令；多发射技术允许一个时钟周期执行多条指令，类似于“多车道”；动态调度允许后续指令越过前面被阻塞的指令继续被调度执行，相当于允许“超车”；寄存器重命名可以消除RAW和WAW的假相关并支持猜测执行；转移猜测技术可以猜测分支指令的方向和目标，在分支指令还未执行完之前获取更多可执行指令，以减少控制相关造成的指令流水线阻塞。这方面的技术已经比较成熟。

10.1.2 数据级并行性

数据级并行性（Data Level Parallelism，简称DLP）是指对集合或者数组中的元素同时执行相同的操作。这种并行性通常来源于程序中的循环语句。如图10.1所示的代码就是一个数据并行的例子。对于数组local中的元素local[i]，执行相同的操作“(i+0.5)*w”。可以采用将不同的数据分布到不同的处理单元的方式来实现数据级并行。

```
for(i=0,i<N,i++)
{ local[i] = (i+0.5)*w;
}
```

图10.1 数据并行

数据级并行性是比较易于处理的，可以在计算机体系结构的多个层次来利用数据级并行性。例如：可以在处理器中设计向量功能部件，采用SIMD设计方法，如一个256位向量部件一次可以执行4个64位的操作；设计专门的向量处理器，如CRAY公司的CRAY-1、CRAY-2、X-MP、Y-MP等；在多处理器中，可以采用SPMD（Single Program Multi-Data）的编程方式，将数据分布到不同的处理器上执行同一个程序控制流。数据级并行性常见于科学和工程计算领域中，例如大规模线性方程组的求解等。正是由于这个原因，向量处理器在科学计算领域还是比较成功的。

10.1.3 任务级并行性

任务级并行性（Task Level Parallelism）是将不同的任务（进程或者线程）分布到不同的处理单元上执行。针对任务表现为进程或者线程，任务级并行性可分为进程级并行性或者线程级并行性。图10.2是一个任务并行的代码示意图。对于一个双处理器系统，当处理器ID(processor_ID）为a时，则执行任务A；当处理器ID为b时则执行任务B。

```
if(processor_ID="a") {
    task A;
}else if (processor_ID="b"){
    Task B;
}
```

图10.2 任务并行的代码示意图

在并行处理系统中，挖掘任务并行性就是让每个处理器执行不同的线程或进程。这些线程或者进程可以执行相同或者不同的代码。通常情况下，不同线程或者进程之间还需要相互通信来协作完成整个程序的执行。任务级并行性常见于商业应用领域，如大规模数据库的事务处理等。另外，多道程序工作负载（Multiprogramming Workload），即在计算机系统上运行多道独立的程序，也是任务级并行的重要来源。

10.2 并行编程模型

并行处理系统上如何编程是个难题，目前并没有很好地解决。并行编程模型的目标是方便编程人员开发出能在并行处理系统上高效运行的并行程序。并行编程模型（Parallel Programming Model）是一种程序抽象的集合，它给程序员提供了一幅计算机硬件/软件系统的抽象简图，程序员利用这些模型就可以为多核处理器、多处理器、机群等并行计算系统设计并行程序[26]。

10.2.1 单任务数据并行模型

数据并行（Data Parallel）模型是指对集合或者数组中的元素同时（即并行）执行相同操作。数据并行编程模型可以在 SIMD 计算机上实现，为单任务数据并行；也可以在 SPMD 计算机上实现，为多任务数据并行。SIMD 着重开发指令级细粒度的并行性，SPMD 着重开发子程序级中粒度的并行性。单任务数据并行编程模型具有以下特点：

1）单线程（Single Threading）。从程序员的角度，一个数据并行程序只由一个线程执行，具有单一控制线；就控制流而言，一个数据并行程序就像一个顺序程序一样。

2）同构并行（Identical Parallel）。数据并行程序的一条语句，同时作用在不同数组元素或者其他聚合数据结构，在数据并行程序的每条语句之后，均有一个隐式同步。

3）全局命名空间（Global Naming Space）。数据并行程序中的所有变量均在单一地址空间内，所有语句可访问任何变量而只要满足通常的变量作用域规则即可。

4）隐式相互作用（Implicit Interaction）。因为数据并行程序的每条语句结束时存在一个隐含的栅障（Barrier），所以不需要显式同步；通信可以由变量指派而隐含地完成。

5）隐式数据分配（Implicit Data Allocation）。程序员没必要明确指定如何分配数据，可将改进数据局部性和减少通信的数据分配方法提示给编译器。

10.2.2 多任务共享存储编程模型

在共享存储编程模型中，运行在各处理器上的进程（或者线程）可以通过读/写共享存储器中的共享变量来相互通信。它与单任务数据并行模型的相似之处在于有一个单一的全局名字空间。由于数据是在一个单一的共享地址空间中，因此不需要显式地分配数据，而工作负载则可以显式地分配也可以隐式地分配。通信通过共享的读/写变量隐式地完成，而同步必须显式地完成，以保持进程执行的正确顺序。共享存储编程模型如 Pthreads 和 OpenMP 等。

10.2.3　多任务消息传递编程模型

在消息传递并行编程模型中，在不同处理器节点上运行的进程均有独立的地址空间，可以通过网络传递消息而相互通信。在消息传递并行程序中，用户必须明确为进程分配数据和负载，消息传递并行编程模型比较适合开发大粒度的并行性，这些程序是多进程的和异步的，要求显式同步（如栅障等）以确保正确的执行顺序。

消息传递编程模型具有以下特点：

1）多进程（Multiprocess）。消息传递并行程序由多个进程组成，每个进程都有自己的控制流且可执行不同代码；多程序多数据（Multiple Program Multiple Data，简称 MPMD）并行和单程序多数据（SPMD）并行均可支持。

2）异步并行性（Asynchronous Parallelism）。消息传递并行程序的各进程彼此异步执行，使用诸如栅障和阻塞通信等方式来同步各个进程。

3）独立的地址空间（Separate Address Space）。消息传递并行程序的进程具有各自独立的地址空间，一个进程的数据变量对其他进程是不可见的，进程的相互作用通过执行特殊的消息传递操作来实现。

4）显式相互作用（Explicit Interaction）。程序员必须解决包括数据映射、通信、同步和聚合等相互作用问题；计算任务分配通过拥有者-计算（Owner-Compute）规则来完成，即进程只能在其拥有的数据上进行计算。

5）显式分配（Explicit Allocation）。计算任务和数据均由用户显式地分配给进程，为了减少设计和编程的复杂性，用户通常采用单一代码方法来编写 SPMD 程序。

典型的消息传递编程模型包括 MPI 和 PVM。

10.2.4　共享存储与消息传递编程模型的编程复杂度

采用共享存储与消息传递编程模型编写的并行程序是在多处理器并行处理系统上运行的。先了解一下多处理器的结构特点，可以更好地理解并行编程模型。从结构的角度看，多处理器系统可分为共享存储系统和消息传递系统两类。在共享存储系统中，所有处理器共享主存储器，每个处理器都可以把信息存入主存储器，或从中取出信息，处理器之间的通信通过访问共享存储器来实现。而在消息传递系统中，每个处理器都有一个只有它自己才能访问的局部存储器，处理器之间的通信必须通过显式的消息传递来进行。消息传递和共享存储系统的结构如图 10.3 所示。从图中可以看出，在消息传递系统中，每个处理器的存储器是单独编址的；而在共享存储系统中，所有存储器统一编址。典型的共享存储多处理器结构包括对称多处理器机

（Symmetric Multi-Processor，简称 SMP）结构、高速缓存一致非均匀存储器访问（Cache Coherent Non Uniform Memory Access，简称 CC-NUMA）结构等。

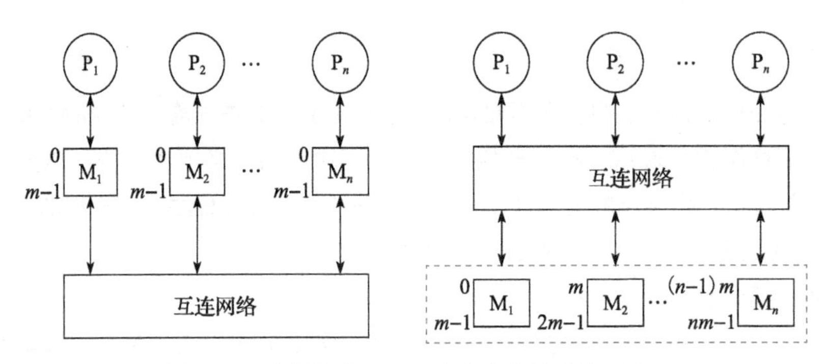

图 10.3　消息传递（左）和共享存储系统（右）

在消息传递编程模型中，程序员需要对计算任务和数据进行划分，并安排并行程序执行过程中进程间的所有通信。在共享存储编程模型中，由于程序的多进程（或者线程）之间存在一个统一编址的共享存储空间，程序员只需进行计算任务划分，不必进行数据划分，也不用确切地知道并行程序执行过程中进程间的通信。MPP（Massive Parallel Processing）系统和机群系统是消息传递系统。消息传递系统的可伸缩性通常比共享存储系统要好，可支持更多处理器。

从进程（或者线程）间通信的角度看，消息传递并行程序比共享存储并行程序复杂一些，体现在时间管理和空间管理两方面。在空间管理方面，发送数据的进程需要关心自己产生的数据被谁用到，而接收数据的进程需要关心它用到了谁产生的数据；在时间管理方面，发送数据的进程通常需要在数据被接收后才能继续，而接收数据的进程通常需要等到接收数据后才能继续。在共享存储并行程序中，各进程间的通信通过访问共享存储器完成，程序员只需考虑进程间同步，不用考虑进程间通信。尤其是比较复杂的数据结构的通信，如 struct{int * pa;int * pb;int * pc;}，消息传递并行程序比共享存储并行程序复杂得多。此外，对于一些在编程时难以确切知道进程间通信的程序，用消息传递的方法很难进行并行化，如{for (i,j){ x=…; y=…; a[i][j]=b[x][y];}}。这段代码中，通信内容在程序运行时才能确定，编写代码时难以确定，改写成消息传递程序就比较困难。

从数据划分的角度看，消息传递并行程序必须考虑诸如数组名称以及下标变换等因素，在将一个串行程序改写成并行程序的过程中，需要修改大量的程序代码。而在共享存储编程模型中进行串行程序的并行化改写时，不用进行数组名称以及下标变换，对代码的修改量少。虽说共享存储程序无须考虑数据划分，但是在实际应用中，为了获得更高的系统性能，有时也需要考虑数据分布，使得数据尽量分布在对其进行计算的处理器上，例如 OpenMP 中就有进行数据分布的扩展制导。不过，相对于消息传递程序中的数据划分，考虑数据分布还是要简单得多。

总的来说，共享存储编程像BBS应用，一个人向BBS上发帖子，其他人都看得见；消息传递编程则像电子邮件（E-mail），你得想好给谁发邮件，发什么内容。

下面举两个共享存储和消息传递程序的例子。第一个例子是通过积分求圆周率。积分求圆周率的公式如下：

$$\pi = 4\int_0^1 \frac{1}{1+x^2}\mathrm{d}x = \sum_{i=1}^{N} \frac{4}{1+\left(\frac{i-0.5}{N}\right)^2} \times \frac{1}{N}$$

在上式中，N值越大，误差越小。如果N值很大，计算时间就很长。可以通过并行处理，让每个进程计算其中的一部分，最后把每个进程计算的值加在一起来减少运算时间。图10.4给出了计算圆周率的共享存储（基于中科院计算所开发的JIAJIA虚拟共享存储系统）和消息传递并行程序核心片段的算法示意。该并行程序采用SPMD（Single Program Multiple Data）的模式，即每个进程都运行同一个程序，但处理不同的数据。在该程序中，numprocs是参与运算的进程个数，所有参与运算的进程都有相同的numprocs值；myid是参与运算的进程的编号，每个进程都有自己的编号（一般并行编程系统都会提供接口函数让进程知道自己的编号）。例如，如果有4个进程参与运算，则每个进程的numprocs都是4，而每个进程的myid号分别为0、1、2、3。在共享存储并行程序中，由jia_alloc()分配空间的变量pi是所有参与运算的进程共享的，所有进程只有一份，其他变量都是每个进程局部的，每个进程都有一份，每个进程根据numprocs和myid号分别计算部分圆周率值，最后通过一个临界区的机制把所有进程的计算结果加在一起。jia_lock()和jia_unlock()是一种临界区的锁机制，保证每次只有一个进程进入这个临界区，这样才能把所有进程的结果依次加在一起，不会互相冲掉。在消息传递并行程序中，由malloc()分配空间的变量每个进程都有独立的一份，互相看不见。每个进程算完部分结果后，通过归约操作reduce()把所有进程的mypi加到0号进程的pi中。

```
double *pi
pi=jia_alloc(8);
h = 1.0/N;
mypi=0.0;
if (myid==0) {pi=0.0};
for(i=myid+1;i<=N;i+=numprocs)
      { mypi = ... }
jia_lock(1);
      *pi += mypi;
jia_unlock(1);
if (myid==0) printf *pi;
```

a）共享存储并行程序

```
double *pi;
pi=malloc(8);
h = 1.0/N;
mypi=0.0;
pi=0.0;
for(i=myid+1;i<=N; i+=numprocs)
      { mypi = ... }
reduce(mypi,pi,0);
if (myid==0) printf *pi;
```

b）消息传递并行程序

图10.4　积分求圆周率算法示意

第二个例子是矩阵乘法。矩阵乘法的算法大家都很熟悉，这里就不介绍了。图 10.5 给出了共享存储和消息传递并行程序。同样，由 jia_alloc() 分配的变量所有进程共享一份，而由 malloc() 分配的变量每个进程单独一份，因此在这个程序中消息传递并行程序需要更多的内存。在共享存储并行程序中，先由 0 号进程对 ***A***、***B***、***C*** 三个矩阵进行初始化，而其他进程通过 jia_barrier() 语句等待。barrier 是并行程序中常用的同步方式，它要求所有进程都等齐后再前进。然后每个进程分别完成部分运算，再通过 jia_barrier() 等齐后由 0 号进程统一打印结果。消息传递并行程序与共享存储并行程序的最大区别是需要通过显式的发送语句 send 和接收语句 recv 进行多个进程之间的通信。先由 0 号进程进行初始化后发送给其他进程，每个进程分别算完后再发送给 0 号进程进行打印。在消息传递并行程序中要详细列出每次发送的数据大小和起始地址等信息，0 号进程接收的时候还要把从其他进程收到的数据拼接在一个矩阵中，比共享存储并行程序麻烦不少。

```
double (*a)[N],(*b)[N],(*c)[N];
a=jia_alloc(N*N*8);
b=jia_alloc(N*N*8);
c=jia_alloc(N*N*8);
if (myid==0) for (i…) for (j…){
a[i][j]=1;b[i][j]=1;
}
jia_barrier();
begin=N*myid/numprocs;
end=N*(myid+1)/numprocs;
for (i=begin; i<end; i++)
      for (j=0; j<N; j++)
        for (k=0; k<N; k++)
          c[i][j]+=a[i][k]*b[k][j];
jia_barrier();
if (myid==0) printf c;//打印指针c指
                          向的数组
```

a）共享存储并行程序

```
double (*a)[N],(*b)[N],(*c)[N];
a=malloc(N*N*8);
b=malloc(N*N*8); c=malloc(N*N*8);
if (mypid==0) {
    init a,b;send a,b;
}else{ recv a,b;}
for (i=0;i<N/numprocs;i++)
    for (j=0; j<N; j++)
        for (k=0; k<N; k++)
            c[i][j]+=a[i][k]*b[k][j];
if (mypid!=0){ send c;}
else{ recv c;
      printf c;  //打印指针c指向的数组
}
```

b）消息传递并行程序

图 10.5　矩阵乘法算法示意

10.3　典型并行编程环境

本节主要介绍数据并行 SIMD 编程、共享存储编程模型 Pthreads 和 OpenMP 以及消息传递编程模型 MPI 等。

10.3.1　数据并行 SIMD 编程

工业界广泛应用的单指令流多数据流（Single Instruction Multiple Data，简称 SIMD）并行就是典型的数据并行技术。相比于传统的标量处理器上的单指令流单数据流（Single Instruction Single Data，简称 SISD）指令，一条 SIMD 指令可以同时对一组数据进行相同的计算。比如将两个数组 SRC0[8] 和 SRC1[8] 中的每个对应元素求和，将结果放入数组 RESULT 中，对于传统的标量处理器平台，C 语言实现如下：

```
for (i = 0; i < 8; i++)
    RESULT[i] = SRC0[i] + SRC1[i];
```

也就是通过循环遍历需要求和的 8 组对应数据，对 SRC0 和 SRC1 的各对应项求和，将结果存入 RESULT 数组的对应项中。在龙芯处理器平台上，用机器指令（汇编代码）实现该运算的代码如下（这里假设 $src0、$src1、$result 分别为存储了 SRC0、SRC1 和 RESULT 数组起始地址的通用寄存器）：

```
    li      $r4, 0x0
    li      $r5, 0x8
1:  addi.d  $src0, $src0, $r4
    addi.d  $src1, $src1, $r4
    addi.d  $result, $result, $r4
    ld.b    $r6, $src0, 0x0
    ld.b    $r7, $src1, 0x0
    add.d   $r6, $r6, $r7
    st.b    $r6, $result, 0x0
    addi.d  $r4, $r4, 0x1
    blt     $r4, $r5, 1b
```

如果采用龙芯处理器的 SIMD 指令编写程序的话，上述两个数组的求和只需要将上述两个源操作数数组 SRC0[8]和 SRC1[8]一次性加载到龙芯处理器的向量寄存器（龙芯向量寄存器复用了浮点寄存器）中，然后只需要一条 paddb 指令就可以完成上述 8 个对应数组项的求和，最后只需要一条 store 指令就可以将结果存回 RESULT[8]数组所在的内存空间中。该实现的机器指令序列如下：

```
vld    $vr0, $src0,0
vld    $vr1, $src1,0
vadd.b $vr0, $vr0, $vr1
vst    $vr0, $result,0
```

图 10.6 简要示意了采用传统 SISD 指令和 SIMD 指令实现上述 8 个对应数组项求和的执行控制流程。

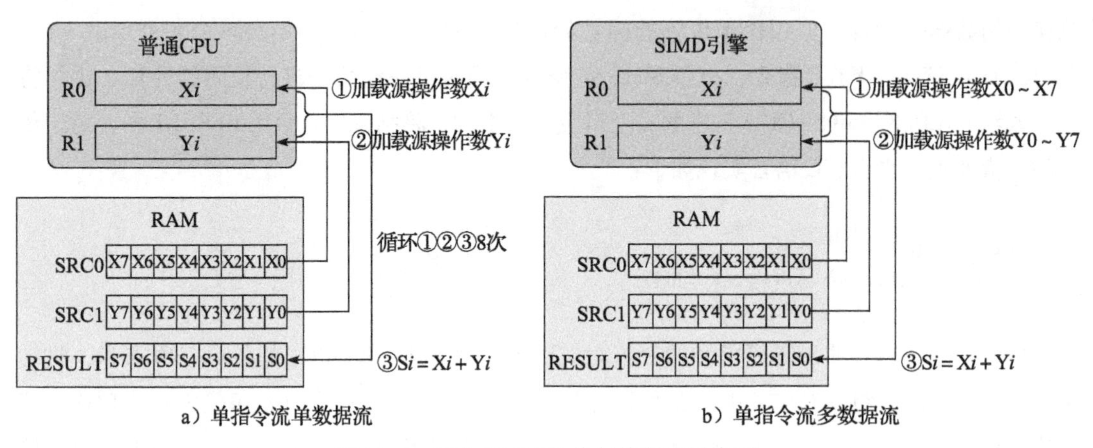

图 10.6　SISD 和 SIMD 执行控制流示意图

10.3.2　POSIX 编程标准

POSIX(Portable Operating System Interface) 属于早期的操作系统接口标准。Pthreads 代表官方 IEEE POSIX1003.1C_1995 线程标准，是由 IEEE 标准委员会所建立的，主要包含线程管理、线程调度、同步等原语定义，体现为 C 语言的一套函数库。下面只简介其公共性质。

1. 线程管理

线程库用于管理线程，Pthreads 中基本线程管理原语如表 10.1 所示。其中 pthread_create()在进程内生成新线程，新线程执行带有变元 arg 的 myroutine，如果 pthread_create()生成，则返回 0 并将新线程之 ID 置入 thread_id，否则返回指明错误类型的错误代码；pthread_exit()结束调用线程并执行清场处理；pthread_self()返回调用线程的 ID；pthread_join()等待其他线程结束。

表 10.1　Pthreads 中基本线程管理一览表

功能	定义
int pthread_create(pthread_t *thread_id,pthread_attr_t *attr,(void *) (*myroutine)(void *),void *arg)	生成线程
void pthread_exit(void *status)	退出线程
int pthread_join(pthread_t thread,void **status)	联合线程
pthread_t pthread_self(void)	获得调用线程 ID

2. 线程调度

pthread_yield()的功能是使调用者将处理器让位于其他线程；pthread_cancel()的功能是中止指定的线程。

3. 线程同步

Pthreads 中的同步原语见表 10.2。重点讨论互斥变量 mutex(Mutual Exclusion) 和条件变量 cond(Conditional)。前者类似于信号灯结构，后者类似于事件结构。注意，使用同步变量之前需被初始化（生成），用后应销毁。

表 10.2 Pthreads 中线程相互作用原语

功能	含义
pthread_mutex_init(…)	生成新的互斥变量
pthread_mutex_destroy(…)	销毁互斥变量
pthread_mutex_lock(…)	锁住互斥变量
pthread_mutex_trylock(…)	尝试锁住互斥变量
pthread_mutex_unlock(…)	解锁互斥变量
pthread_cond_init(…)	生成新的条件变量
pthread_cond_destroy(…)	销毁条件变量
pthread_cond_wait(…)	等待（阻塞）条件变量
pthread_cond_timedwait(…)	等待条件变量直至到达时限
pthread_cond_signal(…)	投递一个事件，解锁一个等待进程
pthread_cond_broadcast(…)	投递一个事件，解锁所有等待进程

如果 mutex 未被上锁，pthread_mutex_lock()将锁住 mutex；如果 mutex 已被上锁，调用线程一直被阻塞到 mutex 变成有效。pthead_mutex_trylock()的功能是尝试对 mutex 上锁。pthread_mutex_lock()和 pthead_mutex_trylock()的区别是：前者会阻塞等待 mutex 被解锁；后者尝试去加锁，如果不成功就返回非 0，如果成功返回 0，不会产生阻塞。pthead_mutex_unlock()解锁先前上锁的 mutex，当 mutex 被解锁，它就能由别的线程获取。

pthread_cond_wait()自动阻塞等待条件满足的现行线程，并开锁 mutex。pthread_cond_timedwait()与 pthread_cond_wait()类似，除了当等待时间达到时限它将解除阻塞外。pthread_cond_signal()解除一个等待条件满足的已被阻塞的线程的阻塞。pthread_cond_broadcast()将所有等待条件满足的已被阻塞的线程解除阻塞。

4. 示例

以下程序示例用数值积分法求 π 的近似值。

我们使用梯形规则来求解这个积分。其基本思想是用一系列矩形填充一条曲线下的区域，也就是求出在区间 $[0, 1]$ 内函数曲线 $4/(1+x^2)$ 下的面积，此面积就是 π 的近似值。为此先将区间 $[0, 1]$ 划分成 N 个等间隔的子区间，每个子区间的宽度为 $1.0/N$；然后计算出各子区间中点处的函数值；再将各子区间面积相加就可得出 π 的近似值。N 的值越大，π 值的误差越小。图 10.7 为进行 π 值计

```
#include <stdio.h>
#include <math.h>
int main(){
  int i;
  int num_steps=1000000;
  double x,pi,step,sum=0.0;
  step = 1.0/(double) num_steps;
  for(i=0;i<num_steps;i++)
  {  x=(i+0.5)*step;
     sum = sum+4.0/(1.0+x*x);
  }
  pi = step*sum;
  printf("pi % 1f\n", pi);
  return 0;
}
```

图 10.7 利用梯形规则计算 π 的 C 语言串行代码

算的C语言描述的串行代码。为简化起见，将积分中的迭代次数固定为1 000 000。

图10.8所示为采用Pthreads的并行代码。

```
#include <stdlib.h>
#include <stdio.h>
#include <pthread.h>
#define NUM_THREADS 4                    //假设线程数目为4
int num_steps = 1000000;
double step = 0.0, sum = 0.0;
pthread_mutex_t mutex;
void *countPI(void *id) {
  int index = (int ) id;
  int start = index*(num_steps/NUM_THREADS);
  int end;
  double x = 0.0, y = 0.0;
  if (index == NUM_THREADS-1)
    end = num_steps;
  else
    end = start+(num_steps/NUM_THREADS);
  for (int i=start; i<end; i++)
  {
    x=(i+0.5)*step;
    y +=4.0/(1.0+x*x);
  }
  pthread_mutex_lock(&mutex);
  sum += y;
  pthread_mutex_unlock(&mutex);
}
int main() {
  int i;
  double pi;
  step = 1.0 / num_steps;
  sum = 0.0;
  pthread_t tids[NUM_THREADS];
  pthread_mutex_init(&mutex, NULL);
  for(i=0; i<NUM_THREADS; i++) {
    pthread_create(&tids[i], NULL, countPI, (void *) i);
  }
  for(i=0; i<NUM_THREADS; i++)
    pthread_join(tids[i], NULL);
  pthread_mutex_destroy(&mutex);
  pi = step*sum;
  printf("pi %1f\n", pi);
  return 0;
}
```

图10.8　利用梯形规则计算π的Pthreads并行代码

下面举一个矩阵乘的Pthreads并行代码例子，如图10.9所示。该例子将两个n阶的方阵$\boldsymbol{A}$和$\boldsymbol{B}$相乘，结果存放在方阵$\boldsymbol{C}$中。

```
#include <stdlib.h>
#include <stdio.h>
#include <pthread.h>
#define NUM_THREADS 4                                    // 假设线程数目为 4
#define n 1000
double *A,*B,*C;
void *matrixMult(void *id) {                             // 计算矩阵乘
  int my_id = (int ) id;
  int i,j,k,start,end;
  // 计算进程负责的部分
  start = my_id*(n/NUM_THREADS);
  if(my_id == NUM_THREADS-1)
    end = n;
  else
    end = start+(n/NUM_THREADS);
  for(i=start;i<end;i++)
    for(j=0;j<n;j++) {
      C[i*n+j] = 0;
      for(k=0;k<n;k++)
        C[i*n+j]+=A[i*n+k]*B[k*n+j];
    }
  }
int main() {
  int i,j;
pthread_t tids[NUM_THREADS];
  // 分配数据空间
  A = (double *)malloc(sizeof(double)*n*n);
  B = (double *)malloc(sizeof(double)*n*n);
  C = (double *)malloc(sizeof(double)*n*n);
  // 初始化数组
  for(i=0;i<n;i++)
  for(j=0;j<n;j++){
    A[i*n+j] = 1.0;
    B[i*n+j] =  1.0;
  }
for(i=0; i<NUM_THREADS; i++)
pthread_create(&tids[i], NULL, matrixMult, (void *) i);
  for(i=0; i<NUM_THREADS; i++)
    pthread_join(tids[i], NULL);
  return 0;
}
```

图 10.9 矩阵乘的 Pthreads 并行代码

10.3.3 OpenMP 标准

OpenMP 是由 OpenMP Architecture Review Board（ARB，结构审议委员会）牵头提出的，是

一种用于共享存储并行系统的编程标准。最初的 OpenMP 标准形成于 1997 年，2002 年发布了 OpenMP 2.0 标准，2008 年发布了 OpenMP 3.0 标准，2013 年发布了 OpenMP 4.0 标准。实际上，OpenMP 不是一种新语言，是对基本编程语言进行编译制导（Compiler Directive）扩展，支持 C/C++和 Fortran。由于 OpenMP 制导嵌入到 C/C++、Fortran 语言中，所以具体语言不同会有所区别，本书介绍主要参考支持 C/C++的 OpenMP 4.0 标准。

OpenMP 标准中定义了制导指令、运行库和环境变量，使得用户可以按照标准逐步将已有串行程序并行化。制导语句是对程序设计语言的扩展，提供了对并行区域、工作共享、同步构造的支持；运行库和环境变量使用户可以调整并行程序的执行环境。程序员通过在程序源代码中加入专用 pragma 制导语句（以“#pragma omp”字符串开头）来指明自己的意图，支持 OpenMP 标准的编译器可以自动将程序进行并行化，并在必要之处加入同步互斥以及通信。当选择忽略这些 pragma，或者编译器不支持 OpenMP 时，程序又可退化为普通程序（一般为串行），代码仍然可以正常运行，只是不能利用多线程来加速程序执行。

由于 OpenMP 标准具有简单、移植性好和可扩展等优点，目前已被广泛接受，主流处理器平台均支持 OpenMP 编译器，如 Intel、AMD、IBM、龙芯等。开源编译器 GCC 也支持 OpenMP 标准。

1. OpenMP 的并行执行模型

OpenMP 是一个基于线程的并行编程模型，一个 OpenMP 进程由多个线程组成，使用 fork-join 并行执行模型。OpenMP 程序开始于一个单独的主线程（Master Thread），主线程串行执行，遇到一个并行域（Parallel Region）开始并行执行。接下来的过程如下：

1）fork（分叉）。主线程派生出一队并行的线程，并行域的代码在主线程和派生出的线程间并行执行。

2）join（合并）。当派生线程在并行域中执行完后，它们或被阻塞或被中断，所计算的结果会被主线程收集，最后只有主线程在执行。

实际上，OpenMP 的并行化都是使用嵌入到 C/C++或者 Fortran 语言的制导语句来实现的。图 10.10 为 OpenMP 程序的并行结构。

```
#include <omp.h>
main(){
  int var1,var2,var3;
  …
  #pragma omp parallel private(var1,var2)  shared(var3)
  {
    …
  }
  …
}
```

图 10.10　OpenMP 程序的并行结构

2. 编译制导语句

下面介绍编译制导语句的格式。参看前面的 OpenMP 程序并行结构的例子，在并行开始部分需要语句“#pragma omp parallel private（var1，var2）shared（var3）”。表 10.3 是编译制导语句的格式及解释。

表 10.3　编译制导语句的解释

#pragma omp	directive-name	[clause，…]	newline
制导指令前缀。所有 OpenMP 语句都需要这个前缀	OpenMP 制导指令。在制导指令前缀和子句之间必须有一个正确的 OpenMP 制导指令	子句。在没有其他约束的条件下，子句可以无序，也可以任意地选择。这一部分也可以没有	换行符。表明这条制导语句结束

3. 并行域结构

一个并行域就是一个能被多个线程执行的程序块，它是最基本的 OpenMP 并行结构。并行域的具体格式为：

```
#pragma omp parallel [if(scalar_expression) | num_threads(integer-expression) |default
(shared |none) |private(list) |firstprivate(list) |shared(list) | copyin(list) |reduction(oper-
ator:list) | proc_bind(master |close |spread)] newline
```

当一个线程执行到 parallel 这个指令时，线程就会生成一列线程，线程号依次从 0 到 n-1，而它自己会成为主线程（线程号为 0）。当并行域开始时，程序代码就会被复制，每个线程都会执行该代码。这就意味着，到了并行域结束就会有一个栅障，且只有主线程能够通过这个栅障。

4. 共享任务结构

共享任务结构将其内封闭的代码段划分给线程队列中的各线程执行。它不产生新的线程，在进入共享任务结构时不存在栅障，但是在共享任务结构结束时存在一个隐含的栅障。图 10.11 显示了 3 种典型的共享任务结构。其中：do/for 将循环分布到线程列中执行，可看作是一种表达数据并行的类型；sections 把任务分割成多个各个部分（section），每个线程执行一个 section，可很好地表达任务并行；single 由线程队列中的一个线程串行执行。

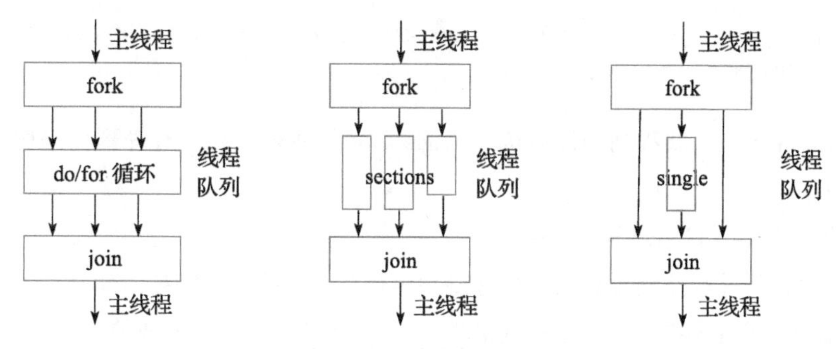

图 10.11　共享任务类型

下面具体来看一下。

1）for 编译制导语句。for 语句（即 C/C++中的 for 语句），表明若并行域已经初始化了，后面的循环就在线程队列中并行执行，否则就会顺序执行。语句格式如下：

```
#pragma omp for [private(list) |firstprivate(list) |lastprivate(list) |reduction(reduc-
tion-identifier:list) |schedule(kind[,chunk_size]) |collapse(n) |ordered |nowait] newline
```

其中，schedule 子句描述如何在线程队列中划分循环。kind 为 static 时，将循环划分为 chunk_size 大小的循环块，静态分配给线程执行，若 chunk_size 没有声明，则尽量将循环在线程队列中平分；kind 为 dynamic 时，线程会动态请求循环块来执行，执行完一个循环块后就申请下一个循环块，直到所有循环都执行完，循环块的大小为 chunk_size，若 chunk_size 没有声明，则默认的块长度为 1；kind 为 guide 时，线程会动态请求循环块来执行，循环块的大小为未调度的循环数除以线程数，但循环块大小不能小于 chunk_size（除了最后一块），若 chunk_size 没有声明，则默认为 1。

2）sections 编译制导语句。该语句是非循环的共享任务结构，它表明内部的代码是被线程队列分割的。语句格式如下：

```
#pragma omp sections [private(list) |firstprivate(list) |lastprivate(list) |reduction(re-
duction-identifier:list) |nowait] newline
{
    [#pragma omp section newline]
        Structured_block
    [#pragma omp section newline
        Structured_block]
    ...
}
```

值得注意的是，在没有 nowait 子句时，sections 后面有栅障。

3）single 编译制导语句。该语句表明内部的代码只由一个线程执行。语句格式如下：

```
#pragma omp single [private(list) |firstprivate(list) | copyprivate(list) |nowait] newline
    Structured_block
```

若没有 nowait 子句，线程列中没有执行 single 语句的线程，会一直等到代码栅障同步才会继续往下执行。

5. 组合的并行共享任务结构

下面介绍两种将并行域制导和共享任务制导组合在一起的编译制导语句。

1）parallel for 编译制导语句。该语句表明一个并行域包含一个单独的 for 语句。语句格式如下：

```
#pragma omp parallel for [if(scalar_expression) |num_threads(integer-expression |default
(shared |none) |private(list) |firstprivate(list) |lastprivate(list) |shared(list) |copyin
(list) |reduction(Structured_block:list) |proc_bind(master |close |spread) |schedule(kind[,
chunk_size]) |collapse(n) |ordered] newline
    for_loop
```

该语句的子句可以是 parallel 和 for 语句的任意子句组合，除了 nowait 子句。

2）parallel sections 编译制导语句。该语句表明一个并行域包含单独的一个 sections 语句。语句格式如下：

```
#pragma omp parallel sections
[if(scalar_expression) |num_threads(integer-expression) |default(shared |none) |private
(list) |firstprivate(list) |lastprivate(list) |shared(list) |copyin(list) |reduction(Struc-
tured_block:list) |proc_bind(master |close |spread)]
    {
        [#progma omp section newline]
            Structured_block
        [#progma omp section newline
            Structured_block]
    ...
    }
```

同样，该语句的子句可以是 parallel 和 for 语句的任意子句组合，除了 nowait 子句。

6. 同步结构

OpenMP 提供了多种同步结构来控制与其他线程相关的线程的执行。下面列出几种常用的同步编译制导语句。

1）master 编译制导语句。该语句表明一个只能被主线程执行的域。线程队列中所有其他线程必须跳过这部分代码的执行，语句中没有栅障。语句格式如下：

```
#pragma omp master newline
```

2）critical 编译制导语句。该语句表明域中的代码一次只能由一个线程执行。语句格式如下：

```
#pragma omp critical[name] newline
```

3）barrier 编译指导语句。该语句同步线程队列中的所有线程。当有一个 barrier 语句时，线程必须要等到所有的其他线程也到达这个栅障时才能继续执行。然后所有线程并行执行栅障之后的代码。语句格式如下：

```
#pragma omp barrier newline
```

4）atomic 编译制导语句。该语句表明一个特别的存储单元只能原子地更新，而不允许让多个线程同时去写。语句格式如下：

```
#pragma omp atomic newline
```

另外，还有 flush、order 等语句。

7. 数据环境

OpenMP 中提供了用来控制并行域在多线程队列中执行时的数据环境的制导语句和子句。下面选择主要的进行简介。

1）threadprivate 编译制导语句。该语句表明变量是复制的，每个线程都有自己私有的备份。这条语句必须出现在变量序列定义之后。每个线程都复制这个变量块，所以一个线程的写数据对其他线程是不可见的。语句格式如下：

```
#pragma omp threadprivate(list)
```

2）数据域属性子句。OpenMP 的数据域属性子句用来定义变量的范围，它包括 private、firstprivate、lastprivate、shared、default、reduction 和 copyin 等。数据域变量与编译制导语句 parallel、for、sections 等配合使用，可控制变量的范围。它们在并行结构执行过程中控制数据环境。例如：哪些串行部分的数据变量被传到程序的并行部分以及如何传送；哪些变量对所有的并行部分是可见的；哪些变量是线程私有的；等等。具体说明如下。

- private 子句：表示它列出的变量对于每个线程是局部的，即线程私有的。其格式为：

  ```
  private(list)
  ```

- shared 子句：表示它列出的变量被线程队列中的所有线程共享，程序员可以使多线程对其进行读写（例如通过 critical 语句）。其格式为：

  ```
  shared(list)
  ```

- default 子句：该子句让用户可以规定在并行域的词法范围内所有变量的一个默认属性（如可以是 private、shared、none）。其格式为：

  ```
  default(shared|none)
  ```

- firstprivate 子句：该子句包含 private 子句的操作，并将其列出的变量的值初始化为并行域外同名变量的值。其格式为：

  ```
  firstprivate(list)
  ```

- lastprivate 子句：该子句包含 private 子句的操作，并将值复制给并行域外的同名变量。其格式为：

```
lastprivate(list)
```

- copyin 子句：该子句赋予线程中变量与主线程中 threadprivate 同名变量的值。其格式为：

```
copyin(list)
```

- reduction 子句：该子句用来归约其列表中出现的变量。归约操作可以是加、减、乘、与（and）、或（or）、相等（eqv）、不相等（neqv）、最大（max）、最小（min）等。其格式为：

```
reduction(reduction-identifier:list)
```

图 10.12 给出了一个计算 π 的采用 OpenMP 并行的 C 语言代码示例。

```
#include <stdio.h>
#include <omp.h>
int main(){
    int i;
    int num_steps=1000000;
    double x,pi,step,sum=0.0;
    step = 1.0/(double) num_steps;
    #pragma omp parallel for private(i, x), reduction(+:sum)
    for(i=0;i<num_steps;i++)
    {  x=(i+0.5)*step;
       sum = sum+4.0/(1.0+x*x);
    }
    pi = step*sum;
    printf("pi %1f\n", pi);
    return 0;
}
```

图 10.12　利用梯形规则计算 π 的 OpenMP 并行代码

图 10.13 给出了矩阵乘的 OpenMP 并行代码例子，将两个 n 阶的方阵 $\boldsymbol{A}$ 和 $\boldsymbol{B}$ 相乘，结果存放在方阵 $\boldsymbol{C}$ 中。

10.3.4　MPI 消息传递编程接口

MPI(Message Passing Interface）定义了一组消息传递函数库的编程接口标准。1994 年发布了 MPI 第 1 版 MPI-1，1997 年发布了扩充版 MPI-2，2012 年发布了 MPI-3 标准。有多种支持 MPI 标准的函数库实现，开源实现有 MPICH(由 Argonne National Laboratory（ANL）和 Mississippi State University 开发)、Open MPI 和 LAM/MPI（由 Ohio 超算中心开发）等；商业实现来自 Intel、Microsoft、HP 公司等。MPI 编译器用于编译和链接 MPI 程序，支持 C、C++、Fortran 语言，如 mpicc 支持 C 语言、mpic++支持 C++语言、mpif90 支持 Fortran90。MPI 具有高可移植性和易用性，对运行的硬件要求简单，是目前国际上最流行的并行编程环境之一。

```
#include <stdio.h>
#include <omp.h>
#define n 1000
double A[n][n],B[n][n],C[n][n];
int main()
{
    int i,j,k;
    //初始化矩阵 A 和矩阵 B
    for(i=0;i<n;i++)
    for(j=0;j<n;j++) {
        A[i][j] = 1.0;
        B[i][j] = 1.0;
    }
    //并行计算矩阵 C
    #pragma omp parallel for shared(A,B,C) private(i,j,k)
for(i=0;i<n;i++)
    for(j=0;j<n;j++){
        C[i][j] = 0;
        for(k=0;k<n;k++)
            C[i][j]+=A[i][k]* B[k][j];
    }
Return0;
}
```

图 10.13 矩阵乘的 OpenMP 并行代码

在 MPI 编程模型中，计算由一个或多个通过调用库函数进行消息收/发通信的进程所组成。在绝大部分 MPI 实现中，一组固定的进程在程序初始化时生成，在一个处理器核上通常只生成一个进程。这些进程可以执行相同或不同的程序（相应地称为单程序多数据（SPMD）或多程序多数据（MPMD）模式）。进程间的通信可以是点到点的或者集合（Collective）的。MPI 只是为程序员提供了一个并行环境库，程序员用标准串行语言编写代码，并在其中调用 MPI 的库函数来实现消息通信，进行并行处理。

1. 最基本的 MPI

MPI 是个复杂的系统，包括 129 个函数（根据 1994 年发布的 MPI 标准）。事实上，1997 年修订的 MPI-2 标准中函数已超过 200 个，其中最常用的有约 30 个，但只需要 6 个最基本的函数就能编写 MPI 程序求解许多问题，如表 10.4 所示。

表 10.4 MPI 的 6 个最基本的函数

序号	函数名	用途
1	MPI_Init	初始化 MPI 执行环境
2	MPI_Finalize	结束 MPI 执行环境
3	MPI_Comm_size	确定进程数
4	MPI_Comm_rank	确定自己的进程标识符
5	MPI_Send	发送一条消息
6	MPI_Recv	接收一条信息

图 10.14 显示了这 6 个基本函数的功能及参数情况。其中，标号 IN 表明函数使用但是不能修改参数；OUT 表明函数不使用但是可以修改参数；INOUT 表明函数既可以使用也可以修改参数。

```
MPI_Init(int *argc, char ***argv)
//初始化计算,其中 argc、argv 只在 C 语言中需要,它们是 main 函数的参数
MPI_Finalize()
//结束计算
MPI_Comm_size(comm,size)
//确定通信域的进程数
    IN  comm     communicator(handle)
    OUT size     number of processes in the group of comm(integer)
MPI_Comm_rank(comm,pid)
//确定当前进程在通信域中的进程号
    IN  comm     communicator(handle)
    OUT pid      rank of the calling process in group of comm(integer)
MPI_Send(buf, count, datatype, dest, tag, comm)
//发送消息
    IN  buf   initial address of send buffer(choice)
    IN  count   number of elements to send(integer≥0)
    IN  datatype   datatype of each send buffer elements(handle)
    IN  dest     rank of destination (integer)
    IN  tag      message tag(integer)
    IN  comm     communicator(handle)
MPI_Recv(buf, count, datatype, source, tag, comm, status)
//接收消息
    OUT  buf    initial address of receive buffer(choice)
    IN  count   number of elements in receive buffer (integer≥0)
    IN  datatype   datatype of each receive buffer elements(handle)
    IN  source   rank of source or MPI_ANY_SOURCE (integer)
    IN  tag      message tag or MPI_ANY_TAG (integer)
    IN  comm     communicator(handle)
    OUT status   status object (Status)
```

图 10.14　基本 MPI 函数说明

图 10.15 是一个简单 C 语言的 MPI 程序的例子，其中 MPI_COMM_WORLD 是一个缺省的进程组，它指明所有的进程都参与计算。

```
#include "mpi.h"
int main(int argc,char *argv[])
{  int myid,count;
    MPI_Init(&argc,&argv);                        /* 启动计算 */
    MPI_Comm_size(MPI_COMM_WORLD,&count);         /* 获得进程总数 */
    MPI_Comm_rank(MPI_COMM_WORLD, &myid);         /* 获得自己进程号 */
    printf("I am %d of %d\n)", myid,count);       /* 打印消息 */
    MPI_Finalize();                               /* 结束计算 */
}
```

图 10.15　一个简单的 MPI 程序的例子

2. 集体通信

并行程序中经常需要一些进程组间的集体通信（Collective Communication），包括：① 栅障（MPI_Barrier），同步所有进程；② 广播（MPI_Bcast），从一个进程发送一条数据给所有进程；③ 收集（MPI_Gather），从所有进程收集数据到一个进程；④ 散播（MPI_Scatter），从一个进程散发多条数据给所有进程；⑤ 归约（MPI_Reduce、MPI_Allreduce），包括求和、求积等。这些函数的功能及参数描述参见 MPI 3.0 标准。不同于点对点通信，所有的进程都必须执行集体通信函数。集体通信函数不需要同步操作就能使所有进程同步，因此可能造成死锁。这意味着集体通信函数必须在所有进程上以相同的顺序执行。

3. 通信域

通信域（Communicator）提供了 MPI 中独立的安全的消息传递。MPI 通信域包含进程组（Process Group）和通信上下文（Context）。其中进程组是参加通信的一个有限并有序的进程集合，如果一共有 N 个进程参加通信，则进程的编号从 0 到 $N-1$。通信上下文提供一个相对独立的通信区域，消息总是在其被发送的上下文内被接收，不同上下文的消息互不干涉。通信上下文可以将不同的通信区别开来。MPI 提供了一个预定义的通信域 MPI_COMM_WORLD，MPI 初始化后就会产生，它包含了初始化时可得的全部进程，进程由它们在 MPI_COMM_WORLD 组中的进程号所标识。

用户可以在原有通信域的基础上定义新的通信域。MPI 提供的通信域函数概括：① MPI_Comm_dup，它生成一个新的通信域，具有相同的进程组和新的上下文，这可确保不同目的通信不会混淆；② MPI_Comm_split，它生成一个新的通信域，但只是给定进程组的子集，这些进程可相互通信而不必担心与其他并发计算相冲突；③ MPI_Intercomm_create，它构造一个进程组之间的通信域，该通信域链接两组内的进程；④ MPI_Comm_free，它用来释放上述三个函数所生成的通信域。

4. MPI 点对点通信

点到点通信（Point-to-Point Communication）是 MPI 中较复杂的部分，其数据传送有阻塞（Blocking）和非阻塞（Non_Blocking）两种机制。在阻塞方式中，它必须等到消息从本地送出之后才可以执行后续的语句，保证了缓冲区等资源可再用；对于非阻塞方式，它无须等到消息从本地送出就可执行后续的语句，从而允许通信和计算的重叠，但非阻塞调用的返回并不保证资源的可再用性。

阻塞和非阻塞有四种通信模式：① 标准模式，包括阻塞发送 MPI_Send、阻塞接收 MPI_Recv、非阻塞发送 MPI_Isend 和非阻塞接收 MPI_Irecv；② 缓冲模式，包括阻塞缓冲发送 MPI_Bsend 和非阻塞缓冲发送 MPI_Ibsend；③ 同步模式，包括阻塞同步发送 MPI_Ssend 非阻塞同步发送 MPI_Issend；④ 就绪模式，包括阻塞就绪发送 MPI_Rsend 和非阻塞就绪发送 MPI_Irsend。在标准通信模式中，MPI 根据当前的状况选取其他三种模式或用户定义的其他模式；缓冲模式在相匹配的接收未开始的情况下，将送出的消息放在缓冲区内，这样发送者可以很快地继续计算，然后由系统处理放在缓冲区中的消息，但这占用内存且多了一次内存拷贝；在同步模式中，只有相匹配的接收操作开始后，发送才能返回；在就绪模式下，只有相匹配的接收操作启动后，发送操作才能开始。

在点到点通信中，发送和接收语句必须是匹配的。为了区分不同进程或同一进程发送来的不同消息，在这些语句中采用了通信域 Comm 和标志位 tag 来实现成对语句的匹配。

上述函数中，关于 MPI_Send 和 MPI_Recv 的功能和定义可以参考图 10.14，其他函数的描述可参考 MPI 3.0 标准。

图 10.16 是计算 π 的 C 语言 MPI 程序的例子。

```
#include <stdio.h>
#include "mpi.h"
int main(int argc, char **argv){
   int num_steps=1000000;
   double x,pi,step,sum,sumallprocs;
   int  i,start, end,temp;
   int ID,num_procs;//进程编号及组中的进程数量，进程编号的范围为0到num_procs-1
   MPI_Status status;
   //初始化MPI环境
   MPI_Init(&argc,&argv);
   MPI_Comm_rank(MPI_COMM_WORLD,&ID);
   MPI_Comm_size(MPI_COMM_WORLD,&num_procs);
   //任务划分并计算
   step = 1.0/num_steps;
   start = ID *(num_steps/num_procs) ;
   if (ID == num_procs-1)
       end = num_steps;
   else
       end = start + num_steps/num_procs;
   for(i=start; i<end;i++) {
      x=(i+0.5)*step;
      sum += 4.0/(1.0+x*x);
   }
   MPI_Barrier(MPI_COMM_WORLD);
   MPI_Reduce(&sum,&sumallprocs,1,MPI_DOUBLE,MPI_SUM,0, MPI_COMM_WORLD);
   if(ID==0) {
      pi = sumallprocs*step;
      printf("pi %1f\n", pi);
   }
   MPI_Finalize();
   return 0;
}
```

图 10.16　利用梯形规则计算 π 的 MPI 并行代码

图 10.17 是进行矩阵乘的 C 语言 MPI 程序的例子。该例子将两个 n 阶的方阵 $\boldsymbol{A}$ 和 $\boldsymbol{B}$ 相乘，结果存放在方阵 $\boldsymbol{C}$ 中，$\boldsymbol{A}$、$\boldsymbol{B}$、$\boldsymbol{C}$ 都在节点 0 上，采用主从进程的计算方法，主进程将数据发送给从进程，从进程将计算结果返回给主进程。

```
#include <stdio.h>
#include "mpi.h"
#define n 1000
int main(int argc, char **argv)
{
    double *A,*B,*C;
    int i,j,k;
    int ID,num_procs,line;
    MPI_Status status;

    MPI_Init(&argc,&argv);                               // 初始化 MPI 环境
    MPI_Comm_rank(MPI_COMM_WORLD,&ID);                   // 获取当前进程号
    MPI_Comm_size(MPI_COMM_WORLD,&num_procs);            // 获取进程数目

    //分配数据空间
    A = (double *)malloc(sizeof(double)*n*n);
    B = (double *)malloc(sizeof(double)*n*n);
    C = (double *)malloc(sizeof(double)*n*n);
    line = n/num_procs;//按进程数来划分数据

    if(ID==0){                                           // 节点 0,主进程
        //初始化数组
        for(i=0;i<n;i++)
        for(j=0;j<n;j++){
            A[i*n+j] = 1.0;
            B[i*n+j] =  1.0;
        }
        //将矩阵 A、B 的相应数据发送给从进程
        for(i=1;i<num_procs;i++) {
            MPI_Send(B,n*n,MPI_DOUBLE,i,0,MPI_COMM_WORLD);
            MPI_Send(A+(i-1)*line*n,line*n,MPI_DOUBLE,i,1,MPI_COMM_WORLD);
        }
        //接收从进程的计算结果
        for(i=1;i<num_procs;i++)
            MPI_Recv(C+(i-1)*line*n, line*n, MPI_DOUBLE, i, 2, MPI_COMM_WORLD,
&status);
        //计算剩下的数据
        for(i=(num_procs-1)*line;i<n;i++)
            for(j=0;j<n;j++) {
                C[i*n+j]=0;
                for(k=0;k<n;k++)
                    C[i*n+j]+=A[i*n+k]*B[k*n+j];
            }
}else{
    //其他进程接收数据,计算结果,发送给主进程
    MPI_Recv(B,n*n,MPI_DOUBLE,0,0,MPI_COMM_WORLD,&status);
    MPI_Recv(A+(ID-1)*line*n,line*n,MPI_DOUBLE,0,1,MPI_COMM_WORLD,&status);
    for(i=(ID-1)*line;i<ID*line;i++)
        for(j=0;j<n;j++) {
            C[i*n+j]=0;
            for(k=0;k<n;k++)
                C[i*n+j]+=A[i*n+k]*B[k*n+j];
        }
```

图 10.17　矩阵乘的 MPI 并行代码

```
        MPI_Send(C+(ID-1)*line*n,line*n,MPI_DOUBLE,0,2,MPI_COMM_WORLD);
}
MPI_Finalize();
Return 0;
}
```

图 10.17 （续）

10.4 本章小结

本章首先介绍程序的并行行为，主要包括指令级并行、数据级并行和任务级并行；之后介绍并行编程模型，包括单任务数据并行模型、多任务共享存储编程模型和多任务消息传递编程模型，并比较了共享存储和消息传递编程模型的编程复杂度；最后，介绍典型的并行编程环境，包括数据并行 SIMD 编程、共享存储编程标准 Pthreads 及 OpenMP、消息传递编程模型 MPI。

习题

1. 请介绍 MPI 中阻塞发送 MPI_Send/阻塞接收 MPI_Recv 与非阻塞发送 MPI_Isend/非阻塞接收 MPI_Irecv 的区别。
2. 请介绍什么是归约（Reduce）操作，MPI 和 OpenMP 中分别采用何种函数或者子句来实现归约操作。
3. 请介绍什么是栅障（Barrier）操作，MPI 和 OpenMP 中分别采用何种函数或者命令来实现栅障。
4. 下面的 MPI 程序片段是否正确？请说明理由。假定只有 2 个进程正在运行且 mypid 为每个进程的进程号。

```
If(mypid==0) {
    MPI_Bcast(buf0,count,type,0,comm,ierr);
    MPI_Send(buf1,count,type,1,tag,comm,ierr);
} else {
    MPI_Recv(buf1,count,type,0,tag,comm,ierr);
    MPI_Bcast(buf0,count,type,0,comm,ierr);
}
```

5. 矩阵乘是数值计算中的重要运算。假设有一个 $m\times p$ 的矩阵 $\boldsymbol{A}$，还有一个 $p\times n$ 的矩阵 $\boldsymbol{B}$。令 $\boldsymbol{C}$ 为矩阵 $\boldsymbol{A}$ 与 $\boldsymbol{B}$ 的乘积，即 $\boldsymbol{C}=\boldsymbol{AB}$。$\boldsymbol{C}(i,\ j)$ 表示矩阵 $\boldsymbol{C}$ 在 $(i,\ j)$ 位置处的值，则 $0\leqslant i\leqslant m-1$，$0\leqslant j\leqslant n-1$。请采用 OpenMP，将矩阵 $\boldsymbol{C}$ 的计算并行化。假设矩阵在存储器中按行存放。
6. 请采用 MPI 将上题中矩阵 $\boldsymbol{C}$ 的计算并行化，并比较 OpenMP 与 MPI 并行程序的特点。
7. 分析一款 GPU 的存储层次。

CHAPTER 11

第11章 多核处理结构

多核处理器（Multicore Processor）在单芯片上集成多个处理器核，也称为单片多处理器（Chip Multi-Processor，简称CMP），广泛应用于个人移动设备（Personal Mobile Device，简称PMD）、个人电脑（PC）、服务器、高性能计算机等领域。本章从结构角度对多核处理器进行分析。

11.1 多核处理器的发展演化

多核处理器在单芯片上集成多个处理器核，通过聚合芯片上的多个处理器核的计算能力来提高应用程序执行性能。多核处理器大致可从以下方面进行分类：从核的数量角度可分为多核处理器和众核处理器，一般大于64核为众核处理器；从处理器核的结构角度可分为同构和异构，同构是指核结构是相同的，而异构是指核结构是不同的；从适用应用角度可分为面向桌面电脑、服务器等应用的通用多核处理器，以及面向特定应用的多核/众核处理器，如GPU可看作是一种特定的众核处理器，具有很高的浮点峰值性能。

多核处理器主要在多处理器系统的研究基础上发展而来。多处理器系统的研究已经有几十年的历史。20世纪七八十年代，由于单个处理器的性能满足不了应用的需求，开始出现多处理器系统。20世纪八九十年代，很多高档工作站都有2~4个处理器，用于科学计算的高性能计算机处理器个数更多。国际上对计算机性能有一个TOP500排名，每6个月列出当时世界上最快的前500台计算机，这些计算机都有成千上万个处理器。从20世纪90年代后期开始，随着半导体工艺的发展，单芯片上晶体管数目大幅增多，多核处理器得到了很好的发展。学术界最早的多核处理器项目Hydra是由美国斯坦福大学于1994年研究的。在工业界，IBM公司于2001年推出IBM Power4双核处理器；AMD于2005年推出第一款X86架构双核处理器；Intel于2006年推出第一款酷睿双核处理器；国内于2009年推出了第一款四核龙芯3A处理器。

很明显可以看出，多核处理器是在多处理器系统基础上发展的，其发展的主要驱动力包括以下三个方面。

（1）半导体工艺发展

摩尔定律是过去 40 多年间描述半导体工艺发展的经验法则。1965 年 Gordon Moore（Intel 公司联合创始人）提出：半导体芯片上集成的晶体管和电阻数量将每年增加一倍。1975 年对摩尔定律进行了修正，把“每年增加一倍”改为“每两年增加一倍”。现在摩尔定律流行的表述为：集成电路芯片上所集成的晶体管数目每隔 18 个月就翻一倍。目前，主流处理器工艺已经达到 14nm~7nm 工艺，在单芯片上集成数十亿甚至上百亿个晶体管。不过摩尔定律不可能永远延续，2015 年 ITRS（International Technology Roadmap for Semiconductors）预测晶体管尺寸可能在 2021 年后停止缩小。目前工艺升级的速度已经从 1~2 年升级一代放慢到 3~5 年升级一代，而且工艺升级带来的性能、成本、功耗方面的好处已经不大。

（2）功耗墙问题

功耗墙问题也是处理器从单核转到多核设计的一个非常重要的因素。面对单芯片上的大量晶体管，如何设计处理器有两种思路，一种是单芯片设计复杂的单处理器核，另一种是单芯片设计多个处理器核。从理论上来说，采用后一种思路的性能功耗比收益较大。芯片功耗主要由静态功耗和动态功耗组成，而动态功耗则由开关功耗和短路功耗组成。其中开关功耗是由芯片中电路信号翻转造成的，是芯片功耗的主体。下面给出了开关功耗的计算公式，其中 C_{load} 为电路的负载电容，V 为电路的工作电压，f 为电路的时钟频率。

$$P_{\text{switch}} = \frac{1}{2} C_{\text{load}} V^2 f$$

单芯片设计复杂单处理器核以提高性能的主要方法包括通过微结构优化提高每个时钟周期发射执行的指令数以及通过提高主频来提高性能。微结构优化的方法由于受到程序固有指令级并行性以及微结构复杂性等因素的限制，在达到每个时钟周期发射执行 4 条指令后就很难有明显的性能收益。提高电压和主频的方法导致功耗随着主频的提高超线性增长。例如，通过电压提升 10%可以使主频提升 10%，根据开关功耗计算公式，开关功耗与主频成正比，与电压的平方成正比，即在一定范围内功耗与主频的三次方成正比，主频提高 10%导致功耗提高 30%。

单芯片设计多个处理器核以提高性能的方法是通过增加处理器核的个数来提升处理器并行处理的性能。当处理器核数目增加 N 倍时，功耗也大致增加 N 倍，性能也增加 N 倍（此处性能主要指运行多个程序的吞吐率），也就是说功耗随着性能的提高线性增长。

2005 年以前，单芯片设计复杂单处理器核以提高性能是微处理器发展的主流，以 Intel 公司由于功耗墙问题放弃 4GHz 的 Pentium IV 处理器研发为标志，2005 年之后单芯片设计多处理器核成为主流。

（3）并行结构的发展

多处理器系统经过长期发展，为研制多核处理器打下了很好的技术基础。例如，多处理器系统的并行处理结构、编程模型等可以直接应用于多核处理器上。因此有一种观点认为：将传统多处理器结构实现在单芯片上就是多核处理器。

在处理器内部、多个处理器之间以及多个计算机节点之间有多种不同的并行结构。

1）SIMD 结构。指采用单指令同时处理一组数据的并行处理结构。采用 SIMD 结构的 Cray 系列向量机包含向量寄存器和向量功能部件，单条向量指令可以处理一组数据。例如，Cray-1 的向量寄存器存储 64 个 64 位的数据，CrayC-90 的向量寄存器存储 128 个 64 位的数据。以 Cray 系列向量机为代表的向量机在 20 世纪 70 年代和 80 年代前期曾经是高性能计算机发展的主流，在商业、金融、科学计算等领域发挥了重要作用，其缺点是难以达到很高的并行度。如今，虽然向量机不再是计算机发展的主流，但目前的高性能处理器普遍通过 SIMD 结构的短向量部件来提高性能。例如，Intel 处理器的 SIMD 指令扩展实现不同宽度数据的处理，如 SSE(Streaming SIMD Extensions）扩展一条指令可实现 128 位数据计算（可分为 4 个 32 位数据或者 2 个 64 位数据或者 16 个 8 位数据），AVX(Advanced Vector Extensions）扩展可实现 256 位或者 512 位数据计算。

2）对称多处理器（Symmetric Multi-Processor，简称 SMP）结构。指若干处理器通过共享总线或交叉开关等统一访问共享存储器的结构，各个处理器具有相同的访问存储器性能。20 世纪八九十年代，DEC、SUN、SGI 等公司的高档工作站多采用 SMP 结构。这种系统的可伸缩性也是有限的。SMP 系统常被作为一个节点来构成更大的并行系统。多核处理器也常采用 SMP 结构，往往支持数个到十多个处理器核。

3）高速缓存一致非均匀存储器访问（Cache Coherent Non-Uniform Memory Access，简称 CC-NUMA）结构。CC-NUMA 结构是一种分布式共享存储体系结构，其共享存储器按模块分散在各处理器附近，处理器访问本地存储器和远程存储器的延迟不同，共享数据可进入处理器私有高速缓存，并由系统保证同一数据的多个副本的一致性。CC-NUMA 的可扩展性比 SMP 结构要好，支持更多核共享存储，但由于其硬件维护数据一致性导致复杂性高，可扩展性也是有限的。典型的例子有斯坦福大学的 DASH 和 FLASH，以及 20 世纪 90 年代风靡全球的 SGI 的 Origin 2000。IBM、HP 的高端服务也采用 CC-NUMA 结构。Origin 2000 可支持上千个处理器组成 CC-NUMA 系统。有些多核处理器也支持 CC-NUMA 扩展，例如，4 片 16 核龙芯 3C5000 处理器通过系统总线互连直接形成 64 核的 CC-NUMA 系统。

4）MPP（Massive Parallel Processing）系统。指在同一地点由大量处理单元构成的并行计算机系统。每个处理单元可以是单机，也可以是 SMP 系统。处理单元之间通常由可伸缩的互连网络（如 Mesh、交叉开关网络等）相连。MPP 系统主要用于高性能计算。

5）机群（Cluster）系统。指将大量服务器或工作站通过高速网络互连来构成廉价的高性能计算机系统。机群计算可以充分利用现有的计算、内存、文件等资源，用较少的投资实现高性能计算，也适用于云计算。随着互连网络的快速发展，机群系统和 MPP 系统的界限越来越模糊。

从结构的角度看，多处理器系统可分为共享存储系统和消息传递系统两类。SMP 和

CC-NUMA 结构是典型的共享存储系统。在共享存储系统中，所有处理器共享主存储器，每个处理器都可以把信息存入主存储器，或从中取出信息，处理器之间的通信通过访问共享存储器来实现。MPP 和机群系统往往是消息传递系统，在消息传递系统中，每个处理器都有一个只有它自己才能访问的局部存储器，处理器之间的通信必须通过显式的消息传递来进行。

尽管消息传递的多处理器系统对发展多核处理器也很有帮助（如 GPU），但是通用多核处理器主要是从共享存储的多处理器系统演化而来。多核处理器与早期 SMP 多路服务器系统在结构上并没有本质的区别。例如，多路服务器共享内存，通过总线或者交叉开关实现处理器间通信；多核处理器共享最后一级 Cache 和内存，通过片上总线、交叉开关或者 Mesh 网络等实现处理器核间通信。

通用多核处理器用于手持终端、桌面电脑和服务器，是最常见、最典型的多核处理器，通常采用共享存储结构，它的每个处理器核都能够读取和执行指令，可以很好地加速多线程程序的执行。本章主要以通用多核处理器为例来分析多核处理器结构。通用多核处理器结构设计与共享存储多处理器设计的主要内容相似，包括多核处理器的访存结构、多核处理器的互连结构、多核处理器的同步机制等。

11.2 多核处理器的访存结构

通用多核处理器采用共享存储结构，其设计存在如下关键问题：

1）片上 Cache 如何组织？与单核处理器类似，多核处理器需要在片上设置大容量的 Cache 来缓解芯片计算能力与访存性能之间日益扩大的差距。片上 Cache 如何组织？Cache 结构采用私有还是共享，集中式还是分布式？这些是需要设计者考虑的问题。

2）多个处理器核发出的访存指令次序如何约定？各处理器核并行执行线程（或者进程）发出读/写（load/store）访存指令，这些访问指令的执行次序如何约定，使得应用程序员可以利用这些约定来推理程序的执行结果？存储一致性模型就是用来解决这方面问题的。

3）如何维护 Cache 数据一致性？一个数据可能同时在多个处理器核的私有 Cache 中和内存中存在备份，如何保证数据一致性？Cache 一致性协议将解决 Cache 一致性问题。

11.2.1 通用多核处理器的片上 Cache 结构

片上 Cache 结构是通用多核处理器设计的重要内容。片上 Cache 的种类主要有：私有 Cache、片上共享 Cache、片间共享 Cache。图 11.1a 是私有 Cache 结构示意图，图 11.1b 是片上共享 Cache 结构示意图（由于一级 Cache 的访问速度对性能影响大，通用多核处理器的一级 Cache 几乎都是私有的）。私有 Cache 结构具有较快的访问速度，但是具有较高的失效率。共享 Cache 结构的访问速度稍慢，但具有失效率低的优点。多处理器芯片间共享 Cache 结构的访问速度慢，且失效率高，因此并不常用。

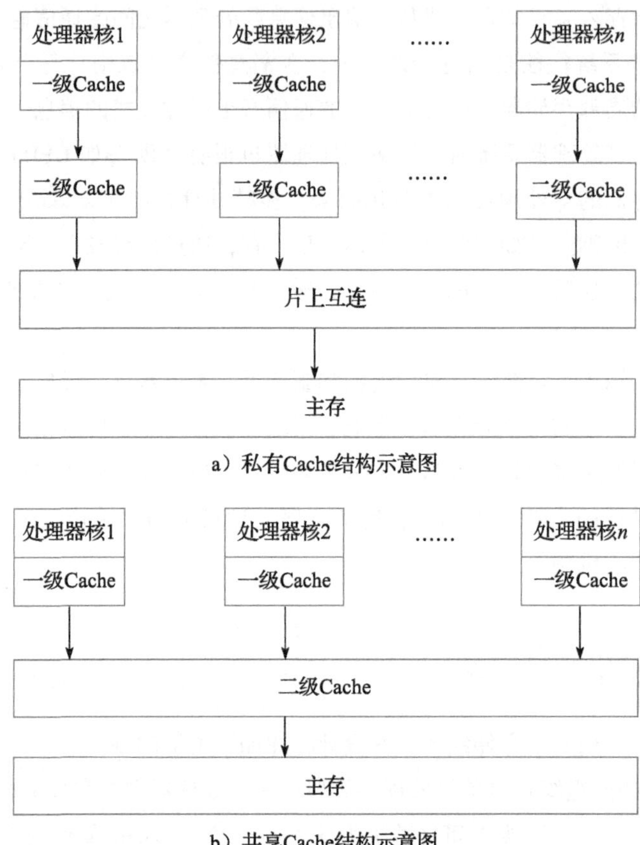

图 11.1 Cache 结构图

目前，主流多核处理器的典型 Cache 结构是：片内共享最后一级 Cache（Last Level Cache，简称 LLC），片间共享内存。表 11.1 列出了典型商用多核处理器的 Cache 结构参数。处理器核的一级 Cache 和二级 Cache 私有，三级 Cache（LLC）共享。有些处理器甚至有片外的四级 Cache，例如 Intel i7 处理器。

表 11.1 商用多核处理器主要参数示例

	IBM Power8	Intel Haswell	Oracle SPARC T5	龙芯 3A5000
每芯片核数	12	4	16	4
每核线程数	8	2	8	1
每核一级指令 Cache	32KB	32KB	16KB	64KB
每核一级数据 Cache	64KB	32KB	16KB	64KB
每核二级 Cache	512KB	256KB	128KB	256KB
片上共享 LLC	96MB	8MB	8MB	16MB

在共享 LLC 结构中，主要有 UCA（Uniform Cache Access）和 NUCA（Non-Uniform Cache Access）两种。图 11.2 为共享 LLC 结构示意图（假设二级 Cache 为 LLC）。

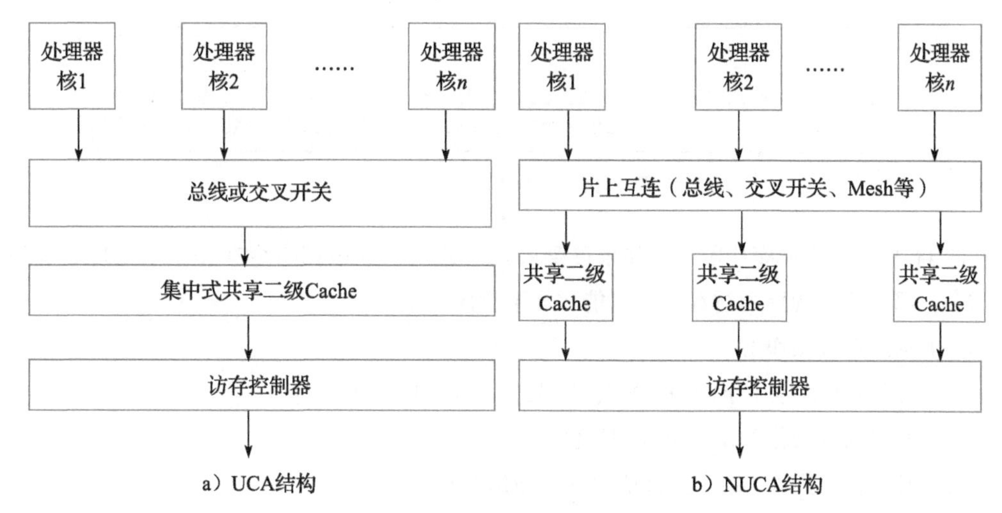

图 11.2　共享 LLC 结构示意图

UCA 是一种集中式共享结构，多个处理器核通过总线或者交叉开关连接 LLC，所有处理器核对 LLC 的访问延迟相同。这种集中式的共享 LLC，很容易随着处理器核数目的增加成为瓶颈。另外，UCA 结构由于使用总线或者交叉开关互连，可扩展性受限。因此，通常在处理器核数较少的多核处理器中采用 UCA 结构，例如四核龙芯 3 号处理器。

NUCA 是一种分布式共享结构，每个处理器核拥有本地的 LLC，并通过片上互连访问其他处理器核的 LLC。在 NUCA 结构中，处理器核可以访问所有的 LLC，但是不同位置的 LLC 具有不同的访问延迟。当工作集较小时，处理器核的本地 Cache 足够容纳工作集，处理器核只使用本地 Cache；当工作集较大时，本地 Cache 中放不下的数据可以放到远地 Cache 中。NUCA 结构需要高效 Cache 查找和替换算法，使得在使用远地 Cache 时不影响性能。NUCA 结构中通常采用可扩展的片上互连（如 Mesh 片上网络等），采用基于目录的 Cache 一致性协议，具有良好的可扩展性，可以有效支持较多数目的处理器核。因此，在具有较多核数的多核/众核处理器中通常采用 NUCA 结构，如 SPARC M7 和龙芯 3C5000 等。

11.2.2　存储一致性模型

本节简要介绍常见的存储一致性模型。存储一致性模型最初是针对共享存储的多处理器设计提出来的，同样也可以适用于多核处理器设计。本节在介绍存储一致性模型时，处理器（处理机）和处理器核在概念上是可以互用的。

下面举一个存储一致性问题的例子。如图 11.3 所示，寄存器 R1 为进程 P2 的内部寄存器，

R2 和 R3 为进程 P3 的内部寄存器，初始值均为 0；变量 a、b 为 P1、P2 和 P3 的共享变量，初始值均为 0。

```
       P1                         P2                          P3

L11: STORE a, 1;          L21: LOAD  R1, a;          L31: LOAD R2, b;
                          L22: STORE b,1;            L32: LOAD R3, a;
```

图 11.3　共享存储程序片段

在图 11.3 所示的程序片段中，如果仅要求 P1、P2 及 P3 根据指令在程序中出现的次序来执行指令，那么这个程序的访存事件可能按如下次序发生：

1）P1 发出存数操作 L11；

2）L11 到达 P2，但由于网络堵塞等原因，L11 未到达 P3；

3）P2 发出取数操作 L21 取回 a 的新值；

4）P2 发出存数操作 L22，且其所存的 b 新值到达 P3；

5）P3 发出取数操作 L31 取回 b 的新值；

6）P3 发出取数操作 L32，但由于 L11 未到达 P3，故 L32 取回 a 的旧值；

7）L11 到达 P3。

这是一个程序员难以接受的执行结果。因为从程序员的观点来看，如果 L21 和 L31 分别取回 a 和 b 的新值，则说明存数操作 L11 和 L22 都已完成，L32 必然取回 a 的新值。在此例中，即使每个处理器都根据指令在程序中出现的次序来执行指令，仍然会导致错误的结果。从这个例子可以看出，在共享存储系统中，需要对多处理器的访存操作的次序做出限制，才能保证程序执行的正确。

存储一致性模型是多处理器系统设计者与应用程序员之间的一种约定，它给出了正确编写程序的标准，使得程序员无须考虑具体访存次序就能编写正确程序，而系统设计者则可以根据这个约定来优化设计提高性能。系统设计者通过对各处理器的访存操作完成次序加以必要的约束来满足存储一致性模型的要求。

文献中常见的存储一致性模型包括：顺序一致性模型、处理器一致性模型、弱一致性模型、释放一致性模型等。这些存储一致性模型对访存事件次序的限制不同，因而对程序员的要求以及所能得到的性能也不一样。存储一致性模型对访存事件次序施加的限制越弱，越有利于提高性能，但编程越难。下面介绍具体的存储一致性模型。

1）顺序一致性（Sequential Consistency，简称 SC）模型。这种模型是程序员最乐于接受的存储一致性模型，最符合程序员的直觉。对于满足顺序一致性的多处理机中的任一执行，总可以找到同一程序在单机多进程环境下的一个执行与之对应，使得二者结果相等。

为了放松对访存事件次序的限制，人们提出了一系列弱存储一致性模型。这些弱存储一致性模型的基本思想是：在顺序一致性模型中，虽然为了保证正确执行而对访存事件次序施加了严格的限制，但在大多数不会引起访存冲突的情况下，这些限制是多余的，极大地限制了系统优化空间进而影响了系统性能。因此可以让程序员承担部分执行正确性的责任，即在程序中指出需要维护一致性的访存操作，系统只保证在用户指出的需要保持一致性的地方维护数据一致性，而对用户未加说明的部分，可以不考虑处理器之间的数据相关。

2）处理器一致性（Processor Consistency，简称 PC）模型。这种模型比顺序一致性模型弱，故对于某些在顺序一致条件下能正确执行的程序，在处理器一致条件下执行时可能会导致错误结果。处理器一致性模型对访存事件发生次序施加的限制是：在任一取数操作 load 被允许执行之前，所有在同一处理器中先于这一 load 的取数操作都已完成；在任一存数操作 store 被允许执行之前，所有在同一处理器中先于这一 store 的访存操作（包括 load 和 store）都已完成。上述条件允许 store 之后的 load 越过 store 而执行，在实现上很有意义：在 Cache 命中的 load 指令写回之后但没有提交之前，如果收到其他处理器对 load 所访问 Cache 行的无效请求，load 指令可以不用取消，较大地简化了流水线的设计。多核龙芯 3 号处理器设计中就采用了处理器一致性。

3）弱一致性（Weak Consistency，简称 WC）模型。这种模型的主要思想是把同步操作和普通访存操作区分开来，程序员必须用硬件可识别的同步操作把对可写共享单元的访问保护起来，以保证多个处理器对可写共享单元的访问是互斥的。弱一致性模型对访存事件发生次序做如下限制：同步操作的执行满足顺序一致性条件；在任一普通访存操作被允许执行之前，所有在同一处理器中先于这一访存操作的同步操作都已完成；在任一同步操作被允许执行之前，所有在同一处理器中先于这一同步操作的普通访存操作都已完成。上述条件允许在同步操作之间的普通访存操作执行时不用考虑进程之间的相关。虽然弱一致性模型增加了程序员的负担，但它能有效地提高性能。值得指出的是，即使是在顺序一致的共享存储并行程序中，同步操作也是难以避免的，否则程序的行为难以确定。因此，在弱一致性模型的程序中，专门为数据一致性而增加的同步操作不多。

4）释放一致性（Release Consistency，简称 RC）模型。这种模型是对弱一致性模型的改进，它把同步操作进一步分成获取操作 acquire 和释放操作 release。acquire 用于获取对某些共享存储单元的独占性访问权，而 release 则用于释放这种访问权。释放一致性模型对访存事件发生次序做如下限制：同步操作的执行满足顺序一致性条件；在任一普通访存操作被允许执行之前，所有在同一处理器中先于这一访存操作的 acquire 操作都已完成；在任一 release 操作被允许执行之前，所有在同一处理器中先于这一 release 的普通访存操作都已完成。

11.2.3 Cache 一致性协议

在共享存储的多核处理器中，存在 Cache 一致性问题，即如何使同一数据块在不同 Cache

以及主存中的多个备份保持数据一致的问题。具体来说，一个数据块可能在主存和Cache之中保存多份，而不同的处理器核有可能同时读取或者修改这个数据，导致不同的处理器核观察到的数据的值是不同的。Cache一致性协议（Cache Coherence Protocol）是指在共享存储的多处理器或者多核处理器系统中，一种用来保持多个Cache之间以及Cache与主存之间数据一致的机制。人们已经提出了若干Cache一致性协议来解决这个问题。

1. Cache一致性协议的分类

Cache一致性协议的具体作用就是把某个处理器核新写的值传播给其他处理器核以确保所有处理器核看到一致的共享存储内容。从如何传播新值的角度看，Cache一致性协议可分为写无效（Write-Invalidate）（也可称为写使无效）协议与写更新（Write-Update）协议；从新值将会传播给谁的角度看，它可以分为侦听协议与目录协议。Cache一致性协议决定系统为维护一致性所做的具体动作，因而直接影响系统性能。

1）写无效协议与写更新协议。在写无效协议中，当根据一致性要求要把一个处理器核对某一单元所写的值传播给其他处理器核时，就使其他处理器核中该单元的备份无效；其他处理器核随后要用到该单元时，再获得该单元的新值。在写更新协议中，当根据一致性要求要把一个处理器核对某一单元所写的值传播给其他处理器核时，就把该单元的新值传播给所有拥有该单元备份的处理器核，对相应的备份进行更新。

写无效协议的优点是：一旦某处理器核使某一变量在所有其他Cache中的备份无效后，它就取得了对此变量的独占权，随后它可以随意地更新此变量而不必告知其他处理器核，直到其他处理器核请求访问此变量而导致独占权被剥夺。其缺点是：当某变量在一处理器核中的备份变无效后，此处理器核再读此变量时会引起Cache不命中，在一个共享块被多个处理器核频繁访问的情况下会引起所谓的“乒乓”效应，即处理器核之间频繁地互相剥夺对一个共享块的访问权而导致性能严重下降。写更新协议的优点是：一旦某Cache缓存了某一变量，它就一直持有此变量的最新备份，除非此变量被替换掉。其缺点是：写数的处理器核每次都得把所写的值传播给其他处理器核，即使其他处理器核不再使用所写的共享块。写无效协议适用于顺序共享（Sequential Sharing）的程序，即在较长时间内只有一个处理器核访问一个变量；而写更新协议适用于紧密共享（Tight Sharing）的程序，即多个处理器核在一段时间内频繁地访问同一变量。

2）侦听协议与目录协议。侦听协议的基本思想是，当处理器核对共享变量的访问不在Cache命中或可能引起数据不一致时，它就把这一事件广播到所有处理器核。系统中所有处理器核的Cache都侦听广播，当拥有广播中涉及的共享变量的Cache侦听到广播后，就采取相应的维持一致性的行动（如，使本Cache的备份无效、向总线提供数据等）。侦听协议实现较简单，每个处理器核Cache只需要维护状态信息就可以了。侦听协议适合于通过总线互连的多核处理器，因为总线是一种方便而快捷的广播媒介。在写使无效侦听协议中，当一个Cache侦听到其他处理器核欲写某一单元且自己持有此单元的备份时，就使这一备份无效以保持数据一致性；在写更新侦听协议中，当一个 Cache 侦听到自己持有备份的某一共享单元的内容被其他处理器核所更新时，就根据侦听到的内容更新此备份的值。

由于侦听协议需要广播，因此只适用于共享总线结构。总线是一种独占式资源，且总线延迟随所连接的处理器核数目的增加而增加，存在可伸缩性差的问题。在采用片上网络互连的多核处理器中通常使用基于目录的 Cache 一致性协议。目录协议的主要思想是，为每一存储行维持一目录项，该目录项记录所有当前持有此行备份的处理器核号以及此行是否已被改写等信息。当一个处理器核欲往某一存储行写数且可能引起数据不一致时，它就根据目录的内容只向持有此行的备份的那些处理器核发出写使无效/写更新信号，从而避免了广播。典型的目录组织方式为位向量目录。位向量目录中的每一目录项有一个 n 位的向量，其中 n 是系统中处理器核的个数。位向量中第 i 位为“1”表示此存储行在第 i 个处理器核中有备份。每一目录项还有一改写位，当改写位为“1”时表示某处理器核独占并已改写此行。位向量目录的缺点是，所需的目录存储器容量随处理器核数 n 以及共享存储容量 m 的增加以 $O(mn)$ 的速度增加，有较大存储开销。

2. Cache 状态

Cache 一致性协议的实现方式为：在 Cache 中每一个 Cache 行设置一致性状态来记录该 Cache 行的读写状态，确保 Cache 行不会被多个处理器核同时修改。Cache 行的一致性状态的实现有多种具体形式，如最简单的三状态 ESI，较为常见的 MESI 及其变种 MOESI 等。

ESI 是指 Cache 行的三种一致性状态：E(Exclusive，独占)，S(Shared，共享)，I(Invalid，无效)。Invalid 状态表示当前 Cache 行是无效的，对其进行任何读写操作都会引发缓存缺失(Cache Miss)。Shared 状态表明当前 Cache 行可能被多个处理器核共享，只能读取，不能写入，对其写入也会引发缓存缺失。Exclusive 状态表明对应 Cache 行被当前处理器核独占，该处理器核可以任意读写这个 Cache 行，而其他处理器核如果想读写这个 Cache 行需要请求占有这个 Cache 行的处理器核释放该 Cache 行。图 11.4 给出了三个状态之间的转换关系。

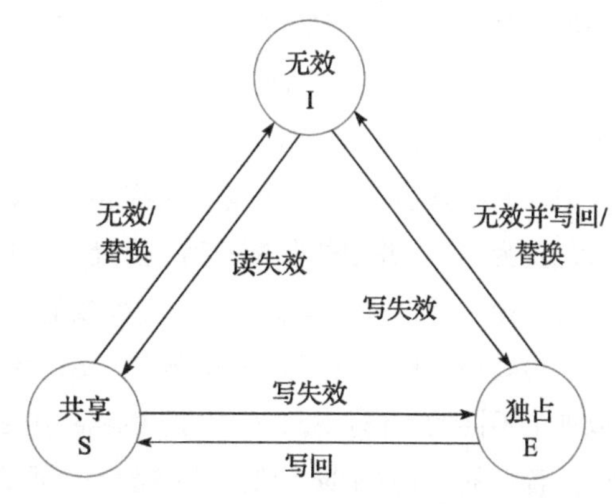

图 11.4　三状态 Cache 一致性协议状态转换图

MESI 在 ESI 的基础上增加了 M(Modified，修改) 状态。其中 Shared 状态和 Invalid 状态和 ESI 的完全一样，而 Exclusive 状态表示当前 Cache 块虽然被当前处理器核独占，但是还没有被修改，与内存中的数据保持一致，如果处理器核想将其替换出去，并不需要将该 Cache 行写回内存。Modified 状态表示当前 Cache 行被当前处理器核独占并且已经被修改过了，如果处理器核想替换该 Cache 行，需要将该 Cache 行写回内存。与 ESI 协议相比，增加一个 Modified 状态的优点是减少了 Cache 到内存的数据传输次数，Cache 只需要将 Modified 状态的 Cache 行写回内存。

下面通过一个写无效的位向量目录协议例子简单说明 Cache 一致性协议的工作原理。通常，一个 Cache 一致性协议应包括以下三方面的内容：Cache 行状态、存储行状态以及为保持 Cache 一致性的状态转化规则。

该协议采用 ESI 实现，Cache 的每一行都有三种状态：无效状态（INV）、共享状态（SHD）以及独占状态（EXC）。在存储器中，每一行都有一相应的目录项。每一目录项有一 n 位的向量，其中 n 是系统中处理器核的个数。位向量中第 i 位为"1"表示此存储行在第 i 个处理器核 Pi 中有备份。此外，每一目录项有一改写位，当改写位为"1"时，表示某处理器核独占并已改写此行，相应的存储行处于 DIRTY 状态；否则相应的存储行处于 CLEAN 状态。

当处理器核 Pi 发出一取数操作"LOAD x"时，根据 x 在 Cache 和存储器中的不同状态采取如下不同的操作：若 x 在 Pi 的 Cache 中处于共享或独占状态，则取数操作"LOAD x"在 Cache 命中。若 x 在 Pi 的 Cache 中处于无效状态，那么这个处理器核向存储器发出一个读数请求 read(x)。存储器在收到这个 read(x) 后查找与单元 x 相对应的目录项，如果目录项的内容显示出 x 所在的存储行处于 CLEAN 状态（改写位为"0"），即 x 在存储器的内容是有效的，那么存储器向发出请求的处理器核 Pi 发出读数应答 rdack(x) 提供 x 所在行的一个有效备份，并把目录项中位向量的第 i 位置为"1"；如果目录项的内容显示出 x 所在的存储行已被某个处理器核 Pk 改写（改写位为"1"），那么存储器向 Pk 发出一个写回请求 wtbk(x)，Pk 在收到 wtbk(x) 后，把 x 在 Cache 的备份从独占状态（EXC）改为共享状态（SHD），并向存储器发出写回应答 wback(x) 提供 x 所在行的一个有效备份，存储器收到来自 Pk 的 wback(x) 后向发出请求的处理器核 Pi 发出读数应答 rdack(x) 提供 x 所在行的一个有效备份，把目录项中的改写位置为"0"并把位向量的第 i 位置为"1"。如果 x 不在 Pi 的 Cache 中，那么 Pi 先从 Cache 中替换掉一行再向存储器发出一个读数请求 read(x)。

当处理器核 Pi 发出一存数操作"STORE x"时，根据 x 在 Cache 和存储器中的不同状态采取如下不同的操作：若 x 在 Pi 的 Cache 中处于独占状态，则存数操作"STORE x"在 Cache 命中。若 x 在 Pi 的 Cache 中处于共享状态，那么这个处理器核向存储器发出一个写数请求 write(x)，存储器在收到这个 write(x) 后查找与单元 x 相对应的目录项，如果目录项的内容显示出 x 所在的存储行处于 CLEAN 状态（改写位为"0"），并没有被其他处理器核所共享（位向量中所有位都为"0"），那么存储器向发出请求的处理器核 Pi 发出写数应答 wtack(x) 表示允许 Pi 独占 x 所在行，把目录项中的改写位置为"1"并把位向量的第 i 位置为"1"；如果目录项的内容显示出 x 所在的存储行处于 CLEAN 状态（改写位为"0"），并且在其他处理器核中有共享备份（位向量中有些位为“1”），那么存储器根据位向量的内容向所有持有x的共享备份的处理器核发出一个使无效信号invld(x)，持有x的有效备份的处理器核在收到invld(x)后把x在Cache的备份从共享状态（SHD）改为无效状态（INV），并向存储器发出使无效应答invack(x)，存储器收到所有invack(x)后向发出请求的处理器核Pi发出写数应答wtack(x)，把目录项中的改写位置为“1”并把位向量的第i位置为“1”，其他位清“0”。若x在Pi的Cache中处于无效状态，那么这个处理器核向存储器发出一个写数请求write(x)，存储器在收到这个write(x)后查找与单元x相对应的目录项，如果目录项的内容显示出x所在的存储行处于CLEAN状态（改写位为“0”），并没有被其他处理器核所共享（位向量中所有位都为“0”），那么存储器向发出请求的处理器核Pi发出写数应答wtack(x)提供x所在行的一个有效备份，把目录项中的改写位置为“1”，并把位向量的第i位置为“1”；如果目录项的内容显示出x所在的存储行处于CLEAN状态（改写位为“0”），并且在其他处理器核中有共享备份（位向量中有些位为“1”），那么存储器根据位向量的内容向所有持有x的共享备份的处理器核发出一个使无效信号invld(x)，持有x的有效备份的处理器核在收到invld(x)后，把x在Cache的备份从共享状态（SHD）改为无效状态（INV），并向存储器发出使无效应答invack(x)，存储器收到所有invack(x)后向发出请求的处理器核Pi发出写数应答wtack(x)提供x所在行的一个有效备份，把目录项中的改写位置为“1”并把位向量的第i位置为“1”，其他位清“0”；如果目录项的内容显示出x所在的存储行已被某个处理器核Pk改写（改写位为“1”，位向量第k位为“1”），那么存储器向Pk发出一个使无效并写回请求invwb(x)，Pk在收到invwb(x)后把x在Cache的备份从独占状态（EXC）改为无效状态（INV），并向存储器发出使无效并写回应答invwback(x)提供x所在行的有效备份，存储器收到来自Pk的invwback(x)后向发出请求的处理器核Pi发出写数应答wtack(x)提供x所在行的一个有效备份，把目录项中的改写位置为“1”，并把位向量的第i位置为“1”，其他位清“0”。如果x不在Pi的Cache中，那么Pi先从Cache中替换掉一行再向存储器发出一个写数请求write(x)。

如果某处理器核要替换一Cache行且被替换行处在EXC状态，那么这个处理器核需要向存储器发出一个替换请求rep(x)把被替换掉的行写回存储器。

假设单元x初始时在存储器中处于CLEAN状态（改写位为“0”），并被处理器核Pj和Pk所共享（在Pj和Pk的Cache中处于SHD状态），如图11.5a所示。接着x被多个处理器核按如下次序访问：处理器核Pi发出存数操作“STORE x”，处理器核Pk发出存数操作“STORE x”，处理器核Pi发出取数操作“LOAD x”，处理器Pj发出取数操作“LOAD x”。图11.5b~f显示出上述访问序列引起的一系列消息传递，以及x在Cache及在存储器中的状态的转化过程。

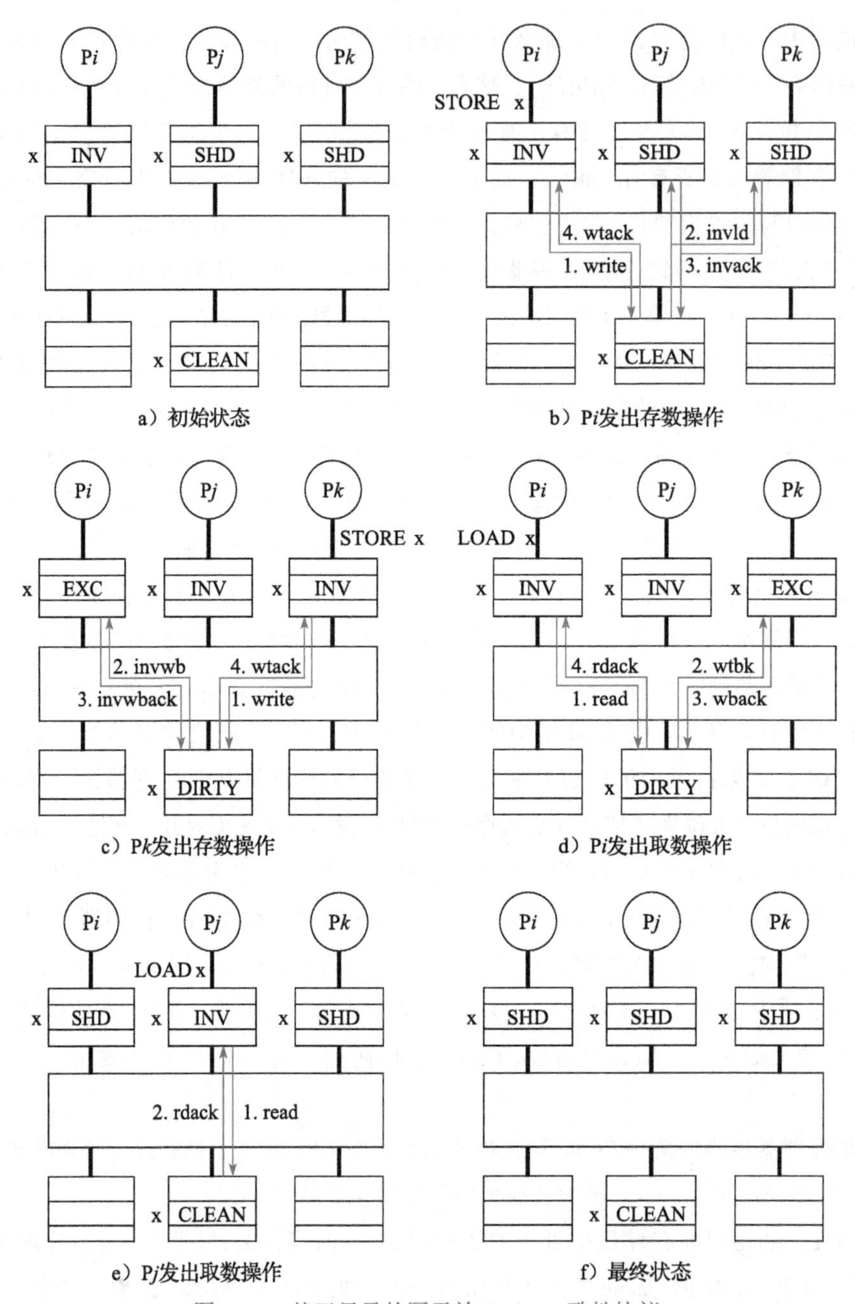

图 11.5　基于目录的写无效 Cache 一致性协议

11.3　多核处理器的互连结构

多核处理器通过片上互连将处理器核、Cache、内存控制器、IO 接口等模块连接起来。

图 11.6 为一个 NUCA 结构的多核处理器的片上互连示意图。常见的片上互连结构包括片上总线、交叉开关和片上网络。图 11.7 为三种结构的对比示意图。其中共享总线结构和交叉开关结构因可伸缩性差的原因，主要用于小规模的多核处理器；片上网络（Network-on-Chip，简称 NOC）具有可伸缩性好的优势，适合于核数较多的多核/众核处理器。

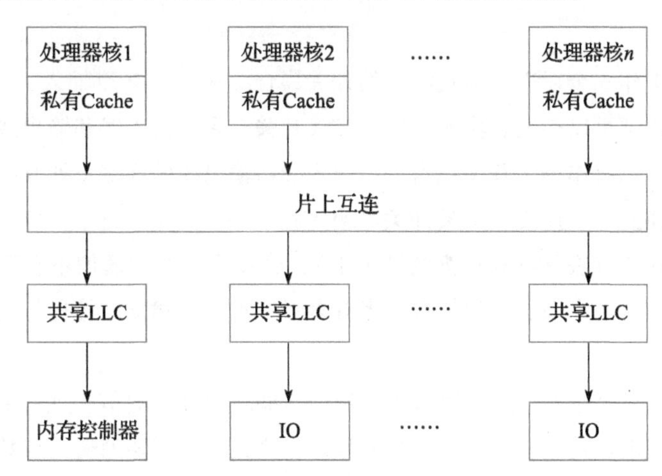

图 11.6　NUCA 架构多核处理器的片上互连

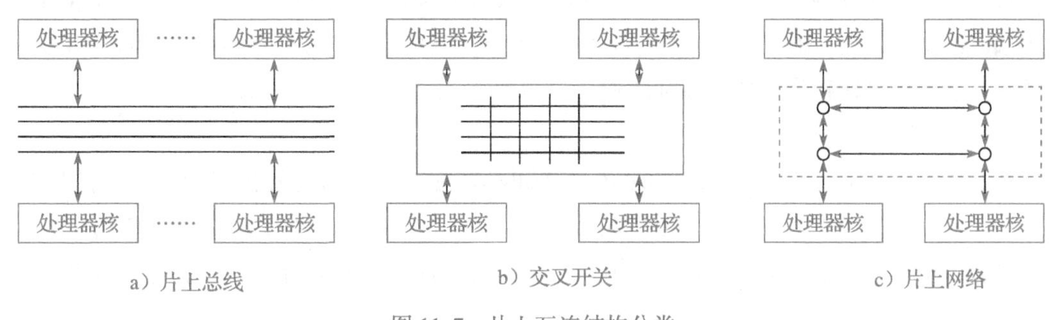

图 11.7　片上互连结构分类

1. 片上总线

传统的计算机系统的总线通常由一组信号线把多功能模块连接在一起。通过信号线上的信号表示信息，通过约定不同信号的先后次序约定操作如何实现。根据传输信息的种类不同，可以划分为数据总线、地址总线和控制总线，分别用来传输数据、数据地址和控制信号。标准化的总线可以方便各部件间互连，因此出现了许多总线标准，例如 ISA、PCI、USB 总线标准等。

片上总线主要用于多核处理器设计，它是片上各个部件间通信的公共通路，由一组导线组成。片上总线标准通常包括总线位宽、总线时序、总线仲裁等。常见的片上总线标准包括：IBM 公司的 CoreConnect、ARM 公司的 AMBA 总线标准、Silicore 公司的 Wishbone 片上总线协议等。

片上总线的优点是实现简单，在其上易于实现广播通信，其缺点主要是可伸缩性不好。片上总线是一种独占式资源，其总线延迟随所连接节点数的增加而增加，每个节点分得的总线带宽随连接节点数的增加而减少，导致可伸缩性不好。片上总线适合用在连接节点不多的场合，常用于处理器核不多的多核处理器中。

2. 交叉开关

交叉开关可以看作一个以矩阵形式组织的开关集合。在一个 M 个输入、N 个输出的交叉开关中，每个输出端口都可以接任意输入端口。交叉开关有多个输入线和输出线，这些线交叉连接在一起，交叉点可以看作单个开关。当一个输入线与输出线的连接点处开关导通时，则在输入线与输出线之间建立一个连接。交叉开关具有非阻塞（Non-Blocking）特性，可以建立多个输入与输出之间的连接（在不存在冲突的情况下），这些连接上的通信不会互相干扰。采用交叉开关通信的两个节点独享该连接的带宽，当有多对节点之间建立连接进行通信时，总带宽就会变大。

交叉开关的优点是高带宽，多对输入与输出端口间可以并行通信，且总带宽随所连接节点数的增加而增加。但缺点是随着连接节点数的增加，交叉开关需要的交叉点数目增加较快，物理实现代价较高，复杂度为 $O(M\times N)$，因此可伸缩性有限，也不适合连接节点数多的情况。例如，对于一个有 M 个输入端口和 N 个输出端口的交叉开关，要增加成 $M+1$ 输入端口和 $N+1$ 个输出端口的交叉开关，则需要增加 $M+N+1$ 个交叉点。四核龙芯 3 号处理器的设计即采用交叉开关来互连处理器核和共享二级 Cache 体。

3. 片上网络

针对传统互连结构的局限，C. Seitz 和 W. Dally 在 21 世纪初首先提出了片上网络的概念。图 11.8 中有 6 个处理器核节点连接到网络中（P0~P5），当节点 P2 与 P5 进行数据通信时，它首先发送一个带有数据包的消息到网络中，然后网络将这个消息传输给 P5。片上网络借鉴了

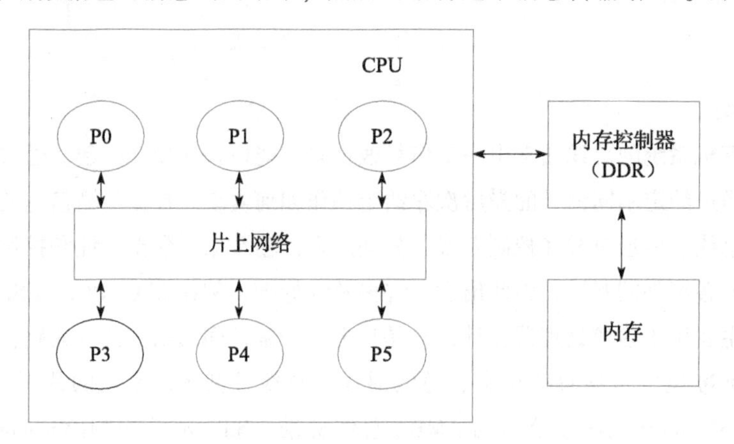

图 11.8　片上网络示意图

分布式网络的 TCP/IP 协议传输数据的方式，将数据封装成数据包，通过路由器之间的分组交换和对应的存储-转发机制来实现处理器核间的通信。在片上网络中，片上多核处理器被抽象成节点、互连网络、网络接口（Network Interface）等元素。片上网络的研究内容主要包括：拓扑结构、路由算法、流量控制（Flow Control）、服务质量等。

1）**拓扑结构**。片上网络是由节点和传输信道的集合构成的。片上网络的拓扑是指网络中节点和信道的排列方式。环（Ring）、网格（Mesh）拓扑结构为最常见的两种。如图 11.9 所示，Mesh 拓扑结构中包含 16 个节点，编号为 0 到 15，每个节点与 4 条边相连，但因为图中所示的边是双向的，每一条边可以看作两条方向相反的有向边，所以图中每个节点实际上是与 8 条信道线路相连。IBM CELL 处理器和 Intel SandyBridge 处理器采用环连接，Tilera 公司的 Tile64 处理器采用 Mesh 互连。

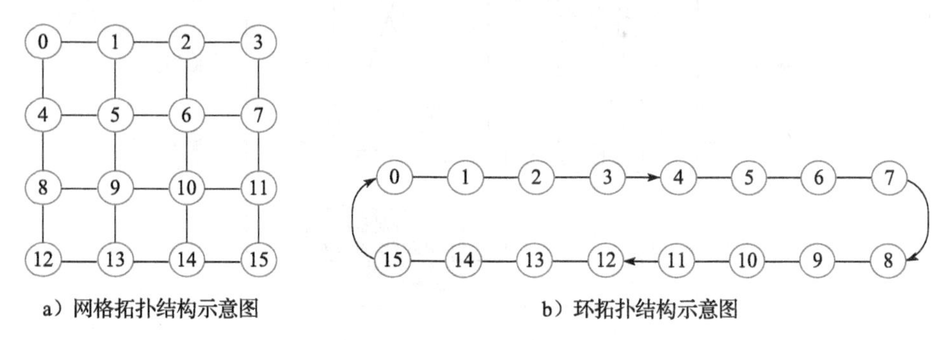

图 11.9　片上网络拓扑结构

2）**路由算法**。片上网络所采用的路由方法决定了数据包从源节点到目的节点的传输路径。路径是传输信道的集合，即 $P=\{c_1, c_2, \cdots, c_k\}$，其中当前信道 c_i 的输出节点与下一跳信道 c_i+1 的输入节点相同。在某些片上网络拓扑结构中（如环），从某个源节点出发到目的节点的路径只有唯一的一条；对于某些片上网络拓扑结构来说（如 Mesh），可能有多条路径。

路径的选择可以遵循很多原则，针对如 Mesh 这样的网络拓扑结构，最常见的最短路径选择有两种：

- 维序路由（Dimension-Order Routing，DOR）。这是最简单、最直接的最短路径路由，它的策略是首先选择一个维度方向传输，当此维度走到目的地址相同维度方向后，再改变到其他维度。比如对于网格结构的拓扑，路径的选择可以是先沿 X 方向（水平方向）走到与目的地址一致的列，再选择 Y 方向（竖直方向）。
- 全局自适应路由（Adaptive Routing）。这是为了解决局部负载不均衡的情况而产生的路由方法，简单来说就是在每个节点有多种方向选择时，优先选择负载较轻的那一个节点方向作为路径。

3）**路由器结构**。路由器由寄存器、交叉开关、功能单元和控制逻辑组成。图 11.10 所示为一个适用于 Mesh 结构的路由器结构。节点的每一个输入端口都有一个独立的缓冲区（Buffer），在数据包可以获得下一跳资源离开之前，缓冲区将它们存储下来。交叉开关连接输入端的缓冲区和输出端口，数据包通过交叉开关控制传输到它指定的输出端口。分配器包括路由计算、虚通道分配和交叉开关分配三种功能，路由计算用来计算 head flit 的下一跳输出方向，虚通道分配用来分配 flit 在缓冲队列的位置，交叉开关分配用来仲裁竞争的 flit 中哪个可以获得资源传输到输出端口。

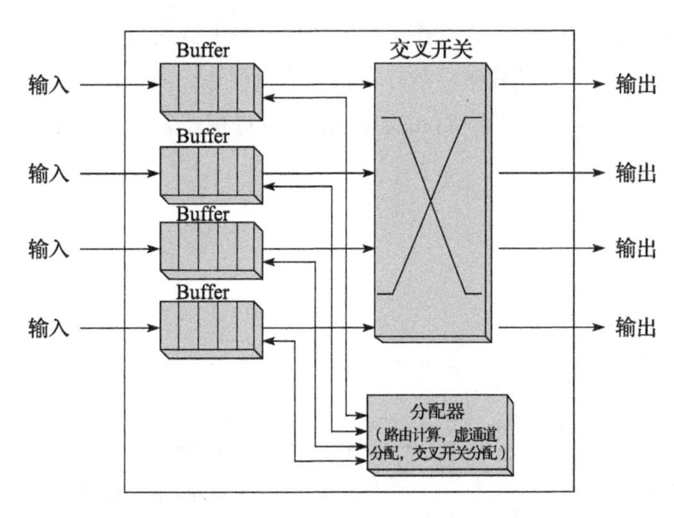

图 11.10　路由器结构图

4）流量控制。流量控制用来组织每个处理器核节点中有限的共享资源，片上网络的主要资源就是信道（Channel）和缓冲区（Buffer）。信道主要用来传输节点之间的数据包。缓冲区是节点上的存储装置，比如寄存器、内存等，它用来临时存储经过节点的数据包。当网络拥塞时，数据包需要临时存在缓冲区中等待传输。为了充分实现拓扑结构和路由方法的性能，当有空闲的信道可以使用时，流量控制必须尽量避免资源冲突。好的流量控制策略要求它保持公平性和无死锁，不公平的流量控制极端情况会导致某些数据包陷入无限等待状态，死锁是当一些数据包互相等待彼此释放资源而造成的无限阻塞的情况。片上网络为了可以有效执行，一定要是无死锁的。

下面以经典的基于信用的流量控制为例介绍片上网络中的流量控制方法。如图 11.11a 所示，每一个处理器核节点的输入端口有自己的缓冲区队列，分别用来存取来自对应的上一跳节点的数据，比如 i+1 号节点最左侧的 Buffer 用来存储来自 i 号节点的数据包。同时，每个节点上对应其相邻的节点都有一个计数器，分别是 S[0]~S[3]，用来记录相邻节点内缓冲区 Buffer 的使用情况。

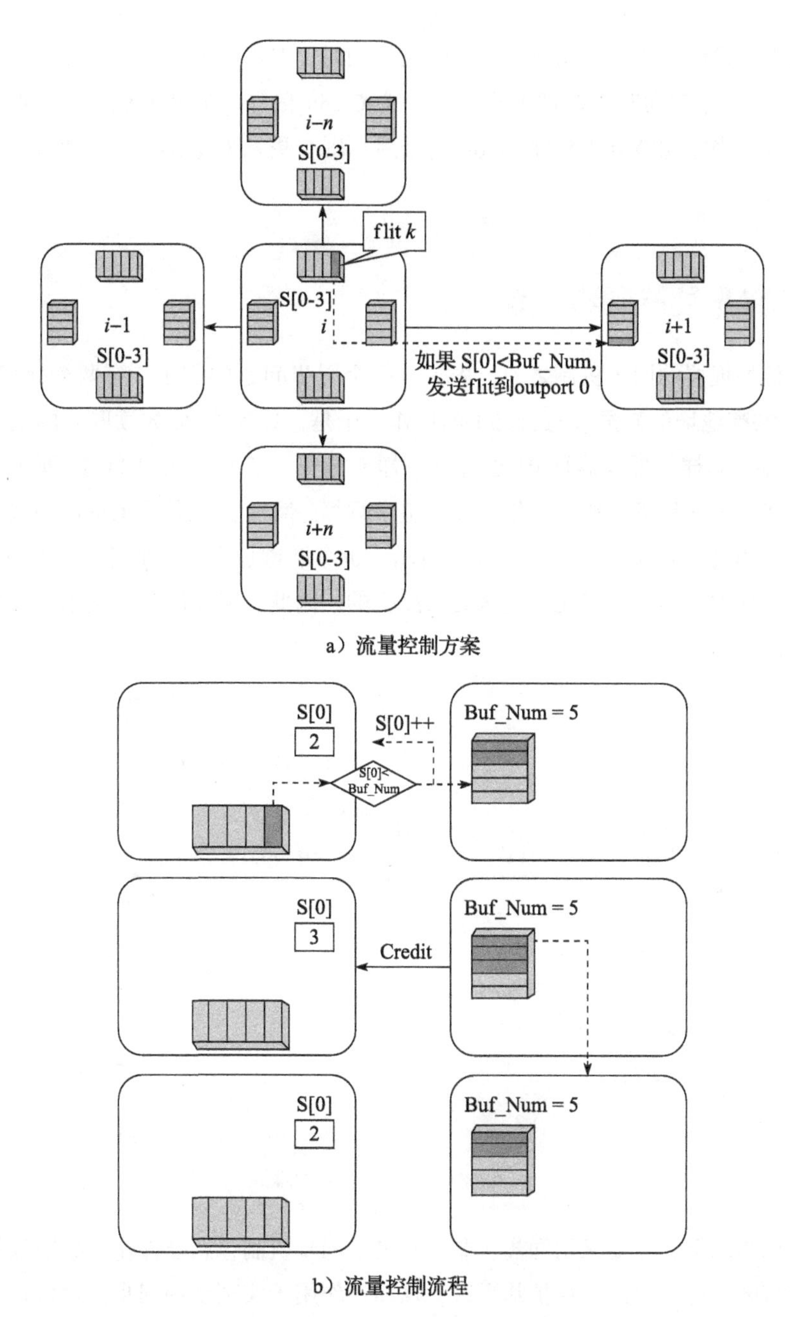

图 11.11　基于信用的流量控制

举例来说，对于处理器核节点 i 的每一个计数器的初始状态 S[0-3] 都设为 0，当它向相邻节点如 i+1 号节点发送 flit 时，首先判断 S[0] 的值是否已达到 Buffer 的最大值，如果没有，则将 S[0] 的值加 1，然后将 flit 发送过去，如果 S[0] 已经达到最大值，则数据会被扣留在 Buffer

中直到右侧节点有足够的空间收留来自它的数据。同时，对于 $i+1$ 号节点，每当它左侧的 Buffer 送走一个 flit 时，它就向其左侧的节点发送一个 Credit 信号，通知左侧节点，此 Buffer 已多出一个空余位置，当左侧节点收到此 Credit 信号后，则会更新对应的 S[0] 减 1。整个流程如图 11.11b 所示。

11.4　多核处理器的同步机制

在介绍多核处理器的同步机制之前，先来看一个同步问题的例子。有两个处理器核 P0 和 P1 分别对同一共享地址的变量 A 进行加 1 的操作。于是，处理器 P0 先读取 A 的值，然后加 1，并将 A 写回内存。同样，处理器核 P1 也进行一样的操作。然而，如图 11.12 所示，实际的运算过程却有可能产生两种不一样的结果，注意整个运算过程是完全符合 Cache 一致性协议规定的。所以 A 的值可能增加了 1，如图 11.12a 所示；也可能增加了 2，如图 11.12b 所示。然而，这样的结果对于软件设计人员来说是完全无法接受的。因此，需要同步机制来协调多个处理器核对共享变量的访问。

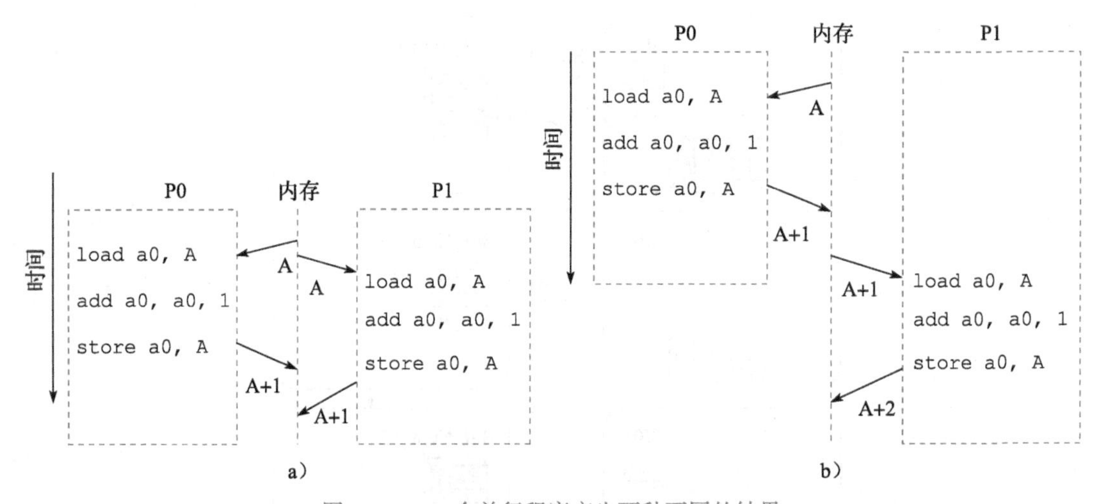

图 11.12　一个并行程序产生两种不同的结果

为了解决同步问题，需要采用同步机制。常见的同步机制包括锁操作、栅障操作和事务内存。锁操作和事务内存主要用于保护临界区，栅障操作用于实现全局同步。锁操作和栅障操作属于传统同步方法，广泛用于并行系统中，事务内存则是适应多核处理器设计需求的一种新同步机制。同步机制一般建立在用户级软件例程（Routine）上，而这些软件例程主要基于硬件提供的同步指令来实现。

1. 原子操作

硬件设计人员在处理器中增加了一种特殊的机制，支持多个操作之间的原子性（Atomicity,

也就是不可分割性)。在硬件上实现满足不可分割性的原子操作有许多种方法，既可以在寄存器或者存储单元中增加专门的硬件维护机制，也可以在处理器的指令集中添加特定的原子指令。早期的处理器大多选择在存储单元中增加特殊的原子硬件维护机制，而现代处理器大多使用原子指令方式。原子指令的实现方式可以分为两种，其中一种是直接使用一条“读-改-写”(Read-Modify-Write，RMW）原子指令来完成，另一种是使用一组原子指令对 LL/SC（Load-Linked/Store-Conditional）来完成指定的原子操作。

常见的“读-改-写”原子指令包括 Test_and_Set、Compare_and_Swap、Fetch_and_Op 等。Test_and_Set 指令取出内存中对应地址的值，同时对该内存地址赋予一个新的值。Compare_and_Swap 指令取出内存中对应地址的值和另一个给定值 A 进行比较，如果相等，则将另一个给定值 B 写入这个内存地址，否则不进行写操作；指令应返回状态（例如 X86 的 cmpxchg 指令设置 eflags 的 zf 位）来指示是否进行了写操作。Fetch_and_Op 指令在读取内存对应地址值的同时将该地址的值进行一定的运算再存回。根据运算操作（Op）的不同，Fetch_and_Op 指令又有许多种不同的实现形式。例如，Fetch_and_Increment 指令就是读取指定地址的值，同时将该值加 1 并写回内存。可以看出“读-改-写”原子指令和内存的交互过程至少有两次，一次读内存，另一次写内存，而两次交互过程之间往往还有一些比较、加减之类的运算操作（改)。

使用原子指令对 LL/SC 实现原子操作方式的过程如下：首先，LL 指令将对应地址的内存数据读入寄存器，然后可以对该寄存器中的值进行任意的运算，最后使用 SC 指令尝试将运算后的数据存回内存对应的地址。当且仅当 LL 指令完成之后没有其他对该地址内存数据的修改操作，则 SC 指令执行成功并返回一个非零值，运算后的数据顺利写回内存，否则 SC 指令执行失败并返回值 0，修改后的数据不会被写回内存，也不会产生任何对内存的改动。SC 指令失败后一般需要重新执行上述过程，直到 SC 指令成功为止。SC 指令的成功说明了 LL/SC 指令之间没有其他对同一地址的写入操作，也就保证了 LL/SC 指令之间的不可分割性。图 11.13 的例子采用 LL/SC 指令实现了寄存器 R1 的内容与 R3 对应的内存位置的内容的原子交换。

```
Try: mov R2, R1
     ll.d R4, R3, 0
     sc.d R2, R3, 0
     beqz R2, try
     mov R1, R4
```

图 11.13　用 LL/SC 指令对实现原子交换操作

LL/SC 原子指令对的优点在于设计简单，每条指令只需和内存交互一次，且在 LL 指令和 SC 指令之间可以加入任意的运算指令，可以灵活地实现类似于“读-改-写”的复杂原子操作。其缺点在于密集共享时，SC 不容易成功，一种优化措施是 LL 访问时把相应 Cache 行置为 EXC 状态，而不是 SHD 状态，这样可以提高 SC 成功的概率。相对于 Test_and_Set 指令和 Fetch_ and_Op 指令等实现复杂的单条原子指令，LL/SC 指令对成为目前最常见的原子指令，被多种现代 RISC 指令系统所采用，如 ARM、MIPS、IBM Power、DEC Alpha 和 LoongArch 等。

2. 锁的软件实现方法

锁（Lock）是并行程序中常用的对多个线程共享的临界区（Critical Section）进行保护的同步操作。自旋锁（Spin Lock）是锁操作的一种最基本的实现形式。Test_and_Set 自旋锁是最简单的自旋锁，通过使用 Test_and_Set 原子指令来完成锁的获取、等待和查询。Test_and_Set 锁的基本步骤如图 11.14 所示，假设 1 表示锁被占用，0 表示锁空闲。处理器使用 Test_and_Set 原子指令读取锁变量的值，同时将锁变量的值改为 1。如果读取到锁的值为 0，说明锁空闲，该处理器成功获得锁。由于 Test_and_Set 指令已经将锁的值同时改为了 1，所以其他处理器不可能同时获得这把锁。如果锁的值为 1，说明已经有其他处理器占用了这把锁，则该处理器循环执行 Test_and_Set 指令自旋等待，直到成功获得锁。由于当时锁的值已经是 1 了，Test_and_Set 指令再次将锁的值设为 1，实际上锁的值并没有发生变化，所以不会影响到锁操作的正确性。当获得锁的处理器打算释放锁时，只需要简单地执行一条普通的 store 指令，将锁的值设置为 0 即可。由于一次只能有一个处理器核获得锁，所以不用担心多个处理器核同时释放锁而引发访存冲突，也就不需要使用原子指令来释放锁了。

```
void acquire_lock(){
  while(Test_and_Set(lock)!=0); //如果不是0，自旋等待
  critical_section();
}
void release_lock(){
  lock=0;                       //释放锁
}
```

图 11.14　Test_and_Set 自旋锁

Test_and_Set 自旋锁最主要的一个缺点就是对锁变量的访存冲突。当一个处理器核获得锁以后，其他等待的处理器核会不断循环执行 Test_and_Set 指令访问锁变量，试图获取锁权限，从而在片上互连上产生大量的访存通信。一种简单的优化方法就是在 Test_and_Set 指令之间加入一定的延迟，减少等待阶段 Test_and_Set 原子指令自旋执行的次数以减轻访存的压力。此外，研究人员还提出了排队锁（Ticket Lock）、基于数组的队列锁（Array-Based Queuing Lock）、基于链表的队列锁（List-Based Queuing Lock）等优化机制。

3. 栅障软件实现方法

栅障（Barrier）是并行程序中常用的同步操作。栅障要求处理器核等待，一直到所有处理器核都到达栅障后，才能释放所有处理器核继续执行。栅障有多种实现方式，下面主要介绍比较简单的集中式栅障。集中式栅障就是在共享存储中设置一个共享的栅障变量。每当一个处理器核到达栅障以后，就使用原子指令修改栅障值表示自己已经到达（如将栅障的值加 1），然

后对该栅障值进行自旋等待，如图 11.15 的伪代码所示。当栅障的值表明所有处理器核都已经到达（即栅障的值等于预计到达的总的处理器核的数量）时，栅障操作顺利完成，所有自旋等待的处理器核就可以继续往下执行了。集中式栅障的实现简单、灵活，可以支持各种类型的栅障，包括全局栅障和部分栅障，适用于可变处理器核数量的栅障操作。

```
barrier() {
  Fetch_and_Inc(count);                    //到达栅障
  while(count!=Max);                       //自旋等待
}
```

图 11.15　集中式栅障伪代码

在集中式栅障中，每一个到达的处理器核都需要对同一个共享的栅障值进行一次修改以通告该处理器核到达栅障，已到达栅障的处理器核会不断访问栅障值以判断栅障是否完成。由于 Cache 一致性协议的作用，这个过程会在片上互连上产生许多无用的访存通信，并且随着处理核数的增加，栅障的时间和无用的访存数量都会快速增长，所以集中式栅障的可扩展性不好。为了减少上述查询和无效的访存开销，集中式栅障也可以采用类似于 Test_and_Set 锁的方式，在查询操作之中增加一些延迟。加入延迟虽然可以减少一些网络带宽的浪费，但是也可能降低栅障的性能。针对集中式栅障的弱点，研究人员提出了软件合并树栅障等优化方法。

4. 事务内存

1993 年，Herlihy 和 Moss 以事务概念为基础，针对多核处理器中并行编程的同步效率问题提出了事务内存的概念。

在事务内存中，访问共享变量的代码区域声明为一个事务（Transaction）。事务一般具有以下性质：原子性（Atomicity），即事务中的所有指令要么执行要么不执行；一致性（Consistency），即任何时刻内存处于一致的状态；隔离性（Isolation），即事务不能看见其他未提交事务涉及的内部对象状态。事务执行并原子地提交所有结果到内存（如果事务成功），或中止并取消所有的结果（如果事务失败）。事务内存实现的关键部分包括：冲突检测、冲突解决以及事务的提交和放弃。冲突检测就是确定事务并发执行过程中是否存在数据的冲突访问。冲突解决是指在发生冲突时决定继续或者放弃事务的执行。如果支持事务的暂停操作，可以暂停引起冲突的事务，直到被冲突的事务执行结束；如果不支持事务的暂停操作，就必须在引起冲突的事务中选择一个提交，同时放弃其他事务的执行。事务的提交或放弃是解决事务冲突的核心步骤，事务提交需要将结果数据更新到内存系统中，事务放弃需要将事务的结果数据全部丢弃。

事务内存实现方式主要有软件事务内存和硬件事务内存两种。软件事务内存通过软件实现，不需要底层硬件提供特殊的支持，主要以库函数或者编程语言形式实现。例如，RSTM、DSTM、Transactional Locking 等以库函数实现，线程访问共享对象时通过对应的库函数来更新事务执行的状态、检测冲突和处理等；HSTM 语言中扩展了事务原语；AtomCaml 在 ObjectCaml 语言中增加了对事务内存同步模型的支持等。硬件事务内存主要对多核处理器的 Cache 结构进行改造，主要包括：增加特定指令来标示事务的起止位置，使用额外的事务 Cache 来跟踪事务中的所有读操作和写操作；扩展 Cache 一致性协议来检测数据冲突。软件事务内存实现灵活，更容易集成到现有系统中，但性能开销大；硬件事务内存需要修改硬件，但是性能开销小，程序整体执行性能高。Intel Haswell 处理器和 IBM Power8 处理器中实现了对硬件事务内存的支持。下面来看一个具体的实现例子。

Intel TSX（Transactional Synchronization Extensions）是 Intel 公司针对事务内存的扩展实现，提出了一个针对事务内存的指令集扩展，主要包括 3 条新指令：XBEGIN、XEND 和 XABORT。XBEGIN 指令启动一个事务，并提供了如果事务不能成功执行的回退地址信息；XEND 指令表示事务的结束；XABORT 指令立刻触发一个中止，类似于事务提交不成功。硬件实现以 Cache 行为单位，跟踪事务的读集（Read-Set）和写集（Write-Set）。如果事务读集中的一个 Cache 行被另一个线程写入，或者事务的写集中的一个 Cache 行被另一个线程读取或写入，则事务就遇到冲突（Conflict），通常导致事务中止。Intel Haswell 处理器中实现了 Intel TSX。

11.5　典型多核处理器

11.5.1　龙芯 3A5000 处理器

龙芯 3A5000 于 2020 年研制成功，是龙芯中科技术股份有限公司研发的首款支持龙芯自主指令集（LoongArch）的通用多核处理器，主要面向桌面计算机和服务器应用。龙芯 3A5000 片内集成 4 个 64 位 LA464 高性能处理器核、16MB 的分体共享三级 Cache、2 个 DDR4 内存控制器（支持 DDR4-3200）、2 个 16 位 HT（HyperTransport）控制器、2 个 I2C、1 个 UART、1 个 SPI、16 路 GPIO 接口等。龙芯 3A5000 中的多个 LA464 核及共享三级 Cache 模块，通过 AXI 互连网络形成一个分布式共享片上末级 Cache 的多核结构。采用基于目录的 Cache 一致性协议来维护 Cache 一致性。另外，龙芯 3A5000 还支持多片扩展，将多个芯片的 HT 总线直接互连便可形成更大规模的共享存储系统（最多可支持 16 片互连）。

LA464 是支持 LoongArch 指令集的四发射 64 位高性能处理器核，具有 256 位向量部件。LA464 的结构如图 11.16 所示，主要特点如下：四发射超标量结构，具有 4 个定点、2 个向量、2 个访存部件；支持寄存器重命名、动态调度、转移预测等乱序执行技术；每个向量部件宽度为 256 位，可支持 8 个双 32 位浮点乘加运算或 4 个 64 位浮点运算；一级指令 Cache 和数据 Cache 大小各为 64KB，4 路组相联；牺牲者 Cache（Victim Cache）作为私有二级 Cache，大小为 256KB，16 路组相连；支持非阻塞（Non-blocking）访问及装入猜测（Load Speculation）等访存优化技术；支持标准的 JTAG 调试接口，方便软硬件调试。

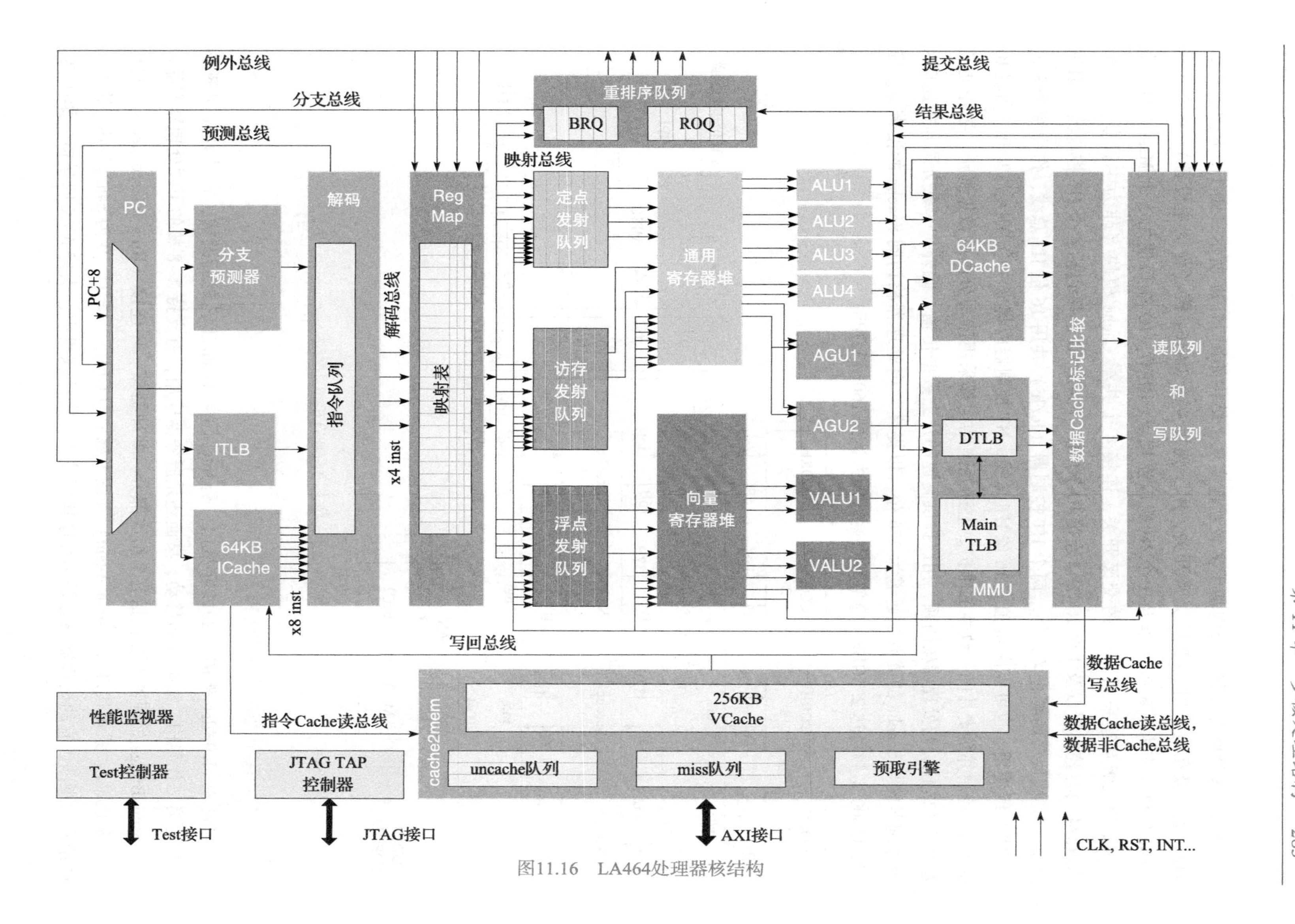

图11.16 LA464处理器核结构

龙芯3A5000芯片整体架构基于多级互连实现，结构如图11.17所示（图11.18为芯片版图）。第一级互连采用5×5的交叉开关，用于连接4个LA464核（作为主设备）、4个共享Cache模块（作为从设备）以及1个IO端口连接IO-RING。IO端口使用1个Master和1个Slave。第二级互连采用5×3的交叉开关，连接4个共享Cache模块（作为主设备）、2个DDR3/4内存控制器以及1个IO端口连接IO-RING。IO-RING连接包括4个HT控制器、MISC模块、SE模块与两级交叉开关。两个HT控制器（lo/hi）共用16位HT总线，作为两个8位的HT总线使用，也可以由lo独占16位HT总线。HT控制器内集成一个DMA控制器，负责IO的DMA控制并负责片间一致性的维护。上述互连结构都采用读写分离的数据通道，数据通道宽度为128位，与处理器核同频，用以提供高速的片上数据传输。此外，一级交叉开关连接4个处理器核与Scache的读数据通道为256位，以提高片内处理器核访问Scache的读带宽。龙芯3A5000主频可达2.5GHz，峰值浮点运算能力达到160GFLOPS。

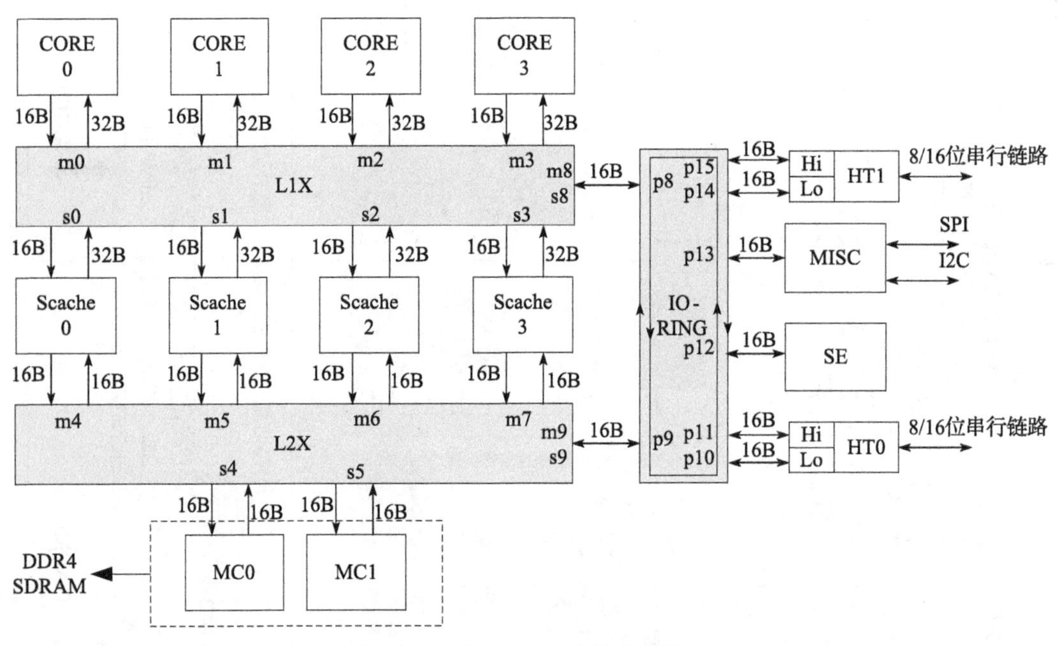

图11.17　龙芯3A5000的芯片结构

11.5.2　Intel SandyBridge架构

Intel SandyBridge架构于2011年推出，是Intel面向32nm工艺的新架构，它是Core处理器架构的第二代架构。根据面向移动、桌面还是服务器应用，有支持2~8核的不同处理器产品。

SandyBridge处理器主要包括五个组成部分：处理器核、环连接（Ring Interconnect）、共享的三级Cache、系统代理（System Agent）和图形核心（GPU）。图11.19为SandyBridge处理器的结构示意图。它的处理器核心采用乱序执行技术，支持双线程，支持AVX向量指令集扩展。

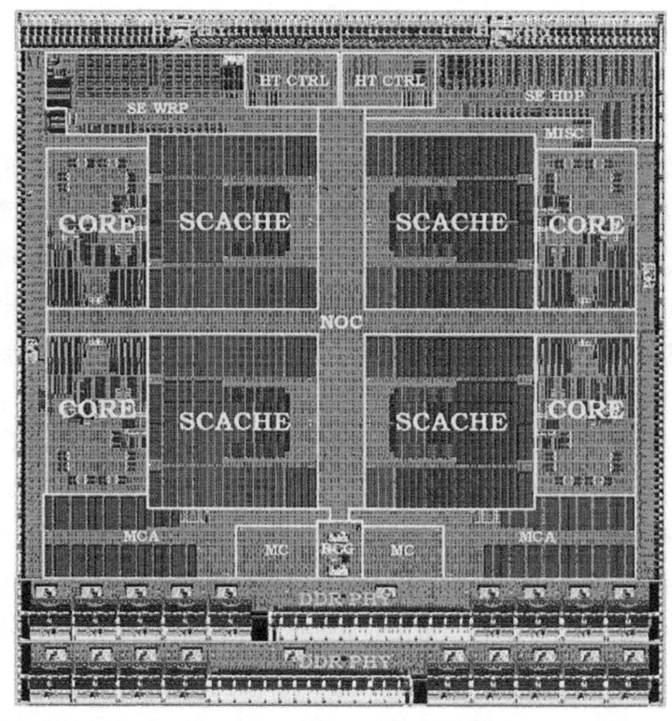

图 11.18　龙芯 3A5000 的版图

系统代理包括内存控制器、功耗控制单元（Power Control Unit）、PCIE 接口、显示引擎和 DMI 等。存储层次包括每个核私有的一级 Cache 和二级 Cache、多核共享的 LLC（三级 Cache）。LLC 分体实现，在处理器核和图形核心、系统代理之间共享。

SandyBridge 采用环连接来互连处理器核、图形核心、LLC 和系统代理。环连接由请求（Request）、响应（Acknowledge）、侦听（Snoop）、数据（Data）四条独立的环组成。这四条环采用一个分布式的通信协议维护数据一致性和序（Ordering），实现了基于侦听的 Cache 一致性协议。环连接采用完全流水线设计，以核心频率运行，随着连接的节点数目增加，带宽也随之增加，在处理器核总数不太大的情况下，有较好的伸缩性。另外，由于环连接传递的消息具有天然的序，使得 Cache 一致性协议的设计和验证比较简单。如图 11.19 所示，SandyBridge 的环有 6 个接口，包括 4 个处理器核和三级 Cache 共享的接口，一个图形核心的接口和 1 个系统代理的接口。

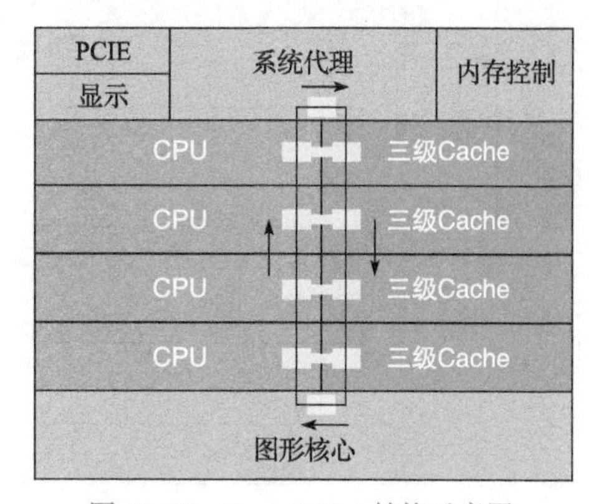

图 11.19　SandyBridge 结构示意图

4 核 SandyBridge 处理器的主频达到 3GHz，支持 128 位向量处理，峰值性能达到 96GFLOPS，理论访存带宽达到25.6GB/s，采用Stream测试程序集实测的访存带宽为14~16GB/s。

11.5.3　IBM Cell处理器

Cell处理器由IBM、索尼和东芝联合研发，并在2005年国际固态电路会议（ISSCC）上首次公开，主要面向游戏、超级计算等领域。图11.20为Cell处理器的结构示意图。Cell采用异构多核架构，它由1个相对比较简单的支持同时双线程并行的双发射64位PowerPC内核（称为PPE）和8个SIMD型向量协处理器（称为SPE）构成。由一个高带宽的片上环状高速总线将PPE、SPE、RAM内存总线接口控制器（BIC）、FlexIO外部总线接口控制器连接起来。PPE主要负责控制并运行操作系统，SPE完成主要的计算任务。SPE的SIMD执行部件是128位宽的，从而可在一个时钟周期里完成4个32位的定点或浮点乘加运算。SPE里内置了256KB的SRAM作为局部存储器（Local Storage，简称LS），LS与内存间的通信必须通过DMA进行。SPE配置了较大的寄存器堆（128个128位的寄存器）来尽量减少对内存的访问。由于SPE不采用自动调配数据的Cache机制，需要显式地将内存中的数据先搬到LS中供SPE计算，为了减少数据搬运，需要依赖高水平程序员或编译器的作用来获得高性能，编程较为复杂。

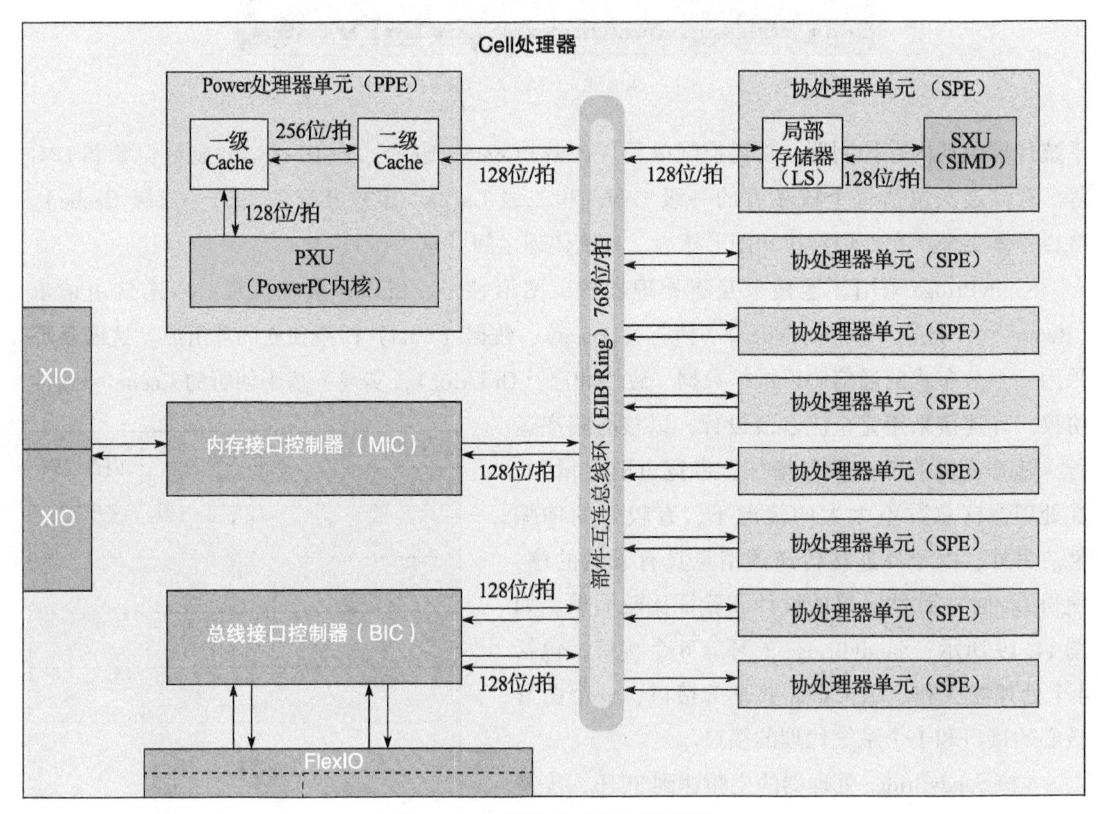

图11.20　IBM Cell结构示意图

Cell 处理器可在 4GHz 频率下工作，峰值浮点运算速度为 256GFLOPS，理论访存带宽为 25.6GB/s。由于存在编程及推广困难等原因，目前 Cell 处理器已经停止研发。

11.5.4 NVIDIA GPU

GPU(Graphics Processing Unit) 是进行快速图形处理的硬件单元，现代 GPU 包括数百个并行浮点运算单元，是典型的众核处理器架构。本节主要介绍 NVIDIA 公司的 Fermi GPU 体系结构。

第一个基于 Fermi 体系结构的 GPU 芯片有 30 亿个晶体管，支持 512 个 CUDA 核心，组织成 16 个流多处理器（Stream Multiprocessor，简称 SM）。SM 结构如图 11.21 所示。每个 SM 包

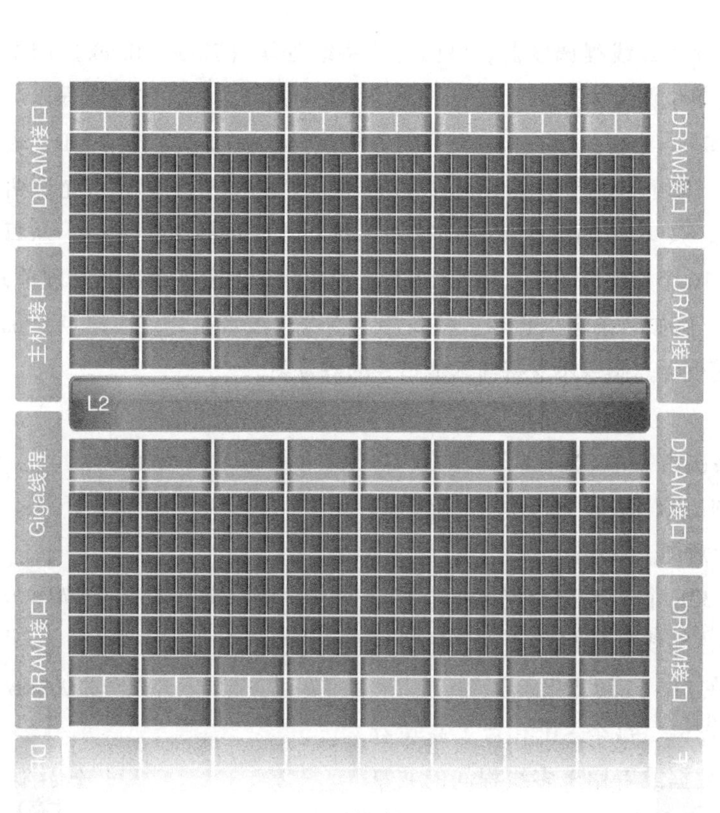

a）整体结构

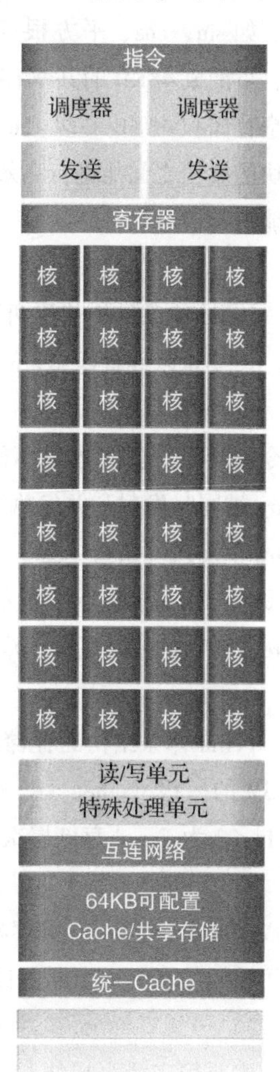

b）一个SM

图 11.21　Fermi 流多处理器结构图

含32个CUDA核心（Core）、16个load/store单元（LD/ST）、4个特殊处理单元（Special Function Unit，简称SFU）、64KB的片上高速存储。每个CUDA核心支持一个全流水的定点算术逻辑单元（ALU）和浮点单元（FPU）（如图11.22所示），每个时钟周期可以执行一条定点或者浮点指令。ALU支持所有指令的32位精度运算；FPU实现了IEEE 754-2008浮点标准，支持单精度和双精度浮点的融合乘加指令（Fused Multiply-Add，简称FMA）。16个load/store单元可以每个时钟周期为16个线程计算源地址和目标地址，实现对这些地址数据的读写。SFU支持超越函数的指令，如sin、cos、平方根等。64KB片上高速存储是可配置的，可配成48KB的共享存储和16KB一级Cache或者16KB共享存储和48KB一级Cache。片上共享存储使得同一个线程块的线程之间能进行高效通信，可以减少片外通信以提高性能。

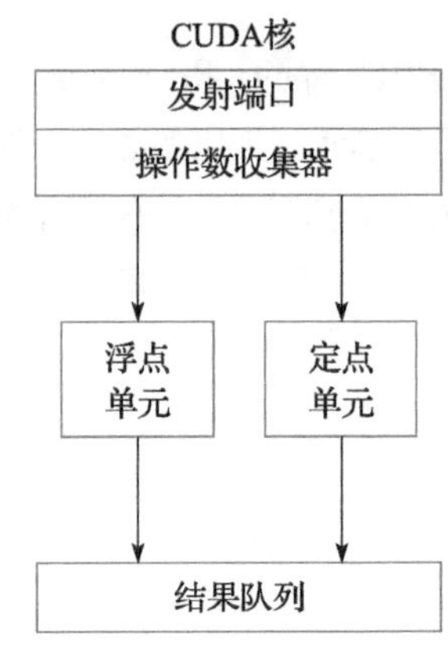

图11.22　CUDA核结构

1. Fermi的线程调度

Fermi体系结构使用两层分布式线程调度器。块调度器将线程块（Thread Block）调度到SM上，SM以线程组Warp为单位调度执行，每个Warp包含32个并行线程，这些线程以单指令多线程（Single Instruction Multi Thread，简称SIMT）的方式执行。SIMT类似于SIMD，表示指令相同但处理的数据不同。每个SM有两个Warp调度器和两个指令分派单元，允许两个Warp被同时发射和并发执行。双Warp调度器（Dual Warp Scheduler）选择两个Warp，从每个Warp中发射一条指令到一个16个核构成的组、16个load/store单元，或者4个特殊处理单元。大多数指令是能够双发射的，例如两条定点指令、两条浮点指令，或者是定点、浮点、load、store、SPU指令的混合。双精度浮点指令不支持与其他指令的双发射。

2. Fermi存储层次

Fermi体系结构的存储层次由每个SM的寄存器堆、每个SM的一级Cache、统一的二级Cache和全局存储组成。图11.23为Fermi存储层次示意图。具体如下：

1）寄存器。每个SM有32K个32位寄存器，每个线程可以访问自己的私有寄存器，随线程数目的不同，每个线程可访问的私有寄存器数目在21~63间变化。

2）一级Cache和共享存储。每个SM有片上高速存储，主要用来缓存单线程的数据或者用于多线程间的共享数据，可以在一级Cache和共享存储之间进行配置。

3）二级Cache。768KB统一的二级Cache在16个SM

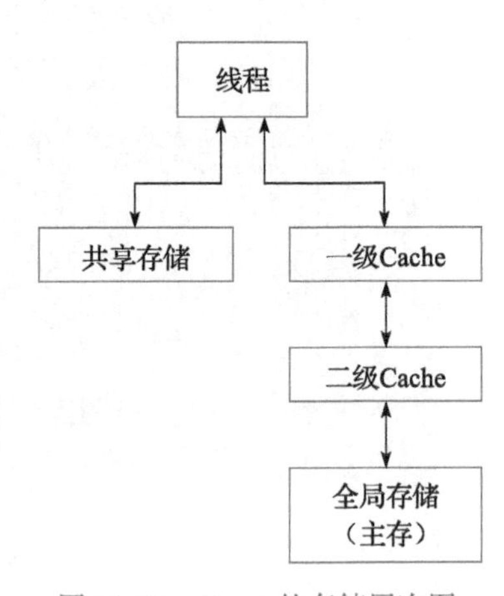

图11.23　Fermi的存储层次图

间共享，服务于所有到全局内存中的 load/store 操作。

4）全局存储。所有线程共享的片外存储。

Fermi 体系结构采用 CUDA 编程环境，可以采用类 C 语言开发应用程序。NVIDIA 将所有形式的并行都定义为 CUDA 线程，将这种最底层的并行作为编程原语，编译器和硬件可以在 GPU 上将上千个 CUDA 线程聚集起来并行执行。这些线程被组织成线程块，以 32 个为一组（Warp）来执行。Fermi 体系结构可以看作 GPU 与 CPU 融合的架构，具有强大的浮点计算能力，除了用于图像处理外，也可作为加速器用于高性能计算领域。采用 Fermi 体系结构的 GeForce GTX 480 包含 480 核，主频 700MHz，单精度浮点峰值性能为 1.536TFLOPS，访存带宽为 177.4GB/s。

11.5.5　Tile64 处理器

Tile64 是美国 Tilera 公司于 2007 年推出的 64 核处理器，主要面向网络和视频处理等领域。图 11.24 为 Tile64 处理器的结构图。Tile64 具有 64 个 Tile（瓦片），组成 8 * 8 的 Mesh 结构，每个 Tile 包含通用 CPU 核、Cache 和路由器。Tile64 的处理器核支持 MIPS 类 VLIW 指令集，采用三发射按序短流水线结构，支持 2 个定点功能部件和 1 个 load/store 访存部件。在互连结构方面，Tile64 采用 Mesh 互连结构，通过路由器实现了 5 套低延迟的、不同用途的 Mesh 互连网络，提供了足够的通信带宽。在访存结构方面，每个 Tile 拥有私有一级 Cache（16KB）和私有二级 Cache（64KB），以及虚拟的三级 Cache（所有 Tile 的二级 Cache 聚合）。Tile64 采用邻居（Neighborhood）缓存机制实现片上分布式共享 Cache，每个虚拟地址对应一个 Home Tile，先访问该 Home Tile 的私有 Cache，如果不命中则访问内存；数据只在它的 Home Tile 的私有 Cache 中缓存，由 Home Tile 负责维护数据一致性。Tile64 支持 4 个 DDR2 内存控制器，2 个 10Gbit 的以太网接口，2 个 PCIE 接口及其他一些接口。Tile64 的运行主频为 1GHz，峰值性能为每秒 192G 个 32 位运算，理论访存带宽为 25GB/s。

11.6　本章小结

可以从以下几个维度对多核处理器结构进行分析：一是从处理器核及访存带宽的维度，包括核的数量、大核还是小核、同构核还是异构核、通用核还是专用核等，访存带宽与峰值计算能力之间的比例决定该多核处理器的通用性；二是从存储一致性模型的维度，存储一致性模型对多个处理器核发出的访存指令次序进行约定，包括顺序一致性模型、处理器一致性模型、弱一致性模型等；三是从 Cache 组织及一致性协议的维度，包括有几级 Cache、Cache 容量、私有还是共享 Cache，Cache 一致性协议是把一个处理器核新写的值传播到其他处理器核的一种机制；四是从片上互连结构的维度，即多个处理器核间如何实现通信；五是多核之间的同步机制的维度，如互斥锁（Lock）操作、栅障（Barrier）操作等。

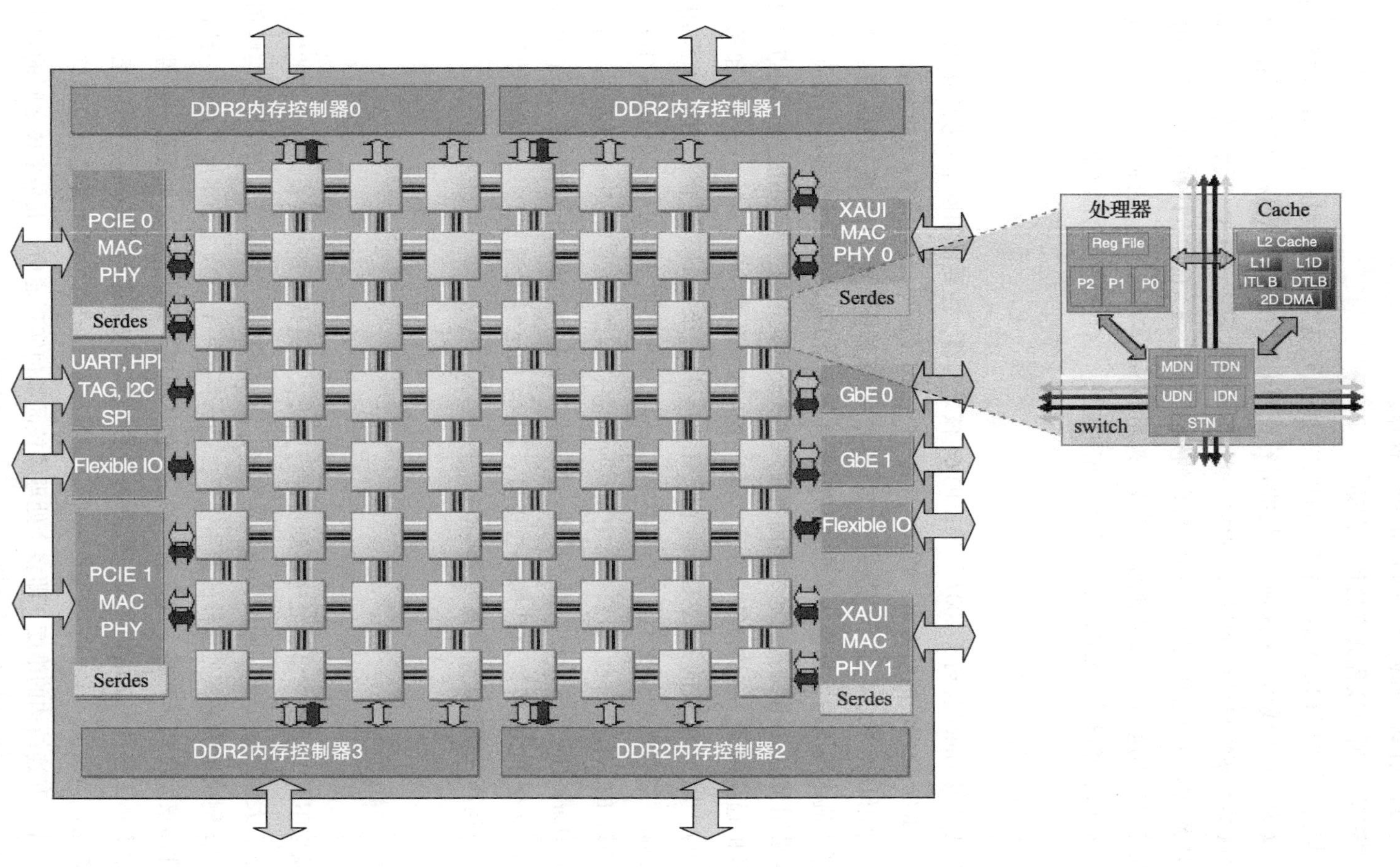

图 11.24　Tile64 处理器结构图

习题

1. 关于多核处理器的 Cache 结构，请介绍 UCA 与 NUCA 的特点。
2. 有两个并行执行的线程，在顺序一致性和弱一致性下，它各有几种正确的执行顺序？给出执行次序和最后的正确结果（假设 X、Y 的初始值均为 0）。

```
P1                  P2
X=1;                Y=1;
print Y;            print X;
```

3. 关于 Cache 一致性协议，MESI 协议比 ESI 协议增加了 M 状态，请解释有什么好处。
4. 请分别采用 Fetch_and_Increment 和 Compare_and_Swap 原子指令编写实现自旋锁的代码，并分析可能的性能改进措施。
5. 在共享存储的多处理器中，经常会出现假共享现象。假共享是由于两个变量处于同一个 Cache 行中引起的，会对性能造成损失。为了尽量减少假共享的发生，程序员在写程序时应该注意什么？
6. 请介绍片上网络路由器设计中的虚通道概念，并说明采用虚通道有什么好处。
7. 分析 Fermi GPU 的存储结构，指出不同层次存储结构的带宽、延迟，以及是否共享。

P A R T 6

第六部分

系统评价与性能分析

当前高性能微处理器包含数十亿个晶体管，主频达到近5GHz。处理器的结构也变得越来越复杂，通常采用深度流水、乱序执行、多发射、推测执行、片上集成大容量Cache等超标量技术。处理器的设计和性能分析是一个非常大的挑战，因为其1秒钟内能执行数十亿条指令，分析处理器1秒钟的执行，涉及上百亿的信息片段。巨大的设计空间和工作负载特性的多样性，导致性能分析和评价成为一个非常艰巨的任务。

性能分析在计算机系统的设计、选择和系统调优的每一个环节都是很有必要的。在系统设计和开发的时候需要预测性能指标能否达到设计目标。在系统选择时，需要对现有相互竞争的系统进行性能测试。在系统使用时，需要对现有系统进行性能调优。计算机性能分析的主要技术包括性能建模和评测，性能建模又包括采用队列理论等进行分析建模和采用定制模拟器的方法进行性能模拟，评测主要是基于现有和合成的基准测试程序对计算机系统或性能模型进行评价和测试。

CHAPTER 12

第12章 计算机系统评价和性能分析

计算机系统评价和性能分析就是采用测量、模拟、分析等方法和工具，获得计算机系统运行预定任务时的性能特性，找出已有系统的性能瓶颈，然后进行改进和提高。性能分析还可以对未来设计的系统进行性能预测。本章主要介绍计算机系统评价和性能分析方法。首先，介绍计算机的性能指标。性能的最本质定义是“完成一个任务所需要的时间”，完成一个任务所需要的时间可以由完成该任务需要的指令数、完成每条指令需要的拍数以及每拍需要的时间三个量相乘得到。然后，介绍测试程序集。由于应用的多样性，不同的计算机对不同的应用有不同的适应性，很难建立一个统一的标准来比较不同计算机的性能。因此人们通过一系列基准程序集来评价计算机性能，包括 SPEC CPU、SPECweb、SPECjbb、STREAM、LMbench、Linpack、SPLASH、EEMBC 等。接下来，介绍计算机性能分析方法。性能分析可以分为性能建模和性能测量两类。性能建模主要用于设计的早期还没有实际系统阶段，又可以细分为基于模拟的建模和基于分析的建模。在原型系统出来之后，实际机器的测量提供了一个附加的反馈，可以帮助验证设计阶段的分析模型。最后，对一些具体计算机系统进行性能比较和分析。通过测试 Intel、AMD、龙芯等 CPU 的性能以及分析其微结构的特点，帮助读者理解本章介绍的部分方法和工具的应用。

12.1 计算机系统性能评价指标

我们经常说一台机器速度很快，这个“快”怎么衡量？对于普通用户而言，速度快就是执行一个程序的运行时间短。例如一台 Core i7 的机器和一台 Core2 的机器相比，对于一个大文件进行压缩，前者完成的时间短，采用软解码视频播放器播放 H.264 格式文件，前者播放更为流畅。对于 Web 服务器而言，性能高表示每秒所完成应答的 Web 请求数量大，对于像京东和淘宝这样的电子商务网站，衡量指标通常是每秒完成的交易事务（Transaction），即吞吐率。对于高性能计算机而言，衡量指标是其完成一个大的并行任务的速度，如 Top500 中一个重要的衡量指标是高性能 Linpack 的实测双精度浮点峰值。

12.1.1 计算机系统常用性能评价指标

计算机系统的性能有许多衡量指标，如执行时间或者响应时间、吞吐率、加速比、每条指令的时钟周期数（CPI）、每秒执行百万条指令数（MIPS）、每秒执行百万浮点运算数（MFLOPS）、每秒执行的事务数（TPS）和归一化的执行时间等。

我们通过一些实际的示例来看看不同的性能指标。Openbenchmarking. org 网站收集了大量的开源测试程序集合，这个测试程序集合称为 Phoronix Test Suite。表 12.1 给出了 AMD Athlon II X4 645 的测试结果。从表中可以看出性能衡量指标包括以下方面：① 完成任务的执行时间，例如并行的 BZIP2 压缩和 LAME MP3 编码，执行时间越短越好。② 每秒多少帧，每秒的帧数是越多越好，例如 H. 264 视频编码和射击游戏《帕德曼的世界》（World of Padman）。③ MIPS，例如 7-ZIP 测试压缩速度。④ MFLOPS，如 Himeno 中泊松压力方程求解。⑤ 每秒执行了多少个事务，如 PostgreSQL pgbench 测试 TPC-B。⑥ 每秒传递多少个签名，如 OpenSSL 中 RSA 测试。⑦ 每秒服务多少个请求，如 Apache 网页服务器。⑧ 每秒执行的百万次操作数（Mop/s），如 NPB 中的 EP. B。⑨ 每秒完成计算多少个节点，如 TSCP 人工智能下棋程序，每秒能下多少步棋。⑩ 带宽，即每秒能完成多少 MB 的访存操作，如 STREAM 测试程序。

表 12.1 AMD Athlon 处理器的 Phoronix Test Suite 测试结果

测试程序	指标	性能	分值
World of Padman v1. 2	每秒帧数（FPS）	越大越好	177. 33
H. 264 v2015-11-02	每秒帧数（FPS）	越大越好	101. 97
GraphicsMagic v1. 3. 12 HWB Color Space	每分钟迭代次数	越大越好	108
John The Ripper v1. 7. 9 Traditional DES	每秒破解的数目	越大越好	5174833
John The Ripper v1. 7. 9 Blowfish	每秒破解的数目	越大越好	1970
TTSIOD 3D Renderer v2. 2w	每秒帧数（FPS）	越大越好	39. 01
Parallel BZIP2 Compression v1. 0. 5	秒数	越小越好	27. 98
7-ZIP Compression v9. 20. 1 Compress Speed Test	MIPS	越大越好	7242
LAME MP3 Encoding v3. 99. 3 WAV to MP3	秒数	越小越好	22. 86
x264 v2011-12-06 H. 264 Video Encoding	每秒帧数（FPS）	越大越好	54. 04
FFmpeg v0. 10 AVI to NTSC VCD	秒数	越小越好	17. 57
OpenSSL v1. 0. 0e RSA 4096-bit	每秒签名数	越大越好	58. 58

（续）

测试程序	指标	性能	分值
Himeno Benchmark v3.0 Poisson pressure solver	MFLOPS	越大越好	516.47
PostgreSQL pgbench v8.4.11 TPC-B transactions per second	TPS	越大越好	427.13
Apache benchmark v2.2.21 Static web page serving	每秒请求数	越大越好	11784.34
C-Ray v1.1	秒数	越小越好	120.23
POV-Ray v3.6.1	秒数	越小越好	1129
Smallpt v1.0 Global Illumination Renderer	秒数	越小越好	241
TSCP v1.81 AI Chess Performance	每秒计算的节点数	越大越好	261528
NAS Parallel benchmarks v3.3 EP.B	总的 Mop/s	越大越好	70.06
STREAM v2009-04-11 Copy	MB/s	越大越好	6381.28

归根到底，计算机的性能最本质的定义是“完成一个任务所需要的时间”。计算机系统完成某个任务所花费的时间，我们称为执行时间。时间最直接的定义是墙上时钟时间、响应时间或者持续时间。计算机中完成一个任务的时间包括 CPU 计算、磁盘的访问、内存的访问、输入输出的活动和操作系统的开销等所有的时间。我们常说的 CPU 时间表示 CPU 计算的时间，而不包括等待 IO 的时间或者执行其他程序的时间。CPU 时间能进一步被分为花在程序执行上的 CPU 时间（用户 CPU 时间）和花在操作系统上的执行时间（系统 CPU 时间）。在比较两台机器（X 和 Y）的性能时，X 的速度是 Y 的 n 倍是指：Y 的执行时间/X 的执行时间 $=n$。执行时间和性能成反比，X 的性能 = 1/X 的执行时间。所以下述关系成立：n = Y 的执行时间/X 的执行时间 = X 的性能/Y 的性能。

历史上很长一段时间，测量计算机的速度通过时钟频率（MHz 或 GHz）来描述，这表示 CPU 时钟的每秒时钟周期数。每台计算机都有一个时钟，运行在一定的频率上，这些离散的时间事件称为时钟滴答和时钟周期，计算机的设计者把时钟周期时间表示为一个持续时间如 1ns（对应的时钟频率为 1GHz），通常称一个时钟周期为一拍（Cycle）。2000 年时主频基本就是速度的标志，主频越高的芯片价格也越高。然而这种方法会有一定的误导，因为一个有很高时钟频率的机器，不一定有很高的性能，其他影响速度的因素还包括功能单元的数量、总线的速度、内存的容量、程序动态执行时指令的类型和重排序特性等。因此，厂商已经不再把时钟频率当作测量性能的唯一指标。

对于处理器的性能评价，有相应的处理器性能公式。一个程序的 CPU 时间可以描述为：

CPU 时间=程序的 CPU 时钟周期数×时钟周期

或

CPU 时间=程序的 CPU 时钟周期数/时钟频率

CPU 时间是由程序执行时钟周期数和处理器频率所决定的。除了可以统计程序的时钟周期数，还可以统计程序所执行的动态指令数目。执行的动态指令数目（Instruction Count）也称为指令路径长度。得到时钟周期数和指令数后，就可以计算出每条指令的时钟周期数（Clock cycles Per Instruction，简称 CPI），即平均每条指令执行需要花费多少个时钟周期。在衡量相同指令集处理器的设计时，CPI 是一个非常有效的比较方法。有时设计者也使用 CPI 的倒数，即每个时钟周期内所执行的指令数（Instructions Per Clock，简称 IPC）。现代处理器微体系结构的性能特性通常采用 IPC 或 CPI 来描述，这种测量方法和处理器的时钟频率没有关系。历史上处理器的 IPC 只有零点几，而现代主流处理器的 IPC 通常为一点几，高性能超标量处理器每个时钟周期能发射和提交多条指令，部分程序的 IPC 能达到 2~3，多核和多线程 CPU 能通过并行执行来进一步增加 IPC。当然对于不同的指令集系统进行 IPC 指标的比较是不公平的，因为指令集不同，每条指令所做的工作复杂程度也不同。比较 RISC 处理器和 CISC 处理器的微结构性能时，更为公平的方式是将 CISC 处理器每个时钟周期完成的微码操作（μop）和 RISC 的 IPC 进行比较。

程序的 CPI 可以通过下面公式计算：

CPI=程序的 CPU 时钟周期数/程序的执行指令数

有时，我们可以统计每一类指令的数目和该类指令的 CPI，其中 IC_i 表示指令类型 i 在一个程序中的执行次数，CPI_i 表示指令类型 i 的平均时钟周期数。这样，总的 CPI 可以表示为：

$$\mathrm{CPI}=\frac{\sum_{i=1}^{n}\mathrm{IC}_i\times\mathrm{CPI}_i}{\text{程序的执行指令数}}=\sum_{i=1}^{n}\frac{\mathrm{IC}_i}{\text{程序的执行指令数}}\times\mathrm{CPI}_i$$

这个求 CPI 的公式是每类指令的 CPI 乘以该类指令在程序的执行指令数中所占的比例。CPI_i 需要通过测量得到，因为必须考虑流水线效率、Cache 失效和 TLB 失效、保留站阻塞等情况。

由上述 CPI 公式知，程序的 CPU 时钟周期数=CPI×程序的执行指令数，所以 CPU 性能公式，即 CPU 时间的计算可以表示为：

CPU 时间=程序的执行指令数×CPI×时钟周期

或

CPU 时间=程序的执行指令数×CPI/时钟频率

通过 CPU 性能公式可以看出 CPU 的性能和三个因素有关：时钟周期或时钟频率、每条指令的时钟周期数（CPI）以及程序的执行指令数，也就是说 CPU 时间直接依赖于这三个参数。

但是，对于这个公式的三个参数，很难只改变一个参数而不会影响其他两个参数，因为这些参数会相互依赖。时钟周期和硬件技术及计算机组织相关，CPI 和计算机组织及指令集结构相关，程序的执行指令数和指令集结构及编译技术相关。幸运的是，许多潜在的性能提高技术会提高 CPU 性能的一个方面，而对其他方面影响较小或仅有可预测的影响。

如何获得 CPU 性能公式中这些参数的值呢？可以通过运行程序来测量 CPU 的执行时间，例如通过 Linux 系统中运行“time ./app”可以获得程序 app 的执行时间。时钟周期就是频率的倒数，在不开启睿频和变频技术的情况下，CPU 的频率是固定的。程序的执行指令数和 CPI 的测量可以通过体系结构模拟器来获得，或者通过处理器中硬件计数器来获得，例如通过 Linux 系统中的 perf 工具就可以获得程序的执行指令数和 CPI。

程序的执行指令数、CPI 和时钟频率实际上和实现的算法、编程语言、编译器、指令系统结构等相关，表 12.2 列出了它们之间的关系以及它们影响了 CPU 性能公式中的哪些参数。

时钟周期基本由微体系结构设计、物理设计电路和工艺决定，CPI 由微体系结构特性和指令系统结构决定，程序的执行指令数由指令系统结构和编译器技术决定。当前，也有研究工作进一步比较了 RISC 和 CISC 处理器，认为指令系统结构的影响越来越小，一是当前 X86 处理器在处理器内部把 X86 指令翻译为类 RISC 指令，二是现代的编译器更倾向于选择 X86 中简单的类 RISC 指令进行汇编，三是 Cache 技术的采用和流水线内部指令融合技术等使得指令系统结构的影响越来越小，处理器的最终性能还是决定于微体系结构的设计和电路的设计。

表 12.2 算法、编程语言、编译器、指令系统结构和 CPU 性能公式的关系

硬件或软件	影响什么	如何影响
算法	程序的执行指令数	算法决定源程序执行指令的数目，好的算法可以大幅度减少运算的次数
编程语言	程序的执行指令数	编程语言可能对执行指令数产生巨大的影响，比如解释执行、即时编译或者原生编译的三类语言完成同样的功能所需要的指令数可能有数量级的差异
编译器和库	程序的执行指令数、CPI	编译器和库决定了源程序到计算机指令的翻译过程，编译程序的效率既影响程序的执行指令数又影响 CPI，如 Intel 的 ICC 编译器编出来的程序，效率可比 GCC 高 30%，其能充分利用向量化指令和针对处理器结构的优化
指令系统结构	程序的执行指令数、CPI 和时钟频率	指令系统结构影响 CPU 性能的 3 个方面，因为它影响完成某个功能所需的指令数、每条指令的周期数，以及处理器的时钟频率
微体系结构	CPI 和时钟频率	微体系结构的改进可以降低 CPI，也可以细分流水线来提高时钟频率
物理设计	时钟频率	物理设计和电路的进步可以降低每个时钟周期的 FO4，从而提高时钟频率
工艺	时钟频率	工艺的进步使得晶体管变快，从而提高时钟频率

上述介绍了计算机系统的性能评价指标，也说明了 CPU 性能公式与 CPI、频率以及指令数三个要素相关。可以使用这些性能指标来衡量机器的性能，或者指导计算机系统的优化。

12.1.2 并行系统的性能评价指标

上一节给出了计算机系统的性能评价指标，而对于并行的计算机系统，包括多核和众核的系统、多处理器的系统和集群的系统等，有专门的并行性能评价指标。

可扩展性是并行系统的一个重要的性能评价指标。并行系统可扩展性是指随着并行系统中机器规模的扩大，并行系统的性能随之增长的特性。可扩展性好，意味着当并行系统机器规模扩大时，并行系统的性能也能得到相当幅度的增长；可扩展性不好，意味着当机器规模扩大时，并行系统的性能增长幅度很小，甚至出现负增长。并行系统可扩展性是并行系统的设计和使用人员所追求的一个重要目标，体系结构设计人员希望并行系统有好的可扩展性，从而使得自己设计的并行机器规模越大性能越好。

并行系统的可扩展性可以用加速比来衡量。加速比（Speedup）是同一个任务在单处理器系统和并行处理器系统中运行所耗费时间的比率，用来衡量并行系统或程序并行化的性能和效果。加速比的计算公式为：$S_P=T_1/T_P$。S_P 是加速比，T_1 是单处理器下的运行时间，T_P 是在有 P 个处理器的并行系统中的运行时间。当 $S_P=P$ 时，此加速比称为线性加速比。如果 T_1 是在单处理器环境中效率最高的算法下的运行时间（即最适合单处理器的算法），则此加速比称为绝对加速比。如果 T_1 是在单处理器环境中采用和并行系统中一样的算法下的运行时间，则此加速比称为相对加速比。加速比超过处理器数的情况称为“超线性加速比”，超线性加速比很少出现。超线性加速比有几种可能的成因，如现代计算机的存储层次不同所带来的“高速缓存效应”。较之串行计算，在并行计算中，不仅参与计算的处理器数量更多，不同处理器的高速缓存也可集合使用，如果集合的缓存便足以提供计算所需的存储量，算法执行时便不必使用速度较慢的内存，因而存储器读写时间便能大幅降低，这便对实际计算产生了额外的加速效果。另一个用于衡量并行系统的相关指标是并行效率 $E_p=S_p/P$，P 为并行计算机中处理器的个数。

影响并行系统加速比的主要因素是计算时间和通信时间的占比，它与算法中的计算复杂度和通信复杂度有关，也与并行系统的计算性能和通信性能有关。例如，某种并行矩阵乘法的计算复杂度为 $O(n^3)$，通信复杂度为 $O(n^2)$，可以达到较高加速比，而某种并行 FFT 算法的计算复杂度为 $O((n/p)\log p)$，通信复杂度为 $O(n\log(n/p))$，它的加速比就低一些（这里 n 和 p 分别为样本数和处理器数）；用万兆以太网相连的并行系统一般来说比用千兆以太网相连的并行系统加速比高，片内多处理器比片间多处理器加速比高。

在并行系统中，我们经常提到 Amdahl（阿姆达尔）定律，Amdahl 定律实际上是一种固定负载加速性能模型。Amdahl 定律的定义是系统中对某一部件采用更快执行方式所能获得的系统性能改进程度，取决于这种执行方式被使用的频率，或所占总执行时间的比例。Amdahl 定律实际上定义了采取增强某部分功能处理的措施后可获得的性能改进或执行时间的加速比。对于固定负载情况下描述并行处理效果的加速比 s，Amdahl 给出了公式 $s=1/((1-a)+a/n)$，其中，a 为并行计算部分所占比例，n 为并行处理节点数。这样，当 $1-a=0$ 时（即没有串行，只有并行），最大加速比 $s=n$；当 $a=0$ 时（即只有串行，没有并行），最小加速比 $s=1$；当 $n\to\infty$ 时，极限加速比 $s\to 1/(1-a)$，这也是加速比的上限。例如，若串行代码占整个代码的 25%，则并行处理的总体性能不可能超过 4。当然，Amdahl 定律只在给定问题规模的前提下成立，如果串行的部分并不随着问题规模的增加而增加，那么扩大问题规模时，加速比仍有可能继续增加。

12.2　测试程序集

中国有句古话：是骡子是马拉出来遛遛。衡量计算机性能最好的办法是在计算机上运行实际程序。但计算机的性能依赖于它的应用领域，这些应用可以是 CPU 计算密集型（如科学计算）、IO 密集型（如 Web 服务器）或者访存密集型（如视频编辑）的。那么怎样评价计算机系统的性能，采用什么样的测试程序来评价计算机系统的性能？一种办法是采用计算机上的日常任务来衡量，如：用办公软件 Office 打开一个大的 Word 文档并上下翻页，看看是不是会卡；用压缩程序压缩一个目录文件，看看多长时间能完成压缩；用浏览器打开一个网址，看看网页装载的时间是多长。然而这种测试计算机系统性能的方法没有普适性，也很难有量化的可比性。可能一台计算机运行程序 A 比另一台快，但运行程序 B 却比另一台慢。我们需要一些公共和通用的测试程序，这些测试程序需要考虑公平性、可量化、可移植等因素。为了相对公平地比较不同计算机系统的性能，逐步形成了许多专门用于性能评价的基准测试程序集。本节将介绍一些比较常见的基准测试程序集。

用于性能评价的测试程序一直以来是有争议的，因为很难定义和识别具有代表性的测试程序。早期人们曾使用 MIPS、MFLOPS 或者平均指令延迟等简单的指标来评价系统的性能。后来，性能评价主要是通过执行小的测试程序，例如从应用中抽取出来的 kernels（如 Lawrence Livermore Loops）、Dhrystone 和 Whetstone 测试程序、Linpack、排序算法、埃拉托斯特尼筛法（Sieve of Eratosthenes）、八皇后问题、汉诺塔（Tower of Hanoi）等。再后来，出现了类似 SPEC 和 TPC 这样的组织，它们致力于为各种重要的工作负载（包括通用工作负载、Java 工作负载、数据库工作负载、服务器工作负载、多媒体工作负载和嵌入式工作负载等）建立合理的基准测试程序集。除了尽可能准确地反映实际工作负载的行为，基准测试程序集还应该努力给出易于理解、容易比较的数值来体现测试结果。如已经获得了一组测试程序中每个程序的分值，可以通过算术平均、几何平均或者调和平均三种求平均的方法，找到一组数字的中心趋势，获得该程序集的数值。

采用基准测试程序对计算机和处理器进行性能分析，发现系统的瓶颈并对系统进行改进，是计算机系统设计中的重要工作。

12.2.1 微基准测试程序

在处理器的设计过程中，尤其是在微体系结构的设计空间探索的过程中，我们希望有一类小的测试程序，能在很短的时间内跑完，可在模拟器、RTL 仿真模型或者 FPGA 平台上执行，覆盖微体系结构的特性，如分支预测器的精度、Cache 的行为、流水线的效率、各项队列大小、重命名寄存器数目和功能部件数量的影响等，这就导致了微基准测试程序（简称微测试程序）的出现。在处理器性能测试和分析中，常用的微基准测试程序包括 Sim-alpha 的 microbench、bp_microbench、LMbench、STREAM、Coremark、Coremark-pro 和 Unixbench 等。

微测试程序（microbench）是一系列很小的测试程序或者代码片段。得克萨斯大学奥斯丁分校的 R. Desikan 和 Doug Burger 在设计 Sim-alpha 模拟器的时候，为了将 Sim-alpha 模拟器和真实处理器 Alpha 21264 进行校准，设计了一系列的微测试程序。这些测试程序对处理器核的某个模块进行了测试，同时排除了处理器其他模块的影响，所以特别适合处理器设计时对某个模块的选择和优化，例如分支预测器模块、执行单元模块和访存流水线模块，这几个模块可以较准确地反映流水线的效率。下面的图 12.1 中给出了部分微测试程序。第一行用于测试指令流水线的前端（front-end），例如行预测器的实现和分支预测器的实现，C 表示测试的控制流；第二行用于测试指令流水线的执行核心（execution core），例如调度和发射逻辑（scheduler），E 表示执行核心；最后一行用于测试内存系统的参数，例如一级 Cache 的延迟、二级 Cache 的延迟和内存的延迟，M 表示内存系统。微测试程序更为详细的描述见参考文献 [38]。Sim-alpha 的微测试程序的源代码可以从网站 http://www.cs.utexas.edu/users/cart/code/microbench.tgz 下载。

阿拉巴马大学亨茨维尔分校的 A. Milenkovic 给出了一系列和分支预测器相关的微基准测试程序集，用于测试微体系结构中和分支预测器相关的参数，例如跳转目标缓存（Branch Target Buffer，简称 BTB）的组织、全局历史寄存器的位数和局部预测器每一项的位数等。这些微测试程序可以用于编译器的代码优化，也可以用于处理器设计中对于各种分支预测器组织的性能评估，其网站（www.ece.uah.edu/~lacasa/bp_mbs/bp_microbench.htm）上给出了相关的代码。

其中 GenCode.c 程序用于处理器中 BTB 结构参数的测试，基本思想是构造一个微测试程序，在一个 loop 循环中包含 B 个条件分支指令，每个条件分支指令如 jle 和 jle 之间（LoongArch 为 bne 和 bne 之间）的距离为 D，如果增加 B 的大小和 D 的大小，所有的条件分支指令都能装载到 BTB 中，也就是说，当 B 等于 $N_{BTB}-1$，其中 N_{BTB} 为 BTB 的项数，则分值误预测率趋近于零，这样就可以判断处理器中 BTB 的相连度和项数。

C–C:

```
/* if-then-else benchmark which
repeatedly toggles between
the if block and the else block.
C-Ca and C-Cb represent
two different assembly versions
of C-C */

for (i=0; i<1000000; i++) {
  j = i % 2;
  if (!j)
    p++;
  else
    r++;
}
```

C–Ca:

```
and t0,0x1,t2
blt t0, <144:loop_end>
unop
unop
bne t2, <80:else>
addl a1,0x1,a1
br <84:endif>
unop
```

C–Cb:

```
and t0,0x1,t2
blt t0, <144:loop_end>
bne t2, <80:else>
addl a1,0x1,a1
br <84:endif>
unop
```

C–R:

```
/* A recursive bechmark which
recurs 1000 levels deep */

static int m=0;

void func(int k, int j) {
  m = j + k;
  if (!k) return;
  else
    func(k-1, j);
}
```

C–Sn:

```
/* Switch benchmark to test
the line predictor. Contains
indirect jumps which are
taken 1,2, and 3 times */

for (i=0; i<4000000; i++) {
  j = i % 10;
  switch (j) {
    case 0,1,2:
      k++;
      break;
    case 3,4,5:
      l++;
      break;
  /* repeat case 8 times */
  }
}
```

E–I:

```
/* Series of independent arith-
metic integerops operations */

int k, l, m, n, o, p, q, r;
for (i=0; i<250000; i++) {
  k = k + i;
  l = l + i;
  m = m + i;
  n = n + i;
  o = o + i;
  p = p + i;
  q = q + i;
  r = r + i;
  /* repeat 20 times */
}
```

E–F:

```
/* Series of independent ari-
thmetic fp operations */

float k, l, m, n, o, p, q, r;
for (i=0; i<250000; i++) {
  k = k + i;
  l = l + i;
  m = m + i;
  n = n + i;
  o = o + i;
  p = p + i;
  q = q + i;
  r = r + i;
  /* repeat 20 times */
}
```

E–Dn:

```
/* String of depenedent ope-
rations */

for (i=0; i<250000; i++) {
  a = d + i;
  b = a + i;
  c = b + i;
  d = c + i;
  a = d + i;
  b = a + i;
  c = b + i;
  d = c + i;
  /* repeat n insts 320/n times */
}
```

M–I:

```
/* Series of independet loads
to L1 data cache */

for (i=0; i<8192; i++)
  a[i] = i;

for (r=0; r<1500; r++)
  for (j=0; i<8191; i++)
    j = a[i]+j;
```

M–D:

```
/* Series of dependent loads
to L1 data cache */

for (i=0; i<2047; i++)
  a[i] = (int *)&a[i+1];

for (i=0; i<15000; i++) {
  b[i] = (int **)a[0];
  for (k=1; k<1000; k++)
    b = (int **) b[1];
}
```

M–L2:

```
/* Series of dependent loads
to L2 cache */

for (i=0; i<131071; i++) {
  a[i] = (int *) &a[i+1]
}

for (i=0; i<1500; i++) {
  b = (int **)a[7];
  for (k=8; k<13105; k+=8) {
    b = (int **) b[8];
  }
}
```

M–M:

```
/* Series of dependent loads
to main memory */

for (i=0; i<524387; i++) {
  a[i] = (int *)&a[i+1];
}
for (i=0; i<1500; i++) {
  b = (int **) a[7];
  for (k=8; k<13105; k+=8)
  b = (int **) b[8];
  b = (int **) a[7+262144];
  for (k=8; k<13105; k+=8)
  b = (int **) b[8];
}
```

图 12.1 微基准测试程序集

Step1. c 到 Step6. c 程序用于处理器中条件分支预测器的测试，基本思想是在微测试程序中插入间谍分支（spy branch）语句，通过硬件计数器来获得该间谍分支的分支误预测率，由此判断条件分支预测器的内部结构和行为。例如在 Step1. c 程序中，for 循环中只有唯一的条件分支语句，if((i%L)= =0) 语句在 X86 中被编译为 jne 指令（LoongArch 为 bnez 指令），for 循环语句被编译为 jae 和 jmp 指令（LoongArch 为 bne 和 b 指令），如果 1 表示 taken，0 表示 not taken，如当 LSpy 为 8 时，该分支历史模式为 11111110，假定局部历史模式的长度为 L，当 LSpy 小于或者等于 L 时，分支误预测率趋近于 0，当 LSpy 大于 L 时，每 LSpy 次间谍分支发生误预测一次，这样通过不断增加 LSpy 的大小并得到该程序的分支预测率来获得局部预测器中历史模式长度 L 的大小。

```
/* GenCode.c */
void main(int argc, char ** argv)
{
    int long unsigned    iterations;      /* number of iterations in the loop*/
    int             dist;                 /* max distance in bytes between two branch */
    int             branches;             /* number of branches inside a loop */
    char file_name[30];
    FILE * fout;
    int m;
    int j, k;
    int num_mov, num_cmp, num_clc;        /* number of mov, cmp and clc instructions in
                                             the distance code*/
    m = iterations/1000000;
    fout=fopen (file_name,"w");
    /* write the content of the program */
    fprintf(fout,"void main(void) { \n");
    fprintf(fout,"int long unsigned i; \n");
    fprintf(fout,"int long unsigned liter = % d; \n", iterations);
    fprintf(fout,"for (i=0; i<liter; ++i){ \n");
    fprintf(fout,"_asm { \n");
    /* generate sequence of asm instructions */
    dist = dist - 2;
    num_mov = dist/5;
    num_cmp = (dist% 5)/3;
    num_clc = (dist% 5)% 3;
    fprintf(fout, "clc\n");
    fprintf(fout, "clc\n");
    for (j = 0; j < branches - 1; j++) {
        if (j == 0) {                      /* set condition code for the first branch */
            fprintf(fout, "mov eax, 10 \n");
            fprintf(fout, "cmp eax, 15 \n");
        }
        fprintf(fout, "jle l% d\n", j);
```

```
        for (k = 1; k <= num_mov; k++) {
            fprintf(fout, "mov eax, 10 \n");
        }
        for (k = 1; k <= num_cmp; k++) {
            fprintf(fout, "cmp eax, 15 \n");
        }
          for (k = 1; k <=num_clc; k++) {
            fprintf(fout, "clc \n");
        }
        fprintf(fout, "l% d: ", j);
    }

    fprintf(fout, "clc \n");
    fprintf(fout, "} \n");
    fprintf(fout, "} \n");
    fprintf(fout, "} \n");
    fclose(fout);
}
```

```
/* Step1.c */
#define L 10            /* pattern length */
void main(void)
{
    int long unsigned  i;     /* loop index */
    int a=1;
    /* variable with conditional assignment*/
    int long unsigned  liter = 10000000;
    /*number of iterations */
    for (i=0; i<liter; ++i){
        if ((i% L) == 0) a=0;
        /* spy branch */
    }
}
```

```
/* Step2.c */
#define L 9         /* pattern length */

void main(void)
{
    int long unsigned  i;
    int                a=1;
    int long unsigned  liter = 10000000;
    for (i=0; i<liter; ++i){
        /* 2*(L-1) dummy branches */
        if (i<0) a=1;
        if (i<0) a=1;
        if (i<0) a=1;
        if (i<0) a=1;
        if (i<0) a=1;
        if (i<0) a=1;
        if (i<0) a=1;
        if (i<0) a=1;
        if (i<0) a=1;
        if (i<0) a=1;
        if (i<0) a=1;
        if (i<0) a=1;
        if (i<0) a=1;
        if (i<0) a=1;
        if (i<0) a=1;
        if (i<0) a=1;
        /* spy branch */
        if ((i% L)==0) a=0;
    }
}
```

```
/* Step3.c */
#define L1 5     /* pattern length */
#define L2 2     /* pattern length */
void main(void)
{
    int long unsigned    i;
    int                  a,b,c;
    int long unsigned    liter = 10000000;
    for (i=1;i<=liter;++i)
    {
        if ((i% L1) == 0) a=1;
        else a=0;
        if ((i% L2) == 0) b=1;
        else b=0;

        if ( (a*b) == 1) c=1; /* spy branch */
    }
}
```

```
/* Step4.c */
#define L1 5     /* pattern length */
#define L2 2     /* pattern length */
void main(void)
{
    int long unsigned    i;
    int                  a,b,c;
    int long unsigned    liter = 10000000;
    for (i=1;i<=liter;++i)
    {
        if ((i% L1) == 0) a=1;
        else a=0;
        if ((i% L2) == 0) b=1;
        else b=0;
        /* varying number of dummy
          branches */
        if (i<0) a=1;
        if (i<0) a=1;
        if (i<0) a=1;
        /* spy branch */
        if ( (a* b) == 1) c=1;
    }
}
```

```
/* Step5.c */
#define L3 6     /* pattern length */
void main(void)
{
    int long unsigned    i;
    int                  a;
    /* variable with conditional assignment*/
    int long unsigned    liter = 10000000;

      for (i=1;i<=liter;++i)
    {
        if ((i% L3) == 0) a=1;     /* L3 > L */
        if ((i% L3) == 0) a=1;
        /* spy branch */
    }
}
```

```
/* Step6.c */
#defineLSpy 4     /* pattern length */
void main(void)
{
    int long unsigned  i;
    int                a;
    int long unsigned  liter = 10000000;
    for (i=0; i<liter; ++i){
        /* 2*(L-1) dummy branches */
        if (i<0) a=1;
        if (i<0) a=1;
        if (i<0) a=1;
        if (i<0) a=1;
        if (i<0) a=1;
        if (i<0) a=1;
        if (i<0) a=1;
        if (i<0) a=1;
        if (i<0) a=1;
        if (i<0) a=1;
        if (i<0) a=1;
        if (i<0) a=1;
        if (i<0) a=1;
        if (i<0) a=1;
        if (i<0) a=1;
        if (i<0) a=1;
        /* spy branch */
        if ((i% LSpy)==0) a=0;
    }
}
```

LMbench 是由 HP 以色列海法实验室开发的一套微测试程序集，可以测量许多和系统性能相关的因素。LMbench 采用 ANSI C 编码、POSIX 接口，是个多平台开源基准测试程序，能够测试包括文件读写、内存操作、进程创建和销毁开销、网络等性能。一般来说，LMbench 衡量两个关键特征：延迟和带宽。带宽就是系统中搬运数据的能力，如各级 Cache 的带宽、内存的带宽、缓存的 IO 带宽等，测量的方式包括 bcopy 库、手工循环展开 bcopy、直接从内存中读、非拷贝的写、管道、进程间通信和 TCP 套接字等，可以采用 read 和 mmap 的 API 接口。延迟是系统的反馈时间或者开销，如各级 Cache 的访问延迟、内存访问的延迟和操作系统中某一项功能的开销，包括信号处理的开销、进程创建的时间、上下文切换的时间、进程间通信的开销、文件系统的延迟和磁盘的延迟等。Sun 公司在开发 UltraSPARC 和 Intel 公司在开发 Pentium Pro 的过程中都曾经使用 LMbench 用于发现微处理器设计上的性能瓶颈，Linux 操作系统在 kernel 开发的性能调优中也曾使用这些工具。表 12.3 给出了 LMbench 测试程序集的各种工具及测试说明。

表 12.3 LMbench 微测试程序集

工具名称	测量
	延迟
lat_connect	TCP 连接
lat_ctx	通过基于管道的“hot-potato”令牌传递的上下文切换
lat_dram_page	DRAM 页开启
lat_fcntl	fcntl 文件锁“hot-potato”令牌传递
lat_fifo	FIFO“hot-potato”令牌传递
lat_fs	文件创建和删除
lat_http	http GET 请求延迟
lat_mem_rd	内存读的延迟
lat_mmap	mmap 操作
lat_ops	对于基本数据类型（int，int64，float，double）的基本操作（xor，add，mul，div，mod）延迟
lat_pagefault	缺页处理
lat_pipe	pipe“hot-potato”令牌传递
lat_pmake	完成 N 个并行任务的时间
lat_proc	过程调用的开销，以及使用 fork、fork 和 execve、fork 和 sh 创建进程的时间
lat_rand	随机数产生器
lat_rpc	Sun RPC 远程过程调用
lat_select	select 操作
lat_sem	信号量“hot-potato”令牌传递
lat_sig	信号处理的安装和处理
lat_syscall	Open、close、getppid、write、stat、fstat 系统调用

（续）

工具名称	测量
lat_tcp	TCP “hot-potato” 令牌传递
lat_udp	UDP “hot-potato” 令牌传递
lat_unix	UNIX “hot-potato” 令牌传递
lat_unix_connect	UNXI socket 连接
lat_usleep	usleep、select、pselect、nanosleep、settimer 时间分辨率
带宽	
bw_file_rd	文件的读带宽
bw_mem	内存的读带宽、写带宽和拷贝带宽
bw_mmap_rd	从 mmap 的内存中读取带宽
bw_pipe	pipe，进程间数据拷贝
bw_tcp	TCP 进程间数据拷贝
bw_unix	UNIX 进程通信带宽
其他	
disk	磁盘的带宽和寻道时间
line	Cache 行的大小
lmdd	dd 程序
mhz	CPU 时钟频率
par_mem	内存子系统的并发性（ILP）
par_ops	基本操作的并发性（ILP）
stream	STREAM
tlb	TLB 大小

STREAM 基准测试程序测量计算机的可持续内存带宽。STREAM 是一个简单的合成测试程序，主要是测量内存的带宽（MB/s）和简单向量核心代码的计算速率。它由 John McCalpin 在特拉华大学执教的时候开发，并在随后成为工业界的标准测试程序，其有 Fortran 和 C 的代码，也有单处理器和多线程的版本，多线程版本包括 OpenMP 和 MPI 的并行。如表 12.4 所示，STREAM 测试程序由 Copy、Scale、Add 和 Triad 四部分组成，测试了 4 个循环，并给出不同的内存带宽峰值。STREAM 的基本原则是每个数组必须不小于最后一级 Cache（LLC）大小的 4 倍或者 100 万个元素（取两者中较大的）。通常内存带宽比单线程 STREAM 测出来的值要高，为了能达到内存的饱和带宽，可以采用两种方法：一种是吞吐量的方法，执行多个 stream 的实例；另一种是执行 OpenMP 的版本。基于标准的 STREAM 测试程序，可以衍生出其他测试内存带宽的程序，改变数组访问跳步 stride=1 的简单循环，采用 stride=N 的操作（N=2，3，4，5，6，7，8，9，10，20，40），采用反向的（stride=-1）循环以及基于索引的操作，包括 load 采用索引的数组和 store 采用索引的数组。

表 12.4　STREAM 基准测试程序

Copy	a(i)=b(i)	2 个双精度浮点的访存操作（16 字节），每次迭代没有浮点操作
Scale	a(i)=q*b(i)	2 个双精度浮点的访存操作（16 字节），每次迭代包含一个浮点乘法操作
Add	a(i)=b(i)+c(i)	3 个双精度浮点的访存操作（24 字节），每次迭代包含一个浮点加法操作
Triad	a(i)=b(i)+q*c(i)	3 个双精度浮点的访存操作（24 字节），每次迭代两个浮点操作

```
/* stream.c */

#ifndef STREAM_ARRAY_SIZE
#define STREAM_ARRAY_SIZE  10000000
#endif

#ifndef STREAM_TYPE
#define STREAM_TYPE double
#endif

static STREAM_TYPE  a[STREAM_ARRAY_SIZE+OFFSET],
        b[STREAM_ARRAY_SIZE+OFFSET],
        c[STREAM_ARRAY_SIZE+OFFSET];

int main()
    {
// ...
    /*    --- MAIN LOOP --- repeat test cases NTIMES times --- */
    for (k=0; k<NTIMES; k++)
    {
    times[0][k] = mysecond();
#ifdef TUNED
        tuned_STREAM_Copy();
#else
#pragma omp parallel for
// COPY
// int stride = 1,2,3,4,5,6,7,8,9,10
//   for (j=0; j<STREAM_ARRAY_SIZE; j=j+stride)
    for (j=0; j<STREAM_ARRAY_SIZE; j++)
        c[j] = a[j];
#endif
    times[0][k] = mysecond() - times[0][k];

    times[1][k] = mysecond();
#ifdef TUNED
        tuned_STREAM_Scale(scalar);
#else
#pragma omp parallel for
// Scale
// int stride = 1,2,3,4,5,6,7,8,9,10
```

```
//  for (j=0; j<STREAM_ARRAY_SIZE; j=j+stride)
//  for (j=STRAEM_ARRAY_SIZE-1; j>=0; j=j-stride)  // for reverse order
     for (j=0; j<STREAM_ARRAY_SIZE; j++)
          b[j] = scalar* c[j];
#endif
     times[1][k] = mysecond() - times[1][k];

     times[2][k] = mysecond();
#ifdef TUNED
          tuned_STREAM_Add();
#else
#pragma omp parallel for
// Add
// int stride = 1,2,3,4,5,6,7,8,9,10
//  for (j=0; j<STREAM_ARRAY_SIZE; j=j+stride)
     for (j=0; j<STREAM_ARRAY_SIZE; j++)
          c[j] = a[j]+b[j];
#endif
     times[2][k] = mysecond() - times[2][k];

     times[3][k] = mysecond();
#ifdef TUNED
          tuned_STREAM_Triad(scalar);
#else
#pragma omp parallel for
// Triad
// int stride = 1,2,3,4,5,6,7,8,9,10
//  for (j=0; j<STREAM_ARRAY_SIZE; j=j+stride)
//  index [x] = (ix + iy* i)% N;
//  for (j=0; j<STREAM_ARRAY_SIZE; j=j++)
//  a[j] = b[index[j]] + scalar* c[[index[j]];
     for (j=0; j<STREAM_ARRAY_SIZE; j++)
          a[j] = b[j]+scalar* c[j];
#endif
     times[3][k] = mysecond() - times[3][k];
     }
     return 0;
}
```

CoreMark 是一个综合性的基准测试程序，主要用于测量嵌入式系统中 CPU 的性能，2009 年由嵌入式微处理器基准测试协会（英文简称 EEMBC）开发，用于取代过时的 Dhrystone 测试程序。其代码使用 C 语言编写，主要执行：列表操作（列表的插入和删除、反转列表和排序等），矩阵运算（矩阵加、矩阵常量乘、矩阵向量乘、矩阵和矩阵的乘），简单状态机（扫描字符串进行状态转换，主要测试 switch-case 和 if 语句的行为），CRC 运算（测试循环冗余校验运算和用于测试过程的自检）。CoreMark 程序有很多优点，如代码量很小、可移植性高、很容易理解、免费以及测试结果为单一分值。CoreMark 避免了 Dhrystone 所存在的一些问题：首先，CoreMark 程序中的运算所需要的值不会在编译的时候产生，这样就能确保编译器不会在编译时预计算结果，从而减少了编译器优化选项的干扰；其次，CoreMark 没有调用库函数；最后，测试结果为单一分值，衡量每秒钟执行了多少次迭代，便于不同处理器之间分值的比较。

CoreMark-Pro 是 EEMBC 组织推出的并行基准测试程序，用于处理器流水线、存储子系统和多核等综合性能测试，其包含 5 类定点应用和 4 类浮点应用，如 JPEG 压缩、ZIP 压缩、XML 解析、SHA-256 算法和 FFT、求解线性代数和神经网络算法等。

UnixBench 是一款测试类 UNIX 系统基本性能的工具，主要测试项目如表 12.5 所示。其中，Dhrystone 测试的核心为字符串处理，Whetstone 用于测试浮点运算效率和速度。这些测试规模比较小，容易受编译器、代码优化、系统库以及操作系统的影响而产生波动。

表 12.5　UnixBench 测试项目

测试项目	项目描述
Dhystone	测试和比较定点计算性能
Whetstone	测试和比较浮点计算性能
Execl 系统调用	测量每秒能执行的 Execl 系统调用的次数
文件拷贝	测量数据从一个文件拷贝到另一个文件的速率
管道吞吐率	测量一个进程每秒能执行的把 512 字节写入管道再读回来的次数
基于管道的上下文切换	测量两个进程基于管道交换一个不断增长的整数的速度
进程创建	测量一个进程创建和回收一个立刻退出的子进程的速度
Shell 脚本	测量进程每分钟能执行的一些文件操作脚本的次数
系统调用开销	测量进入和退出操作系统内核的开销
图形测试	粗略测量系统 2D 和 3D 图形操作的性能

12.2.2　SPEC CPU 基准测试程序

基准测试程序中最重要的一类就是 SPEC 组织推出的 SPEC CPU 系列测试程序集。SPEC 是由计算机厂商、系统集成商、大学、研究机构、咨询公司等多家单位组成的非营利组织，这个组织的目标是建立、维护一套用于评估计算机系统的标准。SPEC 组织创建了 SPEC CPU 系列测试程序集，主要关注 CPU 的性能，如 SPEC CPU89、SPEC CPU92、SPEC CPU95、SPEC CPU2000、SPEC CPU2006 和 SPEC CPU2017。SPEC 基准测试程序来自真实的程序，做了适当的修改，主要是为了可移植性和减少 IO 影响。SPEC 测试代表了绝大多 CPU 密集型的运算，包括编程语言、压缩、人工智能、基因序列搜索、视频压缩及各种力学的计算等，包含了多种科学计算，可以用来衡量系统执行这些任务的快慢。SPEC CPU 测试中，测试系统的处理器和编译器都会影响最终的测试性能，而磁盘、网络等 IO 和图形子系统对于 SPEC CPU 的影响比较小。SPEC CPU 基准测试程序特别适用于桌面系统和单 CPU 服务器系统的 CPU 性能测试。

表 12.6~表 12.8 分别是 SPEC CPU2000、SPEC CPU2006 和 SPEC CPU2017 具体的测试项目和说明。

表 12.6 SPEC CPU2000 程序及描述

定点测试程序	语言	分类	描述
164. gzip	C	压缩	gzip 来源于是 GNU 的 gzip。gzip 使用 LZ77（Lempel-Ziv）压缩算法，所有的压缩和解压缩都在内存中发生
175. vpr	C	FPGA 电路布局和布线	FPGA 集成电路中的布局和布线程序，能自动实现映射技术的电路，如网表或超图，把 FPGA 逻辑块和 IO pad 连在一起
176. gcc	C	C 编程语言编译器	基于 gcc 版本 2.7.2，它产生 Motorola 88200 处理器的代码，该编译过程开启了许多优化的选项
181. mcf	C	组合，优化	该程序为解决公共交通公司单车场容量约束车辆调度问题设计求解的算法
186. crafty	C	棋类游戏，国际象棋	高性能计算机棋类程序，包含大量的逻辑操作，例如与、或、异或和移位。其输入 5 个不同棋盘和深度，搜索树决定下一步的移动，用于比较处理器的定点、分支预测和流水线的效率
197. parser	C	字处理	基于 link 语法的英文语法解析器，解析器包含一个 60 000 词的字典，输入为一个句子，输出为句子的分析，分析捕获了句子的语法结构
252. eon	C++	计算机可视化技术	一种基于概率的射线追踪器。其渲染了一个 150×150 像素屋子角落前方的椅子，渲染的算法采用 Kajiya、Cook 和 Rushmeier
253. perlbmk	C	Perl 编程语言	解释执行语言 Perl，包括四个脚本：Email 到 HTML 的转换 MHonArc；Specdiff 脚本；使用标准迭代算法寻找完全数；检测所产生的 1000 个随机数
254. gap	C	群论，解释器	GAP 表示群论、算法和编程，其实现了计算群论中的一个语言和库。程序执行包括一些组合函数、大数、有限域函数、置换群、子群格计算和可解群中找到正规化子等
255. vortex	C	面向对象数据库	源自一个单用户面向对象的数据库交易测试 VORTEx，事务包括在数据库中创建一项、删除一项和数据的查找。包括三个不同的数据库，邮件列表、零件目录表和几何数据
256. bzip2	C	压缩	源自 Julian Seward 的 bzip2，一个块排序的数据压缩算法，所有的压缩和解压缩在内存中进行。三个输入：大的 tiff 图像文件，程序二进制文件，源代码的 tar 文件
300. twolf	C	布局布线模拟器	芯片的布局和标准单元的全局连线的模拟。布局的问题是排列，采用模拟退火作为启发式方法来寻找最好的解决方法。全局路由使用了构造算法和迭代改进对子微芯片进行互连

（续）

浮点测试程序	语言	分类	描述
168. wupwise	Fortran 77	物理，量子色动力学	Wuppertal Wilson Ferminon 求解器的简称，属于量子色动力学的格点规范理论领域。通过 BiCGStab 迭代的方法，求解了非齐次 Lattice-Dirac 方程
171. swim	Fortran 77	浅水建模	天气预报程序，用于测试当前高性能计算机的性能。实现浅水方程的有限差分的动力学模型，处理 1335×1335 范围的数据数组，迭代 512 次
172. mgrid	Fortran 77	三维势场多栅格求解器	使用一个简单的多网格求解器来计算一个三维的线性势场，源自 NAS 并行测试程序，对可移植性进行修改并采用不同的工作负载
173. applu	Fortran 77	抛物线/椭圆偏微分方程	模拟了三维逻辑结构化网格上的 5 个耦合非线性偏微分方程（PDE），使用了隐式伪时间匹配方法，基于稀疏雅可比矩阵的双因子近似因子分解方法
177. mesa	C	三维图形库	Mesa 是一个开源的 OpenGL 实现库，支持通用帧缓冲，能配置为与 OS 和窗口系统无关。测试浮点、标量和内存的性能。输入为二维标量域，输出为 PNG 的二维图像文件
178. galgel	Fortran 90	计算流体动力学	源自 GAMM 测试程序的特定实例。低普朗特数流体在对流时发生震荡失稳的数值分析，计算稳态到失稳的临界格拉晓夫数和临界频率，使用频谱伽略金方法
179. art	C	图像识别，神经网络	使用自适应共振理论 2(ART 2) 神经网络方法，在温度图像中识别对象。对象是直升机或者飞机，神经网络首先在对象上进行训练，训练结束后，在扫描域图像中去找已经学习过的图像
183. equake	C	地震波传播模拟	使用有限元方法在非结构化网格中计算波长，模拟了地震时弹性波的传播，在大的、异构的山谷，如加州的圣费尔南多山谷或洛杉矶盆地，计算弹性波的传播，目标是能识别地震引起地表运动的历史时间
187. facerec	Fortran 90	图像处理，人脸识别	人脸的学习，从典范图像中抽取图像。对于每个要探测的图库，与相册图库进行匹配，查找相似性结果向量，寻找最大值，识别出相关图像
188. ammp	C	计算化学	在水包裹的混合蛋白质抑制剂环境下计算分子动力学，求解 ODE 方程，它是系统中原子运动的牛顿方程。该程序所模拟的蛋白质是 HIV 蛋白酶和茚地那韦抑制剂混合物
189. lucas	Fortran 90	数论，素数测试	执行 Lucas-Lehmer 测试，检查梅森数的素数性 2^p-1。通过离散加权转换技术来计算梅森 mod 平方，使用数据局部的 FFT 算法来执行 Lucas-Lehmer 迭代的大定点数的平方
191. fma3d	Fortran 90	有限元碰撞模拟	这个程序计算非弹性、三维固体和结构在受到冲击或者突然加上负载时的瞬态动态响应行为。该程序构建了元素库，也对真实物质的特性进行建模，如弹性和塑性等

（续）

浮点测试程序	语言	分类	描述
200. sixtrack	Fortran 77	高能核物理加速器设计	在粒子加速器模型中，模拟跟踪变化数量的粒子，以及变化数量的粒子发生了翻转。加速器的模型，如大型强子对撞机（LHC），可以用于动力学孔径的检查，如梁的长期稳定性
301. apsi	Fortran 77	气象学，污染物分布	求解中尺度天气系统和天气的变化，包括位温，U 和 V 风的分量，中尺度垂直速度，W 压力，污染物浓度分布 C，源 Q。采用劈分算法对整个系统进行求解

表 12.7　SPEC CPU2006 程序和描述

定点测试程序	语言	分类	描述
400. perlbench	C	Perl 编程语言	Perl 脚本程序，包括垃圾邮件检测程序 SpamAssassin、邮件索引器 MHonArc 和 specdiff
401. bzip2	C	压缩	bzip2 压缩程序，输入包括 JPEG 图片、源代码、HTML 文件和混合文件等，使用不同的压缩级别进行压缩和解压缩
403. gcc	C	C 编译器	基于 gcc 3.2 编译器，产生 Opteron 的代码
429. mcf	C	组合优化	一个用于大型公共交通的单车场车辆调度程序，使用了商业产品中常用的网络单纯形算法
445. gobmk	C	人工智能，围棋 go	下围棋游戏，读入围棋格式文件，然后执行一些命令，根据围棋规则分析当前的局势，决定更为有利的下一步走法
456. hmmer	C	基因序列搜索	使用 Profile 隐马尔可夫模型（HMM），进行蛋白质基因序列分析
458. sjeng	C	人工智能，棋类游戏	一个排名很高的棋类游戏，属于棋类树的搜索和模式识别，通过组合 alpha-beta 剪枝或 proof-number 树搜索、形势判断、启发式前向修剪来寻找最佳的棋子移动
462. libquantum	C	物理，量子计算	模拟了一台量子计算机，执行了 Shor 多项式时间因式分解算法
464. h264ref	C	视频压缩	视频压缩标准 H.264/AVC 的一种参考设计，基于 h264avc 9.3 版本，使用两个参数组对 YUV 格式源文件进行 H.264 编码
471. omnetpp	C++	离散时间模拟	使用 OMNet++离散时间模拟器对一个大型的校园网络进行建模，包括 8000 台计算机和 900 个交换机以及各种以太网协议
473. astar	C++	路径寻找算法	二维地图的寻路算法库，常用于游戏中的人工智能，实现了三种不同类型的 A * 算法
483. xalancbmk	C++	XML 处理	将 XML 文档转换为 HTML、纯文本或者其他 XML 格式的文档。是 Xalan-C++的一个修改版本，Xalan-C++实现了 XSL 转换和 XML Path 语言

（续）

浮点测试程序	语言	分类	描述
410. bwaves	Fortran	流体动力学	对三维瞬间跨音速黏性流体层流冲击波的模拟计算。该算法实现了非压缩 Navier-Stokes 等式的全隐式无分裂求解，采用了 Bi-CGstab 算法，迭代求解了非对称线性方程组
416. gamess	Fortran	量子化学	源自量子化学计算用得最广的 GAMESS（从头计算量子化学程序）。采用三种 SCF 自洽场方法（RHF、ROHF、MCSCF）对胞嘧啶分子、水和 Cu2+离子、三唑离子进行自治场计算
433. milc	C	物理，量子色动力学（QCD）	来自 MIMD 格计算（MILC）、四维 SU（3）格点规范理论的模拟，用来研究 QCD 量子色动力学、夸克和胶子，采用了 su3imp 程序的串行版本
434. zeusmp	Fortran	物理，计算流体动力学（CFD）	伊利诺伊大学香槟分校开发的计算流体动力学程序，用于模拟天体物理现象。模拟了一个沿着 X 轴方向统一磁场中的三维冲击波
435. gromacs	C/ Fortran	生物化学，分子动力学	计算数百到数百万粒子的牛顿运动方程。模拟了一个在水和离子溶液中的蛋白质溶菌酶结构在各种实验手段如核磁共振的 X 光照射下的变化
436. cactusADM	C/ Fortran	物理，广义相对论	采用交错超越的数值分析方法，对时空曲率由内部物质决定的爱因斯坦演化方程进行求解，演化方程由 10 个标准的 ADM 3+1 分解的二阶非线性偏微分方程组成
437. leslie3d	Fortran	流体动力学	来自三维大涡模拟和线性涡流模型，其使用麦科马克预测校正时间积分方法，用来计算湍流的计算流体力学程序。计算了一个如燃油注入燃烧室的时间分层混合流体
444. namd	C++	生物学，分子动力学	源自并行程序 NAMD，其模拟了大规模的生物分子系统。namd. input 模拟了 92 224 个原子组成的 A-I 载脂蛋白，ref 有 38 次迭代
447. dealII	C++	有限元分析	计算自适应有限元和误差估计。对非常系数的亥姆霍兹方程进行求解，使用了基于二元加权误差估计生成最佳网络的自适应方法
450. soplex	C++	线性规划，优化	使用了单纯型算法和松弛线性算法求解线性方程。测试模拟包括铁路规划和军用空运规划的物理模型
453. povray	C++	图像光线跟踪	光线跟踪是一种渲染技术，通过模拟真实世界的光线传输方式计算实景的影像。该计算基于柏林噪声函数，渲染一幅 1280×1024 的反锯齿国际象棋棋盘图像
454. Calculix	C/ Fortran	结构力学	使用 SPOOLES 求解器库，进行线性和非线性三维结构力学的有限元分析。计算了一个高速旋转压气盘在离心力作用下的应力和变形情况
459. GemsFDTD	Fortran	计算电磁学	使用了 FDTD（有限差分时域）方法求解三维时域中的麦克斯韦方程，计算了一个理想导体的雷达散射界面
465. tonto	Fortran	量子化学	面向对象的从头算量子化学包。模拟了量子晶体学领域计算，设置约束于分子的 HF 波函数，更好地匹配 X 光衍射实验数据

（续）

浮点测试程序	语言	分类	描述
470. lbm	C	流体动力学	实现了格子玻尔兹曼方法（LBM），模拟在三维空间的非压缩流体，常用于材料科学中模拟流体的行为
481. wrf	C/ Fortran	天气预报	基于 WRF 模型，是下一代中等规模数值天气预报系统，用于天气预报和大气研究，模拟 30 公里区域和两天内的天气
482. sphinx3	C	语音识别	基于卡内基-梅隆大学开发的著名的语音识别软件，使用了 AN4 数据库，输入为原始的音频格式，输出为识别出来的话语

表 12.8 SPEC CPU2017 程序和描述

SPECrate 2017 定点程序	SPECspeed 2017 定点程序	语言	描述
500. perlbench_r	600. perlbench_s	C	文本处理，Perl 解释器
502. gcc_r	602. gcc_s	C	编译，GNU C 编译器
505. mcf_r	605. mcf_s	C	组合和优化，求解车辆调度问题
520. omnetpp_r	620. omnetpp_s	C++	计算机网络，离散事件模拟
523. xalancbmk_r	623. xalancbmk_s	C++	通过 XSLT 将 XML 转换为 HTML
525. x264_r	625. x264_s	C	视频压缩，x264 视频编解码
531. deepsjeng_r	631. deepsjeng_s	C++	人工智能，下棋程序，alpha-beta 树搜索
541. leela_r	641. leela_s	C++	人工智能，下棋程序（Go），蒙特卡罗树搜索
548. exchange2_r	648. exchange2_s	Fortran	人工智能，9×9 数独，递归方式求解
557. xz_r	657. xz_s	C	压缩和解压缩，xz 压缩程序
SPECrate 2017 浮点程序	**SPECspeed 2017 浮点程序**	**语言**	**描述**
503. bwaves_r	603. bwaves_s	Fortran	计算流体动力学，爆炸建模
507. cactuBSSN_r	607. cactuBSSN_s	C++，C，Fortran	物理，广义相对论和数值相对论，求解真空中的爱因斯坦方程
508. namd_r	—	C++	结构生物学，模拟大规模的生物分子系统
510. parest_r	—	C++	分子医学成像，光学层析成像问题的有限元求解器
511. povray_r	—	C++，C	计算机可视化，光线追踪应用 POV-Ray
519. lbm_r	619. lbm_s	C	流体动力学
521. wrf_r	621. wrf_s	Fortran，C	天气预报建模，基于新一代中尺度数值天气预报系统 WRF
526. blender_r	—	C++，C	三维渲染和动画，基于开源的三维制作套件 Blender
527. cam4_r	627. cam4_s	Fortran，C	大气环流建模，地球系统模型 CESM 中的大气建模部分

（续）

SPECrate 2017 浮点程序	SPECspeed 2017 浮点程序	语言	描述
—	628. pop2_s	Fortran，C	大规模海洋建模（气候层面），地球系统模型 CESM 中的海洋建模部分
538. imagick_r	638. imagick_s	C	图像处理，图像处理软件包 ImageMagick 中的 convert 部分
544. nab_r	644. nab_s	C	分子动力学，基于生命科学计算领域中的分子建模应用 NAB（核酸构建器）
549. fotonik3d_r	649. fotonik3d_s	Fortran	计算电磁学，利用时域有限差分方法计算光子波导的透射系数
554. roms_r	654. roms_s	Fortran	区域海洋建模，基于区域海洋建模系统 ROMS

SPEC CPU2000 包括 12 个定点测试程序（CINT2000）和 14 个浮点测试程序（CFP2000）。定点测试程序包括 C 编译器、VLSI 布局和布线工具、图形应用等。浮点测试程序包括量子色动力学、有限元建模和流体动力学等。测试机的内存应不小于 256MB，以确保满足所有程序运行时的内存需求。

SPEC CPU2006 对 SPEC CPU2000 中的一些测试程序进行了升级，并抛弃和加入了一些测试程序，以更好地反映当时主流应用的特性。SPEC CPU2006 包括 12 项整数运算和 17 项浮点运算。SPEC CPU2006 的工作集变大了一些，对测试机的最小内存需求是 1GB。

SPEC CPU2017 是 SPEC 组织于 2017 年再次更新的 CPU 基准测试程序集，包含 43 个基准测试程序，分为 4 个测试程序集，两个定点程序集 SPECrate 2017 Integer 和 SPECspeed 2017 Integer，以及两个浮点程序集 SPECrate 2017 Floating Point 和 SPECspeed 2017 Floating Point。CPU2017 的工作集变得更大了，如 SPECspeed 需要最小 16GB 内存，SPECrate 在 64 位系统中的每份拷贝最小需要 2GB 内存。

为了便于比较，SPEC CPU 产生一个分值来归纳基准程序的测试结果。具体方法是将被测计算机的执行时间标准化，即将被测计算机的执行时间除以一台参考计算机的执行时间，结果称为 SPECratio，SPECratio 值越大，表示性能越好。综合测试结果是取所有程序 SPECratio 的几何平均值，所有定点程序的平均值称为 SPECint，所有浮点程序的平均值称为 SPECfp。为了测试多核系统的吞吐能力，SPEC CPU 还可以测试多个 CPU 核同时执行多份程序拷贝时的性能，并且把 CPU 的时间转换为 SPECrate 分数。SPEC CPU 2017 略有不同，SPECspeed 2017 允许通过 OpenMP 或者自动并行化对单个程序进行多线程并行化的执行，测试的是系统多线程的性能，而不仅仅是单核单线程的性能，它的程序集也和 SPECrate 不完全相同。

12.2.3　并行系统基准测试程序

并行计算机系统（多核、多线程和多处理器系统等）和单计算机系统不同的是，其存在并行性的瓶颈，包括多个线程之间共享资源的竞争和算法中数据的相互依赖等。面向并行系统的基准测试程序就是测试和评价并行系统的性能，在并行计算机体系结构的研究中起着重要的作用。这里主要介绍 SPLASH-2、PARSEC 和 Linpack 三种并行基准测试程序集。

（1）SPLASH-2

1992 年，斯坦福大学推出了并行测试程序 SPLASH（Stanford ParalleL Applications for SHared memory），1995 年推出了 SPLASH-2。SPLASH-2 使用 C 语言编写，由 12 个程序组成，使用 Pthreads API 并行编程模式。SPLASH-2 包含 4 个核心程序：Cholesky 将一个稀疏矩阵拆分成一个下三角矩阵和它的转置的积；FFT 用于计算快速傅里叶变换；Radix 是分配存储地址的算法；LU 用于将一个稀疏矩阵拆分成一个下三角矩阵和一个上三角矩阵的积。另外还包含 8 个应用程序：Ocean 用于通过海洋边缘的海流模拟整个海洋的运动；Radiosity 用于模拟光线在不同场景下的光影现象；Barnes 用于模拟一个三维多体系统（例如星系）；Raytrace 使用光线追踪渲染了三维的场景；FMM 采用了自适应快速多极子方法模拟了两维体系统的相互作用；Volrend 使用光线投射算法渲染三维体；Water-Nsquared 采用预测校正法评价了水分子系统的力和势能；Water-Spatial 采用了三维格点算法评价了水分子系统的力和势能。

（2）PARSEC

2008 年，普林斯顿大学推出了 PARSEC（The Princeton Application Repository for Shared-Memory Computers）。它最早来自 Intel 公司和普林斯顿大学的合作项目，目标是提供一个开源的并行测试程序集，主要面向新兴的应用，能评价多核处理器和多处理器系统，应用包括金融计算、计算机视觉、物理建模、未来媒体、基于内容的搜索和重复数据删除等。2009 年推出 PARSEC 2.1 版本，PARSEC 2.1 包括 13 个应用。2011 年推出 PARSEC 3.0，PARSEC 3.0 支持网络的应用，以及更便利地增加新的工作负载。PARSEC 能支持多种输入集，包括 test、simdev、simsmall、simmedium、simlarge 和 native，sim 输入集主要用于输入到模拟器的程序测试，native 输入用于在多核和多处理器的真实的机器中进行测试。PARSEC 通常采用 Ptherads、OpenMP 和 Intel TBB 三种并行编程模式，表 12.9 给出了 PARSEC 的应用和并行模拟、并行粒度、数据共享和数据交换的量以及每个应用所支持的并行编程模式。

表 12.9　PARSEC 并行测试程序集

程序	应用领域	并行模式	并行粒度	数据共享	数据交换	Pthreads	OpenMP	TBB
blackscholes	金融分析	数据并行	粗粒度	低	低	X	X	X
bodytrack	计算视觉	数据并行	中等粒度	高	中等	X	X	X
canneal	工程类	非结构化	细粒度	高	高	X		
dedup	企业存储	流水线	中等粒度	高	高	X		
facesim	动画	数据并行	粗粒度	低	中等	X		

（续）

程序	应用领域	并行模式	并行粒度	数据共享	数据交换	Pthreads	OpenMP	TBB
ferret	相似性查找	流水线	中等粒度	高	高	X		
fluidanimate	动画	数据并行	细粒度	低	中等	X		X
freqmine	数据挖掘	数据并行	中等粒度	高	中等		X	
raytrace	渲染	数据并行	中等粒度	高	低	X		
streamcluster	数据挖掘	数据并行	中等粒度	低	中等	X		X
swaptions	金融分析	数据并行	粗粒度	低	低	X		X
vips	媒体处理	数据并行	粗粒度	低	中等	X		
x264	媒体处理	流水线	粗粒度	高	高	X		

（3）Linpack

Linpack 是线性系统软件包（Linear system package）的缩写，开始于 1974 年，由美国阿贡国家实验室应用数学所主任 Jim Pool 提出并设计，是一套专门解线性系统问题的数学软件。Linpack 用于用高斯消元法求解一元 N 次稠密线性代数方程组的测试，当前在国际上已经成为最流行的用于测试高性能计算机系统浮点性能的基准测试程序。Linpack 测试包括三类，Linpack100、Linpack1000 和 HPL。Linpack100 求解规模为 100 阶的稠密线性代数方程组，它只允许采用编译优化选项进行优化，不得更改代码，甚至代码中的注释也不得修改。Linpack1000 求解规模为 1000 阶的线性代数方程组，达到指定的精度要求，可以在不改变计算量的前提下做算法和代码的优化。HPL 即 High Performance Linpack，也叫高度并行计算基准测试。前两种测试运行规模较小，已不适合现代计算机的发展，因此现在使用较多的测试标准为 HPL。HPL 是针对现代并行计算机提出的测试方式，用户在不修改任意测试程序的基础上，可以调节问题规模的大小 N（矩阵大小）、使用的 CPU 数目和使用各种优化方法等来执行该测试程序，以获取最佳的性能。衡量计算机性能的一个重要指标就是计算峰值，浮点计算峰值是指计算机每秒能完成的浮点计算最大次数。理论浮点峰值是该计算机理论上能达到的每秒能完成的浮点计算最大次数，它主要是由 CPU 的主频决定的。理论浮点峰值 = CPU 主频×CPU 每个时钟周期执行浮点运算的次数×系统中 CPU 核数。实测浮点峰值是指 Linpack 测试值，也就是在这台机器上运行 Linpack 测试程序，通过各种调优方法得到的最优的测试结果。用高斯消元法求解线性方程组，当求解问题规模为 N 时，浮点运算次数为（$2/3\times N^3+2\times N^2$）。因此，只要给出问题规模 N，测得系统计算时间 T，系统的峰值 = 计算量（$2/3\times N^3+2\times N^2$）/计算时间 T，测试结果以浮点运算每秒（FLOPS）给出。一般程序的运行几乎不可能达到 Linpack 的实测浮点峰值，更不用说达到理论浮点峰值了。这两个值只是作为衡量机器性能的一个指标，用来表明机器的处理能力和潜能。

12.2.4 其他常见的基准测试程序集

SPECjvm2008是一种通用的多线程Java基准测试工具，它能够反映Java运行时环境（Java Runtime Environment，简称JRE）的性能表现，其中JRE包含Java虚拟机（JVM）标准实现及Java核函数库。SPECjvm2008测试程序集包含编译、压缩、加解密、数据库、音频解码、FFT和LU等科学计算、sunflow和XML等22个测试程序，给出的测量结果是每分钟执行了多少个操作。该套测试工具主要体现处理器和内存子系统的性能，与IO关系不大。

SPECjbb2005是SPEC组织推出的服务器端Java基准测试程序，用于测试服务器端的Java运行时环境的性能。SPECjbb2005基于IBM内部的测试程序pBoB，模拟了当前最典型的三层架构中服务器端的Java应用，其中客户端（或称为驱动）用于产生负载，中间层实现了商业逻辑和更新数据库，数据库层使得这些更新永久保存，主要测试基于Java中间层商业逻辑引擎的性能。该基准测试程序在软件层面对Java虚拟机（JVM）、即时编译器（JIT）、垃圾收集器（GC）、用户线程以及操作系统的某些方面施加了压力，在硬件层面测试了CPU、存储层次的性能，对磁盘和网络IO没有施加压力，测试给出的结果表示为每秒完成多少笔业务操作，即BOPS（Business Operation Per Second）值。

SPECSFS是文件服务器测试程序，其使用一个文件服务器请求的脚本来测试NFS的性能，测试了IO系统（包括磁盘和网络IO）和CPU的性能。SPECWeb是一个Web服务器测试程序，模拟了多个客户端请求，包括静态的和动态的服务器的页面请求，以及客户端把页面数据传输到服务器。

TPC事务处理测试程序。事务处理性能委员会（Transaction Processing Performance Council，简称TPC）组织建立了一系列真实的事务处理测试程序。TPC事务处理测试程序测量了系统处理事务的能力，其中TPC-C于1992年创建，模拟了一个复杂的查询环境；TPC-H模拟了即席查询和决策支持系统；TPC-R模拟了商业决策支持系统；TPC-W是基于Web的事务测试程序，模拟了面向商业的事务Web服务器。所有的TPC测试程序测量性能的标准是每秒执行了多少个事务（TPS）。

SPECviewperf是SPEC组织推出的图形测试程序，用于测试3D渲染的性能。SPECviewperf使用真实应用中提取的OpenGL图形记录，并使用一个3D建模和系列OpenGL调用来转换这个模型以获得原始的帧数，用于测量运行在OpenGL应用程序接口之下的系统3D的图形性能。

Octane基准测试套件是Google推出的用于评估浏览器中JavaScript性能的基准测试工具。Octane 1.0包含13个测试程序，Octane 2.0包含17个测试程序。例如Richards程序为模拟操作系统内核行为的测试程序，pdf.js程序采用JavaScript实现了Mozilla的PDF Reader程序，它测量了pdf文件的解码和解释的时间，其他更为详细的介绍参见网址https://developers.google.com/octane/benchmark。

在计算机系统性能分析中，基准测试程序起着非常重要的作用，我们不仅仅只是用它们来跑个分值，更需要深入分析测试程序的行为特性，包括与体系结构无关的特性、与体系结构相关的特性，以及对计算机系统哪一部分施加压力等。

12.3 性能分析方法

“曾经有那么一段时间，高性能处理器的结构完全由一个智者通过拍脑袋来决定，这段时间已经一去不复返了。现代处理器的结构是由一个队伍持续地改进和创新的结果，开发未来Alpha处理器的队伍是受到性能建模的方法所指导的。”这一段话源自Alpha处理器设计者所写的关于处理器性能分析的文章。现代处理器的设计者们需要采用高度系统化的流程来保证其设计能充分利用技术的进步并尽可能地适应目标工作负载的特性。计算机系统的设计涉及几个步骤。首先，理解和分析机器中要执行的应用或工作负载的特性，然后提出创新性的可选设计方案，接着对所提出的方案进行性能评估，最后选择最好的设计。但实际问题不像步骤流程所描述的那么简单，因为存在大量的可选设计方案，这些方案又和海量的各种工作负载交织在一起，这就导致设计和选择阶段变得非常棘手。

表12.10列出了性能分析和评估技术的分类，主要可以分为两类：性能建模和性能测量。性能建模又可以细分为基于分析和统计的建模和基于模拟的建模。性能建模主要用于设计过程的早期阶段，那个阶段还没有实际系统或者实际系统还不能用于性能评估，这时一些设计的决策都是基于性能模型。分析建模根据对处理器结构以及程序特性的分析，用一定的方法建立处理器的性能公式，然后将体系结构参数及程序特性参数作为输入，用数学公式计算出处理器的性能信息，通常使用数学的方法来创建概率模型、队列模型、马尔可夫模型或者Petri网模型。模拟建模是处理器设计中用得最为广泛的方法，采用模拟器进行性能建模，用于预测现有的或者一个新的系统的性能。模拟器的优点是灵活和开销小，通常用高级语言编写，其缺点是需要大量的时间或大量的计算资源来精准地建模一个相对较大和复杂的系统。通常，模拟器比真实硬件的速度慢几个数量级，模拟的结果也会受到人为因素的干扰，因为模拟器会带来一些非真实的假设。相对于模拟器而言，基于实际机器或者原型系统的性能测量方法会更为精准一些。性能测量是最可信的方法，可以精准地评估系统的性能。实际系统出来之后，性能分析和测量也是非常有价值的：一是需要理解在各种真实工作负载下的实际系统的性能，二是要验证实际机器硬件是否和设计规范要求的性能相吻合，三是发现可能的性能瓶颈以及识别出未来设计中需要做出的修改。实际机器的测量还可以帮助验证设计阶段采用的性能模型，提供了一个附加的反馈用于未来的设计。性能测量的主要缺点是只能测量现有配置的性能，而系统的现有配置通常不能改变，或者只能有限地重新配置。性能测量可以进一步分为片上硬件监测、片外硬件监测、软件监测和微码插桩。

表 12.10　性能分析和评估技术的分类

<table>
<tr><td rowspan="2">性能建模</td><td>分析建模</td><td>概率模型
队列模型
马尔可夫模型
Petri 网模型</td></tr>
<tr><td>模拟建模</td><td>踪迹驱动模拟
执行驱动模拟
全系统模拟
事件驱动模拟
统计方法模拟</td></tr>
<tr><td>性能测量</td><td colspan="2">片上硬件监测器（例如性能计数器）
片外硬件监测器
软件监测器
微码插桩</td></tr>
</table>

好的性能建模和性能测量的技术和工具需要具备以下特性：

1）性能模型和测量结果要比较精确因为这些性能结果会直接影响到设计的权衡和选择。

2）性能模型的速度要比较快。如果一个性能模型很慢，在这个模型上执行工作负载需要花费数小时或者数天，那么做性能分析工作则需要花费数星期或者数月。性能模型的速度越慢，设计空间的探索范围就越有限。

3）性能模型和测量工具的开销不能太大，搭建性能评价和测量的平台不应该耗费大量的时间以及金钱。

4）性能模型上所执行的测试程序应该是目标代码，不需要应用程序的源代码，否则就不能对一些商业的应用程序进行性能评价。

5）性能模型要能捕获用户态和内核态的行为特性，能测量机器中所有的活动部分。有些工具只能测量或者捕获用户程序的行为，这对于传统的科学计算程序和工程程序是可以接受的。然而数据库的应用、Web 服务器和 Java 的工作负载涉及大量的操作系统代码的执行，这就需要性能模拟和测量工具也能捕获操作系统的活动。

6）性能模型和测量工具需要能很好地利用多处理器系统资源，并且能应对多线程的应用，因为当前的应用越来越多是多线程的应用。

7）性能模型和测量工具应该是非侵入式的，因为侵入式的方法会在测量过程中改变系统的行为和大幅度地降低系统的性能。

8）性能模型和测量工具应该很容易修改和扩展，能对新的设计进行建模和测量。

当然，这些需求通常是相互冲突的。例如，不可能建模一个又快又精准的模型，数学分析建模是最快的方法也是最不精准的方法。又如，图形化（GUI）的显示方式增加了用户的友好性，但图形化的模拟器也会变得很慢。

12.3.1　分析建模的方法

分析建模的方法试图快速并且有效地捕获计算机系统的行为，并且对许多性能问题快速提供答案。由于处理器是个巨复杂系统，很难用一个模型来准确描述，所以可以独立地为处理器的各个部分建立分析模型，在忽略硬件实现细节的情况下考虑其对性能的影响，从而能够量化地分析影响处理器性能的因素，且具有速度快、灵活性高的特点。举一个最简单的分析建模的例子。计算系统的平均内存访问时间 $T=T_c+(1-h)T_m$，T 表示平均内存访问时间，h 是 Cache 命中率，T_c 是 Cache 的访问时间，T_m 是内存的访问时间。这个模型对计算机存储系统的行为进行了简化建模，但也体现了某些特定参数的改变所产生的影响，例如 Cache 命中率的变化、内存访问时间的变化，都会对平均内存访问时间产生影响。

分析建模的方法中常常用到主成分分析方法。主成分分析方法也称为矩阵数据分析，是数学上用来降维的一种方法，其原理是设法将原来的变量重新组合成一组新的互相无关的综合变量，同时根据实际需要从中可以取出少数几个综合变量尽可能多地反映原来变量的信息。主成分分析方法可以用于分析程序中微体系结构无关的特性，以及对基准测试程序进行冗余性分析。

分析建模具有很好的成本效益，因为它们都是基于数学的建模方法。然而，分析建模方法通常对模型做了一些简化假设，这样在分析模型中并没有捕获某实际系统所拥有的典型细节。目前，分析建模尚未在处理器设计中得到广泛应用，这一方面是由于其构建非常复杂，需要对处理器的结构特性有深刻的认识，另一方面在于抽象模型无法反映硬件细节，误差较大。尽管对于处理器的建模不是很流行，但是分析建模的方法很适合评价大的计算机系统。计算机系统通常可以被看作一组硬件和软件资源，以及一组任务或者工作同时在竞争这些资源，分析建模就是一个合适的性能度量方法。

分析建模的一个典型应用是生成模拟建模的踪迹程序。具体做法是先使用统计方法对工作负载进行分析，并利用这些统计信息（包括指令类型分布、指令组合、指令间相关信息、分支预测率和 Cache 命中率等）综合生成踪迹程序。由于这种合成的程序实际上是工作负载的抽象，所以它包含的信息精炼，从而能在模拟器上得到很快的收敛。同时，这种方法也具有较高的准确性。

12.3.2　模拟建模的方法和模拟器

模拟建模的方法使用软件的方式来模拟计算机系统硬件在体系结构层面的功能和性能特性。模拟器是体系结构研究和设计的重要工具，在学术界和工业界得到广泛使用。模拟器需要具有运行速度快、模拟精度高、配置修改灵活等特点，但这些需求是相互矛盾的，很难兼得。模拟器贯穿系统设计的整个流程，只是在不同的设计阶段模拟的详细程度有所不同。初期阶段，模拟器可以用来对各种设计方案进行粗粒度模拟，通过比较模拟结果来选择最优设计方案。中期阶段，模拟器用来对各种微结构设计进行评估，对一些微结构参数的选择进行折中。后期阶段，模拟器需要和目标系统进行性能验证，保证性能模型和实际机器的吻合。系统完成之后，模拟器可以用来产生踪迹信息，对系统进行瓶颈分析和性能优化。由于模拟器具有上述重要作用，学术界和工业界都开发了大量的模拟器。常见的研究用的模拟器有 SimpleScalar、SimOS、GEM5 等，各个公司也都开发了自己的模拟器，如 IBM 公司的 Mambo 和 Turandot 模拟器、AMD 的 SimNow 等。

模拟器使用 C、C++和 Python 等高级语言开发，利用这些串行结构化语言的函数或者类来模拟计算机系统部件的功能和行为。模拟器最直接的方法就是将目标机器的二进制代码中的每一条指令都转换为同样语义的宿主机器的指令，在宿主机器上执行。通过将目标机器的每一个寄存器和标识位对应一个变量，目标机器的所有逻辑操作都可以被间接地翻译为变量的运算和各种各样的简单或者复杂的算法操作，这样目标机器上程序的所有操作都可以在宿主机器上以软件模拟的形式复现出来。这种翻译的方式实现起来比较简单，被多数模拟器所采用。在进行微结构级的详细模拟时，模拟器需要在时钟周期级别上记录每条动态指令的运行结果、每一级流水线触发器的状态、内部各种队列的状态以及体系结构寄存器的状态、内存和 Cache 的行为、分支预测器的状态等，其数据量巨大，从而导致详细模拟运行的速度缓慢。

下面介绍几个典型的模拟器，包括 SimpleScalar、SimOS 和 GEM5。

SimpleScalar 是一套完整的工具集，包括编译器、汇编器、连接器和库等，由威斯康星（Wisconsin）大学开发，1995 年发布 1.0 版本。发布之后 SimpleScalar 迅速成为研究处理器设计的重要工具。SimpleScalar 模拟的范围非常广泛，从非流水的单处理器到具有动态调度指令和多级高速缓存的多处理器系统。它支持多种指令集，包括 Alpha、PowerPC、X86 和 ARM，还支持多种运行模式，包括 sim-safe、simi-fast、sim-profile、sim-bpred、sim-cache、sim-eio 和 sim-outorder 等。sim-safe 模拟最为简单，仅仅模拟指令集。sim-outorder 最为复杂，包括动态调度、推测执行等处理器技术，并且模拟了多级 Cache 存储系统。SimpleScalar 采用了功能模拟和时序模拟分离的方法。功能模拟模块提供指令集和 IO 模拟，性能模拟部分提供模拟器运行的性能模型。指令集模拟部分采用解释执行的方式，将目标系统指令集解释执行。指令集解释器采用易于理解的目标定义语言，清晰地描述了指令执行过程中对寄存器或内存的修改，并使用预处理来判断依赖关系，产生 SimpleScalar 需要的代码。SimpleScalar 的 IO 模拟模块提供了丰富的 IO 功能，可以满足通常的系统调用需要。性能模拟部分的核心是一个时钟计数器，它循环接收功能模拟部分传递过来的指令，根据指令类型来计算指令的执行周期。通常对于非访存指令，执行的周期都设置为 1，而对于访存指令，则根据所模拟的存储层次做相应的计算。SimpleScalar 的 4.0 版本 MASE 相对于之前的版本做了一些增强：功能模拟部分维持不变，性能模拟部分不再简单地计算延迟，而是使用一个微核心来执行指令。微核心中执行的指令根据系统的动态特征进行分支预测。在微核心中执行的指令提交阶段和功能模拟部分的执行结果进行验证，对于不正确的指令，则从上一次正确的地方重新执行，这样性能模拟部分就可以更好地给出系统的动态性能特征。之前的版本只有分支预测失败时才可以回滚到分支预测指令，而MASE则可以回滚到任意一条指令，这样就可以有效支持猜测读、处理器精确中断等技术。MASE中还增加了可变延迟的支持，更好地体现了系统的动态特征，比如系统DRAM对访存指令进行重排序所带来的访存延迟影响。SimpleScalar重点对CPU进行模拟，因此是研究CPU微结构的理想工具。但SimpleScalar不能启动操作系统，所有的应用需要用工具包中的工具进行编译链接才能执行。因此SimpleScalar上可以运行的应用程序受限，并且无法体现操作系统对系统的影响。

SimOS是斯坦福大学1998年开发的模拟器，可以模拟CPU系统或对称多处理器系统，包括存储系统、外设等。SimOS模拟的主要结构是SGI公司的MIPS和DEC公司的Alpha处理器，SimOS对系统各个部件的模拟都非常详细，可以启动和运行商业的操作系统。已经移植的操作系统包括IRIX和Linux（Alpha）等。由于SimOS可以运行完整的操作系统，所以在上面可以运行复杂的应用，如数据库和Web服务器等。为了达到速度和精确性的统一，SimOS提供了三种运行模式，分别是Embra、Mipsy和MXS。Embra采用动态二进制翻译的方法将目标指令集直接翻译成宿主机的指令集。这种模式通常用于操作系统和应用程序的启动。Mipsy模式也叫粗特性模式，包括缓存模拟和固定延迟的外设模拟。MXS模拟了详细的超标量处理器结构，该模型类MIPS R10000，采用了多发射、寄存器重命名、动态调度和带有精确异常的推测执行等技术。

GEM5模拟器是集成M5模拟器和GEMS模拟器的优点而高度定制化的模拟框架。GEM5使用C++和Python共同开发，其中C++编写底层功能单元，Python定制上层模拟器系统，整个开发方式是面向对象的，用户定制也非常方便。GEM5有4种可以相互替换的CPU模拟单元：AtomicSimpleCPU、TimingSimpleCPU、InOrderCPU和O3 CPU。其中AtomicSimpleCPU最简单，仅能完成功能模拟部分，TimingSimpleCPU可以分析内存操作的时序，InOrderCPU能够模拟流水线操作，O3 CPU（Out Of Order CPU）则能够模拟流水线的乱序执行并进行超标量等的时序模拟。在指令集方面，GEM5支持目前主流的X86、Alpha、ARM、SPARC和MIPS等架构。GEM5的模拟启动方式分为两种：一种是系统调用仿真模式，可以直接装载和执行目标机器的二进制应用程序；另外一种是全系统模拟模式，可以直接启动未修改的Linux 2.6操作系统内核。GEM5的模块化设计使得它在多核模拟上也体现出一定的优势，它不仅可以模拟各个部件，也能模拟部件之间的互连，这使得GEM5模拟器受到越来越多的重视。

为了在模拟速度和精度之间进行较好的折中，多种模拟加速技术被开发出来，其中有代表性的两种技术是采样模拟技术和统计模拟技术。采样模拟技术截取程序的一小部分进行模拟，并将其作为整个程序模拟结果的一个近似，如果采样程序能代表整个程序，则能获得较高的精度。通常采样方法有随机采样、SMARTS和SimPoint，其中SMARTS是对整个程序进行周期采样，SimPoint首先找到程序执行的相位（这里的相位表示程序在执行过程中重复出现的行为），然后对能够代表每个相位的部分进行采样和模拟仿真，这种采样方法大大减少了模拟时间。统计模拟技术和采样模拟技术一样，着眼于缩小需要模拟的指令数。该技术使用统计方法对工作负载进行分析，并利用这些统计信息（包括指令类型分布、指令组合、指令间相关信息、分支预测率和Cache命中率等）综合生成合成的程序踪迹，这种合成的程序踪迹实际上是对工作负载的抽象，所以它包含了提炼的信息，而且能够在模拟器上很快得到收敛。该方法在模拟速度和精度上有很大的优势，相对详细的模拟器，这种技术开发时间短，但是模拟的详细程度或覆盖度比详细的模拟及采样模拟技术差。

12.3.3　性能测量的方法

性能测量用于理解已经搭建好的系统或者原型系统。性能测量主要有两个目的，一是对现有的系统或者原型系统进行调优和改进，二是对应用进行优化。基本的过程包括：理解在这个系统上运行的应用的行为，将系统的特性和工作负载的特性进行匹配；理解现有系统的性能瓶颈；改进现有系统的设计特性，用于探索应用的特性。

计算机系统的性能测量主要包括基于硬件性能计数器的片上性能监测器、片外的硬件监测器、软件监测以及微码监测。本节重点介绍片上的硬件性能计数器，以及基于硬件性能计数器的Perf性能分析工具。

1. 硬件性能计数器

所有的高性能处理器和主流的嵌入式处理器，包括龙芯3A2000及其以后的处理器、Intel公司的Core系列、AMD公司的K10和Bulldozer系列、IBM公司的Power系列和ARM公司的Cortex A系列处理器，都在片上集成了硬件性能计数器。硬件性能计数器能捕获处理器内部或者外部的各种性能事件，能在执行复杂、真实的应用时捕获处理器的性能行为和应用的行为。这种能力克服了模拟器上的限制，因为模拟器通常不能执行复杂的应用。当前，复杂的运行时系统涉及大量同时执行的应用，通过硬件性能计数器的方法可以很好地评估系统和实时地监测系统的行为。所有的处理器厂商都会在处理器用户手册上公布其性能计数器的信息。

在Intel的Nehalem处理器中，每个处理器核（Core）有3个固定的性能计数器，还有4个通用的性能计数器；每个处理器都有一个核外（Uncore）的性能监测单元（PMU），包括8个通用的性能计数器和一个固定的性能计数器。在Intel处理器中，性能计数器被称为型号特定寄存器（Model Specific Register，简称MSR），包括性能事件选择寄存器（PerfEvtSel0、PerfEvtSel1等）和性能计数寄存器PMC（PerfCtr0、PerCtr1等）两种，PerfEvtSel寄存器能使用RDMSR和WRMSR两条指令进行读和写，这两条指令只能在内核态执行，PerfCtr计数寄存器能使用 RDPMC 指令进行读取。PerfEvtSel 寄存器用于选择需要监视哪些事件。PMC 寄存器主要用于对所选择的事件进行计数，当 PMC 寄存器发生溢出时，会触发 APIC 中断，操作系统可以提供相应的中断向量用于处理计数器溢出产生的中断，通常需要在中断描述符表或中断向量表中提供一项，用于指向相应的例外处理函数。表 12.11 和表 12.12 分别给出了 Intel Nehalem 处理器和龙芯 3A5000 处理器的性能计数器部分事件示例。

表 12.11 Intel Nehalem 处理器性能计数器事件和描述

事件号	umask 值	事件	描述
3CH	00H	UnHalted Core cycles	时钟周期或拍数
C0H	00H	Instruction retired	提交的指令数
2EH	4FH	LLC reference	访问最后一级 Cache 的数目
2EH	41H	LLC misses	访问最后一级 Cache 失效的数目
C4H	00H	Branch Instruction Retired	提交的分支指令的数目
C5H	00H	Branch Misses Retired	提交的误预测的分支指令的数目
0BH	01H	MEM_INST_RETIRED. LOADS	提交的 load 指令的数目
0BH	02H	MEM_INST_RETIRED. STORES	提交的 store 指令的数目
0EH	01H	UOPS_ISSUED. ANY	从重命名表发射到保留站的微码数目
0FH	02H	MEM_UNCORE_RETIRED. OTHER_CORE_L2_HITM	提交的 load 访存操作，命中芯片相邻核二级 Cache，并在 Modified 状态
12H	01H	SIMD_INT_128. PACKED_MPY	128 位的 SIMD 定点乘法操作的数目
24H	01H	L2_RQST. LD_MISS	二级 load 请求，二级 Cache 失效，二级 load 包括 L1D 失效和 L1D 预取
26H	FFH	L2_DATA_RQSTS. ANY	所有的二级数据请求
40H	0FH	L1D_CACHE_LD. MESI	所有的一级数据 Cache 读请求
C4H	00H	BR_INST_RETIRED. ALL_BRANCHES	提交的分支指令
D2H	0FH	RAT_STALLS. ANY	寄存器分配表引起的堵塞
2AH	01H	UNC_QMC_OCCUPANCY. CH0	内存控制器通道 0 读请求发生
60H	01H	UNC_DRAM_OPEN. CH0	DRAM 通道 0 由于读或者写发出 open 命令，因为该页首先需要打开

表 12.12 龙芯 3A5000 处理器性能计数器事件和描述

事件号	事件名称	事件定义
00H	clkcnt	时钟周期数
01H	roq_cmtcnt	提交指令数
02H	brq_branch	brq 返回分支指令数
03H	brq_err_branch	brq 返回预测错误分支指令数
04H	dtlb_access_cnt	数据 tlb 访问次数
08H	dcache_access	一级数据 Cache 访问次数
09H	dcache_miss	一级数据 Cache 缺失次数

（续）

事件号	事件名称	事件定义
0AH	vcache_access	victim_cache 访问次数
0BH	vcache_miss	victim_cache 缺失次数
0CH	scres_total	三级 Cache 访问次数
0DH	scres_miss	三级 Cache 缺失次数
24H	roq_vecfp_cmtcnt	处理器提交向量浮点运算指令数
25H	roq_vecint_cmtcnt	处理器提交向量定点运算指令数
27H	roq_ex_cnt	处理器中例外次数
29H	brq_bhtbrq	返回条件跳转类分支指令数
2AH	brq_err_bht	brq 返回条件跳转类错误预测分支指令数
2FH	ade_ualign_cnt	发生不对齐访问错误次数
32H	roq_load_cmtcnt	处理器提交 load 指令数
33H	roq_store_cmtcnt	处理器提交 store 指令数
34H	roq_scaint_cmtcnt	处理器提交标量定点运算指令数
40H	roq_cmt_4inst	提交阻塞周期数
41H	dec_deliver_stall	前端阻塞周期数
42H	be_stall	后端阻塞周期数
4CH	fxq_stall	定点发射队列阻塞周期数
4EH	mmq_stall	访存发射队列阻塞周期数
4FH	ftq_stall	浮点发射队列阻塞周期数

性能测量和分析对于寻找处理器设计中的性能瓶颈、查找引发性能问题的原因以及优化代码具有重要的意义。表 12.13 给出了主流的基于硬件性能计数器的性能分析工具。Intel 公司的商业化性能分析软件 Vtune 能使用 Intel 的性能计数器来进行性能测量。Compaq 公司的 DCPI（连续的剖析平台）在 Alpha 处理器上也是一个强大的程序剖析工具。系统工具 Perf-mon 能使用 UltraSPARC 处理器的性能计数器收集统计信息。Perf 是 Linux 内核自带的用于收集和分析性能数据的框架，有时称为 Perf 事件或者 Perf 工具，早期称为 Performance Counters for Linux (PCL)，能用于统计指令执行数目、Cache 失效数目、分支误预测失效数目等性能事件，也可以用于跟踪动态控制流，进行函数级和指令级的热点识别。OProfile 是 Linux 系统的性能分析工具，是一个开源的 profiling 工具，它使用性能计数器来统计信息。OProfile 包括一个内核模块和一个用户空间守护进程，前者可以访问性能计数寄存器，后者在后台运行，负责从这些寄存器中收集数据。AMD 公司开发的 CodeAnalyst 是基于 OProfile 和 Perf 的开源的图形化性能分析工具，CodeAnalyst 支持 AMD 的基于指令的采样技术（IBS），能更为精确地定位导致 Cache 失效或者流水线中断的指令。PAPI 由田纳西大学开发，提供了一套访问性能计数器的 API，使用 PAPI 需要对源码进行插桩，并且需要安装 perfctr 内核模块。

表 12.13　处理器性能分析工具

工具	平台	链接
Intel Vtune	IntelX86	http://software.intel.com/intel-vtune-amplifier-xe
Linux perf	X86/MIPS 等	http://perf.wiki.kernel.org
oprofile	X86/MIPS 等	http://oprofile.sourceforge.net
DCPI	Alpha	http://www.hp.com/openvms/products/dcpi
Perf-mon	UltraSPARC	http://www.sics.se/~mch/perf-monitor/index.html
AMDCodeAnalyst	AMD X86	http://developer.amd.com/tools-and-sdks/compute__trashed/amd-codeanalyst-performance-analyzer-for-linux/
PAPI	X86	http://icl.cs.utk.edu/papi/software/index.html

下面主要介绍 Linux 平台中最常用的性能分析工具 Perf。

2. Perf 性能分析工具

Perf 是集成在 Linux 内核中的性能分析工具，也称为 perf_events 或者 perf tools，从 Linux 内核 2.6.31 开始集成到内核中。Perf 用于收集和分析性能数据，在用户态就可以对应用进行剖析。其实现包括两个部分，用户态部分为 perf 程序，内核部分包括对处理器硬件计数器的操作、计数器溢出中断处理程序以及新增的系统调用 sys_perf_event_open。依赖硬件平台提供的硬件事件支持或者内核提供的软件事件支持，perf 能够对 CPU 和操作系统性能相关的指标进行采样，用较低的开销收集运行时性能数据。硬件支持的事件包括提交的指令、执行的时钟周期数、Cache 失效次数和分支误预测次数等，软件支持的事件包括进程上下文切换、缺页、任务迁移和系统调用的次数等。通过将采样的事件和采样时的指令地址对应，perf 可以识别哪段代码出现某种事件的频率较高，从而定位热点代码。通过各种事件统计，Perf 也能监测程序在操作系统层面对资源的利用情况，协助理解内核和操作系统的行为。

Perf 的工作原理如图 12.2 所示。Perf 通过调用 sys_perf_event_open 系统调用来陷入内核，采样硬件事件时，内核根据 Perf 提供的信息在 CPU 的性能监测单元（Performance Monitoring Unit，简称 PMU）上初始化硬件性能计数器（Performance Monitoring Counter，简称 PMC）。每当特定事件发生时，PMC 会随着增加，当 PMC 发生溢出时，会产生性能计数器溢出中断（Performance Counter Interrupt，简称 PCI）。内核在 PCI 的中断处理程序中记录 PMC 的值，以及产生中断时正在执行的指令所在地址 PC、当前时间戳以及当前进程的进程号 PID 或线程号 TID、程序的符号名称 comm 等数据，把这些数据作为一个采样。内核把记录的采样拷贝到环形缓冲区中，位于用户态的 perf 利用 mmap 内存映射从环形缓冲区复制采样数据，并对其进行解析。Perf 按照 PID、comm 等数据定位相应的进程，按照指令地址 PC 和可执行与可链接格式（ELF）文件中的符号表定位产生 PCI 中断的指令所属函数。PMC 会被中断处理程序按照初始化时设定的采样周期重新置位恢复初始化时的值，在后续的运行过程中再次开始计数、触发中断，直到整个 Perf 采样过程结束。

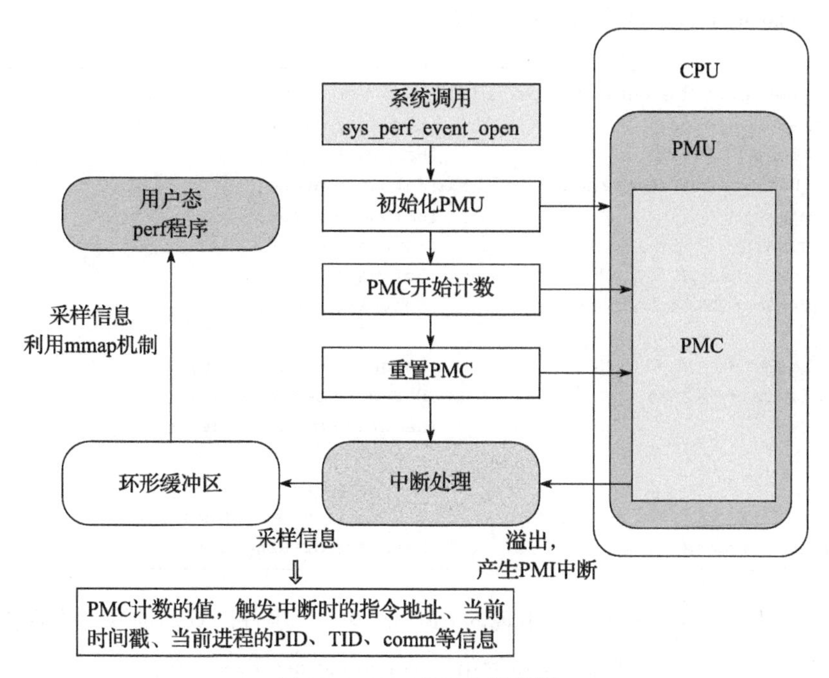

图 12.2　Perf 的工作原理图

Perf 是一个包含 22 种子工具的工具集，每个工具分别作为一个子命令。annotate 命令读取 perf. data 并显示注释过的代码；diff 命令读取两个 perf. data 文件并显示两份剖析信息之间的差异；evlist 命令列出一个 perf. data 文件的事件名称；inject 命令过滤以加强事件流，在其中加入额外的信息；kmem 命令为跟踪和测量内核中 slab 子系统属性的工具；kvm 命令为跟踪和测量 kvm 客户机操作系统的工具；list 命令列出所有符号事件类型；lock 命令分析锁事件；probe 命令定义新的动态跟踪点；record 命令运行一个程序，并把剖析信息记录在 perf. data 中；report 命令读取 perf. data 并显示剖析信息；sched 命令为跟踪和测量内核调度器属性的工具；script 命令读取 perf. data 并显示跟踪输出；stat 命令运行一个程序并收集性能计数器统计信息；timechart 命令为可视化某个负载在某时间段的系统总体性能的工具；top 命令为系统剖析工具。下面以示例的方式给出了一些常用子命令的用法。

perf list。perf list 用来查看 Perf 所支持的性能事件，有软件的，也有硬件的。这些事件因系统性能监控硬件和软件配置而异。命令格式为：

```
$ perf list [hw | sw | cache | tracepoint | event_glob]
```

其中，hw 和 cache 是 CPU 架构相关的事件，依赖于具体硬件；sw 实际上是内核的计数器，与硬件无关；tracepoint 是基于内核的 ftrace。

下面为 Nehalem 平台中显示的 perf list 输出。

```
List of pre-defined events (to be used in -e):
cpu-cycles OR cycles                          [Hardware event]
instructions                                  [Hardware event]
branch-instructions OR branches               [Hardware event]
branch-misses                                 [Hardware event]
page-faults OR faults                         [Software event]
context-switches OR cs                        [Software event]
cpu-migrations OR migrations                  [Software event]

L1-dcache-loads                               [Hardware cache event]
L1-dcache-load-misses                         [Hardware cache event]
LLC-loads                                     [Hardware cache event]

rNNN                                          [Raw hardware event descriptor]
cpu/t1=v1[,t2=v2,t3 ...]/modifier             [Raw hardware event descriptor]
mem:<addr>[:access]                           [Hardware breakpoint]
```

其中 rNNN 可以表示 Perf 中没有出现的 CPU 的“裸”事件。具体的硬件事件需要参考处理器的开发者手册，如 Intel 开发者手册的第三卷 Performance Events 部分。

perf top。执行与 top 工具相似的功能。对于一个指定的性能事件（默认是 CPU 周期），显示事件发生次数最多的函数或指令。perf top 主要用于实时分析各个函数在某个性能事件上的热度，能够快速定位热点函数，包括应用程序函数、模块函数与内核函数，甚至能够定位到热点指令。支持的参数包括：-p<pid>,仅分析目标进程及其创建的线程；-e<event>,指明要分析的性能事件；-G，得到函数的调用关系图。支持的交互式命令中，a 表示 annotate current symbol，注解当前符号，能够给出汇编语言的注解，给出各条指令的采样率。

perf stat。用于分析指定程序的性能概况。为常见性能事件提供整体数据，包括执行的指令数和所用的时钟周期。命令格式为：

```
perf stat [-e <EVENT> | --event=EVENT] [-a] - <command> [<options>]
```

常用的参数为：-p，仅分析 pid 目标进程及其创建的线程；-a，从所有 CPU 上收集系统范围的性能数据；-r，重复执行命令求平均；-C，从指定 CPU 上收集性能数据；-v，表示 verbose，显示更多性能数据；-n，只显示任务的执行时间；-o file，指定输出文件；--append，指定追加模式。下面给出了利用 perf stat 来分析 164. gzip 程序的示例。其中 perf stat 后面接的是可执行程序 gzip_base. gcc4-nehalem-550，后续接的是 gzip 程序的参数，input. source 表示 gzip 程序的输入集，60 表示 gzip 压缩和解压缩执行 60 次。

```
$perf stat  ./gzip_base.gcc4-nehalem-550 input.source 60
```

```
Performance counter stats for'./gzip_base.gcc4-nehalem-550 input.source 60 ':
 14250.268782  task-clock (msec)          #   0.999 CPUs utilized
         1439  context-switches           #   0.101 K/sec
           38  cpu-migrations             #   0.003 K/sec
         1813  page-faults                #   0.127 K/sec
  45574155874  cycles                     #   3.198 GHz
  18820897922  stalled-cycles-frontend    #   41.30% frontend cycles idle
   9377488173  stalled-cycles-backend     #   20.58% backend cycles idle
  51583076123  instructions               #   1.13 insns per cycle
                                          #   0.36 stalled cycles per insn
  10362771786  branches                   #   727.198 M/sec
    569118330  branch-misses              #   5.49% of all branches
 14.262521157  seconds time elapsed
```

上述示例表明 gzip 程序执行了 14.26 秒，执行的指令数目为 51 583 076 123，时钟周期数目为 45 574 155 874，IPC 的值为 1.13。CPU 的利用率为 99.9%，说明这是一个 CPU-bound（CPU 密集型）程序。前端堵的比例为 41.30%，前端堵通常表现为分支误预测或者指令 Cache 失效，从上述可以看出分支指令的比例为 20.1%，这个比例比较高，而且分支误预测率高达 5.49%，也高于其他的 SPEC CPU 程序，同时，该 Nehalem 处理器每秒处理分支指令为 7.27 亿条，也就是说它处理分支指令的吞吐率也是较高的。perf stat 是处理器性能分析中用得最多的命令之一。

下面给出了采用-e 参数统计各种 Cache 和 TLB 事件的示例。-e 后面接的是各种事件名称，事件和事件之间采用逗号隔开。

```
$ perf stat -e L1-dcache-loads,L1-dcache-load-misses,L1-dcache-stores,L1-dcache-store
-misses,L1-icache-loads,L1-icache-load-misses,LLC-loads,LLC-load-misses,LLC-stores,LLC-
store-misses ./gzip …
```

```
Performance counter stats for 'gzip':
     63415116185 L1-dcache-loads
      7985659883 L1-dcache-load-misses     #    12.59%  of all L1-dcache hits
     21910743402 L1-dcache-stores
       226863444 L1-dcache-store-misses
    131633115089 L1-icache-loads
        27837025 L1-icache-load-misses     #    0.02%  of all L1-icache hits
       134567750 LLC-loads
        11542368 LLC-load-misses           #    8.58%  of all LL-cache hits
       304000686 LLC-stores
        45778890 LLC-store-misses
    74.555108689 seconds time elapsed
```

上述示例给出了 164.gzip 程序访存的行为和 Cache 失效率，如 L1 dcache load 的失效率为 12.59%，LLC（也就是三级 Cache）load 的失效率为 8.58%，这些数据反映出 gzip 程序访存操作的 Cache 失效率比较高，这样内存访问延迟对于 164. gzip 程序就比较重要。

perf record。将性能数据记录到当前目录下的 perf. data，随后可使用 perf report 或者 perf annotate 命令来进行性能分析。下面命令为采用 perf record 记录 164. gzip 程序执行时的剖析信息。

```
$ perf record ./gzip_base.gcc4-nehalem-550 input.source 60
```

perf report。此命令从上述 perf record 命令产生的 perf. data 文件中读取采样的性能数据，分析记录数据并把剖析的信息以用户可读的方式显示出来。

```
$ perf report
```

```
# Samples: 57K of event 'cycles'
# Event count (approx.): 45812415332
# Overhead   Command     Shared Object            Symbol
  55.13%     gzip_base   gzip_base.gcc4-nehalem   [.] longest_match
   9.50%     gzip_base   gzip_base.gcc4-nehalem   [.] deflate
   6.87%     gzip_base   gzip_base.gcc4-nehalem   [.] inflate_codes
   6.11%     gzip_base   gzip_base.gcc4-nehalem   [.] updcrc
   6.08%     gzip_base   gzip_base.gcc4-nehalem   [.] flush_window
   3.48%     gzip_base   gzip_base.gcc4-nehalem   [.] memcpy
   3.44%     gzip_base   gzip_base.gcc4-nehalem   [.] compress_block
```

上述示例是基于时钟周期的采样所得到的程序的剖析，事件发生了 45 812 415 332 次，而采样的次数为 57 000 次。从上述输出可以看出，164. gzip 程序中 longest_match 函数耗费了 55. 13%的时间，deflate 函数耗费了 9. 50%的时间，inflate_codes 函数耗费了 6. 87%的时间。

```
$ perf record -e branch-misses ./gzip_base.gcc4-nehalem-550 input.source 60
```

```
# Samples: 55K of event 'branch-misses'
# Event count (approx.): 569672428
# Overhead   Command     Shared Object            Symbol
    55.55%   gzip_base   gzip_base.gcc4-nehalem   [.] longest_match
    11.67%   gzip_base   gzip_base.gcc4-nehalem   [.] deflate
     9.00%   gzip_base   gzip_base.gcc4-nehalem   [.] inflate_codes
     7.76%   gzip_base   gzip_base.gcc4-nehalem   [.] memcpy
     6.03%   gzip_base   gzip_base.gcc4-nehalem   [.] send_bits
```

上述示例是基于分支误预测次数的采样，可以看出 longest_match 函数由于分支指令误预测所占的比例为 55. 55%，而 deflate 函数所占的比例提高到 11. 67%。

```
$ perf record -e LLC-loads ./gzip_base.gcc4-nehalem-550 input.source 60
```

```
# Samples: 42K of event 'LLC-loads'
# Event count (approx.): 36026938
# Overhead    Command     Shared Object             Symbol
    44.74%    gzip_base   gzip_base.gcc4-nehalem    [.] longest_match
    34.55%    gzip_base   gzip_base.gcc4-nehalem    [.] deflate
     9.48%    gzip_base   gzip_base.gcc4-nehalem    [.] memcpy
     4.75%    gzip_base   gzip_base.gcc4-nehalem    [.] ct_tally
```

上述示例是基于 LLC load 次数的采样，可以看出 longest_match 函数 LLC load 访问所占比例为 44.74%，而 deflate 函数所占的比例提高到 34.55%。这时就需要适当考虑分析 deflate 函数访存的行为，因为其 LLC 访问所占的比例较高。

perf trace。执行与 strace 工具相似的功能，它监控特定线程或进程使用的系统调用以及该应用程序接收的所有信号。

perf annotate。读取 perf.data 文件，并显示注释过的代码。下面给出了使用 perf annotate 命令对 164.gzip 程序的 perf.data 数据进行注释的示例。

```
$ perf annotate
```

```
        :     } while ((cur_match = prev[cur_match & WMASK]) > limit
  10.58 :  402330:       and     $0x7fff,%edi
   1.55 :  402336:       movzwl 0x6ef5e0(%rdi,%rdi,1),%edi
        :              && --chain_length ! = 0);
  11.74 :  40233e:       cmp     %edi,%r9d
   0.00 :  402341:       jae     402450 <longest_match+0x190>
   7.72 :  402347:       sub     $0x1,%edx
   1.45 :  40234a:       je      402450 <longest_match+0x190>
        :     }
...
        :     do {
        :         match = window + cur_match;
  31.95 :  40235e:       lea     0x714220(%rcx),%r15
        :         len = (MAX_MATCH - 1) - (int)(strend-scan);
        :         scan = strend - (MAX_MATCH-1);
```

上述示例给出的是基于时钟周期进行 perf record，然后使用命令 perf annotate 所获得的剖析以及源代码和汇编代码的注释。由上可以看出 longest_match 函数中 while 循环的条件语句是一个复杂的条件判断，包含了一个数组元素的访问，然后再进行比较，其分别耗费了 10.58%和 11.74%的时间，而 do 语句的起始位置 40235e 处的指令耗费了 31.95%的时间，其中 cur_match 变量正是来自 while 条件中的 cur_match=prev[cur_match & WMASK]，所以其时间也是归于 do while 分支的开销。也就是说通过 perf annotate 命令可以看出，longest_match 函数大部分时间都是耗在复杂的条件判断和分支指令上。

Perf 是一款优秀的性能分析工具，能够实现对单个进程或整个系统进行性能数据采样的工作，能采集更为精准的信息，并且 Perf 有较低的系统开销。

12.4 性能测试和分析实例

与 1GHz 主频的龙芯 3A1000 相比，2.5GHz 主频的龙芯 3A5000 在主频只提升 2.5 倍的情况下实现了性能的 10 倍以上的提升。这个成绩背后是大量的性能分析和设计优化工作。本节以龙芯 3A5000 处理器的部分性能测试和分析工作为例，展示相关工具与方法的实际应用。

我们采用对比分析的方法，选择了两款采用类似工艺的 X86 处理器作为参考对象。对这三款处理器，我们先用 SPEC CPU 基准程序进行宏观性能测试，然后用 perf 工具收集 SPEC CPU 运行过程的微结构相关统计数据，用 LMbench 等微基准程序测量系统的一些关键参数，试图通过对比分析更好地理解不同设计对性能的影响，寻找下一代龙芯处理器可能的优化方向。

表 12.14 给出了这三款处理器的基本信息和主要设计参数。为了减少不必要的差异，三款处理器的频率被都设置为 2.5GHz，测试软件也尽量采用相同的编译器及编译参数来编译。

表 12.14 三款处理器的基本信息和主要设计参数

厂商	Loongson	AMD	Intel
处理器型号	3A5000	r3 1200	i3 9100f
上市时间	2021 年	2017 年	2019 年
工艺	12nm	14nm	14nm
指令集	LoongArch	X86-64	X86-64
微结构型号	LA464	Zen1	Skylake
频率	2.5GHz	2.5GHz	2.5GHz
内存类型和频率	DDR4 3200MHz	DDR4 3200MHz	DDR4 2400MHz
Cache 层次	64KB 一级 ICache 64KB 一级 DCache 256KB 二级 Cache 16MB 三级 Cache	64KB 一级 ICache 32KB 一级 DCache 512KB 二级 Cache 8MB 三级 Cache	32KB 一级 ICache 32KB 一级 DCache 256KB 二级 Cache 6MB 三级 Cache
核心队列和重命名寄存器数量	128 项 ROB，64 项 load 队列，48 项 store 队列，32 项分支队列，32 项定点、32 项浮点和 32 项访存保留站，128 项定点和 128 项浮点重命名寄存器	192 项 ROB，72 项 load 队列，44 项 store 队列，84 项定点和 96 项浮点保留站，168 项定点和 160 项浮点重命名寄存器	224 项 ROB，72 项 load 队列，56 项 store 队列，97 项统一保留站，180 项定点和 168 项浮点重命名寄存器
功能部件数	4 个定点，2 个访存，2 个 256 位浮点乘加	4 个定点，2 个访存，4 个 128 位浮点（其中 2 个 FMA/FMUL，2 个 FADD）	4 个定点，3 个访存，3 个 256 位浮点乘加

这三款处理器的总体微结构设计比较相近，但又各有特点。龙芯 3A5000 的“架子”（ROQ 等队列大小和重命名寄存器数量等）明显小于其他两款，浮点功能部件数量少于其他两款，但它的三级 Cache 容量却是最大的；Skylake“架子”最大，有三个访存部件，但三级 Cache 容量最小，内存也相对慢。

12.4.1 SPEC CPU 基准测试程序的分值对比

三款处理器的测试机采用的编译器均为 GCC 8，使用基本相同（除个别处理器相关选项外）的 SPEC CPU peak 优化配置文件。表 12.15 和表 12.16 分别给出了三款处理器的 SPEC CPU2006 speed 和 4 核 rate 分值对比[⊖]。

表 12.15 SPEC CPU2006 speed 分值对比

SPEC CPU2006	loongson 3A5000	Zen1 r3-1200	Skylake i3 9100f	Zen1/3A5000	Skylake/3A5000
400. perlbench	29.1	31.4	35.3	107.9%	121.3%
401. bzip2	17.3	18.5	19.2	106.9%	111.0%
403. gcc	23.9	30.8	38.1	128.9%	159.4%
429. mcf	27.1	27.6	37	101.8%	136.5%
445. gobmk	25.6	20.1	21.7	78.5%	84.8%
456. hmmer	39.2	46.2	54.7	117.9%	139.5%
458. sjeng	22.4	17.8	22.5	79.5%	100.4%
462. libquantum	78.8	141	123	178.9%	156.1%
464. h264ref	38	45.1	51	118.7%	134.2%
471. omnetpp	18.1	17.2	21.2	95.0%	117.1%
473. astar	19.3	15.6	15.8	80.8%	81.9%
483. xalancbmk	28.7	25.9	36.9	90.2%	128.6%
SPECint2006	27.87	29.05	33.47	104.2%	120.1%
410. bwaves	54.4	99.1	85.2	182.2%	156.6%
416. gamess	22.9	28.4	30.2	124.0%	131.9%
433. milc	18	38.8	32.3	215.6%	179.4%
434. zeusmp	25	51	56.2	204.0%	224.8%
435. gromacs	15.3	25.8	23.5	168.6%	153.6%
436. cactusADM	84.8	135	228	159.2%	268.9%
437. leslie3d	36.2	48.2	62.8	133.1%	173.5%
444. namd	20.7	21.5	23.8	103.9%	115.0%
447. dealII	39.8	48.7	46.7	122.4%	117.3%
450. soplex	28.5	34.6	39.8	121.4%	139.6%
453. povray	39.1	34.2	41.5	87.5%	106.1%
454. calculix	17.6	29.2	30.1	165.9%	171.0%

⊖ SPEC CPU 基准测试提供了两种分值指标：一种是测试计算机能多快完成一个任务，官方称为 speed 指标；另一种是测试计算机完成多个任务的吞吐率，官方称为 rate 指标。我们把同时启动 4 个任务的运行结果指标称为 4 核 rate 指标。

（续）

SPEC CPU2006	loongson 3A5000	Zen1 r3-1200	Skylake i3 9100f	Zen1/3A5000	Skylake/3A5000
459. GemsFDTD	35. 2	65. 1	56. 7	184. 9%	161. 1%
465. tonto	28. 4	25. 2	37. 2	88. 7%	131. 0%
470. lbm	28. 8	67. 5	74. 6	234. 4%	259. 0%
481. wrf	36. 5	53. 9	65	147. 7%	178. 1%
482. sphinx3	34. 1	40. 6	48. 4	119. 1%	141. 9%
SPECfp2006	30. 29	43. 85	48. 34	144. 8%	159. 6%

表 12. 16　SPEC CPU2006 rate4 分值对比

CPU2006 rate4	loongson 3A5000	Zen1 r3-1200	Skylake i3 9100f	Zen1/3A5000	Skylake/3A5000
400. perlbench	102	125	136	122. 5%	133. 3%
401. bzip2	64. 4	69. 6	67. 7	108. 1%	105. 1%
403. gcc	75. 5	107	121	141. 7%	160. 3%
429. mcf	50. 5	81. 3	88. 3	161. 0%	174. 9%
445. gobmk	95. 8	79. 7	85. 4	83. 2%	89. 1%
456. hmmer	128	184	214	143. 8%	167. 2%
458. sjeng	86	71. 3	89. 2	82. 9%	103. 7%
462. libquantum	89. 2	154	121	172. 6%	135. 7%
464. h264ref	147	178	201	121. 1%	136. 7%
471. omnetpp	45	54. 8	60	121. 8%	133. 3%
473. astar	58. 6	57. 1	55. 9	97. 4%	95. 4%
483. xalancbmk	68. 6	90. 2	111	131. 5%	161. 8%
SPECint2006	79. 39	95. 99	103. 16	120. 9%	129. 9%
410. bwaves	82. 1	210	152	255. 8%	185. 1%
416. gamess	84. 8	114	119	134. 4%	140. 3%
433. milc	44. 6	103	83. 2	230. 9%	186. 5%
434. zeusmp	83. 6	179	190	214. 1%	227. 3%
435. gromacs	58. 3	103	92. 2	176. 7%	158. 1%
436. cactusADM	114	193	256	169. 3%	224. 6%
437. leslie3d	68. 3	114	96	166. 9%	140. 6%
444. namd	80	85. 8	94. 7	107. 3%	118. 4%
447. dealII	142	187	176	131. 7%	123. 9%
450. soplex	62. 9	99	101	157. 4%	160. 6%
453. povray	149	136	155	91. 3%	104. 0%
454. calculix	62	116	118	187. 1%	190. 3%
459. GemsFDTD	53. 4	98. 2	80. 7	183. 9%	151. 1%
465. tonto	106	98. 7	136	93. 1%	128. 3%
470. lbm	51. 1	99. 4	87. 3	194. 5%	170. 8%
481. wrf	92. 1	175	164	190. 0%	178. 1%
482. sphinx3	81. 3	125	139	153. 8%	171. 0%
SPECfp2006	78. 65	126. 28	124. 86	160. 6%	158. 8%

基准测试程序的主要作用之一是评价目标产品的性能，比如 SPEC CPU 能够用于不同 CPU 之间的性能比较。通过上述数据，我们可以说 3A5000 定点性能和同频率的 Zen 处理器大致相当（SPECint2006 平均相差 4.2%），但浮点性能还有一定差距（SPECfp2006 平均相差 44.8%）。

通过基准程序的比较分析可以发现一些可能的优化方向。例如，从上述数据我们不难发现，3A5000 的浮点性能有比较明显的提升空间。可以在相关设计平台上尝试增加浮点功能数量来验证是否能够显著提升性能，如果单纯增加浮点部件还不够，可以继续试验扩大"架子"来进一步确定。设计中的下一代龙芯处理器在这两个方面都做了较大的改进，有望弥补这个弱点。同样，我们也可以看到，并不是每个 SPEC 程序的性能差异都是一样的，有些程序 3A5000 快，有些 Zen1 快，有些 Skylake 快。其中定点程序性能差距最大的是 462. libquantum，Zen1 比 3A5000 快 78.9%，显著大于其他定点程序。我们进一步分析这个程序，发现这和编译器的自动并行化支持有关系。在关闭编译器的自动并行化选项时，差距缩小到 16.5%，如表 12.17 所示。除了 462 以外，436 和 459 等几个程序的自动并行化效果在 3A5000 和 Zen1 上也有类似情况。因此，龙芯 3A5000 平台的编译器自动并行化优化的实现很可能存在较大的优化空间。此外，3A5000 与另外两款处理器的 SPEC CPU rate 分值差距比 speed 更大，这一点和它拥有更大的三级 Cache 以及更高的访存速率不一致，需要进一步分析。类似这样，细致分析相关数据可以找到分析点，这里不再展开。

表 12.17　SPEC CPU2006 speed 分值对比（关闭自动并行化）

SPEC CPU2006	loongson 3A5000	Zen1 r3-1200	Skylake i3 9100f	Zen1/3A5000	Skylake/3A5000
400. perlbench	28.9	31.2	35.2	108.0%	121.8%
401. bzip2	17.2	18.7	19.2	108.7%	111.6%
403. gcc	23.8	30.8	38.4	129.4%	161.3%
429. mcf	26.9	27.5	36.3	102.2%	134.9%
445. gobmk	25.5	20	21.6	78.4%	84.7%
456. hmmer	39.2	46.2	54.3	117.9%	138.5%
458. sjeng	22.2	17.8	22.5	80.2%	101.4%
462. libquantum	54.6	63.6	72	116.5%	131.9%
464. h264ref	37.9	45.1	51	119.0%	134.6%
471. omnetpp	18	17.2	21	95.6%	116.7%
473. astar	19.1	15.4	15.8	80.6%	82.7%
483. xalancbmk	28.1	26	36.8	92.5%	131.0%
SPECint2006	26.86	27.15	31.91	101.1%	118.8%
410. bwaves	54.8	98.9	85.4	180.5%	155.8%
416. gamess	22.2	28.6	30.2	128.8%	136.0%
433. milc	17.9	38.4	32.4	214.5%	181.0%

(续)

SPEC CPU2006	loongson 3A5000	Zen1 r3-1200	Skylake i3 9100f	Zen1/3A5000	Skylake/3A5000
434. zeusmp	24. 6	51	56. 3	207. 3%	228. 9%
435. gromacs	15. 2	25. 8	23. 2	169. 7%	152. 6%
436. cactusADM	52	58. 6	93. 1	112. 7%	179. 0%
437. leslie3d	36. 2	48. 3	62. 3	133. 4%	172. 1%
444. namd	20. 6	21. 5	23. 8	104. 4%	115. 5%
447. dealII	39. 7	48. 6	46. 7	122. 4%	117. 6%
450. soplex	28. 6	34. 7	39. 4	121. 3%	137. 8%
453. povray	38. 1	34. 1	40. 9	89. 5%	107. 3%
454. calculix	17. 6	29. 3	30. 2	166. 5%	171. 6%
459. GemsFDTD	29. 8	40. 2	45. 7	134. 9%	153. 4%
465. tonto	28. 1	25. 2	37. 1	89. 7%	132. 0%
470. lbm	28. 5	66. 8	74. 8	234. 4%	262. 5%
481. wrf	32. 1	56. 8	64. 9	176. 9%	202. 2%
482. sphinx3	33. 5	40. 8	48. 6	121. 8%	145. 1%
SPECfp2006	28. 72	40. 69	45. 20	141. 7%	157. 3%

基准程序的比较分析还可以帮助我们理解微结构设计与程序性能之间的关系。不同的程序对不同的微结构参数敏感，观察每个程序在不同处理器上的表现，结合下节更多的微结构数据，可以更好地理解它们之间的关系。当然，众多微结构参数往往会以复杂的形式互相影响，不能轻易做出结论。有条件的情况下（例如有校准过的性能设计模型或者快速仿真平台），最好通过每次只改变一个参数来观察确认。

12. 4. 2 微结构相关统计数据

SPEC CPU 的分数只能宏观体现一个程序的性能，我们需要收集更多微观运行时数据才能更好地了解程序的行为，比如程序执行了多少指令，花了多少时钟周期，有多少分支指令猜测错误，哪部分代码运行次数多，哪里 Cache 不命中最频繁，等等。利用 12. 3 节介绍的 perf 工具就能够收集这类数据，本节展示了 SPEC CPU2006 动态指令数、IPC 和分支预测相关的几个指标的情况。前两个是 CPU 性能公式中的两大要素，分支预测则对现代高性能处理器的性能有较大影响。

1. 动态指令数

CPU 的性能公式说明处理器的执行时间和 CPI、时钟频率以及动态执行指令数相关。表 12. 18 给出了 3A5000、Zen1 和 Skylake 三款处理器 SPEC CPU2006 动态执行指令数的对比，其中指令数目的单位为百万条，SPEC_int 和 SPEC_fp 为定点程序和浮点程序指令数目的累积总和。

表 12.18 SPEC CPU2006 动态指令执行数目（百万条）的对比

SPEC CPU2006	loongson 3A5000	Zen1 r3-1200	Skylake i3 9100f	Zen1/3A5000	Skylake/3A5000
400. perlbench	2 120 668	1 893 315	1 875 825	89. 3%	88. 5%
401. bzip2	2 598 456	2 230 210	2 105 917	85. 8%	81. 0%
403. gcc	918 503	720 416	637 262	78. 4%	69. 4%
429. mcf	270 116	273 830	279 889	101. 4%	103. 6%
445. gobmk	1 447 758	1 364 925	1 349 346	94. 3%	93. 2%
456. hmmer	1 725 941	1 293 236	1 140 944	74. 9%	66. 1%
458. sjeng	2 448 077	2 256 035	2 259 544	92. 2%	92. 3%
462. libquantum	1 287 345	1 354 349	1 355 304	105. 2%	105. 3%
464. h264ref	3 906 022	3 057 443	2 574 503	78. 3%	65. 9%
471. omnetpp	455 925	515 436	535 127	113. 1%	117. 4%
473. astar	804 288	862 191	855 804	107. 2%	106. 4%
483. xalancbmk	845 446	857 273	858 951	101. 4%	101. 6%
SPECint_2006	18 828 544	16 678 659	15 828 415	88. 6%	84. 1%
410. bwaves	867 049	643 946	563 805	74. 3%	65. 0%
416. gamess	6 326 795	4 818 900	4 737 215	76. 2%	74. 9%
433. milc	495 564	573 026	562 614	115. 6%	113. 5%
434. zeusmp	1 255 758	901 519	682 460	71. 8%	54. 3%
435. gromacs	1 523 919	1 606 588	1 621 933	105. 4%	106. 4%
436. cactusADM	1 059 689	913 079	460 976	86. 2%	43. 5%
437. leslie3d	586 968	663 348	350 522	113. 0%	59. 7%
444. namd	1 602 845	1 630 103	1 627 678	101. 7%	101. 5%
447. dealII	1 078 354	1 048 560	1 029 969	97. 2%	95. 5%
450. soplex	588 538	562 087	535 320	95. 5%	91. 0%
453. povray	715 602	816 008	838 778	114. 0%	117. 2%
454. calculix	1 941 778	1 615 746	1 473 997	83. 2%	75. 9%
459. GemsFDTD	773 507	832 552	471 723	107. 6%	61. 0%
465. tonto	2 028 792	2 212 799	1 674 174	109. 1%	82. 5%
470. lbm	877 312	817 999	821 754	93. 2%	93. 7%
481. wrf	1 437 760	953 405	794 095	66. 3%	55. 2%
482. sphinx3	2 229 029	1 850 550	1 867 714	83. 0%	83. 8%
SPECfp_2006	25 389 259	22 460 213	20 114 726	88. 5%	79. 2%

对于 CPU2006，3A5000 定点程序比 Zen1 的动态指令数（累积总和）要多 12. 9%，浮点程序指令数（累积总和）要多 13. 0%。和 Skylake 相比，3A5000 定点程序指令数要多 19%，浮点程序平均要多 26. 2%。对于定点程序中 403. gcc、456. hmmer、464. h264ref 的指令数，3A5000 比 Zen1 多 25%以上；对于浮点程序中 410. bwaves、416. gamess、434. zeusmp 和 481. wrf 的指令数，3A5000 比 Zen1 多 30%以上。对比 3A5000 和 Zen1 的 CPU2006 的分值和动态指令数之间的

关系，基本上符合动态指令数差距越大，性能差距也就越大。

动态指令数与指令集和编译器都有密切的关系。X86 是一种复杂指令集，在动态指令数方面总体比 RISC 指令集略有优势是可以理解的，但超过 20%的差距都值得认真查看。例如，以上数据中，对于 436. cactusADM 的动态指令数，3A5000 比 Skylake 多超过一倍，即使是 Zen1 也比 Skylake 多将近一倍。查看相应的代码，可以发现主要是编译器的向量指令选择带来的差异。Skylake 用 256 位向量指令，Zen1 用 128 位。3A5000 同样支持 256 位向量，但是其自动向量化支持尚不够优化，没有选择生成向量指令。按 peak 优化配置编译时，编译选项会指定处理器的微结构型号，如-march=native 或-march=loongarch，GCC 编译器会根据处理器的微结构型号选取合适的指令。例如对同一段源代码，对于 Zen1，编译器可能会选取 128 位的向量指令，因为 256 位的向量指令在 Zen1 内部需要被拆分，其效率有时候还不如 128 的向量指令，而对于 Skylake，编译器可能会选取 256 位的向量指令，这也导致同样是 X86 指令集的 Zen1 和 Skylake 动态指令数的不同。分析动态指令数的差异原因，可以为编译器和指令集的优化提供直接线索。

2. IPC

动态执行的指令数目只是性能公式中的一个因素，CPU 性能公式的第二个因素是 IPC。表 12. 19 是三款处理器 CPU2006 测试程序 IPC 的对比。

表 12. 19　SPEC CPU2006 IPC 的对比

SPEC CPU2006	loongson 3A5000	Zen1 r3-1200	Skylake i3 9100f	Zen1/3A5000	Skylake/3A5000
400. perlbench	2. 54	2. 45	2. 72	96. 5%	107. 1%
401. bzip2	1. 86	1. 73	1. 68	93. 0%	90. 3%
403. gcc	1. 1	1. 1	1. 22	100. 0%	110. 9%
429. mcf	0. 32	0. 33	0. 45	103. 1%	140. 6%
445. gobmk	1. 42	1. 05	1. 12	73. 9%	78. 9%
456. hmmer	2. 97	2. 57	2. 68	86. 5%	90. 2%
458. sjeng	1. 81	1. 33	1. 68	73. 5%	92. 8%
462. libquantum	1. 42	1. 67	1. 88	117. 6%	132. 4%
464. h264ref	2. 69	2. 5	2. 38	92. 9%	88. 5%
471. omnetpp	0. 54	0. 57	0. 73	105. 6%	135. 2%
473. astar	0. 89	0. 79	0. 77	88. 8%	86. 5%
483. xalancbmk	1. 4	1. 3	1. 84	92. 9%	131. 4%
SPECint_rate2006	1. 34	1. 24	1. 40	92. 9%	105. 0%
410. bwaves	1. 42	1. 9	1. 41	133. 8%	99. 3%
416. gamess	2. 97	2. 82	2. 92	94. 9%	98. 3%
433. milc	0. 4	0. 97	0. 81	242. 5%	202. 5%
434. zeusmp	1. 39	2. 01	1. 68	144. 6%	120. 9%

（续）

SPEC CPU2006	loongson 3A5000	Zen1 r3-1200	Skylake i3 9100f	Zen1/3A5000	Skylake/3A5000
435. gromacs	1.31	2.32	2.13	177.1%	162.6%
436. cactusADM	1.79	1.72	1.44	96.1%	80.4%
437. leslie3d	0.91	1.38	0.93	151.6%	102.2%
444. namd	1.66	1.75	1.94	105.4%	116.9%
447. dealII	1.52	1.79	1.7	117.8%	111.8%
450. soplex	0.84	0.94	1.02	111.9%	121.4%
453. povray	2.06	2.12	2.6	102.9%	126.2%
454. calculix	1.66	2.3	2.16	138.6%	130.1%
459. GemsFDTD	0.88	1.27	0.82	144.3%	93.2%
465. tonto	2.33	2.27	2.53	97.4%	108.6%
470. lbm	0.74	1.62	1.79	218.9%	241.9%
481. wrf	1.67	1.95	1.73	116.8%	103.6%
482. sphinx3	1.52	1.55	1.85	102.0%	121.7%
SPECfp_rate2006	1.34	1.73	1.62	129.7%	121.0%

从表中的数据可以看出 3A5000 的定点程序的 IPC 高于 Zen1，略低于 Skylake，3A5000 的浮点程序的平均 IPC 低于 Zen1 和 Skylake。

从 IPC 数据的演进可以看到处理器微结构的不断发展。对于 SPEC CPU2006 程序，3A2000 和 AMD K10 的定点 IPC 平均为 1 左右，浮点 IPC 平均为 1.1 左右，而 3A5000 和 Skylake 的定点 IPC 平均提升到 1.4 左右，而 Zen1 的浮点 IPC 平均提升到 1.73。

同样，IPC 数据的对比分析也可以提供一些优化线索。例如，可以找到同一程序在不同处理器上 IPC 差异很大的情况，通过热点代码块比较、微结构行为数据统计等进一步分析相应的编译器和微结构是否存在瓶颈。

3. 分支预测

分支指令处理的效率对处理器性能的影响较大，衡量分支指令处理效率的指标通常包括分支误预测率和分支指令的吞吐率。表 12.20 和表 12.21 给出了三款处理器 SPEC CPU2006 测试程序分支误预测率和分支吞吐率的对比。

表 12.20 3A5000、Zen1、Skylake 的 SPEC CPU2006 分支误预测率

SPEC CPU2006	loongson 3A5000	Zen1 r3-1200	Skylake i3 9100f	Zen1/3A5000	Skylake/3A5000
400. perlbench	1.18%	1.10%	0.71%	0.93	0.60
401. bzip2	5.38%	5.08%	4.94%	0.94	0.92
403. gcc	1.52%	1.31%	1.03%	0.86	0.68
429. mcf	5.62%	3.57%	3.86%	0.64	0.69
445. gobmk	8.29%	9.80%	8.56%	1.18	1.03

（续）

SPEC CPU2006	loongson 3A5000	Zen1 r3-1200	Skylake i3 9100f	Zen1/3A5000	Skylake/3A5000
456. hmmer	1. 12%	0. 66%	0. 65%	0. 59	0. 58
458. sjeng	4. 47%	5. 89%	4. 17%	1. 32	0. 93
462. libquantum	0. 79%	0. 21%	0. 09%	0. 27	0. 11
464. h264ref	2. 09%	1. 64%	1. 69%	0. 78	0. 81
471. omnetpp	2. 53%	1. 65%	1. 83%	0. 65	0. 72
473. astar	13. 60%	12. 03%	12. 75%	0. 88	0. 94
483. xalancbmk	0. 43%	0. 51%	0. 34%	1. 19	0. 79
SPECint_2006	2. 48%	1. 97%	1. 64%	0. 79	0. 66
410. bwaves	0. 09%	0. 25%	0. 15%	2. 78	1. 67
416. gamess	0. 94%	1. 07%	0. 69%	1. 14	0. 73
433. milc	6. 58%	0. 40%	0. 23%	0. 06	0. 03
434. zeusmp	1. 38%	0. 95%	0. 12%	0. 69	0. 09
435. gromacs	7. 04%	6. 19%	6. 11%	0. 88	0. 87
436. cactusADM	0. 33%	1. 49%	0. 17%	4. 52	0. 52
437. leslie3d	0. 33%	1. 66%	0. 22%	5. 03	0. 67
444. namd	4. 66%	4. 38%	4. 52%	0. 94	0. 97
447. dealII	2. 48%	2. 31%	2. 06%	0. 93	0. 83
450. soplex	5. 51%	4. 22%	4. 40%	0. 77	0. 80
453. povray	1. 86%	1. 30%	0. 56%	0. 70	0. 30
454. calculix	3. 23%	2. 80%	3. 02%	0. 87	0. 93
459. GemsFDTD	0. 29%	0. 40%	0. 10%	1. 38	0. 34
465. tonto	1. 20%	0. 93%	0. 91%	0. 78	0. 76
470. lbm	0. 46%	0. 45%	0. 38%	0. 98	0. 83
481. wrf	1. 08%	0. 51%	0. 24%	0. 47	0. 22
482. sphinx3	2. 35%	1. 80%	1. 88%	0. 77	0. 80
SPECfp_2006	1. 30%	1. 24%	0. 65%	0. 95	0. 50

表 12. 21　3A5000、Zen1、Skylake 的 SPEC CPU2006 分支吞吐率（每秒钟执行百万条分支指令）

SPEC CPU2006	loongson 3A5000	Zen1 r3-1200	Skylake i3 9100f	Zen1/3A5000	Skylake/3A5000
400. perlbench	1285. 22	1330. 7	1507. 39	103. 5%	117. 3%
401. bzip2	687. 20	679. 21	700. 24	98. 8%	101. 9%
403. gcc	528. 81	625. 04	726. 01	118. 2%	137. 3%
429. mcf	259. 12	186. 98	251. 16	72. 2%	96. 9%
445. gobmk	666. 08	495. 13	533. 88	74. 3%	80. 2%
456. hmmer	561. 53	553. 7	645. 47	98. 6%	114. 9%
458. sjeng	896. 90	662. 04	840. 26	73. 8%	93. 7%
462. libquantum	1109. 34	1225. 5	1380. 07	110. 5%	124. 4%

（续）

SPEC CPU2006	loongson 3A5000	Zen1 r3-1200	Skylake i3 9100f	Zen1/3A5000	Skylake/3A5000
464. h264ref	370. 65	468. 73	483. 39	126. 5%	130. 4%
471. omnetpp	333. 52	356. 34	442. 49	106. 8%	132. 7%
473. astar	512. 46	354. 04	349. 51	69. 1%	68. 2%
483. xalancbmk	1045. 16	963. 92	1362. 81	92. 2%	130. 4%
SPECint_2006	**615. 94**	**576. 20**	**667. 59**	**93. 5%**	**108. 4%**
410. bwaves	106. 04	112. 99	94. 37	106. 6%	89. 0%
416. gamess	489. 11	592. 77	616. 36	121. 2%	126. 0%
433. milc	11. 81	48. 688	43. 09	412. 3%	364. 9%
434. zeusmp	171. 28	101. 7	88. 22	59. 4%	51. 5%
435. gromacs	130. 19	174. 94	158. 70	134. 4%	121. 9%
436. cactusADM	7. 02	12. 711	13. 05	181. 1%	185. 9%
437. leslie3d	134. 20	300. 84	208. 51	224. 2%	155. 4%
444. namd	239. 86	234. 96	260. 51	98. 0%	108. 6%
447. dealII	659. 59	854. 76	830. 83	129. 6%	126. 0%
450. soplex	386. 41	462. 08	514. 60	119. 6%	133. 2%
453. povray	738. 40	889. 04	1060. 83	120. 4%	143. 7%
454. calculix	233. 14	351. 24	352. 48	150. 7%	151. 2%
459. GemsFDTD	70. 57	136. 25	111. 24	193. 1%	157. 6%
465. tonto	409. 28	426. 25	513. 51	104. 1%	125. 5%
470. lbm	24. 27	57. 785	63. 32	238. 1%	260. 9%
481. wrf	323. 44	460. 5	504. 50	142. 4%	156. 0%
482. sphinx3	420. 30	432. 66	546. 20	102. 9%	130. 0%
SPECfp_2006	**152. 40**	**214. 47**	**213. 45**	**140. 7%**	**140. 1%**

可以看到，这三款处理器总体分支误预测率的绝对值都已经比较小，Skylake 整体表现最优秀，3A5000 还有一定的提升空间。浮点程序总体误预测率比定点程序小。影响程序性能的除了分支误预测率还有分支解决速度、错误路径指令的取消效率等，这些可以在分支吞吐率指标中有所体现。进一步针对具体程序分析相关指标差距的根源，有助于不断改进分支预测的性能。

分支预测对整体性能的影响还和分支指令的比例有关系。表 12. 22 显示了 SPEC CPU2006 程序中分支指令的比例。可以看到，浮点程序中分支指令的比例明显少于定点程序。结合相对较低的误预测率，我们可以说分支预测对浮点程序的影响相对较小。分析整体影响时要综合考虑误预测率和分支比例。例如，从单个程序的数据异常看，浮点程序 433. milc 在 3A5000 上的误预测率高达 6. 58%，显著高于 Zen1 的误预测率 0. 4%和 Skylake 的 0. 23%。但是这个程序的分支比例非常少，在 3A5000 中只占 1. 2%，在 Zen1 和 Skylake 中占 2. 1%，因此它对总体性能的影响也比较小。

表 12.22　3A5000、Zen1、Skylake 的 SPEC CPU2006 分支指令所占百分比

SPEC CPU2006	loongson 3A5000	Zen1 r3-1200	Skylake i3 9100f
400. perlbench	20.3%	22.0%	22.1%
401. bzip2	14.8%	15.8%	16.7%
403. gcc	19.3%	21.1%	25.7%
429. mcf	32.5%	22.8%	22.3%
445. gobmk	18.8%	18.9%	19.2%
456. hmmer	7.6%	8.5%	9.8%
458. sjeng	19.8%	20.0%	19.9%
462. libquantum	31.7%	29.5%	29.5%
464. h264ref	5.5%	6.9%	9.0%
471. omnetpp	25.1%	25.3%	24.3%
473. astar	23.2%	18.0%	18.1%
483. xalancbmk	30.1%	29.8%	29.9%
SPECint_2006	18.5%	18.4%	19.3%
410. bwaves	3.0%	2.4%	2.7%
416. gamess	6.6%	8.3%	8.6%
433. milc	1.2%	2.1%	2.1%
434. zeusmp	4.9%	1.6%	2.7%
435. gromacs	4.0%	3.0%	3.0%
436. cactusADM	0.2%	0.2%	0.6%
437. leslie3d	5.9%	4.7%	16.6%
444. namd	5.8%	5.4%	5.4%
447. dealII	17.5%	19.3%	19.6%
450. soplex	18.6%	19.3%	20.8%
453. povray	14.4%	16.8%	16.4%
454. calculix	5.6%	6.0%	6.7%
459. GemsFDTD	3.2%	3.1%	7.6%
465. tonto	7.0%	6.1%	10.0%
470. lbm	1.3%	1.4%	1.4%
481. wrf	7.8%	9.7%	11.4%
482. sphinx3	11.1%	12.0%	11.1%
SPECfp_2006	4.6%	4.5%	5.9%

12.4.3　基础性能参数

Perf 利用事件采样获取许多有用的微观运行数据，还有一些工具则从软件角度测量系统的一些基础性能参数，两者可以互相补充。例如，对于存储子系统，可以用 Perf 来统计各级存储的 Cache 命中率，用 LMbench 测试各级存储访问延迟和带宽等，从而获得更全面的理解。本节

展示 LMbench 的部分应用案例。

1. 存储访问延迟

在处理器的性能指标中，各级 Cache 的访存延迟是一个重要的参数，其决定如果 Cache 访问命中或者失效，需要多少拍能回来。图 12.3 给出了 3A5000、Zen1、Skylake 的各级 Cache 和内存的访存延迟比较数据，其为基于跳步（stride）的访存测试结果。这个测试应用 LMbench 中的存储延迟测试工具执行的命令为./lat_mem_rd 128M 4096，其中参数 4096 为跳步大小。其基本原理是，通过按给定间隔去循环读一定大小的内存区域，测量每个读平均的时间。如果区域大小小于一级 Cache 大小，时间应该接近一级的访问延迟；如果大于一级小于二级，则接近二级访问延迟；依此类推。图中横坐标为访问的字节数，纵坐标为访存的拍数（cycles）。

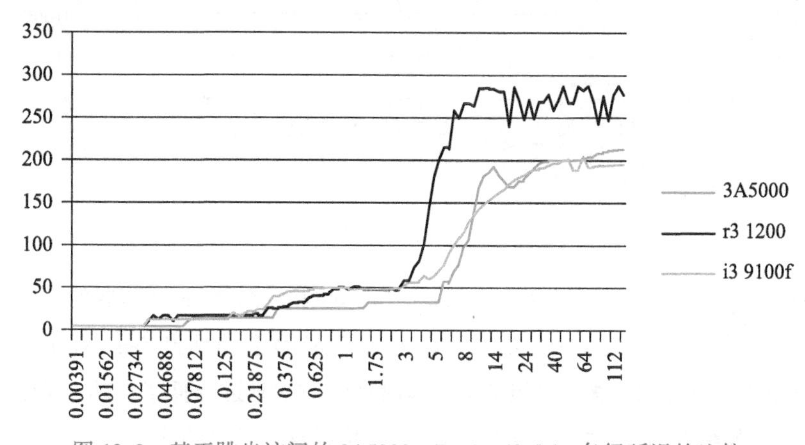

图 12.3 基于跳步访问的 3A5000、Zen1、Skylake 各级延迟的比较

从图中可以看出，对于一级 Cache 的延迟，3A5000、Zen1、Skylake 都为 4 拍；对于二级 Cache、三级 Cache 和内存延迟，3A5000 优于 Zen1；对于二级和三级 Cache 的延迟，3A5000 略优于 Skylake，3A5000 和 Skylake 内存访问延迟相似。

测试中还发现，通过变化 stride 参数的大小，当 stride 为 64~1024 字节时，3A5000 和 Skylake 处理器的二级、三级和内存延迟没有显著的突变（断层），而 Zen1 处理器在 stride 为 512 字节时已经出现明显的断层，有可能 Zen1 的预取器覆盖范围较小。

规整的基于跳步的访存测试结果会受到处理器的硬件预取器的影响，如果采用随机访问预取器就比较难发挥作用。图 12.4 给出了 3A5000、Zen1、Skylake 的各级 Cache 和内存的随机访存延迟比较数据，执行的命令为./lat_mem_rd -t 128M 4096，其中参数 4096 为跳步的大小。基于随机访问的延迟比较接近相关存储的物理访问延迟。从图中可以看出，对于 3A5000、Zen1、Skylake，一级 Cache 的延迟都为 4 拍，二级 Cache 的延迟分别为 14 拍、17 拍和 12 拍，Skylake 明显占优，三级 Cache 的延迟分别为 38~45 拍、38~49 拍和 38~48 拍，内存延迟（随机访问）分别为 228~344 拍、286~298 拍和 164~221 拍。3A5000 在三级 Cache 的延迟上略微有优势，而 Skylake 在内存访问的延迟上有明显优势。从随机访问的内存延迟来看，当访问大小超过40MB 时，3A5000 的访存延迟会不断上升，一直到 344 拍，而 Zen1 和 Skylake 变化不大，基本维持在 298 拍和 221 拍左右，因此 3A5000 内存控制器可能存在改善空间。

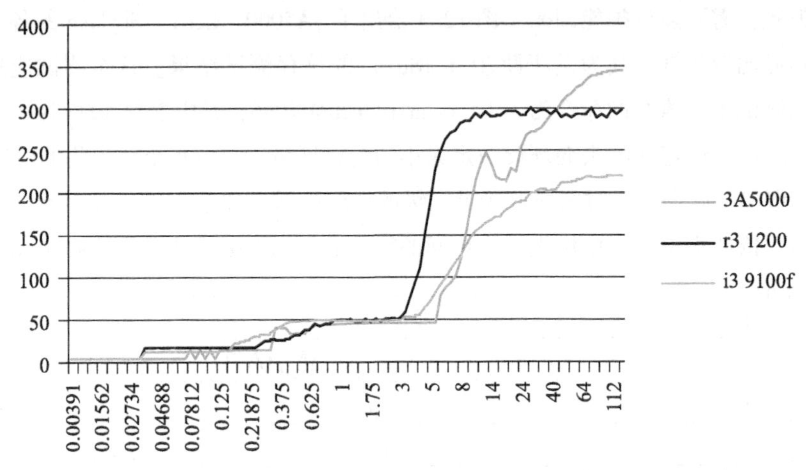

图 12.4　基于随机访问的 3A5000、Zen1、Skylake 各级延迟的比较

表 12.23 给出了 3A5000、AMD Zen1、Zen+以及 Intel 的 Skylake 处理器的一级、二级和三级 Cache 以及内存访问延迟（cycles）的对比。2018 年 AMD 公司推出 Zen1 的改进版 Zen+，微结构基本没有变化，只是把二级、三级 Cache 和内存的访问延迟降低了，其 SPEC CPU 性能提高了 3%，因此，各级 Cache 和内存访问的延迟会直接影响处理器的性能。

表 12.23　3A5000 和对比处理器的各级 Cache 和内存访问延迟数据

CPU 型号	3A5000 2.5G	Zen1 r3 1200	Zen+ r3 3100	Skylake i3 9100f
一级 Cache 延迟	4 拍	4 拍	4 拍	4 拍
二级 Cache 延迟	14 拍	17 拍	12 拍	12 拍
三级 Cache 延迟	38~45 拍	38~49 拍	38~45 拍	38~48 拍
内存访问延迟	40 拍+80ns	40 拍+85ns	40 拍+75ns	40 拍+68ns

2. 存储访问操作的并发性

图 12.5 给出了 LMbench 测试得到的访存操作的并发性，执行的命令为 ./par_mem。访存操作的并发性是各级 Cache 和内存所支持并发访问的能力。在 LMbench 中，访存操作并发性的测试需要设计一个链表，不断地遍历访问下一个链表中的元素。链表所跳的距离和需要测量的 Cache 容量相关，在一段时间能并发地发起对链表的追逐操作，也就是同时很多链表在遍历，如果发现这一段时间内能同时完成 N 个链表的追逐操作，就认为访存的并发操作是 N。

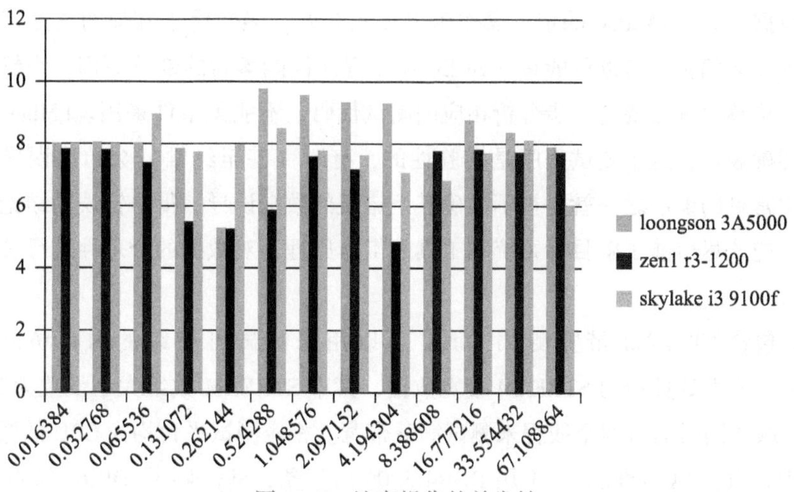

图 12.5　访存操作的并发性

从图中可以看出，3A5000 的访存并发性和 AMD 的 Zen1 以及 Intel 的 Skylake 处理器基本相当，在三级 Cache 大小范围时略有优势。

3. 功能部件延迟

表 12.24 列出了三款处理器的功能部件操作延迟数据，使用的命令是./lat_ops。

表 12.24　3A5000、Zen1、Skylake 的功能部件操作延迟

lat_ops 延迟（ns）	loongson 3A5000	Zen1 r3-1200	Skylake i3 9100f
integer bit	0.27	0.29	0.27
integer add	0	0	0
integer mul	0.02	0.02	1.24
integer div	6.21	8.03	10.86
integer mod	3.6	5.61	11.32
int64 bit	0.27	0.29	0.27
int64 add	0	0	0
int64 mul	0.02	0.02	1.22
int64 div	7.6	10.63	17.1
int64 mod	3.34	5.34	16.55
float add	2	1.2	1.6
float mul	2	1.2	1.61
float div	10.82	4.04	4.58
double add	2	1.2	1.6
double mul	2	1.6	1.6
double div	9.22	5.25	5.78
float bogomflops	5.04	1.53	1.2
double bogomflops	9.62	1.81	1.61

从测试数据来看，3A5000的定点操作延迟控制较好，多数优于其他两款处理器，但是浮点操作延迟则多数偏长，这也可能是其SPEC浮点程序性能落后的部分原因。当然，判断这些测试本身是否足够合理需要进一步分析相应的测试代码，不能无条件采用。LMbench的lat_ops说明文档中明确表示，这个测试程序是实验性的，有时（甚至经常）会给出误导的结论。性能分析工作中常见的误区之一就是被不准确甚至错误的数据误导，得出错误的结论。因此使用各种工具时，应该尽可能了解目标系统和工具的工作原理，对数据的合理性进行必要的判断。

4. STREAM带宽

LMbench包含STREAM带宽测试工具，可以用来测试可持续的内存访问带宽情况。表12.25列出了三款处理器的STREAM带宽数据，其中STREAM数组大小设置为1亿个元素，采用OpenMP版本同时运行四个线程来测试满载带宽。相应测试平台均为CPU的两个内存控制器各接一根内存条，3A5000和Zen1用DDR4 3200内存条，Skylake用DDR4 2400内存条（它最高只支持这个规格）。

表12.25　3A5000、Zen1、Skylake的STREAM带宽

STREAM四核（OpenMP）	3A5000	Zen1	Skylake
Copy	23 860.9	39 896.4	26 983.3
Scale	22 347.3	25 073.3	19 110.9
Add	19 323.0	29 768.5	21 516.0
Triad	21 043.8	29 146.8	21 490.7

从数据可以看出，虽然3A5000和Zen1在硬件上都实现了DDR4 3200，但3A5000的实测可持续带宽还是有一定差距。用户程序看到的内存带宽不仅仅和内存的物理频率有关系，也和处理器内部的各种访存队列、内存控制器的调度策略、预取器和内存时序参数设置等相关，需要进行更多分析来定位具体的瓶颈点。像STREAM这样的软件测试工具能够更好地反映某个子系统的综合能力，因而被广泛采用。

12.5　本章小结

本章首先介绍了计算机系统的一些常用评价指标和测试程序集，然后介绍性能建模和性能测量方法，最后给出一些性能评测和分析的具体案例。通过这些内容，希望读者了解计算机系统性能与计算机体系结构之间的复杂关系，初步掌握相关工具和方法。

习题

1. 写两个测试程序，分别用于测量一台计算机系统最大的MIPS和最大的MFLOPS的值。

2. 阅读和分析 STREAM v1 基准测试程序：
   （1）测出一台计算机上的测试结果并给出分析报告。
   （2）调节处理器的频率，看内存的带宽和频率的关系。
   （3）修改 STREAM 测试程序，看单精度带宽和双精度带宽的差别。
3. 分析 SPEC CPU2006 中 462. libquantum 程序，看它对处理器微结构的主要压力在哪里。查阅 spec. org 网站，看不同编译器对 462. libquantum 的分值的影响，猜测 Intel 编译器 icc 采用了什么编译技术使得其分值能达到上百分。
4. 使用 Perf 工具，测量 compress-7zip 程序的 IPC，分析压缩类算法对处理器微结构的主要压力在哪里。（compress-7zip 程序可参考 openbenchmarking 网站 https://openbenchmarking. org/test/pts/compress-7zip。）
5. 使用 gprof 工具，获得 linpack 程序的热点函数。
6. 使用性能分析工具 LMbench，获取你的计算机 CPU 的 L1、L2、L3 Cache 和内存的访存延迟，并分析其获取访存延迟的源代码，给出其工作的基本原理。（如果测试不出 L2 Cache 延迟，可以在 BIOS 中临时关闭 Cache 预取器，做完实验后记得再开启。）
7. 列出几种当前主流的处理器微结构模拟器，并使用一种模拟器，分析二级 Cache 的延迟对处理器性能的影响（例如二级 Cache 延迟从 24 变到 12 个时钟周期）。（例如 GEM5 或 SimpleScalar 等。如选用 SimpleScalar 模拟器，请使用 3v0d/3v0e 版本，假设使用 Alpha 指令集（make config-alpha；make；…），测试程序为 SPEC CPU2000 的 164. bzip 和 253. perlbmk。SimpleScalar 源代码参见 https://github. com/arjunjm/SimpleScalar。SPEC CPU2000 的 Alpha 指令集版本二进制代码参见 http://www. ece. uah. edu/~milenka/cpe631-03S/tools/631ssAlpha. tgz。SPEC CPU2000 的输入集可从本教材的配套网站获取。）
8. 嵌入式基准测试程序如 EEMBC 和桌面基准测试程序在行为特性上有什么差别？
9. 查找 ARM Cortex A 系列处理器的用户手册，列出你认为比较重要的硬件性能计数器的 10 个性能事件，并给出事件描述。
10. 模拟建模的方法和性能测量的方法相比有哪些优点？
11. SimPoint 的基本原理是什么，为什么其能减少模拟建模的时间？
12. 模拟器和真实的机器怎么校准，校准的评价指标通常是什么？
13. 在你的电脑上运行 SPEC CPU2000 的 rate 并给出分值。

S U M M A R Y

总结：什么是计算机体系结构

经过本课程的学习，大家对计算机体系结构有了一个具体的了解，但要问起什么是计算机体系结构，多半答不上来。以下内容是笔者撰写的《中国大百科全书》计算机体系结构词条的初稿，力求完整、准确地对计算机体系结构进行描述，作为本书的总结。

计算机体系结构（Computer Architecture）是描述计算机各组成部分及其相互关系的一组规则和方法，是程序员所看到的计算机属性。计算机体系结构主要研究内容包括指令系统结构（Instruction Set Architecture，简称 ISA）和计算机组织结构（Computer Organization）。微体系结构（Micro-architecture）是微处理器的组织结构，并行体系结构是并行计算机的组织结构。冯·诺依曼结构的存储程序和指令驱动执行原理是现代计算机体系结构的基础。

计算机体系结构可以有不同层次和形式的表现方式。计算机体系结构通常用指令系统手册和结构框图来表示，结构框图中的方块表示计算机的功能模块，线条和箭头表示指令和数据在功能模块中的流动，结构框图可以不断分解一直到门级或晶体管级。计算机体系结构也可以用高级语言如 C 语言来表示，形成结构模拟器，用于性能评估和分析。用硬件描述语言（如 Verilog）描述的体系结构可以通过电子设计自动化（Electronic Design Automation，简称 EDA）工具进行功能验证和性能分析，转换成门级及晶体管级网表，并通过布局布线最终转换成版图，用于芯片制造。

1. 冯·诺依曼结构及其基本原理

1945 年匈牙利数学家冯·诺依曼结合 EDVAC 计算机的研制提出了世界上第一个完整的计算机体系结构，被称为冯·诺依曼结构。冯·诺依曼结构的主要特点是：① 计算机由存储器、运算器、控制器、输入设备、输出设备五部分组成，其中运算器和控制器合称为中央处理器（Central Processing Processor，简称 CPU）或处理器。② 存储器是按地址访问的线性编址的一维结构，每个单元的位数固定。指令和数据不加区别混合存储在同一个存储器中。③ 控制器从存储器中取出指令并根据指令要求发出控制信号控制计算机的操作。控制器中的程序计数器指明要执行的指令所在的存储单元地址。程序计数器一般按顺序递增，但可按指令要求而改变。④ 以运算器为中心，输入/输出（Input/Output，简称 IO）设备与存储器之间的数据传送都经过运算器。

随着技术的进步，冯·诺依曼结构得到了持续改进，主要包括：① 以运算器为中心改进为以存储器为中心，数据流向更加合理，从而使运算器、存储器和 IO 设备能够并行工作。

② 由单一的集中控制改进为分散控制。早期的计算机工作速度低，运算器、存储器、控制器和IO设备可以在同一个时钟信号的控制下同步工作。现在运算器、存储器与IO设备的速度差异很大，需要异步分散控制。③ 从基于串行算法改进为适应并行算法，出现了流水线处理器、超标量处理器、向量处理器、多核处理器、对称多处理机（Symmetric Multi-Processor，简称SMP）、大规模并行处理机（Massively Parallel Processor，简称MPP）和机群系统等。④ 出现了为适应特殊需要的专用计算机，如图形处理器（Graphic Processing Unit，简称GPU）、数字信号处理器（Digital Signal Processor，简称DSP）等。

虽然经过了长期的发展，以存储程序和指令驱动执行为主要特点的冯·诺依曼结构仍是现代计算机的主流结构。非冯·诺依曼计算机的研究成果包括依靠数据驱动的数据流计算机、图约计算机等。

2. 指令系统结构

计算机系统为软件编程提供不同层次的功能和逻辑抽象，主要包括应用程序编程接口（Application Programming Interface，简称API）、应用程序二进制接口（Application Binary Interface，简称ABI）以及ISA三个层次。

API是应用程序的高级语言编程接口，在编写程序的源代码时使用。常见的API包括C语言、Fortran语言、Java语言、JavaScript语言接口以及OpenGL图形编程接口等。使用一种API编写的应用程序经重新编译后可以在支持该API的不同计算机上运行。

ABI是应用程序访问计算机硬件及操作系统服务的接口，由计算机的用户态指令和操作系统的系统调用组成。为了实现多进程访问共享资源的安全性，处理器设有“用户态”与“核心态”。用户程序在用户态下执行，操作系统向用户程序提供具有预定功能的系统调用函数来访问只有核心态才能访问的硬件资源。当用户程序调用系统调用函数时，处理器进入核心态执行诸如访问IO设备、修改处理器状态等只有核心态才能执行的指令。处理完系统调用后，处理器返回用户态执行用户代码。相同的应用程序二进制代码可以在相同ABI的不同计算机上运行。

ISA是计算机硬件的语言系统，也叫机器语言，是计算机软件和硬件的界面，反映了计算机所拥有的基本功能。计算机硬件设计人员采用各种手段实现指令系统，软件设计人员使用指令系统编制各种软件，用这些软件来填补指令系统与人们习惯的计算机使用方式之间的语义差距。设计指令系统就是要选择应用程序和操作系统中一些基本操作应由硬件实现还是由软件通过一串指令实现，然后具体确定指令系统的指令格式、类型、操作以及对操作数的访问方式。相同的应用程序及操作系统二进制代码可以在相同ISA的不同计算机上运行。

ISA通常由指令集合、处理器状态和例外三部分组成。

指令包含操作编码和操作数编码，操作编码指明操作类型，操作数编码指明操作对象。常见的指令编码方式包括复杂指令系统（Complex Instruction Set Computer，简称CISC）、精简指令系统（Reduced Instruction Set Computer，简称 RISC）和超长指令字（Very Long Instruction Word，简称 VLIW）等。

指令的操作主要包括：运算指令，如加减乘除、逻辑运算、移位等；数据传送指令，如取数和存数；程序控制指令，如条件和非条件转移、函数调用和返回等；处理器状态控制指令，如系统调用指令、调试指令、同步指令等。

指令的操作数包括立即数、寄存器、存储器、IO 设备寄存器等。立即数是指令中直接给出的数据。寄存器用于保存处理器最常用的数据，包括通用寄存器、浮点寄存器、控制寄存器等，处理器访问寄存器时直接在指令中指明要访问的寄存器号。存储器是计算机中保存指令和数据的场所，计算机取指令和存取数据都要先计算指令和数据所处的存储单元地址并根据地址来读写存储器。IO 设备都有专门的设备控制器，设备控制器向处理器提供一组 IO 设备寄存器，处理器通过读写 IO 设备寄存器来获知 IO 设备状态并控制 IO 设备，处理器写入 IO 设备寄存器的数据，会被设备控制器解释成控制 IO 设备的命令。

指令需要明确操作数的数据表示、编址方式、寻址方式和定位方式等。数据表示给出指令系统可直接调用的数据类型，包括整数、实数、布尔值、字符等。编址方式给出编址单位、编址方法和地址空间等，其中：编址单位有字编址、字节编址和位编址，普遍使用的是字节编址；常见的编址方法有大尾端（Big Endian）和小尾端（Little Endian）两种；地址空间包括寄存器空间、存储器空间和 IO 设备空间，有些 ISA 把存储器和 IO 设备统一编址，有些 ISA 把寄存器、存储器和 IO 设备统一编址。寻址方式主要有：立即数寻址、寄存器寻址、直接寻址、间接寻址、变址寻址（包括相对寻址和基址寻址）和堆栈寻址等。定位方式确定指令和数据的物理地址，包括以下几种：直接定位方式在程序装入主存储器之前确定指令和数据的物理地址；静态定位方式在程序装入主存储器的过程中进行地址变换，确定指令和数据的物理地址；动态定位方式在程序执行过程中，当访问到相应的指令或数据时才进行地址变换，确定指令和数据的物理地址，现代计算机多采用动态定位方式。

通用计算机至少要有两种工作状态：核心态和用户态。两个状态下所能使用的指令和存储空间等硬件资源有差别。一般来说，只有操作系统才能工作在核心态，用户程序只能工作在用户态并可以通过例外和系统调用进入核心态。有些处理器有更多工作状态，如核心态（Kernel）、监督态（Hypervisor）、管理态（Supervisor）、用户态（User）等。

例外（Exception）系统是现代计算机的重要组成部分，除了管理外部设备之外，还承担了包括故障处理、实时处理、分时操作系统、程序的跟踪调试、程序的监测、用户程序与操作系统的联系等任务。发生例外时，处理器需要保存例外原因、例外指令的程序计数器内容等信息，把处理器状态切换为核心态并跳转到事先指定的操作系统例外处理入口地址；执行完例外处理程序后，处理器状态切换回发生例外前的状态并跳转回发生例外的指令继续执行。指令系统要指明例外源的分类组织、例外系统的软硬件功能分配、例外现场的保存和恢复、例外优先级、例外响应方式和屏蔽方式等。

3. 计算机组织结构

计算机组织结构指计算机的组成部分及各部分之间的互连实现。典型计算机的基本组成包括 CPU、存储器、IO 设备，其中 CPU 包括运算器和控制器，IO 设备包括输入设备和输出设备。计算机从输入设备接收程序和数据，存放在存储器中；CPU 运行程序处理数据；最后将结果数据通过输出设备输出。

运算器包括算术和逻辑运算部件、移位部件、寄存器等。复杂运算如乘除法、开方及浮点运算可用程序实现或由运算器实现。寄存器既可用于保存数据，也可用于保存地址。运算器还可设置条件码寄存器等专用寄存器，条件码寄存器保存当前运算结果的状态，如运算结果是正数、负数或零，是否溢出等。

控制器控制指令流和每条指令的执行，内含程序计数器和指令寄存器等。程序计数器存放当前执行指令的地址，指令寄存器存放当前正在执行的指令。指令通过译码产生控制信号，用于控制运算器、存储器、IO 设备的工作。这些控制信号可以用硬连线逻辑产生，也可以用微程序产生，也可以两者结合产生。为了获得高指令吞吐率，可以采用指令重叠执行的流水线技术，以及同时执行多条指令的超标量技术。当遇到执行时间较长或条件不具备的指令时，把条件具备的后续指令提前执行（称为乱序执行）可以提高流水线效率。控制器还产生一定频率的时钟脉冲，用于计算机各组成部分的同步。

存储器存储程序和数据，又称主存储器或内存，一般用动态随机存储器（Dynamic Random Access Memory，简称 DRAM）实现。CPU 可以直接访问它，IO 设备也频繁地和它交换数据。存储器的存取速度往往满足不了 CPU 的快速要求，容量也满足不了应用的需要，为此将存储系统分为高速缓存（Cache）、主存储器和辅助存储器三个层次。Cache 存放当前 CPU 最频繁访问的部分主存储器内容，可以采用比 DRAM 速度快但容量小的静态随机存储器（Static Random Access Memory，简称 SRAM）实现。数据和指令在 Cache 和主存储器之间的调动由硬件自动完成。为扩大存储器容量，使用磁盘、磁带、光盘等能存储大量数据的存储器作为辅助存储器。计算机运行时所需的应用程序、系统软件和数据等都先存放在辅助存储器中，在运行过程中分批调入主存储器。数据和指令在主存储器和辅助存储器之间的调动由操作系统完成。CPU 访问存储器时，面对的是一个高速（接近于 Cache 的速度）、大容量（接近于辅助存储器的容量）的存储器。现代计算机中还有少量只读存储器（Read Only Memory，简称 ROM）用来存放引导程序和基本输入输出系统（Basic Input Output System，简称 BIOS）等。现代计算机访问内存时采用虚拟地址，操作系统负责维护虚拟地址和物理地址转换的页表，集成在 CPU 中的存储管理部件（Memory Management Unit，简称 MMU）负责把虚拟地址转换为物理地址。

IO 设备实现计算机和外部世界的信息交换。传统的 IO 设备有键盘、鼠标、打印机和显示器等；新型的 IO 设备能进行语音、图像、影视的输入输出和手写体文字输入，并支持计算机之间通过网络进行通信；磁盘等辅助存储器在计算机中也当作IO设备来管理。处理器通过读写IO设备控制器中的寄存器来访问及控制IO设备。高速IO设备可以在处理器安排下直接与主存储器成批交换数据，称为直接存储器访问（Directly Memory Access，简称DMA）。处理器可以通过查询设备控制器状态与IO设备进行同步，也可以通过中断与IO设备进行同步。

由若干个CPU、存储器和IO设备可以构成比单机性能更高的并行处理系统。

现代计算机各部件之间采用总线互连。为了便于不同厂家生产的设备能在一起工作以及设备的扩充，总线的标准化非常重要。常见的总线包括片上总线如AXI总线，系统总线如QPI和HT总线，内存总线如SDRAM总线，IO总线如PCIE、SATA、USB总线等。

4. 微体系结构

半导体工艺的发展允许在单个芯片内部集成CPU，称为微处理器（Microprocessor）。微体系结构（简称微结构）是微处理器的组织结构，描述处理器的组成部分及其互连关系，以及这些组成部分及其互连如何实现指令系统的功能。对于同一个指令系统，复杂的微结构性能高，功耗和成本也高；简单的微结构性能低，功耗和成本也低。随着半导体工艺的不断发展，实现相同指令系统的处理器微结构不断升级并不断提高性能。

计算机执行指令一般包含以下过程：从存储器取指令并对取回的指令进行译码，从存储器或寄存器读取指令执行需要的操作数，执行指令，把执行结果写回存储器或寄存器。上述过程称为一个指令周期。计算机不断重复指令周期直到完成程序的执行。体系结构研究的一个永恒主题就是不断加速上述指令执行周期，从而提高计算机运行程序的效率。人们提出了很多提高指令执行效率的技术，包括RISC技术、指令流水线技术、高速缓存技术、转移预测技术、乱序执行技术、超标量（又称为多发射）技术等。

RISC技术。自20世纪40年代发明电子计算机以来，处理器结构和指令系统经历了一个由简单到复杂，由复杂到简单，又由简单到复杂的否定之否定过程。早期的处理器结构及其指令系统由于工艺技术的限制，不可能做得很复杂。随着工艺技术的发展，20世纪60年代后流水线技术、动态调度技术、向量机技术被广泛使用，处理器结构和指令系统变得复杂。20世纪80年代提出的RISC技术通过减少指令数目、定长编码、降低编码密度等以简化指令的取指、译码、执行的逻辑来提高频率，通过增加寄存器数目及load-store结构来提高效率。后来随着深度流水、超标量、乱序执行的实现，RISC结构变得越来越复杂。

RISC指令采用load-store结构，运算指令从寄存器读取操作数并把结果写回寄存器，访存指令则负责在寄存器和存储器间交换数据，运算指令和访存指令分别在不同的功能部件执行。在load-store结构中，运算器只需比较指令的寄存器号来判断指令间的数据相关，访存部件只需比较访存指令的地址来判断指令间的数据相关，从而支持高效的流水线、多发射及乱序执行技术。X86系列从Pentium Ⅲ开始，把CISC指令翻译成若干RISC微操作以提高指令流水线效率，如Haswell微结构最多允许192个内部微操作乱序执行。

指令流水线技术。指令流水线把一条指令的执行划分为若干阶段（如分为取指、译码、执行、访存、写回阶段）来减少每个时钟周期的工作量，从而提高主频；并允许多条指令的不同阶段重叠执行实现并行处理（如一条指令处于执行阶段时，另一条指令处于译码阶段）。虽然同一条指令的执行时间没有变短，但处理器在单位时间内执行的指令数增加了。

指令流水线的执行单元包括算术和逻辑运算部件（Arithmetic Logic Unit，简称 ALU）、浮点运算部件（Floating Point Unit，简称 FPU）、向量运算部件、访存部件、转移部件等。这些部件在流水线的调度下具体执行指令规定的操作。运算部件的个数和延迟，访存部件的存储层次、容量和带宽，以及转移部件的转移猜测算法是决定微结构性能的重要因素。

Cache 技术。随着工艺技术的发展，处理器的运算速度和内存容量按摩尔定律的预测指数增加，但内存速度提高非常缓慢，与处理器速度的提高形成了"剪刀差"。

工艺技术的上述特点使得访存延迟成为以存储器为中心的冯·诺依曼结构的主要瓶颈。Cache 技术利用程序访问内存的时间局部性（一个单元如果当前被访问，则近期很有可能被访问）和空间局部性（一个单元被访问后，与之相邻的单元也很有可能被访问），使用速度较快、容量较小的 Cache 临时保存处理器常用的数据，使得处理器的多数访存操作可以在 Cache 上快速进行，只有少量访问 Cache 不命中的访存操作才访问内存。Cache 是内存的映像，其内容是内存内容的子集，处理器访问 Cache 和访问内存使用相同的地址。从 20 世纪 80 年代开始，RISC 处理器就开始在处理器芯片内集成 KB 级的小容量 Cache。现代处理器则普遍在片内集成多级 Cache，典型的多核处理器每个处理器核的一级指令和数据 Cache 各几十 KB，二级 Cache 为几百 KB，而多核共享的三级 Cache 为几 MB 到几十 MB。

Cache 技术和指令流水线技术相得益彰。访问处理器片外内存的长延迟使流水线很难发挥作用，使用片内 Cache 可以有效降低流水线的访存时间，提高流水线效率。Cache 容量越大，则流水线效率越高，处理器性能越高。

转移预测技术。冯·诺依曼结构指令驱动执行的特点使转移指令成为提高流水线效率的瓶颈。典型应用程序平均每 5~10 条指令中就有一条转移指令，而转移指令的后续指令需要等待转移指令执行结果确定后才能取指，导致转移指令和后续指令之间不能重叠执行，降低了流水线效率。随着主频的提高，现代处理器流水线普遍在 10~20 级之间，由于转移指令引起的流水线阻塞成为提高指令流水线效率的重要瓶颈。

转移预测技术可以消除转移指令引起的指令流水线阻塞。转移预测器根据当前转移指令或其他转移指令的历史行为，在转移指令的取指或译码阶段预测该转移指令的跳转方向和目标地址并进行后续指令的取指。转移指令执行后，根据已经确定的跳转方向和目标地址对预测结果进行修正。如果发生转移预测错误，还需要取消指令流水线中的后续指令。为了提高预测精度并降低预测错误时的流水线开销，现代高性能处理器采用了复杂的转移预测器。

乱序执行技术。如果指令 i 是条长延迟指令，如除法指令或 Cache 不命中的访存指令，那么在顺序指令流水线中指令 i 后面的指令需要在流水线中等待很长时间。乱序执行技术通过指令动态调度允许指令 i 后面的源操作数准备好的指令越过指令 i 执行（需要使用指令 i 的运算结果的指令由于源操作数没有准备好，不会越过指令 i 执行），以提高指令流水线效率。为此，在指令译码之后的读寄存器阶段，判断指令需要的操作数是否准备好。如果操作数已经准备好，就进入执行阶段；如果操作数没有准备好，就进入称为保留站或者发射队列的队列中等待，直到操作数准备好后再进入执行阶段。为了保证执行结果符合程序规定的要求，乱序执行的指令需要有序结束。为此，执行完的指令均进入一个称为重排序缓冲（Re-Order Buffer，简称 ROB）的队列，并把执行结果临时写入重命名寄存器。ROB 根据指令进入流水线的次序有序提交指令的执行结果到目标寄存器或存储器。CDC6600 和 IBM 360/91 分别使用记分板和保留站最早实现了指令的动态调度。

重命名寄存器与指令访问的结构寄存器相对应。为了避免多条指令访问同一个结构寄存器而使该寄存器成为串行化瓶颈，指令流水线可以把对该结构寄存器的访问定向到重命名寄存器。乱序执行流水线把指令执行结果写入重命名寄存器而不是结构寄存器，以避免破坏结构寄存器的内容，到顺序提交阶段再把重命名寄存器内容写入结构寄存器。两组执行不同运算但使用同一结构寄存器的指令可以使用不同的重命名寄存器，从而实现并行执行。

超标量。工艺技术的发展使得在 20 世纪 80 年代后期出现了超标量处理器。超标量结构允许指令流水线的每一阶段同时处理多条指令。例如 Alpha 21264 处理器每拍可以取 4 条指令、发射 6 条指令、写回 6 条指令、提交 11 条指令。如果把单发射结构比作单车道马路，多发射结构就是多车道马路。

由于超标量结构的指令和数据通路都变宽了，使得寄存器端口、保留站端口、ROB 端口、功能部件数都需要增加，例如 Alpha 21264 的寄存器堆有 8 个读端口和 6 个写端口，数据 Cache 的 RAM 通过倍频支持一拍两次访问。现代超标量处理器一般包含两个以上访存部件、两个以上定点运算部件以及两个以上浮点运算部件。超标量结构在指令译码或寄存器重命名时不仅要判断前后拍指令的数据相关，还需要判断同一拍中多条指令间的数据相关。

5. 并行体系结构

并行体系结构是并行计算机系统的组织结构，通过把任务划分为多个进程或线程，让不同的处理器并行运行不同的进程或线程来提高性能。此外，随着处理器访存延迟的增加，Cache 失效导致流水线长时间堵塞，处理器可以在一个线程等待长时间访存时快速切换到另一个线程执行以提高流水线效率。

多进程并行存在于多个操作系统之间或一个操作系统之内。用于高性能计算的 MPI 并行程序以及机群数据库是存在于多个操作系统之间的多进程并行的典型应用；由操作系统调度的多道程序则是操作系统之内多进程并行的典型应用。多线程并行只存在于一个操作系统之内。线程的粒度比进程小，线程的上下文也比进程简单。传统的多线程切换由操作系统调度并保留上下文，现代处理器通过硬件实现多份线程上下文来支持单周期的多线程切换。同时多线程（Simultaneous Multi-Threading，简称 SMT）技术甚至允许超标量指令流水线的同一流水级同时运行来自不同线程的指令。现代处理器还通过硬件实现多份操作系统上下文来支持多个操作系统的快速切换，从而提高云计算虚拟机的效率。

并行处理结构普遍存在于传统的大型机、服务器和高端工作站中。包含 2~8 个 CPU 芯片的小规模并行服务器和工作站一直是事务处理市场的主流产品；包含 16~1024 个 CPU 芯片的大型计算机在大型企业的信息系统中比较普遍；用于科学和工程计算的高性能计算机则往往包含上万个 CPU 芯片。随着集成电路集成度的不断提高，把多个 CPU 集成在单个芯片内部的多核 CPU 逐渐成为主流的 CPU 芯片产品。多核 CPU 芯片最早出现在嵌入式领域，把多个比较简单的 CPU 集成在一个芯片上。2005 年的个人计算机 CPU 芯片开始集成两个 CPU 核。现在的市场主流个人计算机 CPU 芯片一般集成 2~4 个 CPU 核，服务器 CPU 芯片则集成 8~32 个 CPU 核，专用处理器如 GPU 则集成几百到上千个 CPU 核。

并行处理系统通过互连网络把多个处理器连接成一个整体。常见的互连网络包括总线、交叉开关、环状网络、树形网络、二维或更多维网格等。并行系统的多个处理器之间需要同步机制来协同多处理器工作。常见的同步机制包括锁（Lock）、栅栏（Barrier）以及事务内存（Transaction Memory）等，计算机指令系统通常要设置专用的同步指令。

在共享存储的并行处理系统中，同一个内存单元（一般以 Cache 行为单位）在不同的处理器中有多个备份，需要通过存储一致性模型（Memory Consistency Model）规定多个处理器访问共享内存的一致性标准。典型的存储一致性模型包括顺序一致性（Sequential Consistency）、处理器一致性（Processor Consistency）、弱一致性（Weak Consistency）、释放一致性（Release Consistency）等。高速缓存一致性协议（Cache Coherence Protocol）把一个处理器新写的值传播给其他处理器，以达到存储一致性的目的。在侦听协议（Snoopy Protocol）中，写共享单元的处理器把写信息通过广播告知其他处理器；在基于目录的协议（Directory-based Protocol）中，每个存储单元对应一个目录项记录拥有该存储单元的副本的那些处理器号，写共享单元的处理器根据目录项的记录把写信息告知其他处理器。

6. **体系结构的设计目标和方法**

体系结构设计的主要指标包括性能、价格和功耗，其他指标包括安全性、可靠性、使用寿命等。体系结构设计的主要目标经历了大型机时代一味追求性能（Performance per Second），到个人计算机时代追求性能价格比（Performance per Dollar），再到移动互联时代追求性能功耗比（Performance per Watt）的转变。性能是计算机体系结构的首要设计目标。

性能的最本质定义是“完成一个或多个任务所需要的时间”。完成一个任务所需要的时间由完成该任务需要的指令数、完成每条指令需要的拍数以及每拍需要的时间三个量相乘得到。完成任务需要的指令数与算法、编译器和指令的功能有关；每条指令执行拍数（Cycles Per Instruction，简称 CPI）或每拍执行指令数（Instructions Per Cycle，简称 IPC）与编译、指令功能、微结构设计相关；每拍需要的时间，也就是时钟周期，与微结构、电路设计、工艺等因素有关。

为了满足应用需求并不断提高性能，计算机体系结构在发展过程中遵循一些基本原则和方法，包括平衡性、局部性、并行性和虚拟化。

结构设计的第一个方法就是平衡设计。计算机是个复杂系统，影响性能的因素很多。结构设计要统筹兼顾，使各种影响性能的因素达到均衡。通用 CPU 设计有一个关于计算性能和访存带宽平衡的经验法则，即峰值浮点运算速度（MFLOPS）和峰值访存带宽（MB/s）为 1∶1 左右。计算机体系结构中有一个著名的阿姆达尔（Amdahl）定律。该定律指出通过使用某种较快的执行方式所获得的性能提高，受限于不可使用这种方式提高性能的执行时间所占总执行时间的百分比，例如一个程序的并行加速比，最终受限于不能被并行化的串行部分。

结构设计的第二个方法是利用局部性。当结构设计基本平衡以后，性能优化要抓主要矛盾，重点改进最频繁发生事件的执行效率。结构设计经常利用局部性加快经常性事件的速度。RISC 指令系统利用指令的事件局部性对频繁发生的指令进行重点优化。硬件转移预测利用转移指令跳转方向的局部性，即同一条转移指令在执行时经常往同一个方向跳转。Cache 和预取利用访存的时间和空间局部性优化性能。

结构设计的第三个方法是开发并行性。计算机中可以开发三种层次的并行性。第一个层次的并行性是指令级并行，包括时间并行即指令流水线，以及空间并行即超标量技术。20 世纪 80 年代 RISC 出现后，指令级并行开发达到了一个顶峰，2010 年后进一步挖掘指令级并行的空间已经不大。第二个层次的并行性是数据级并行，主要指单指令流多数据流（Single Instruction Multiple Data，简称 SIMD）的向量结构。20 世纪七八十年代以 Cray 为代表的向量机十分流行；现代通用 CPU 普遍支持短向量运算，如 X86 的 AVX 指令支持 256 位短向量运算。第三个层次的并行性是任务级并行，包括进程级和线程级并行。上述三种并行性在现代计算机中都存在，多核 CPU 运行线程级或进程级并行的程序，每个核采用超标量流水线结构，并支持 SIMD 向量指令。

结构设计的第四个方法是虚拟化。所谓虚拟化，就是“用起来是这样的，实际上是那样的”，或者“逻辑上是这样的，物理上是那样的”。结构设计者宁愿自己多费事，也要尽量为用户提供一个友好的使用界面。如虚拟存储为每个进程提供独立的存储空间，虚实地址转换和物理内存分配都由 CPU 和操作系统自动完成，大大解放了程序员的生产力。多线程和虚拟机技术通过硬件支持多个线程上下文或操作系统上下文的快速切换，在一个 CPU 上“同时”运行多个线程或操作系统，把单个 CPU 虚拟成多个 CPU。此外，流水线和多发射技术在维持串行编程模型的情况下提高了速度；Cache 技术使程序员看到一个像 Cache 那么快，像内存那么大的存储空间；Cache 一致性协议在分布式存储的情况下给程序员提供一个统一的存储空间。这些都是虚拟化方法的体现。

R E F E R E N C E S

参考文献

[1] Thornton J. Considerations in Computer Design-Leading up to the Control Data 6600[Z]. 1963.

[2] Radin G. The 801 minicomputer[C]. ASPLOS-I: Proceedings of the first international symposium on Architectural support for programming languages and operating systems, 1982: 39-47.

[3] Weaver D L, Germond T. The SPARC Architecture Manual, v9[Z]. SPARC International, Inc.

[4] MIPS32 Architecture. Imagination Technologies.

[5] R Kessler. The Alpha 21264 Microprocessor[J]. IEEE Micro, 1999, 19(2): 24-36.

[6] Gronowski P E, Bowhill W J, Donchin D R, Blake-Campos R P, Carlson D A, Equi E R, Loughlin B J, Mehta S, Mueller R O, Olesin A, Noorlag D J W, Preston R P. A 433-MHz 64-b quad-issue RISC microprocessor[J]. IEEE Journal of Solid-State Circuits, 1996, 31(11): 1687-1696.

[7] ARM Architecture Reference Manual, ARMv7-A and ARMv7-R edition[Z]. ARM Limited.

[8] May Cathy, et al. The PowerPC Architecture: A Specification for A New Family of RISC Processors [M]. 2nd ed. Morgan Kaufmann Publishers, 1994.

[9] Schlansker, Rau. EPIC: An Architecture for Instruction-Level Parallel Processors[R]. HP Laboratories Palo Alto, HPL-1999-111, 2000-2.

[10] AMBA specification v1. 0[S].

[11] HyperTransport I/O Link Specification Revision 3. 10[S]. 2010.

[12] PCI Local Bus Specification Revision 2. 3[S]. 2002.

[13] PCI Express 2. 0 Base Specification Revision 1. 0[S]. 2006.

[14] DDR2 SDRAM SPECIFICATION[S]. 2009.

[15] D Lenoski, J Laudon, K Gharachorloo, A Gupta, J Hennessy. The Directory-based Cache Coherence Protocol for the DASH Multiprocessor[C]. Proceedings of the 17th Annual International Symposium on Computer Architecture (ISCA), 1990: 148-159.

[16] D Chaiken, C Fields, K Kurihara, A Agarwal. Directory-based cache coherence in large-scale multiprocessors[J]. Computer, 1990, 23(6): 49-58.

[17] L Lamport. How to Make a Multiprocessor Computer That Correctly Executes Multiprocessor Programs[J]. IEEE Transactions on Computers, 1979, C-28(9): 690-691.

[18] K Li. IVY: A Shared Virtual Memory System for Parallel Computing[C]. Proceedings of the 1988 International conference on Parallel Processing, 1988, 2: 94-101.

[19] R Alverson, D Callahan, D Cummings, B Koblenz, A Porterfield, B Smith. The Tera Computer System [C]. Proceedings of the 4th International Conference on Supercomputing (ICS), 1990: 1-6.

[20] A Agarwal, R Bianchini, D Chaiken, K Johnson, D Kranz, J Kubiatowicz, B Lim, K Mackenzie, D Yeung. The MIT Alewife machine: architecture and performance[C]. Proceedings of the 22nd Annual International Symposium on Computer Architecture (ISCA), 1995: 2-13.

[21] T Anderson. The performance of spin lock alternatives for shared-money multiprocessors[J]. IEEE Transactions on Parallel and Distributed Systems, 1990, 1(1): 6-16.

[22] G Graunke, S Thakkar. Synchronization algorithms for shared-memory multiprocessors [J]. Computer, 1990, 23(6): 60-69.

[23] J M Mellor-Crummey, M L Scott. Algorithms for Scalable Synchronization on Shared-memory Multiprocessors[J]. ACM Trans. Comput. Syst., 1991, 9(1): 21-65.

[24] P C Yew, N F Tzeng, D H Lawrie. Distributing Hot-Spot Addressing in Large-Scale Multiprocessors[J]. IEEE Transactions on Computers, 1987, 36(4): 388-395.

[25] William James Dally, Brian Patrick Towles. Principles and practices of interconnection networks[M]. Elsevier, 2004.

[26] 陈国良. 并行计算——结构、算法、编程 [M]. 北京: 高等教育出版社, 2011.

[27] 胡伟武. 共享存储系统结构 [M]. 北京: 高等教育出版社, 2001.

[28] 胡伟武, 唐志敏. 龙芯1号处理器结构设计 [J]. 计算机学报, 2003, 26(4): 385-396.

[29] Weiwu Hu, Fuxin Zhang, Zusong Li. Microarchitecture of the Godson-2 Processor[J]. Journal of Computer Science and Technology, 2005, 20(2): 243-249.

[30] Weiwu Hu, Jian Wang, Xiang Gao, Yunji Chen, Qi Liu, Guojie Li. Godson-3: A Scalable Multicore RISC Processor With X86 Emulation[J]. IEEE Micro, 2009, 29(2):17-29.

[31] Weiwu Hu, Ru Wang, Yunji Chen, et al. Godson-3B: A 1GHz 40W 8-Core 128GFlops Processor in 65nm CMOS[C]. Proceedings of the IEEE International Solid-State Circuit Conference (ISSCC), 2011: 76-77.

[32] Weiwu Hu, Yifu Zhang, Liang Yang, et al. Godson3B1500: A 32nm 1.35GHz 40W 172.8GFlops 8-core Processor[C]. Proceedings of the IEEE International Solid-State Circuit Conference (ISSCC), 2013: 15-17.

[33] Weiwu Hu, Liang Yang, Baoxia Fan, Huandong Wang, Yunji Chen. An 8-Core MIPS-Compatible Processor in 32/28 nm Bulk CMOS[J]. IEEE Journal of Solid-State Circuits (JSSC), 2014, 49(1): 41-49.

[34] 吴瑞阳, 汪文祥, 王焕东, 胡伟武. 龙芯GS464E处理器核架构设计 [J]. 中国科学: 信息科学, 2015, 45(4): 480-500.

[35] Efraim Rotem, Alon Naveh, Doron Rajwan, Avinash Ananthakrishnan, Eliezer Weissmann. Power-management Architecture of the Intel Microarchitecture Code-name Sandy Bridge[J]. IEEE Micro, 2012, 32(2): 20-27.

[36] NVIDIA's Next Generation CUDA Compute Architecture:Fermi,whitepaper[Z].

[37] The List[EB/OL]. http://www.top500.org.

[38] Doug R D, Burger D, Keckler S W, Austin T. Sim-alpha: a validated execution driven alpha 21264 simulator[R]. 2001.

[39] C Bienia, S Kumar, J P Singh, K Li. The parsec benchmark suite: Characterization and architectural implications[C]. Proceedings of the 17th International Conference on Parallel Architectures and Compilation Techniques, 2008.

[40] S Bird, A Phansalkar, K Lizy, A Mericas, R Indukuru. Performance characterization of SPEC CPU benchmarks on Intel's core microarchitecture based processor[R]. SPEC Benchmark Workshop, 2007-1-21.

[41] P Bose, T Conte, T Austin. Challenges in Processor Modeling and Validation[J]. IEEE Micro, 1999, 19(3).

[42] J Lilja. Simulation of computer architectures: Simula-tors, benchmarks, methodologies, and recommendations[J]. IEEE Transaction on Computers, 2006, 55.

[43] J M Anderson, et al. Continuous profiling: where have all the cycles gone[J]. ACM Trans. Comput. Syst., 1997, 15(4): 357-390.

[44] M Srinivas, B Sinharoy, et al. IBM POWER7 performance modeling, verification, and evaluation[J].

IBM Journal of Research and Development, 2011, 55(3).

[45] M Moudgill, J Wellman, J Moreno. Environment for PowerPC Microarchitecture Exploration[J]. IEEE Micro, 1999, 19(3): 15-25.

[46] R Gilad, N Ahituv. SPEC as a Performance Evaluation Measure[J]. Computer, 1995, 28(8): 33-44.

[47] N Binkert, B Beckmann, G Black. The gem5 simulator[R]. Acm Sigarch Computer Architecture News, 2011.

[48] Intel Corporation. Intel 64 and IA-32 Architectures Software Developer's Manual[Z]. 2016.

推荐阅读

CPU设计实战

作者：汪文祥 邢金璋著　ISBN：978-7-111-67413-9　定价：99.00元

数字逻辑与计算机组成

作者：袁春风 主编　ISBN：978-7-111-66555-7　定价：79.00元

智能计算系统

作者：陈云霁 等编著　ISBN：978-7-111-64623-5　定价：79.00元

智能计算系统实验教程

作者：李玲 等著　ISBN：978-7-111-68844-0　定价：79.00元